Erhard Rahm

Hochleistungs-Transaktionssysteme

Konzepte und Entwicklungen
moderner Datenbankarchitekturen

Datenbanksysteme

herausgegeben von
Theo Härder und Andreas Reuter

Die Reihe bietet Praktikern, Studenten und Wissenschaftlern wegweisende Lehrbücher und einschlägige Monographien zu einem der zukunftsträchtigsten Gebiete der Informatik.

Gehören bereits seit etlichen Jahren die klassischen Datenbanksysteme zum Kernbereich der EDV-Anwendung, so ist die derzeitige Entwicklung durch neue technologische Konzepte gekennzeichnet, die für die Praxis von hoher Relevanz sind.

Ziel der Reihe ist es, den Leser über die Grundlagen und Anwendungsmöglichkeiten maßgeblicher Entwicklungen zu informieren. Themen sind daher z. B. erweiterbare Datenbanksysteme, Wissens- und Objektdatenbanksysteme, Multimedia- und CAx-Datenbanken u. v. a. m.

Die ersten Bände der Reihe:

Hochleistungs-Transaktionssysteme
Konzepte und Entwicklungen moderner Datenbankarchitekturen
von Erhard Rahm

Datenbank-Integration von Ingenieuranwendugen
Modelle, Werkzeuge, Kontrolle
von Christoph Hübel und Bernd Sutter

Das Benchmark-Handbuch
von Jim Gray

Vieweg

Erhard Rahm

Hochleistungs-
Transaktionssysteme

Konzepte und Entwicklungen
moderner Datenbankarchitekturen

vieweg

Alle Rechte vorbehalten
© Friedr. Vieweg & Sohn Verlagsgesellschaft mbH, Braunschweig/Wiesbaden, 1993

Der Verlag Vieweg ist ein Unternehmen der Verlagsgruppe Bertelsmann International.

Druck und buchbinderische Verarbeitung: Lengericher Handelsdruckerei, Lengerich
Gedruckt auf säurefreiem Papier
Printed in Germany

ISBN 3-528-05343-7

Für Priska,
Olivia und Larissa

Vorwort

Transaktionssysteme sind in der kommerziellen Datenverarbeitung weitverbreitet und von enormer ökonomischer Bedeutung. Die Leistungsanforderungen vieler Anwendungen steigen sehr stark und können nur von sogenannten **Hochleistungs-Transaktionssystemen** erfüllt werden. Dies betrifft insbesondere die zu bewältigenden Transaktionsraten für vorgeplante Anwendungsfunktionen. Daneben sind auch zunehmend ungeplante Ad-Hoc-Anfragen auf derselben Datenbank auszuführen, welche oft den Zugriff auf große Datenmengen verlangen und für die die Gewährleistung kurzer Antwortzeiten ein Hauptproblem darstellt. Weitere Anforderungen an Hochleistungs-Transaktionssysteme betreffen die Gewährleistung einer hohen Verfügbarkeit, die Möglichkeit eines modularen Wachstums sowie die Unterstützung einer hohen Kosteneffektivität. Für die Erzielung einer hohen Leistungsfähigkeit müssen u.a. die enormen technologischen Fortschritte bei der CPU-Kapazität für die Transaktionsverarbeitung umgesetzt werden können. Die Kosteneffektivität leidet darunter, daß Transaktionssysteme herkömmlicherweise auf zentralen Großrechnern (Mainframes) laufen. Zur Steigerung der Kosteneffektivität gilt es daher, zunehmend Mikroprozessoren für die Transaktionsverarbeitung zu nutzen.

Die erwähnten Anforderungen können mit herkömmlichen Systemarchitekturen zur Transaktions- und Datenbankverarbeitung meist nicht erfüllt werden. Ein zunehmendes Problem stellt das E/A-Verhalten für die Externspeicherzugriffe dar. Denn die Leistungsmerkmale von Magnetplatten konnten in der Vergangenheit im Gegensatz zur Prozessorkapazität kaum verbessert werden, so daß v.a. für Hochleistungssysteme zunehmend die Gefahr von E/A-Engpässen besteht. Weiterhin können viele der genannten Anforderungen nur mit verteilten Transaktionssystemen erfüllt werden, während Transaktionssysteme traditionellerweise zentralisiert realisiert wurden.

Im Mittelpunkt dieses Buchs steht der Einsatz neuerer Systemarchitekturen zur Realisierung von Hochleistungs-Transaktionssystemen. Dabei werden vor allem Ansätze zur Optimierung des E/A-Verhaltens sowie verteilte Transaktionssysteme behandelt, mit denen die Beschränkungen herkömmlicher Systeme behoben werden können. Wie auch im Titel des Buches zum Ausdruck kommt, konzentriert sich die Darstellung dabei vor allem auf die Datenbankaspekte bei der Transaktionsverarbeitung.

Zur **Optimierung des E/A-Verhaltens** werden neben allgemeinen Implementierungstechniken des Datenbanksystems (Pufferverwaltung, Logging) folgende Ansätze behandelt:

- Hauptspeicher-Datenbanksysteme

- Verwendung von Disk-Arrays (Plattenfeldern)

- Nutzung von seitenadressierbaren Halbleiterspeichern wie Platten-Caches, Solid-State-Disks und erweiterte Hauptspeicher im Rahmen einer erweiterten Speicherhierarchie.

Besonders ausführlich wird letzterer Ansatz dargestellt. Eine detaillierte Leistungsanalyse zeigt, daß selbst mit einem begrenzten Einsatz der Speichertypen signifikante Leistungssteigerungen gegenüber konventionellen E/A-Architekturen erreicht werden.

Einen weiteren Schwerpunkt bildet die Untersuchung **verteilter Transaktionssysteme**. Anhand einer allgemeinen Klassifikation werden die wichtigsten Systemarchitekturen zur verteilten Transaktionsverarbeitung vorgestellt und hinsichtlich der zu erfüllenden Anforderungen bewertet. Zur Realisierung von Hochleistungs-Transaktionssystemen besonders geeignet sind zwei Klassen lokal verteilter Mehrrechner-Datenbanksysteme, nämlich der DB-Sharing (Shared-Disk)- und der Shared-Nothing-Ansatz. Diese Mehrrechner-DBS können auch innerhalb von Workstation-/Server-Architekturen zur Realisierung eines verteilten Server-Systems eingesetzt werden. Workstation-/Server-Systeme erlauben eine Steigerung der Kosteneffektivität, da dabei Mikroprozessoren relativ einfach zur Transaktionsverarbeitung genutzt werden können (für die Workstations sowie auf Server-Seite).

Die effektive Nutzung eines Mehrrechner-DBS verlangt vor allem eine weitgehende Reduzierung von Kommunikationsverzögerungen und -Overhead. Da dieses Ziel mit lose gekoppelten Rechnerarchitekturen häufig nur begrenzt erreicht werden kann, wird der Einsatz einer sogenannten nahen Rechnerkopplung untersucht. Dabei sollen v.a. gemeinsame Halbleiterspeicher für eine effiziente Kommunikation sowie zur Realisierung globaler Kontrollaufgaben genutzt werden. Vor allem DB-Sharing-Systeme können von einer nahen Kopplung profitieren, da eine einfache und effiziente Realisierung kritischer Funktionen (z.B. globale Sperrbehandlung) ermöglicht wird. Ein Leistungsvergleich belegt, daß damit vor allem für reale Lasten hohe Leistungsgewinne gegenüber loser Kopplung erreicht werden.

Um auch für komplexe Datenbankanfragen kurze Bearbeitungszeiten zu ermöglichen, wird der Einsatz von Intra-Transaktionsparallelität auf einem Multiprozessor bzw. Mehrrechner-DBS immer wichtiger. Hierzu diskutieren wir die Realisierung verschiedener Parallelisierungsarten und betrachten den Einfluß der Datenverteilung und Systemarchitektur. Weitere Kapitel behandeln die Realisierung einer automatischen Lastkontrolle in Transaktionssystemen sowie die Unterstützung einer schnellen Katastrophen-Recovery.

Das Buch richtet sich an Informatiker in Studium, Lehre, Forschung und Entwicklung, die an neueren Entwicklungen im Bereich von Transaktions- und Datenbanksystemen interessiert sind. Es entspricht einer überarbeiteten Version meiner im Februar 1993 vom Fachbereich Informatik der Universität Kaiserslautern angenommenen Habilitationsschrift. Neben der Präsentation neuer Forschungsergebnisse erfolgen eine breite Einführung in die Thematik sowie überblicksartige Behandlung verschiedener Realisierungsansätze, wobei auf eine möglichst allgemeinverständliche Darstellung Wert gelegt wurde. Der Text wurde durchgehend mit Marginalien versehen, welche den Aufbau der Kapitel zusätzlich verdeutlichen und eine schnelle Lokalisierung bestimmter Inhalte unterstützen sollen.

Die vorgestellten Forschungsergebnisse entstanden zum Teil innerhalb des DFG-Projektes "Architektur künftiger Transaktionssysteme", das seit 1990 unter meiner Leitung am Fachbereich Informatik der Universität Kaiserslautern durchgeführt wird. Teile des Stoffes gingen auch aus meinen Vorlesungen über Datenbanksysteme an der Universität Kaiserslautern hervor. Die Untersuchungen zur Lastkontrolle begannen während eines einjährigen Forschungsaufenthaltes am IBM T.J. Watson Research Center in Yorktown Heights, N.Y., USA.

Mein besonderer Dank geht an Herrn Prof. Dr. Theo Härder für die langjährige Betreuung und Förderung meines wissenschaftlichen Werdegangs. Herrn Prof. Dr. Gerhard Weikum von der ETH Zürich danke ich für die Übernahme des Koreferats sowie detaillierte und wertvolle Verbesserungsvorschläge. Hilfreiche Anmerkungen erhielt ich darüber hinaus von Herrn Prof. Dr. Andreas Reuter (Univ. Stuttgart). Für die geleistete Arbeit im Rahmen des DFG-Projektes danke ich meinen Mitarbeitern sowie Studenten, insbesondere den Herren K. Butsch, R. Marek, T. Stöhr, P. Webel und G. Wollenhaupt. Für die fruchtbare Zusammenarbeit während des Aufenthaltes bei IBM sei vor allem Herrn Dr. C. Nikolaou, Herrn Dr. D. Ferguson und Herrn Dr. A. Thomasian gedankt.

Kaiserslautern, im März 1993   Erhard Rahm

Inhaltsverzeichnis

1
Einführung

Dieses einleitende Kapitel diskutiert zunächst die Funktion von Transaktionssystemen und führt das Transaktionskonzept ein. Danach erfolgen eine Charakterisierung verschiedener Lasttypen, deren Verarbeitung zu unterstützen ist, sowie die Zusammenstellung der wichtigsten Forderungen an künftige Transaktionssysteme. Zum Abschluß wird der weitere Aufbau dieses Buches skizziert.

1.1 Transaktionssysteme

Transaktionssysteme [HM86, Me88] haben in der kommerziellen Datenverarbeitung weite Verbreitung gefunden. Typische Einsatzbereiche sind Auskunfts- und Buchungssysteme, z.B. zur Platzreservierung in Flugzeugen, Zügen oder Hotels oder für Bankanwendungen mit Funktionen zur Durchführung von Einzahlungen, Abhebungen oder Überweisungen. Darüber hinaus können Transaktionssysteme in nahezu allen betrieblichen Informationssystemen in Industrie, Handel und Verwaltung eingesetzt werden, also z.B. für Aufgaben der Materialwirtschaft, Personalverwaltung oder Kundenverwaltung. Generell gestatten Transaktionssysteme die Ausführung von vorgeplanten Anwendungsfunktionen innerhalb eines Computersystems, wobei typischerweise auf Datenbanken zugegriffen wird, welche die anwendungsrelevanten Informationen enthalten. Die Verarbeitung findet dabei vorwiegend im Dialog statt, so daß man auch häufig von *Online Transaction Processing (OLTP)* spricht.

Einsatzbereiche von Transaktionssystemen

Die wirtschaftliche Bedeutung von Transaktionssystemen ist enorm. Obwohl einzelne Schätzungen bezüglich des Gesamtumsatzes weit auseinanderliegen (50-150 Mrd. $ pro Jahr), ist die Bedeu-

sehr große ökonomische Bedeutung

tung von OLTP-Systemen für die gesamte Computerbranche unbestritten. Zudem ist der OLTP-Markt einer der am schnellsten wachsenden Teilmärkte der Computerindustrie. Bei Großrechnern läuft derzeit der Großteil wichtiger operationaler Anwendungen unter OLTP-Systemen. In Zukunft wird dies auch für andere Rechnerklassen gelten, da nur unter Einsatz der TP-Technologie ein sicherer Betrieb großer Systeme möglich wird [GR93].

Hohe Benutzer-
schnittstelle

Eine Voraussetzung für den großen Erfolg von Transaktionssystemen ist die Bereitstellung einer hohen Benutzerschnittstelle (Masken, Menütechnik, etc.), die auch dem EDV-Laien eine einfache Systembedienung ermöglicht. Gelegentlich wird der Endbenutzer auch als "parametrischer Benutzer" bezeichnet, da er zum Starten einer Transaktion häufig nur einen Kurznamen (*Transaktions-Code*) zur Kennzeichnung der Anwendungsfunktion sowie die aktuellen Parameter spezifizieren muß. Die Übertragung dieser Angaben erfolgt in einer Eingabenachricht, welche im Transaktionssystem zur Ausführung des *Transaktionsprogrammes* führt, welches die jeweilige Anwendungsfunktion realisiert. Ein Transaktionsprogramm enthält dabei i.a. mehrere Datenbankoperationen, um auf die Datenbank zuzugreifen. Nach der Programmausführung wird das Ergebnis in einer Ausgabenachricht an den Benutzer zurückgeliefert. In vielen Fällen läßt sich eine Funktion mit einer derartigen Interaktion zwischen Benutzer und Transaktionssystem erledigen (*Einschritt-Transaktion*). *Mehrschritt-Transaktionen* erfordern dagegen mehrere Dialogschritte. So könnten z.B. bei einer Platzreservierung in einem ersten Schritt die freien Plätze angezeigt werden, bevor im zweiten Schritt die eigentliche Buchung erfolgt. Wesentlich für die Benutzerfreundlichkeit ist dabei, daß die Existenz von Transaktionsprogrammen sowie einer Datenbank für den Endbenutzer vollkommen verborgen bleibt.

Transaktions-
programme

Aufbau von
Transaktions-
systemen

Abb. 1-1 zeigt den Grobaufbau eines zentralisierten Transaktionssystems, welches auf einem einzelnen Verarbeitungsrechner abläuft. Demnach besteht ein Transaktionssystem aus einem sogenannten **DC-System** (Data Communication System) sowie dem **Datenbanksystem (DBS)**. Das DC-System wiederum besteht neben dem Basiskommunikationssystem aus einem **TP-Monitor** (Transaction Processing Monitor) sowie einer Menge anwendungsbezogener Transaktionsprogramme. Der TP-Monitor kontrolliert die Ausführung der Transaktionsprogramme und realisiert die Kommunikation von Programmen mit Terminals sowie mit dem DBS [Me88, Be90]. Insbesondere können so physische Eigenschaften der Terminals und des Verbindungsnetzwerks sowie Aspekte der Prozeß-Zuordnung von DBS und Programmen für den Anwendungsprogrammierer transparent gehalten werden. Das DBS ist für alle Aufgaben der Datenverwaltung zuständig und bietet einen hohen Grad an Datenunabhängigkeit [LS87, Da90], so daß insbesondere physische Aspekte der Datenbankorganisation (z.B. Existenz von Indexstrukturen) für den Datenbankbenutzer verborgen bleiben. Datenbankoperationen werden typischerweise in einer deskriptiven Anfragesprache oder DML (Data Manipulation Language) formuliert; in der Praxis hat sich hierzu SQL [DD92, MS92] durchgesetzt.

Wie erwähnt, greift der Endbenutzer in Transaktionssystemen über vordefinierte Transaktionsprogramme auf die Datenbank zu. Abb. 1-1 zeigt, daß daneben auch ein "direkter" Datenbankzugriff. möglich ist, indem der Benutzer im Dialog selbst Anfragen (Queries) in der DML des verwendeten DBS stellt. Da diese Anfragen nicht vorgeplant sind, spricht man auch von *Ad-Hoc-Anfragen* Diese Schnittstelle ist i.a. nur für einen eingeschränkten Anwenderkreis sinnvoll, da die Anfragen in einer formalen Sprache unter Bezugnahme auf logische Datenbankobjekte (Relationen, Attribute) formuliert werden müssen. Allerdings können die Queries auch durch Tools erzeugt werden (4GL-Systeme, Anwendungsgeneratoren), die dem Benutzer eine einfachere Spezifikation seines Zugriffswunsches ermöglichen (durch entsprechende Menüs, Fenstertechnik, u.ä.). Der Vorteil ist, daß in flexibler Weise auf die Da-

Datenbankzu-griff durch Ad-Hoc-Anfragen

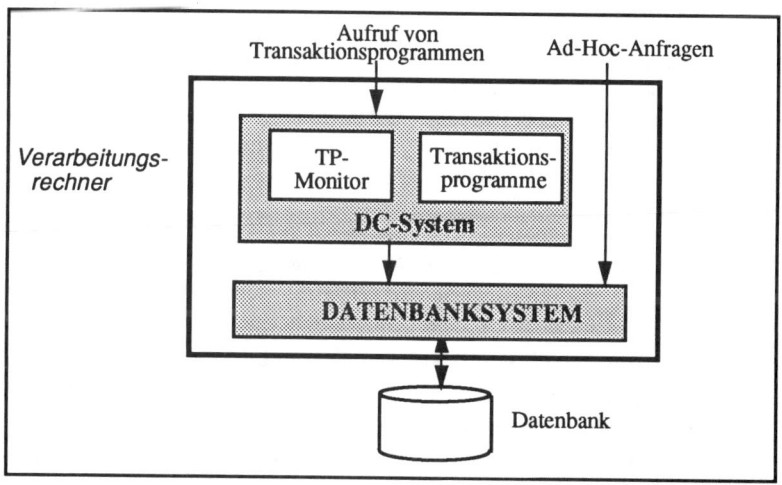

Abb. 1-1:   Grobaufbau eines zentralisierten Transaktionssystems

tenbank zugegriffen werden kann, ohne daß zuvor ein Anwendungsprogramm erstellt werden muß.

1.2 Das Transaktionskonzept

Die ACID-Ei-genschaften von Transaktionen:
- Atomicity
- Consistency
- Isolation
- Durability.

Bezüglich der Ausführung der Anwendungsfunktionen garantiert das Transaktionssystem das sogenannte *Transaktionskonzept* [Gr81, HR83, Hä88, We88, GR93]. Dies betrifft die automatische Gewährleistung der folgenden vier kennzeichnendenEigenschaften von Transaktionen:

1. *Atomarität ("Alles oder nichts")*
   Änderungen einer Transaktion werden entweder vollkommen oder gar nicht in die Datenbank eingebracht. Diese Eigenschaft ermöglicht eine erhebliche Vereinfachung der Anwendungsprogrammierung, da Fehlersituationen während der Programmausführung (z.B. Rechnerausfall) nicht im Programm abgefangen werden müssen. Das Transaktionssystem sorgt dafür, daß die Transaktion in einem solchen Fall vollständig zurückgesetzt wird, so daß keine unerwünschten "Spuren" der Transaktion in der Datenbank verbleiben. Der Programmierer kann somit bei der Realisierung von Anwendungsfunktionen von einer fehlerfreien Umgebung ausgehen.

2. *Konsistenz*
   Die Transaktion ist die Einheit der Datenbank-Konsistenz. Dies bedeutet, daß bei Beginn und nach Ende einer Transaktion sämtliche physischen und logischen Integritätsbedingungen [SW85, Re87] erfüllt sind.

3. *Isolation*
   Transaktionssysteme unterstützen typischerweise eine große Anzahl von Benutzern, die gleichzeitig auf die Datenbank zugreifen können. Trotz dieses *Mehrbenutzerbetriebes* wird garantiert, daß dadurch keine unerwünschten Nebenwirkungen eintreten (z.B. gegenseitiges Überschreiben derselben Datenbankobjekte). Vielmehr bietet das Transaktionssystem jedem Benutzer bzw. Programm einen "logischen Einbenutzerbetrieb", so daß parallele Datenbankzugriffe anderer Benutzer unsichtbar bleiben. Auch hierdurch ergibt sich eine erhebliche Vereinfachung der Programmierung.

4. *Dauerhaftigkeit*
   Die Dauerhaftigkeit von erfolgreich beendeten Transaktionen wird garantiert. Dies bedeutet, daß Änderungen dieser Transaktionen alle erwarteten Fehler (insbesondere Rechnerausfälle, Externspeicherfehler und Nachrichtenverlust) überleben.

Logging und Recovery

Eigenschaften 1 und 4 werden vom Transaktionssystem durch geeignete Logging- und Recovery-Maßnahmen [Re81, HR83, GR93] eingehalten. Nach einem Rechnerfall wird insbesondere der jüngste transaktionskonsistente Datenbankzustand hergestellt. Dazu erfolgt ein Zurücksetzen (Rollback, Abort) aller Transaktionen, die

aufgrund des Rechnerausfalles nicht zu Ende gekommen sind
(Undo-Recovery). Für erfolgreiche Transaktionen wird eine Redo-
Recovery vorgenommen, um deren Änderungen in die Datenbank
einzubringen (falls erforderlich).

Zur Gewährung der Isolation im Mehrbenutzerbetrieb (Eigen-   *Synchronisation*
schaft 3) sind geeignete Verfahren zur Synchronisation (Concur-
rency Control) bereitzustellen. Das allgemein akzeptierte Korrekt-
heitskriterium, zumindest in kommerziellen Anwendungen, ist dabei die Serialisierbarkeit [BHG87]. Obwohl ein großes Spektrum
von Synchronisationsverfahren zur Wahrung der Serialisierbarkeit vorgeschlagen wurde, verwenden existierende Datenbanksysteme nahezu ausschließlich Sperrverfahren [Gr78, Pe87, BHG87,
Cl92] zur Synchronisation. Werden Lese- und Schreibsperren bis
zum Transaktionsende gehalten (striktes Zweiphasen-Sperrprotokoll [Gr78]), dann ist Serialisierbarkeit gewährleistet. Zudem werden Änderungen einer Transaktion erst nach deren erfolgreichen
Beendigung (Commit) für andere Transaktionen sichtbar. Für eine
hohe Leistungsfähigkeit ist es wesentlich, eine Synchronisation
mit möglichst wenig Sperrkonflikten und Rücksetzungen zu erreichen. Dies verlangt die Unterstützung feiner Sperrgranulate (z.B.
einzelne DB-Sätze) innerhalb eines hierarchischen Verfahrens sowie ggf. Spezialprotokolle für spezielle Datenobjekte wie Verwaltungsdaten [Ra88a].

Die Konsistenzüberwachung (Eigenschaft 2) wird in derzeitigen   *Integritäts-*
Datenbanksystemen meist noch nicht im wünschenswerten Um-   *sicherung*
fang unterstützt. Insbesondere die Einhaltung anwendungsbezo-
gener (logischer) Integritätsbedingungen muß meist durch die
Transaktionsprogramme gewährleistet werden. Da in der neuen
Version des SQL-Standards (SQL-92) umfassende Sprachmittel
zur Definition von Integritätsbedingungen vorgesehen sind [DD92,
MS92], ist in Zukunft jedoch mit einer Verbesserung der Situation
zu rechnen.

1.3 Transaktionslasten

Die Ausführung von vorgeplanten Transaktionsprogrammen (can-   *vorgeplante*
ned transactions) stellt den Großteil der Last in kommerziell ein-   *Transaktions-*
gesetzten Transaktionssystemen und Datenbanksystemen. Typi-   *typen*
scherweise ist die Anzahl der Programme relativ klein (z.B. 10 bis
500), jedoch werden sie in großer Häufigkeit aufgerufen. Der Betriebsmittelbedarf solcher Transaktionen ist ebenfalls relativ ge-

ring und liegt meist in der Größenordnung von weniger als 1 Million Instruktionen und unter 100 E/A-Vorgängen. Man spricht oft auch von "kurzen" Transaktionen, da ihre Bearbeitung meist wenige Sekunden nicht überschreitet. Solche kurzen Antwortzeiten sind für den Dialogbetrieb allerdings auch obligatorisch.

Kontenbuchung
(Debit-Credit)

Als bekanntestes Beispiel eines Transaktionsprogrammes soll im folgenden die sogenannte Kontenbuchung oder **Debit-Credit**-Transaktion näher betrachtet werden. Dieser Transaktionstyp hat eine herausragende Bedeutung, da er innerhalb der wichtigsten Leistungs-Benchmarks für Transaktionssysteme eingesetzt wird. Die ursprüngliche Benchmark-Definition aus [An85] wurde durch ein Herstellerkonsortium, *Transaction Processing Performance Council (TPC)* genannt, erheblich präzisiert und verbindlich festgeschrieben. Zur Zeit sind zwei Benchmarks, TPC-A und TPC-B, auf Basis der Kontenbuchung festgelegt [Gr91].

Abb. 1-2 zeigt das Datenbankschema der zugrundeliegenden Bankanwendung sowie das in SQL formulierte Transaktionsprogramm. Die Datenbank besteht aus vier Satztypen: BRANCH, TELLER, ACCOUNT und HISTORY. HISTORY bezeichnet dabei eine sequentielle Datei, in der die Kontobewegungen protokolliert werden.

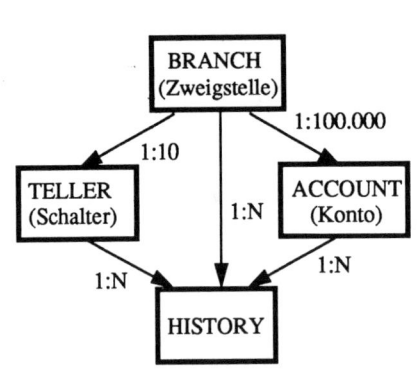

```
Read message from Terminal
        (acctno, branchno, tellerno, delta);

BEGIN WORK

UPDATE ACCOUNT
SET balance = balance + :delta
WHERE acct_no = :acctno;

SELECT balance INTO :abalance
FROM ACCOUNT
WHERE acct_no = :acctno;

UPDATE TELLER
SET balance = balance + :delta
WHERE teller_no = :tellerno;

UPDATE BRANCH
SET balance = balance + :delta
WHERE branch_no = :branchno;

INSERT INTO HISTORY
(Tid, Bid, Aid, delta, time) VALUES
(:tellerno, :branchno, :acctno, :delta, ...);

COMMIT WORK;

Write message to Terminal (abalance, ...);
```

Abb. 1-2:   Debit-Credit-Benchmark: Datenbankschema und Transaktionsprogramm

Die Satztypen TELLER und ACCOUNT stehen in einer N:1-Beziehung zu BRANCH (Schalter bzw. Konten einer Filiale), ebenso wie HISTORY (Abb. 1-2). Das Transaktionsprogramm realisiert die Einzahlung bzw. Abhebung eines bestimmten Betrages vom Konto eines Bankkunden. Die Programmausführung verlangt zunächst die Übergabe der Eingabenachricht durch den TP-Monitor, wobei die aktuellen Parameter wie Kontonummer (acctno) und Betrag (delta) übergeben werden. Innerhalb der Datenbanktransaktion, in Abb. 1-2 mit den Operationen BEGIN WORK und COMMIT WORK geklammert, erfolgen dann eine lesende sowie vier ändernde Datenbankoperationen. Neben dem Kontostand werden die Zählerstände des jeweiligen Schalters sowie der Bankfiliale angepaßt sowie ein entsprechender HISTORY-Satz eingefügt. Die Leseoperation liefert den aktuellen Kontostand, der am Transaktionsende in der Ausgabenachricht zurückgeliefert wird.

Der Benchmark schreibt die Größe der Satztypen und die Terminalanzahl in Abhängigkeit des Durchsatzzieles in TPS (Transaktionen pro Sekunde) vor. Dabei sind pro TPS 1 BRANCH-Satz, 10 TELLER-Sätze, 100.000 ACCOUNT-Sätze sowie 10 Terminals vorgesehen. Der HISTORY-Satztyp muß ausreichend dimensioniert werden, um alle Kontenbewegungen von 90 Tagen (TPC-A) bzw. 30 Tagen (TPC-B) aufzunehmen. Weiterhin wird verlangt, daß 15% der Transaktionen das Konto einer anderen Filiale betreffen, als derjenigen, an der die Buchung vorgenommen wird[*]. Das primäre Leistungsmaß ist der Durchsatz in TPS mit der Maßgabe, daß für 90% der Transaktionen eine Antwortzeit von unter 2 Sekunden erzielt wurde. Zur Bestimmung der Kosteneffektivität sind daneben die Kosten pro TPS (in $/TPS) anzugeben, wobei sämtliche Hardware-, Software- und Wartungskosten für 5 Jahre zu berücksichtigen sind. Im Gegensatz zu TPC-A wird im Benchmark TPC-B die DC-Komponente nicht berücksichtigt, sondern lediglich der Datenbankteil der Transaktion. Dies erlaubt kürzere Antwortzeiten und damit höhere Durchsatzwerte sowie geringere Gesamtkosten. Der typische Betriebsmittelbedarf für die Kontenbuchung beträgt derzeit etwa 75.000 (TPC-B) bzw. 200.000 (TPC-A) Instruktionen sowie 2 bis 4 Plattenzugriffe. Für TPC-B wurden bereits Durchsatzwerte von über 1000 TPS nachgewiesen (Oracle auf einem Mehrrechnersystem mit 64 Knoten). Die Anfang 1993 vorliegenden

Benchmark-forderungen bei TPC-A und TPC-B

---

[*] In verteilten Transaktionssystemen kann dies zu Kommunikationsvorgängen während der Transaktionsbearbeitung führen.

Benchmarkergebnisse für TPC-A und TPC-B werden in [Ra93b] überblicksartig vorgestellt.

Die Debit-Credit-Last hat den Vorteil der Einfachheit sowie eines mittlerweile hohen Bekanntheitsgrades. Sie half bereits vielfach Herstellern Engpässe in ihren DBS bzw. TP-Monitoren festzustellen und geeignete Optimierungen vorzunehmen (1985 wurden teilweise noch 1 Million Instruktionen und 20 E/A-Vorgänge pro Transaktion benötigt). Auf der anderen Seite ist die Debit-Credit-Last auf einen Transaktionstyp beschränkt, wobei jede Transaktionsausführung Änderungen vornimmt. Dies ist sicher nicht repräsentativ für reale Anwendungslasten, die typischerweise verschiedene Transaktionstypen unterschiedlicher Größe, Änderungshäufigkeit und Referenzierungsmerkmale aufweisen.

TPC-C

Das TPC hat daher einen weiteren Benchmark (TPC-C) entwickelt [KR91], der 1992 verabschiedet wurde und in künftigen Benchmarks eine große Rolle einnehmen dürfte. Als Anwendung dient dabei die Bestellverwaltung im Großhandel, wobei die Last aus fünf Transaktionstypen unterschiedlicher Komplexität zusammengesetzt ist. Die Abwicklung einer neuen Bestellung (New-Order) bildet den Haupttransaktionstyp, der mit durchschnittlich 48 SQL-Anweisungen weit komplexer als die Kontenbuchung ist. Daneben wird derzeit an weiteren Benchmark-Standardisierungen gearbei-

TPC-D, TPC-E

tet für komplexe Ad-Hoc-Anfragen (Decision-Support-Benchmark TPC-D) sowie für sehr große Systeme (Enterprise-Benchmark TPC-E).

*Leistungs-
probleme
durch Ad-Hoc-
Anfragen*

Die Ausführung von Ad-Hoc-Anfragen stellt i.a. größere Anforderungen an Datenbanksysteme als vordefinierte Transaktionsprogramme. Solche Anfragen erfordern häufig komplexe Berechnungen sowie den Zugriff auf große Datenmengen, was zum Teil durch die Verwendung deskriptiver Anfragesprachen begünstigt ist (die Benutzer können i.a. nicht abschätzen, welche Bearbeitungskosten durch ihre Anfragen verursacht werden). Die Ausführung von Ad-Hoc-Anfragen kann auch zu starken Leistungsproblemen für gleichzeitig laufende kurze Transaktionen führen, da verstärkte Wartezeiten auf Sperren sowie andere Betriebsmittel (CPU, Hauptspeicher) verursacht werden. Zur Reduzierung der Sperrproblematik erfolgt für solche Anfragen in der Praxis häufig eine Synchronisation mit reduzierter Konsistenzzusicherung, z.B. indem Lesesperren nur für die Dauer des eigentlichen Zugriffs nicht jedoch bis zum Transaktionsende gehalten werden. Eine noch weitergehende Verminderung von Sperrkonflikten ist bei Einsatz eines

Mehrversionen-Sperrverfahrens möglich [HP87, BC92, MPL92].
Dabei werden für DB-Objekte, auf denen Lese- und Änderungstransaktionen gleichzeitig zugreifen, mehrere Versionen geführt,
so daß Lesetransaktionen ohne Sperrverzögerung stets auf eine
konsistente DB-Version zugreifen können (i.a. die bei Start der Le-
setransaktion gültige Version). Eine Synchronisation ist somit nur
noch zwischen Änderungstransaktionen erforderlich, wodurch sich
i.a. eine erhebliche Reduzierung an Sperrkonflikten ergibt. Die Datenbanksysteme Rdb von DEC und Oracle unterstützen bereits einen solchen Mehrversionen-Ansatz.

Ähnliche Leistungsprobleme wie für Ad-Hoc-Anfragen werden *Mehrschritt-*
auch von Mehrschritt-Transaktionen eingeführt, wenn etwa Sper- *Transaktionen*
ren über Denkzeiten des Endbenutzers hinweg zu halten sind.
Solch lange Sperrzeiten können eine starke Blockade parallel laufender Transaktionen verursachen und Durchsatz und Antwortzeiten drastisch verschlechtern. Zur Lösung dieser Leistungsprobleme erscheinen erweiterte Transaktionskonzepte wie Sagas
[GS87, GR93] am vielversprechendsten, da sie eine kontrollierte
Zerlegung einer Mehrschritt-Transaktion in mehrere kürzere
Transaktionen unter Wahrung der DB-Konsistenz ermöglichen.
Sagas können als spezielle Realisierung sogenannter "offen ge- *Sagas*
schachtelter Transaktionen" bzw. Multilevel-Transaktionen aufgefaßt werden [We88, SW91]. Kennzeichnende Eigenschaft bei diesen Ansätzen ist, daß sich eine Transaktion aus mehreren Teiltransaktionen zusammensetzt, wobei die Sperren zur Reduzierung
von Synchronisationskonflikten bereits am Ende der Teiltransaktionen freigegeben werden. Das Zurücksetzen einer Transaktion
erfordert, daß die Änderungen bereits beendeter Teiltransaktionen
durch kompensierende Teiltransaktionen ausgeglichen werden.

Batch-Transaktionen sowie die Ausführung von Dienstprogram- *Batch-Jobs und*
men stellen weitere Lasttypen innerhalb von Transaktionssyste- *Dienst-*
men dar. Diese Transaktionen sind ebenfalls durch einen hohen *programme*
Bestriebsmittelbedarf gekennzeichnet, jedoch können sie zu festgelegten Zeiten seitens der Systemverwalter gestartet werden. Da in
vielen Anwendungen die Datenbank jederzeit für Online-Transaktionen verfügbar sein muß, ist eine Offline-Ausführung jedoch häufig nicht mehr möglich. Für Batch-Transaktionen kann oft eine
Zerlegung in mehrere "Mini-Batches" vorgenommen werden, so
daß eine parallele Bearbeitung mit Online-Transaktionen eher
möglich wird [Gr85]. Durch Unterstützung transaktionsinterner
(persistenter) "Savepoints" kann ferner verhindert werden, daß

z.B. nach einem Systemfehler die Änderungen von Batch-Transaktionen vollständig zurückgesetzt werden müssen. Kommerzielle Datenbanksysteme unterstützen auch zunehmend die Online-Ausführung zeitaufwendiger Dienstprogramme, z.B. zur Erstellung einer Archivkopie der Datenbank oder zur Konstruktion eines neuen Index [Pu86, MN92, SC91].

1.4 Anforderungen an künftige Transaktionssysteme

Traditionellerweiser erfolgt die Transaktionsverarbeitung zentralisiert auf einem Verarbeitungsrechner, typischerweise einem Großrechner (Mainframe), mit dem alle Terminals über ein Kommunikationsnetzwerk verbunden sind [Ef87]. Obwohl diese Organisationsform immer noch weit verbreitet ist, zeichnet sich in vielen Anwendungsbereichen die Notwendigkeit *verteilter Transaktionssysteme* ab, bei denen mehrere Verarbeitungsrechner zur Transaktionsbearbeitung genutzt werden. Ein Teil der Anforderungen an künftige Transaktionssysteme ergibt sich daher bereits aus den Gründen für den Einsatz verteilter Transaktionssysteme. Dazu zählen im wesentlichen:

Anforderungen

1. *Hohe Leistungsanforderungen*
   Hochleistungsanwendungen, z.B. große Flugreservierungssysteme oder Bankanwendungen, fordern Transaktionsraten, die von einem einzelnen Verarbeitungsrechner nicht bewältigt werden können (z.B. mehrere Tausend Transaktionen pro Sekunde vom Typ "Kontenbuchung"). In solchen Anwendungen wächst der Durchsatzbedarf daneben oft stärker als der Leistungszuwachs bei Mono- und Multiprozessoren.
   Ebenso können bei Verwendung eines Rechners die Antwortzeiten komplexer Ad-Hoc-Anfragen für einen sinnvollen Dialogbetrieb meist nicht ausreichend kurz gehalten werden. Hierzu ist die parallele Verarbeitung solcher Anfragen auf mehreren Prozessoren erforderlich [Pi90].

2. *Hohe Verfügbarkeit*
   Dies ist eine zentrale Forderung aller Transaktionssysteme, da Mitarbeiter ihre Aufgaben vielfach nur bei Verfügbarkeit des Transaktionssystems wahrnehmen können. Umsatz und Gewinn eines Unternehmens sind oft direkt von der Verfügbarkeit des Transaktionssystemes abhängig. In vielen Bereichen wird eine "permanente" Verfügbarkeit verlangt (z.B. Ausfallzeiten von weniger als 1 Stunde pro Jahr) [GS91], was nur durch ausreichende Redundanz in allen wichtigen Hardware- und Software-Komponenten erreichbar ist. Insbesondere kann nur durch Einsatz mehrerer Verarbeitungsrechner eine verzögerungsfreie Fortführung der Transaktionsbearbeitung nach einem Rechnerausfall ermöglicht werden.

3. *Modulare Wachstumsfähigkeit des Systems*
   Die Leistungsfähigkeit des Systems sollte durch Hinzunahme weiterer Verarbeitungsrechner inkrementell erweiterbar sein. Idealerweise steigt dabei der Durchsatz linear mit der Rechneranzahl bzw. die parallele Verarbeitung komplexer Anfragen kann proportional mit der Rechneranzahl beschleunigt werden.

4. *Anpassung des Transaktionssystems an die Organisationsstruktur*
   Große Unternehmen und Institutionen sind häufig geographisch verteilt organisiert. Um die Abhängigkeiten von einem zentralen Rechenzentrum zu reduzieren, soll eine Datenverwaltung und Transaktionsbearbeitung vor Ort unterstützt werden [Gr86].

5. *Integrierter Zugriff auf heterogene Datenbanken*
   In vielen Anwendungsfällen sind benötigte Informationen über mehrere unabhängige Datenbanken verstreut, die typischerweise von unterschiedlichen DBS auf mehreren Rechnern verwaltet werden [Th90, SW91]. Es liegt also bereits ein verteiltes Transaktionssystem vor, für das jedoch eine Zugriffsschnittstelle bereitgestellt werden muß, die es gestattet, innerhalb einer Transaktion in einheitlicher Weise auf die heterogenen Datenbanken zuzugreifen.

6. *Verbesserung der Kosteneffektivität*
   Der Trend zu immer leistungsfähigeren, preisgünstigen Mikroprozessoren (z.B. auf RISC-Basis) soll zu einer wesentlich kostengünstigeren Transaktionsverarbeitung als durch alleinige Verwendung von Großrechnern genutzt werden. Dies kann z.B. durch verstärkten Einsatz von Workstations oder dedizierten Datenbank-Servern geschehen, was zu verteilten Systemarchitekturen führt.

Nutzung von Mikroprozessoren

Bei der Realisierung eines verteilten Transaktionssystemes sollten natürlich die Vorteile zentralisierter Transaktionssysteme für den Endbenutzer und Anwendungsprogrammierer gewahrt bleiben. Dies betrifft insbesondere die Zusicherungen des Transaktionskonzeptes, auch wenn sie im verteilten Fall schwieriger einzuhalten sind.

Eine wichtige Forderung ist daneben die Gewährleistung der **Verteiltransparenz** durch das Transaktionssystem, vor allem gegenüber dem Anwendungsprogrammierer. Dies bedeutet, daß die Erstellung von Anwendungen wie im zentralen Fall möglich sein sollte und somit sämtliche Aspekte der Verteilung zu verbergen sind. Verteiltransparenz kann unterteilt werden in Ortstransparenz, Fragmentierungstransparenz und Replikationstransparenz [Da90, ÖV91]. Ortstransparenz bedeutet, daß die physische Lokation eines Datenobjekts (bzw. Programmes) nicht bekannt sein muß und daß der Objektname unabhängig vom Ausführungsort von Programmen und Anfragen ist. Fragmentierungstransparenz verlangt, daß DB-Anfragen unabhängig von den gewählten Einheiten der Datenverteilung, den sogenannten Fragmenten, gestellt

Verteiltransparenz = Orts- + Fragmentierungs- + Replikationstransparenz

werden können. Replikationstransparenz schließlich erfordert, daß
die replizierte Speicherung von Datenbankobjekten unsichtbar für
die Anwendungen bleibt und die Wartung der Replikation Aufgabe
des Transaktionssystems (DBS) ist. Die Forderung der Verteiltransparenz ist wesentlich für die Einfachheit der Anwendungserstellung und -wartung, da so z.B. Änderungen in der Verteilung von
Daten ohne Rückwirkungen auf die Transaktionsprogramme bleiben.

Administration   Unterstützt werden sollte ferner eine möglichst *einfache Systemadministration*, wenngleich im verteilten Fall generell mit einer
Komplexitätserhöhung gegenüber zentralisierten Systemen zu
rechnen ist. Im geographisch verteilten Fall ist dazu die Wahrung
eines hohen Maßes an *Knotenautonomie* wesentlich [GK88, SL90].
Diese Forderung verlangt, daß eine möglichst geringe Abhängigkeit zu anderen Rechnern einzuhalten ist, um z.B. Änderungen bezüglich eines Rechners lokal vornehmen zu können sowie lokale
Transaktionen bei der Ausführung zu bevorzugen. Daneben sollten
für die Rechnerzuordnung von Programmen und Daten ausreichend Freiheitsgrade bestehen sowie durch entsprechende Dienst-
Lastverteilung   programme die Festlegung der Allokationen erleichtert werden.
Die *Lastverteilung* sollte durch das Transaktionssystem (bzw. Betriebssystem) erfolgen, wobei idealerweise bei Änderungen im Systemzustand (Überlastsituationen, Rechnerausfall, u.ä.) automatisch geeignete Maßnahmen eingeleitet werden, um die Leistungs-
und Verfügbarkeitsanforderungen weiterhin erfüllen zu können.

geringer Kom-   Aus Leistungsgründen ist wesentlich, daß der *Kommunikations-*
munikations-   *aufwand* zur Transaktionsbearbeitung gering gehalten wird, da da-
aufwand   durch der Durchsatz beeinträchtigt wird. Zudem bewirken entfernte Bearbeitungsschritte während einer Transaktion entsprechende Antwortzeitverschlechterungen. In zentralisierten und verteilten Transaktionssystemen sind zur Erlangung hoher Transaktionsraten und kurzer Antwortzeiten weiterhin die Minimierung
von Sperr- und E/A-Verzögerungen wichtig.

Betrachtet man transaktionsverarbeitende Systeme allgemein, so
läßt sich leicht eine große Anzahl weiterer Anforderungen postulie-
ren, wie sie z.B. im Bereich der Datenbanksysteme zur Unterstützung sogenannter Nicht-Standard-Anwendungen erhoben werden
[HR85, Kü86]. Auch in solchen Anwendungsbereichen sind jedoch,
erweiterte   aus ähnlichen Gründen wie oben diskutiert, verteilte Systemarchi-
Transaktions-   tekturen gefordert. Neu kommt insbesondere die Notwendigkeit ei-
modelle   nes erweiterten Transaktionskonzeptes hinzu, das z.B. eine geeig-

nete Unterstützung für lange Entwurfsvorgänge bietet, für welche
die Eigenschaften der Atomarität und Isolation zu restriktiv sind
[BK91, El92]. Auch für herkömmliche Anwendungen sind erweiterte Transaktionsmodelle (wie Sagas oder ConTracts) äußerst
wünschenswert, um komplexere Verarbeitungsvorgänge und auch
Mehrschritt-Transaktionen besser unterstützen zu können [GS87,
WR90].

1.5 Aufbau des Buchs

Zur Realisierung verteilter Transaktionssysteme kommen vielfältige Systemarchitekturen in Betracht, welche die skizzierten Anforderungen in unterschiedlichem Maße erfüllen können (s. Kap.
3). Der Großteil dieses Buchs konzentriert sich auf eine spezielle
Klasse zentralisierter und verteilter Transaktionssysteme, nämlich die sogenannten *Hochleistungs-Transaktionssysteme*.
Wie der Name andeutet, fallen darunter solche Systemarchitekturen, bei denen vor allem die Erlangung hoher Transaktionsraten
sowie kurzer Antwortzeiten im Vordergrund steht. Allerdings sind
in Anwendungen solcher Hochleistungssysteme die Forderungen
nach hoher Verfügbarkeit, Erweiterbarkeit sowie Kosteneffektivität oft gleichrangig, so daß sie ebenfalls zu unterstützen sind.

Hochleistungs-Transaktions-systeme

In Kap. 2 geben wir zunächst einen genaueren Überblick über Aufbau und Funktionsweise zentralisierter Transaktionssysteme. In
Kap. 3 werden darauf aufbauend die wichtigsten Alternativen zur
Realisierung verteilter Transaktionssysteme anhand einer Klassifikation vorgestellt sowie eine Bewertung bezüglich der Anforderungen vorgenommen. Danach fassen wir in Kapitel 4 wichtige
Technologietrends zusammen und diskutieren die sich daraus ergebenden Auswirkungen bzw. Anforderungen bezüglich der Transaktionsverarbeitung. Insbesondere die stark ungleiche Entwicklung im Leistungsverhalten von CPUs und Magnetplatten macht
deutlich, daß der Optimierung des E/A-Verhaltens für Hochleistungssysteme eine dominierende Rolle zukommt. Hierzu diskutieren wir in Kapitel 5 und 6 neuere Entwicklungsrichtungen, wie den
Einsatz von Hauptspeicher-Datenbanken, sogenannter Plattenfel-
der oder Disk-Arrays sowie von erweiterten Speicherhierarchien.
Bezüglich der erweiterten Speicherhierarchien (Kap. 6) betrachten
wir drei Typen seitenadressierbarer Halbleiterspeicher: erweiterte
Hauptspeicher, Solid-State-Disks sowie Platten-Caches. Verschiedene Einsatzformen dieser Speichertypen zur Optimierung der

Klassifikation verteilter Transaktions-systeme -> Kap. 3

Transaktionsverarbeitung werden beschrieben und anhand eines detaillierten Simulationssystems quantitativ bewertet.

In Kap. 7 wird danach gezeigt, wie solche Erweiterungsspeicher in lokal verteilten Transaktionssystemen weitergehend genutzt werden können. Dabei stehen die Optimierung des Kommunikationsverhaltens sowie die einfachere Realisierung globaler Kontrollaufgaben im Vordergrund. Kap. 8 diskutiert weitere Entwicklungsrichtungen, die für Hochleistungs- und verteilte Transaktionssysteme generell an Bedeutung gewinnen werden: die Realisierung einer umfassenden und automatischen Lastkontrolle, die Parallelisierung komplexer DB-Anfragen sowie die Unterstützung einer schnellen Katastrophen-Recovery. Am Ende fassen wir die wichtigsten Aussagen dieses Buchs zusammen und geben einen Ausblick auf weitere Entwicklungen.

2
Aufbau und Funktionsweise von Transaktionssystemen

Als Grundlage für die folgenden Kapitel werden hier der Aufbau und die Funktionsweise zentralisierter Transaktionssysteme überblicksartig vorgestellt. Dazu führen wir zunächst drei allgemeine Modelle eines Transaktionssystems ein, die in Kap. 3 auch als Ausgangsbasis für die Übertragung auf verteilte Systeme dienen. In Kap. 2.2 diskutieren wir einige Implementierungsalternativen bei der Realisierung von Transaktionssystemen.

2.1 Modellbildung

Zur Beschreibung von Transaktionssystemen werden in der Literatur unterschiedliche Modellbildungen verwendet, die jeweils bestimmte Sichtweisen verkörpern. Wir stellen im folgenden zunächst ein Schichtenmodell vor, das an ältere TP-Monitore wie CICS und UTM angelehnt ist und die (statische) Aufrufhierachie bei Abarbeitung einer Transaktion verdeutlicht. Danach werden zwei alternative Modelle von Bernstein [Be90] und der X/Open-Organisation diskutiert, die auf einer Client-/Server-Struktur basieren.

2.1.1 Schichtenmodell

Wie in der Einführung bereits ausgeführt, besteht ein Transaktionssystem vor allem aus einem TP-Monitor, den Transaktions- oder Anwendungsprogrammen sowie einem Datenbanksystem. Die Zusammenarbeit dieser Komponenten kann anhand des aus [Me88, HM90]

Schichten-modell eines zentralisierten Transaktions-systems

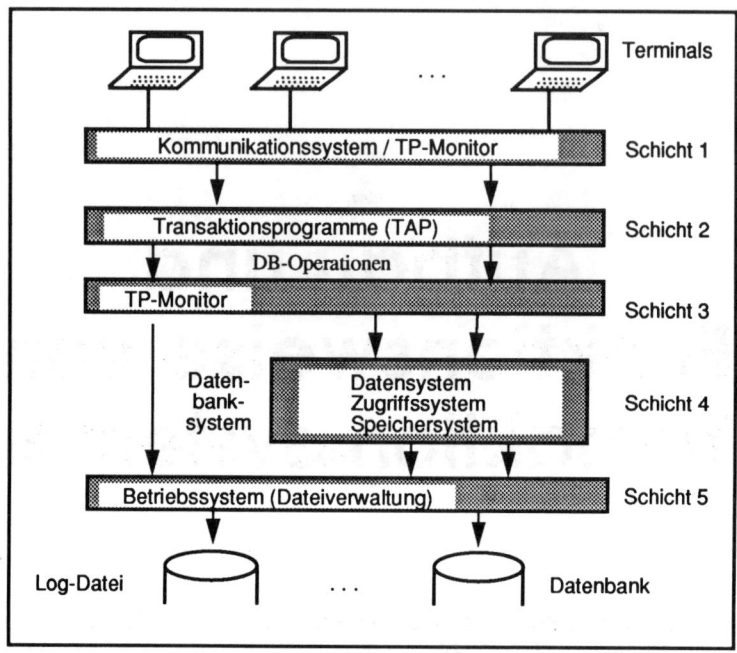

Abb. 2-1:   Schichtenmodell eines zentralisierten Transaktions-
                 systems [Me88, HM90]

übernommenen Schichtenmodells eines zentralisierten Transaktionssystems präzisiert werden, das die Aufrufhierarchie bei Abarbeitung einer Transaktion verdeutlicht (Abb. 2-1). *Schicht 1* ist dabei für sämtliche Aufgaben der Ein-/Ausgabe mit den Terminals
verantwortlich, wobei die externe Kommunikation über das Kommunikationssystem des Betriebssystems abgewickelt wird. Aufgaben des TP-Monitors in dieser Schicht betreffen die Durchführung
eines Nachrichten-Loggings und die Verwaltung von aktiven Verbindungen mit Terminals (Sessions) sowie von Warteschlangen zur
Pufferung von Ein- und Ausgabenachrichten. Eingabenachrichten
werden daneben in ein geräteunabhängiges Format transformiert,
das von den Programmen weiterverarbeitet werden kann; für Ausgabenachrichten ist umgekehrt die Überführung in ein gerätespe-
zifisches Format erforderlich. Anhand des Transaktions-Codes
wird erkannt, welches Transaktionsprogramm für eine Eingabenachricht zur Ausführung zu bringen ist. Bei der Abarbeitung der
Eingangswarteschlangen können unterschiedliche Scheduling-
Strategien eingesetzt werden, z.B. unter Berücksichtigung von
Prioritäten für verschiedene Transaktionstypen bzw. Benutzer-

Schicht 1:
TP-Monitor
und Kommuni-
kationssystem

gruppen oder um die Anzahl paralleler Programmausführungen
(Parallelitätsgrad) zu kontrollieren.

In *Schicht 2* erfolgt die Abarbeitung der Transaktionsprogramme, *Schichten 2*
welche sowohl DC- als auch DB-Operationen enthalten. DC-Auf- *und 3*
rufe an den TP-Monitor dienen zur Übernahme von Nachrichten-
inhalten bzw. zur Übergabe einer Ausgabenachricht. DB-Operationen werden über den TP-Monitor in *Schicht 3* an das DBS übergeben[*]. Die Involvierung des TP-Monitors zur Weiterleitung der DB-
Operationen ist vor allem für eine koordinierte Transaktionsverwaltung zwischen DC- und DB-System erforderlich, um die Atomarität einer Transaktion für beide Subsysteme zu gewährleisten (s.
Kap. 2.2.4). Außerdem bleibt die Realisierung der Kommunikation
mit dem DBS für die Transaktionsprogramme transparent. Aufgaben des TP-Monitors in Schicht 3 betreffen weiterhin die Verwaltung von Ausführungsträgern für Programme (Prozesse, Tasks)
sowie die Programm- und Speicherverwaltung (s. Kap. 2.2). Insbesondere sind die Kontexte für aktive Programmausführungen zu
verwalten, damit nach Unterbrechungen (DB-Operation, Be-
nutzerinteraktion bei Mehrschritt-Transaktionen) die Verarbeitung fortgeführt werden kann.

Das DBS in *Schicht 4* kann selbst wiederum in mehrere interne *Datenbank-*
Ebenen unterteilt werden, z.B. in ein Daten-, Zugriffs- und Spei- *verarbeitung in*
chersystem [Hä87]. Das Speichersystem ist dabei für die Verwal- *Schicht 4*
tung von DB-Seiten zuständig, wobei insbesondere ein DBS-Puffer
oder Systempuffer im Hauptspeicher verwaltet wird, um Lokalität
im Referenzverhalten zur Einsparung physischer E/A-Vorgänge zu
nutzen. Das Zugriffssystem verwaltet die DB-Sätze innerhalb der
Seiten und unterstützt entsprechende Satzoperationen. Daneben
werden dort Zugriffspfade und Indexstrukturen geführt. Das Da-
tensystem schließlich ermöglicht die Abbildung von mengenorientierten DB-Operationen einer deskriptiven Anfragesprache auf die
Satzschnittstelle des Datensystems, wozu entsprechende Ausführungspläne zu erstellen (Query-Optimierung) und auszuführen
sind. Die Zugriffe auf Externspeicher erfolgen üblicherweise über
die Dateiverwaltung des Betriebssystems (*Schicht 5*).

---

[*] Die Transaktionsverwaltung kann auch ohne Anschluß eines DBS er-
     folgen, indem direkt auf Dateien zugegriffen wird. Dieser Ansatz wird in
     diesem Buch nicht betrachtet.

2.1.2 Modell von Bernstein

Ein Alternativ-
modell

Abb. 2-2 zeigt ein alternatives Modell eines Transaktionssystems, welches in [Be90] vorgestellt wurde. Die Funktionen des TP-Monitors sind dabei auf die zwei Komponenten Nachrichtenverwaltung und Auftragssteuerung verteilt. Aufgaben der *Nachrichtenverwaltung* beinhalten vor allem die Kommunikation mit dem Endbenutzer sowie die Nachrichtenabbildung zwischen gerätespezifischem und geräteunabhängigem Format. Die *Auftragssteuerung* ist verantwortlich für Nachrichten-Logging, Transaktionsverwaltung sowie Scheduling. Die Anwendungs-Server entsprechen im wesentlichen den Transaktionsprogrammen, welche die DB-Aufrufe enthalten. Die erforderliche Kooperation zwischen TP-Monitor und DBS wird in dem Modell, im Gegensatz zu Abb. 2-1, nicht mehr deutlich.

Zweiteilung von
Anwendungs-
funktionen

Einige TP-Monitore wie Tandems Pathway und DECs ACMS unterstützen eine Zweiteilung von Anwendungsprogrammen in DC- und DB-spezifische Teilprogramme. Die DB-spezifischen Teilprogramme enthalten sämtliche DB-Operationen, jedoch keine Anweisungen zur Kommunikation mit dem Endbenutzer. Diese befinden sich in den DC-spezifischen Teilprogrammen, welche auch Anweisungen zum Starten bzw. Beenden einer Transaktion sowie Aufrufe der DB-spezifischen Teilprogramme enthalten. In dem Modell nach Abb. 2-2 entsprechen die DB-spezifischen Teilprogramme den Anwendungs-Servern, während die DC-spezifischen Teilprogramme

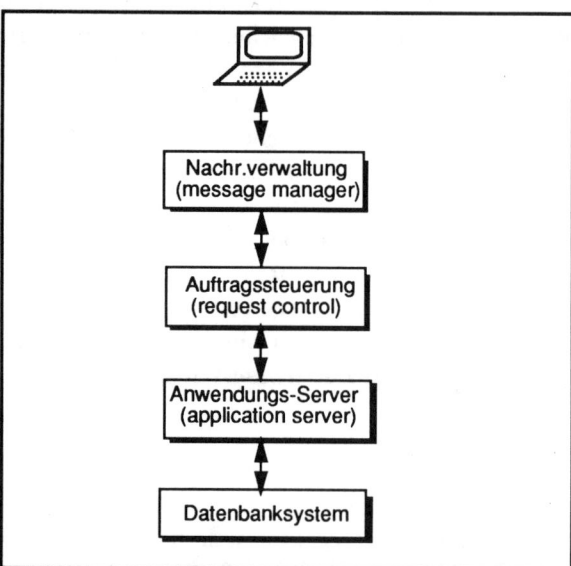

Abb. 2-2:   Aufbau eines Transaktionssystems nach [Be90]

der Auftragssteuerung zuzurechnen sind. Diese Aufteilung führt zu einer Client-/Server-Beziehung zwischen DC- und DB-spezifischen Teilprogrammen, wobei innerhalb einer Transaktion mehrere Anwendungs-Server aufgerufen werden können. Zwischen Anwendungs-Servern und Datenbanksystem besteht ebenfalls eine Client-/Server-Beziehung, wobei hier DB-Operationen die Aufrufeinheiten darstellen. Die Zerlegung in DC- und DB-spezifische Teilprogramme führt zu einer stärkeren Modularisierung der Anwendungen, wobei die DB-spezifischen Teilprogramme in einfacher Weise innerhalb verschiedener Anwendungsprogramme verwendet werden können.

Client-/Server-Kooperation

2.1.3 X/Open-Modell

Ein relativ abstraktes Modell eines Transaktionssystems wurde von der Herstellerorganisation X/Open definiert, um die Interoperabilität zwischen Teilsystemen (TP-Monitore, DBS, etc.) unterschiedlicher Hersteller zu ermöglichen. Das Modell für den zentralen Fall ist in Abb. 2-3 gezeigt. Dabei wird die Verallgemeinerung getroffen, daß im Rahmen einer Transaktion mehrere sogenannter Resource-Manager aufgerufen werden können. Ein Datenbanksystem ist dabei nur ein möglicher Typ eines Resource-Managers; weitere Resource-Manager können z.B. Dateisysteme, Window-Systeme, Mail-Server oder TP-Monitor-Komponenten wie die Nachrichtenverwaltung sein. Ein Transaction-Manager (TM) führt die Transaktionsverwaltung durch, insbesondere ein Commit-Protokoll mit allen Resource-Managern, die an einer Transaktionsausführung beteiligt sind. Der TM ist dabei in einer realen Implementierung üblicherweise Teil des TP-Monitors oder des Betriebssystems. Die Mehrzahl der TP-Monitor-Funktionen sind in dem Mo-

Resource Manager

Transaction Manager

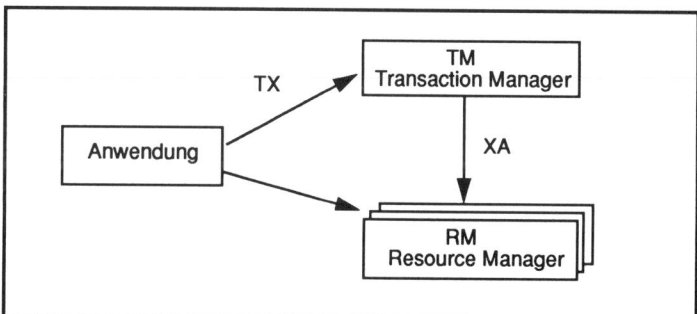

Abb. 2-3: X/Open-Modell eines zentralisierten Transaktionssystems [GR93]

dell jedoch nicht explizit repräsentiert, sondern werden als Teil der Ablaufumgebung angesehen.

TX- und XA-Schnittstellen

Die Schnittstellen zwischen Anwendungen und TM (TX-Schnittstelle) sowie zwischen TM und Resource-Managern (XA-Schnittstelle) wurden standardisiert, um eine Interoperabilität zwischen ansonsten unabhängigen Resource-Managern zu erreichen. Die Transaktionsausführung sieht vor, daß eine Anwendung über die TX-Schnittstelle dem TM Beginn, Ende und Abbruch einer Transaktion mitteilt. Der TM vergibt bei Transaktionsbeginn eine eindeutige Transaktionsnummer, welche danach von der Anwendung bei allen RM-Aufrufen mitgegeben wird. Am Transaktionsende führt der TM dann über die XA-Schnittstelle ein Zweiphasen-Commit-Protokoll mit den Resource-Managern durch. Das X/Open-Modell unterstellt dabei, daß jeder Resource-Manager eine lokale Transaktionsverwaltung unterstützt, insbesondere Sperrverwaltung, Logging und Recovery.

Die Schnittstelle zwischen Anwendung und RM, welche vom jeweiligen RM abhängt (z.B. SQL für DBS), sowie die TX-Schnittstelle bilden das sogenannte *Application Programming Interface (API)*.

2.2 Implementierungsaspekte

Die vorgestellten Modelle bieten eine relativ abstrakte Sicht auf die Funktionsweise eines Transaktionssystems, ohne eine bestimmte Realisierung vorzuschreiben. Existierende TP-Monitore und Datenbanksysteme weisen hierbei jedoch erhebliche Unterschiede auf. Eine ausführliche Behandlung der wichtigsten Implementierungsansätze für das DC-System findet sich in [Me88, HM86, GR93]. Die Implementierung von Datenbanksystemen wird in mehreren Lehrbüchern beschrieben (z.B. [Ul88, EN89]); besonders zu empfehlen sind [GR93] sowie die im Datenbank-Handbuch [LS87] enthaltenen Arbeiten [Hä87, Re87]. In Kap. 5.1 dieses Buchs gehen wir auf die Realisierung einiger DBS-Funktionen wie Pufferverwaltung und Logging näher ein. Hier soll lediglich die Implementierung einiger weiterer Funktionen diskutiert werden, insbesondere bezüglich des DC-Systems.

2.2.1 Prozeß- und Taskverwaltung

Die Ausführung von Transaktionsprogrammen erfolgt üblicherweise innerhalb von Prozessen des Betriebssystems. Ein einfacher Ansatz wäre, wie beim Teilnehmerbetrieb jedem Benutzer (Terminal) einen eigenen Prozeß zur Ausführung seiner Programme zuzuordnen. In diesem Fall vereinfacht sich die Aufgabe des TP-Monitors, da Scheduling-Aufgaben weitgehend vom Betriebssystem übernommen werden können. Dieser Ansatz ist jedoch für größere Transaktionssysteme mit Tausenden von Terminals ungeeignet, da derzeitige Betriebssysteme keine effiziente Unterstützung für eine derart hohe Prozeßanzahl bieten. Existierende TP-Monitore verwenden daher eine begrenzte Anzahl von Prozessen bzw. nur einen Prozeß zur Ausführung der Programme. Vor allem bei der Beschränkung auf einen Prozeß ist es erforderlich, feinere Ablaufeinheiten innerhalb eines Prozesses, sogenannte *Tasks*, zu unterstützen, um die Anzahl paralleler Transaktionsausführungen nicht zu stark einzugrenzen. Auch bei mehreren Prozessen kann ein solches "Multi-Tasking" [HM86] verwendet werden und somit zur Reduzierung der Prozeßanzahl beitragen. Der Einsatz mehrerer Prozesse ist vor allem zur Nutzung von Multiprozessoren vorteilhaft.

Multi-Tasking zur Einsparung von Prozessen

Die Verwaltung der prozeßinternen Tasks erfolgt typischerweise durch den TP-Monitor und ist i.a. weit weniger aufwendig als die Prozeßverwaltung des Betriebssystems. Insbesondere können Prozeßwechselkosten eingespart werden, da nach Unterbrechung einer Programmausführung (z.B. aufgrund eines DB-Aufrufs) die Verarbeitung durch einen anderen Task desselben Prozesses fortgesetzt werden kann. Andererseits reduziert sich die Isolierung zwischen den Programmausführungen, und der TP-Monitor muß ein Scheduling von Tasks durchführen.

Diese Nachteile können durch eine bessere Betriebssystemunterstützung vermieden werden. Dies ist zum einen durch die Unterstützung schneller Prozeßwechsel möglich, wie in modernen Betriebssystemen (z.B. Tandems Guardian) der Fall, weil dann auch eine größere Anzahl von Prozessen tolerierbar ist. Eine Alternative liegt in der Realisierung eines Task-Mechanismus' durch das Betriebssystem, z.B. in Form sogenannter "leichtgewichtiger" Prozesse (light-weight processes) [Ge87]. In diesem Fall kann selbst bei einer Fehlseitenbedingung beim Hauptspeicherzugriff (page fault) ein Umschalten zwischen Tasks erfolgen, während dies bei der Task-Verwaltung durch den TP-Monitor zur Unterbrechung des gesamten Prozesses führt. Bei der Entwicklung von TP-Monitoren im Mainframe-Bereich stand der Mechanismus der leichtgewichtigen Prozesse noch nicht zur Verfügung; dies leisten erst neuere Betriebssysteme wie Mach oder Chorus.

Multi-Tasking under BS-Kontrolle: "leichtgewichtige" Prozesse

2.2.2 Betriebssystem-Einbettung von TP-Monitor und Datenbanksystem

Prozeßzuordnung von TP-Monitor und Anwendungen

Der TP-Monitor selbst kann entweder in denselben Prozessen wie die Transaktionsprogramme (Bsp.: CICS) oder in einem oder mehreren separaten Prozessen laufen (Bsp.: IMS DC, Pathway). Im ersteren Fall können TP-Monitor-Aufrufe effizient über einen Unterprogrammaufruf abgewickelt werden. Es ergeben sich jedoch Schutzprobleme, z.B. um den unberechtigten Zugriff auf Daten des TP-Monitors (z.B. Verzeichnis der Zugriffsberechtigungen) zu verhindern. Die Verwendung separater TP-Monitor-Prozesse vermeidet dieses Problem, führt jedoch zu Inter-Prozeß-Kommunikation. Ein Mittelweg ergibt sich, wenn der TP-Monitor ins Betriebssystem integriert ist (Bsp.: Pathway, UTM), da die Kosten des TP-Monitor-Aufrufs (über einen "Supervisor Call") dann meist geringer liegen als bei einer Inter-Prozeß-Kommunikation.

Prozeßzuordnung des DBS

Ähnliche Einbettungsmöglichkeiten wie für den TP-Monitor bestehen für das DBS. Die Ausführung von DBS und Anwendungsprogrammen innerhalb derselben Prozesse ("inlinked" DBS) gestattet einen geringen Aufwand für DBS-Aufrufe, ist jedoch aus Gründen des Datenschutzes fragwürdig. Bei separater Ausführung des DBS kann dieses zusammen mit dem TP-Monitor in einem oder mehreren Systemprozessen ausgeführt werden oder innerhalb eigener Prozesse. Die Zusammenlegung von TP-Monitor und DBS ("integriertes DB/DC-System") gestattet eine effiziente Kooperation dieser Komponenten, insbesondere zur Transaktionsverwaltung (Bsp.: IMS DC + DL1). Die Separierung der Funktionen ermöglicht dagegen, Subsysteme verschiedener Hersteller einzusetzen. Ein Überblick über die verschiedenen Kombinationsmöglichkeiten zur Betriebssystem-Einbettung findet sich in [Me88].

Wie für die Transaktionsprozesse zur Ausführung der Anwendungsprogramme kann die separate Ausführung des DBS sowie des TP-Monitors durch einen Prozeß mit Multi-Tasking oder innerhalb mehrerer Prozesse mit oder ohne Multi-Tasking erfolgen. Die Verwendung mehrerer Prozesse ist vor allem für Multiprozessoren empfehlenswert; zudem ist die DC- bzw. DB-Verarbeitung bei einem Page-Fault nicht vollständig blockiert wie bei Beschränkung auf einen Prozeß. Auf der anderen Seite sind globale Datenstrukturen (z.B. Sperrtabelle und Systempuffer) in gemeinsamen Speicherbereichen abzulegen, und der Zugriff auf sie muß synchronisiert werden. Dies ist für verschiedene Tasks eines Prozesses relativ einfach realisierbar; die Nutzung gemeinsamer Speicherbereiche zwischen Prozessen sowie die Zugriffssynchronisation erfordert eine entsprechende Betriebssystemunterstützung. Wie in Abb. 2-4 angedeutet, kann die notwendige Lastbalancierung unter mehreren DBS-Prozessen über eine gemeinsame Auftragswarteschlange für DB-Aufrufe (DML-Operationen) erreicht werden. Die Anzahl der Ausführungseinheiten (Prozesse bzw. Tasks) zur DB-Verarbeitung ist i.a. kleiner als die der Ausführungseinheiten für Transaktionsprogramme, da die Programmausführungen synchron auf die Beendigung angestoßener DB-Operationen warten.

DB-Verarbeitung in mehreren Prozessen

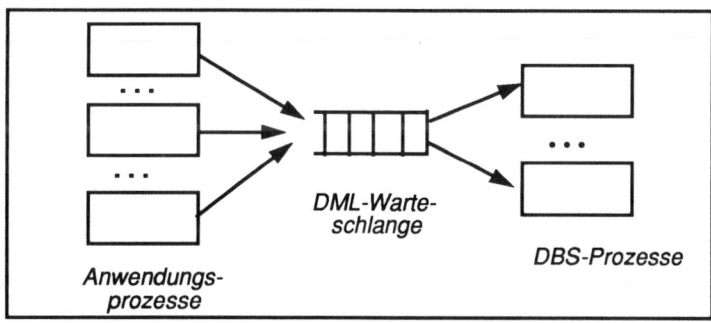

Abb. 2-4:   Betriebssystem-Einbettung mit mehreren DBS-Prozessen

DBS-
Multi-Tasking

Ohne Multi-Tasking führen E/A-Vorgänge während einer DB-Operation (sowie ggf. weitere Unterbrechungen wie Sperrkonflikte oder Kommunikationsvorgänge) zu einem Prozeßwechsel; der Prozeß bleibt bis zur E/A-Beendigung deaktiviert. Mit einem Multi-Tasking können dagegen Prozeßwechselkosten eingespart werden; ein E/A-Vorgang führt lediglich zu einem Task-Wechsel (asynchrone E/A aus Sicht des DBS-Prozesses). Somit wird eine geringere Prozeßanzahl unterstützt, jedoch auf Kosten einer hohen Komplexität der Implementierung.

2.2.3 Speicher- und Programmverwaltung

Ablaufinvarianz
für Transaktions-
programme

Da zu einem Transaktionsprogramm gleichzeitig mehrere Aktivierungen möglich sind, sollte der Programm-Code möglichst nur einmal im Hauptspeicher vorliegen. Dies erfordert, daß das Programm ablaufinvariant (reentrant) realisiert wurde, so daß während der Programmausführung keine Code-Modifikationen vorgenommen werden und Programmvariablen für jede Ausführung in unabhängigen Speicherbereichen verwaltet werden. Weiterhin sind zur Ablage des Programm-Codes gemeinsame Speicherbereiche für die Programmausführungen erforderlich.

Hauptspeicher-
verwaltung

Für den Zeitpunkt der Hauptspeicherallokation von Transaktionsprogrammen können zwei Alternativen unterschieden werden. Die Transaktionsprogramme können entweder bereits beim Start des TP-Monitors in den virtuellen Speicher geladen werden, oder sie werden erst bei Bedarf dynamisch nachgeladen. Das dynamische Laden reduziert den Speicherbedarf, kann jedoch beträchtliche Verzögerungen für die Transaktionsausführung verursachen. Daher ist zumindest für die wichtigsten Transaktionsprogramme das frühzeitige Einlagern in den virtuellen Speicher empfehlenswert. Paging-E/A-Vorgänge sind für Programme mit hoher Aufrufhäufigkeit (z.B. Kontenbuchung) dann kaum zu erwarten.

Last-
balancierung

Erfolgt die Ausführung der Transaktionsprogramme durch mehrere Prozesse, kann eine Begrenzung des prozeßspezifischen Speicherbedarfs erreicht werden, indem eine Einschränkung der in einem Prozeß ausführbaren Programme vorgenommen wird. Im Extremfall kann dann ein Prozeß nur ein bestimmtes Programm ausführen (dies ist z.B. bei Tandems Pathway und DECs ACMS der Fall). Ein Nachteil dabei ist, daß für die Bearbeitung eines Transaktionsauftrages nur noch eine Teilmenge der Prozesse zur Verfügung steht, was zu Wartesituationen führen kann, auch wenn noch nicht alle Prozesse belegt sind. Um dieses Lastbalancierungsproblem zu reduzieren, ist potentiell eine größere Anzahl von Prozessen zur Ausführung bereitzuhalten, wodurch der Speicherbedarf sich jedoch wieder erhöht. Der TP-Monitor ACMS versucht zur Linderung des Lastbalancierungsproblems, die Anzahl von Prozessen (Anwendungs-Server) dynamisch den Anforderungsraten anzupassen.

2.2.4 Transaktionsverwaltung

Aufgabe der Transaktionsverwaltung ist die Einhaltung des Transaktionskonzepts, was vor allem geeignete Logging-, Recovery- und Synchronisationsmaßnahmen erfordert (Kap. 1.2). Die Realisierung dieser Funktionen erfolgt weitgehend im DBS, da dort die Datenzugriffe vorgenommen werden. Logging-Aufgaben des TP-Monitors betreffen vor allem die Protokollierung der Eingabe- und Ausgabenachrichten (Nachrichten-Logging) und möglicherweise von Änderungen auf Dateien, die nicht unter der Kontrolle des DBS stehen. Zur Gewährleistung der Atomarität ist zwischen TP-Monitor und DBS ein lokal verteiltes Commit-Protokoll vorzusehen, damit sowohl im DC-System als auch im DBS für eine Transaktion dasselbe Ergebnis registriert wird (Commit für erfolgreiche Beendigung bzw. Abort/Rollback) [Me88].

Commit-Protokoll zwischen TP-Monitor und DBS

Eine Verallgemeinerung dieses Ansatzes bietet das in Kap. 2.1.3 vorgestellte X/Open-Modell, in dem der Transaction-Manager die Commit-Koordinierung durchführt und bei dem mehrere Resource-Manger (DBS) pro Transaktion involviert sein können.

3
Verteilte
Transaktionssysteme

Die in Kap. 1.4 genannten Anforderungen führten zur Entwicklung unterschiedlichster Realisierungsformen verteilter Transaktionssysteme. Die Diskussion der wichtigsten Systemarchitekturen erfolgt in diesem Kapitel anhand einer neuen Klassifikation verteilter Transaktionssysteme. Diese Klassifikation ermöglicht die Einordnung und Abgrenzung verschiedener Ansätze und unterstützt einen qualitativen Vergleich zwischen ihnen hinsichtlich der gestellten Anforderungen.

Schwerpunkt von Kap. 3: Klassifikation verteilter Transaktionssysteme

Zunächst behandeln wir einige generelle Allokationsprobleme, die bei der Realisierung verteilter Transaktionssysteme zu lösen sind. Die Rechnerzuordnung von Systemfunktionen bildet dabei ein primäres Klassifikationsmerkmal, das zur Unterscheidung von horizontal und vertikal verteilten Transaktionssystemen führt. In beiden Fällen können weitere Verteilformen innerhalb des DC-Systems sowie des DBS unterschieden werden, welche in Kap. 3.2 und 3.3 vorgestellt werden. Im Anschluß betrachten wir Kombinationsmöglichkeiten zwischen horizontaler und vertikaler Verteilung und nehmen eine qualitative Bewertung verschiedener Systemarchitekturen vor. Zum Abschluß (Kap. 3.6) vergleichen wir unsere Klassifikation mit anderen Klassifikationsansätzen.

3.1 Allokationsprobleme in verteilten Transaktionssystemen

Lastzuordnung durch Transaktions-Routing

Bei der Realisierung verteilter Transaktionssysteme sind einige grundsätzliche Allokationsprobleme zu lösen, insbesondere hinsichtlich der Rechnerzuordnung von Lasteinheiten, Transaktionsprogrammen und Daten (Abb. 3-1). Aufgabe der *Lastverteilung* ist zunächst die Zuordnung von Transaktionsaufträgen zu den Verarbeitungsrechnern (Transaktions-Routing), so daß eine möglichst effektive Transaktionsverarbeitung möglich ist [Ra92b]. Die Teilaufgabe der Lastbalancierung ist dabei, Überlastung einzelner Rechner zu vermeiden. Um dies zu erreichen, ist eine *dynamische* Lastverteilung erforderlich, welche den aktuellen Systemzustand (z.B. Rechnerauslastung) bei der Lastzuordnung berücksichtigt. Daneben sollte die Lastverteilung eine Transaktionsbearbeitung mit möglichst wenig Kommunikation unterstützen. Dazu ist Lokalität derart anzustreben, daß eine Transaktion möglichst dort verarbeitet wird, wo die benötigten Funktionen bzw. Daten lokal erreichbar sind. Wie noch ausgeführt wird, ist Lastverteilung nicht notwendigerweise auf ganze Transaktionsaufträge begrenzt. Vielmehr werden in unserer Klassifikation die einzelnen Systemarchitekturen vor allem durch unterschiedliche Lastgranulate gekennzeichnet, welche zur Verteilung herangezogen werden.

Programm- und Datenallokation

Die Freiheitsgrade der Lastverteilung sind wesentlich durch die Rechnerzuordnung von Transaktionsprogrammen und Daten be-

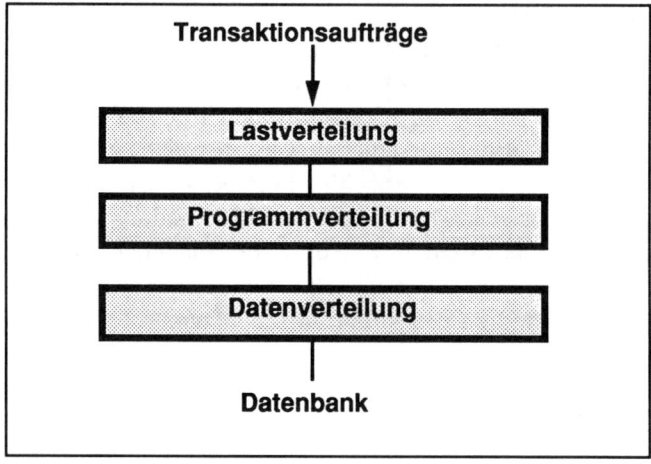

Abb. 3-1: Allokationsprobleme in verteilten Transaktionssystemen

einflußt. Für diese beiden Allokationsformen kommen jeweils drei Möglichkeiten in Betracht [Ra92b]:

- Partitionierung,

- partielle oder volle Replikation sowie

- Nutzung gemeinsamer Externspeicher ("Sharing").

Im Falle der Partitionierung liegt ein Programm/Datum an genau einem Rechner vor, während bei der Replikation mehrere oder alle Rechner eine Kopie des Programmes/Datums halten. Replikation verursacht einen erhöhten Speicherplatzbedarf und Änderungsaufwand als Partitionierung. Allerdings ergibt sich eine erhöhte Flexibilität der Lastverteilung, da mehrere Rechner zur Auswahl stehen, um ein bestimmtes Programm bzw. einen DB-Zugriff zu bearbeiten. Dies ergibt zusätzliche Freiheitsgrade für die Lastbalancierung sowie zur Unterstützung einer möglichst lokalen Verarbeitung. Bei der Partitionierung von Transaktionsprogrammen dagegen bestehen für das Transaktions-Routing keinerlei Wahlmöglichkeiten, da nur einer der Rechner ein bestimmtes Programm ausführen kann. Bei einer Datenpartitionierung ist der Ausführungsort von DB-Operationen auch bereits durch die Datenverteilung weitgehend festgelegt. Eine dynamische Lastverteilung ist bei Partitionierung somit kaum möglich, zumal die Allokation von Transaktionsprogrammen und Daten relativ statisch ist und Änderungen dabei in der Regel manuelle Eingriffe seitens der Systemverwalter erfordern.

Partitionierung vs. Replikation von Programmen und Daten

Beim "Sharing" werden die Programme und die Datenbank auf Externspeichern (Platten) gehalten, die von allen Rechnern direkt erreichbar sind. Diese Strategie vermeidet, eine Partitionierung von Programmen und Daten vornehmen zu müssen, und bietet dasselbe Optimierungspotential zur Lastbalancierung wie bei voller Replikation. Eine Einschränkung dabei ist, daß die Rechner aufgrund der Plattenanbindung i.d.R. nicht geographisch verteilt werden können.[*] Außerdem unterstützt Replikation (im Gegensatz zum Sharing) neben der Lastbalancierung auch eine erhöhte Verfügbarkeit.

Sharing: Programm-/ Datenallokation auf gemeinsamen Externspeichern

Orthogonal zu den diskutierten Allokationsformen kann die Rechnerzuordnung von Systemprogrammen, insbesondere des TP-Monitors und des DBS, gesehen werden. Dazu unterscheiden wir zwi-

---

[*] Allerdings erlauben neuere Kanalkopplungen auf Basis von Glasfaserverbindungen bereits eine Distanz von mehreren Kilometern zwischen Verarbeitungsrechnern und Platten (s. Kap. 4.4).

*horizontale
Verteilung
(Replikation)
von Systemfunk-
tionen*

*vertikale
Verteilung
(Partitionierung)
von Systemfunk-
tionen*

schen zwei generellen Alternativen, welche die Basis unseres Klas-
sifikationsschemas bilden. Bei *horizontal verteilten Transaktionssystemen* liegt eine <u>Replikation</u> von Systemfunktionen vor, so daß
jeder Rechner die gleiche Funktionalität hinsichtlich der Transaktionsbearbeitung aufweist. Dagegen erfolgt bei den *vertikal verteilten Transaktionssystemen* eine weitgehende <u>Partitionierung</u> der Systemfunktionen auf Front-End- und Back-End-Rechner (Server),
welche zu einer funktionalen Spezialisierung der Rechner führt[*].
In beiden Fällen kann die Verteilung auf mehreren Ebenen des DC-
Systems oder des DBS erfolgen, ebenso lassen sich beide Verteilformen kombinieren. So zählen Verteilte Datenbanksysteme zur
Klasse der horizontal verteilten Transaktionssysteme mit Verteilung im DBS; Workstation/Server-Systeme und Datenbankmaschinen sind Beispiele vertikal verteilter Transaktionssysteme. Verteilte TP-Monitore können sowohl eine horizontale als eine vertikale Verteilung unterstützen. Eine genauere Betrachtung der verschiedenen Ausprägungen horizontal und vertikal verteilter
Transaktionssysteme erfolgt in den folgenden beiden Kapiteln.

---

[*]   Ein gewisser Grad an Replikation ist aber auch hierbei unvermeidlich,
      da bestimmte Basisdienste des Betriebssystems und TP-Monitors an je-
      dem Rechner vorliegen müssen (Kommunikationsmechanismen, Trans-
      aktionsverwaltung, Name-Server, etc.).

3.2 Horizontal verteilte Transaktionssysteme

In horizontal verteilten Transaktionssystemen sind die beteiligten
Rechner funktional äquivalent hinsichtlich der Transaktionsverarbeitung. Systemfunktionen werden repliziert, so daß in jedem
Rechner die Komponenten (Schichten) eines zentralisierten Transaktionssystems vorliegen. Allerdings wird keine Homogenität der
Rechner gefordert; vielmehr können auf den einzelnen Rechnern
verschiedene TP-Monitore und DBS sowie heterogene Betriebssysteme und Rechner-Hardware verwendet werden.

Eine weitergehende Unterteilung horizontal verteilter Transaktionssysteme ist möglich, wenn unterschieden wird, auf welcher
Ebene des in Kap. 2.1 eingeführten Schichtenmodells die Kooperation erfolgt, wo also die Verteilung sichtbar ist [Me87]. Hierzu unterscheiden wir zwischen Verteilung nur im DC-System, Verteilung im DBS (Mehrrechner-DBS) sowie Verteilung im DC-System
und im DBS.

3.2.1 Verteilung nur im DC-System

In diesem Fall erfolgt die Kooperation zwischen den TP-Monitoren
der Rechner, während die DBS voneinander unabhängig sind. Dies
hat den Vorteil einer relativ geringen Systemkomplexität, da bei *Unterstützung*
den DBS nahezu keine Erweiterungen im Vergleich zum zentrali- *heterogener*
sierten Fall erforderlich sind. Zudem ist es möglich, heterogene *DBS*
DBS auf verschiedenen Rechnern einzusetzen. Auch wird ein hohes Maß an Knotenautonomie gewährleistet, da jeder Rechner eine
unabhängige Datenbank hält, die durch ein eigenes konzeptionelles Schema beschrieben wird.

Aufgrund der Unabhängigkeit der DBS liegt hierbei in der Regel *Partitionierung*
eine Partitionierung der Daten vor. Datenreplikation müßte an- *der Daten*
sonsten im DC-System gewartet werden; analog müßte bei einem
Sharing die notwendige globale Synchronisierung der Datenzugriffe im DC-System erfolgen. Die Einheit der Datenverteilung ist
sehr grob (ganze Datenbanken). Nachteile ergeben sich auch hinsichtlich Verfügbarkeitsanforderungen: fällt ein Rechner aus, sind
die dort verwalteten Daten nicht mehr erreichbar. Bei Mehrrechner-DBS dagegen kann nach Durchführung bestimmter Recovery-
Aktionen einer der überlebenden Rechner die Daten des ausgefallenen Rechners zeitweilig mitverwalten.

Die Verteilung im DC-Systems kann auf jeder der drei Ebenen des
in Abb. 2-1 dargestellten Schichtenmodells realisiert werden, wobei
sich unterschiedliche Verteileinheiten ergeben:

(1) **Transaktions-Routing (Transaction Routing)**

Verteilung gan-
zer Transak-
tionsaufträge

Bei einer Verteilung in Schicht 1 (bzw. auf Ebene der Auftragssteuerung in
Abb. 2-2) werden ganze Transaktionsaufträge zwischen den Rechnern verteilt. Wird nur diese Verteilform unterstützt, wenn also keine weitere Verteilung auf tieferer Ebene (mit feinerem Verteilgranulat) erfolgt, muß eine
Transaktion vollkommen auf einem Rechner ausgeführt werden, und es können somit nur die lokal erreichbaren Daten referenziert werden. Diese Verteilform setzt daher auch eine *Partitionierung der Transaktionsprogramme*
voraus, wobei der TP-Monitor die Programmzuordnung kennt und somit einen Auftrag an den Rechner weiterleiten kann, wo das entsprechende Programm vorliegt. Dennoch ist diese Verteilform allein nicht ausreichend, da
keine echt verteilte Transaktionsausführung erfolgt.
Transaction Routing wird u.a. durch die TP-Monitore CICS und IMS-DC
(MSC-Komponente: Multiple Systems Coupling) von IBM unterstützt [Wi89,
SUW82].

(2) **Programmierte Verteilung**

Aufruf
entfernter Teil-
programme

Die Verteilung auf Ebene der Transaktionsprogramme (Schicht 2) ermöglicht den Zugriff auf eine entfernte Datenbank durch Aufruf eines Unter-
bzw. Teilprogrammes an dem entsprechenden Rechner. Bei einer Unterteilung in DC- und DB-spezifische Teilprogramme (Kap. 2.1) können zwei Varianten unterschieden werden. Im einfachsten Fall erfolgt keine Verteilung
innerhalb der DB-spezifischen Teilprogramme (Anwendungs-Server), sondern nur durch Aufruf von Anwendungs-Servern verschiedener Rechner innerhalb der DC-spezifischen Teilprogramme (dieser Ansatz wird u.a. von
Tandems Pathway unterstützt). Alternativ dazu können auch innerhalb der
Anwendungs-Server weitere Anwendungs-Server anderer Rechner aufgerufen werden.
Bei diesen Ansätzen kann jedes (DB-spezifische) Teilprogramm nur lokale
Daten eines Rechners referenzieren, wenn keine weitere Verteilung auf
DBS-Ebene erfolgt. Verteiltransparenz kann für den Anwendungsprogrammierer i.a. nicht erreicht werden, da er die verfügbaren Teilprogramme anderer Rechner kennen muß, um sie korrekt aufzurufen. Gegebenenfalls sind
zur Realisierung einer verteilten Anwendung auch eigens Teilprogramme
für entfernte Datenbanken zu entwickeln, wobei dann die jeweilige Anfragesprache und Schemainformationen benutzt werden müssen. Ortstransparenz wird erzielt, wenn der TP-Monitor eine Name-Server-Funktion zur Lokalisierung der Programme bietet. In einigen existierenden DC-Systemen
wie (UTM-D von Siemens [Go90] oder CICS von IBM [Wi89]) sind entfernte
Teilprogramme jedoch anders als lokale aufzurufen, so daß nicht einmal eine
volle Ortstransparenz erreicht wird.
Aufgabe der beteiligten TP-Monitore ist v.a. die Weiterleitung der entfernten
Aufrufe/Antworten sowie die Unterstützung eines verteilten Commit-Proto-
kolles (s.u.). Sybase bietet im Prinzip auch diese Verteilungsform, wenngleich dort die DB-spezifischen   Transaktionsprogramme als sogenannte
"stored procedures" durch das DBS verwaltet werden [Sy89].

(3) **Verteilung von DML-Befehlen (DB-Operationen)**

Verschicken
von DB-Opera-
tionen

Hierbei werden DML-Befehle von dem TP-Monitor zwischen den Rechnern
ausgetauscht, mit der Einschränkung, daß jede DB-Operation nur Daten eines Rechners referenzieren darf (keine Kooperation zwischen den DBS). Das
feinere Verteilgranulat gestattet mehr Flexibilität für externe Datenzugriffe

als bei der programmierten Verteilung, jedoch auf Kosten eines potentiell höheren Kommunikationsaufwandes. Verteiltransparenz kann nicht erzielt werden, da bei der Formulierung der DB-Operationen explizit auf das entsprechende DB-Schema Bezug genommen werden muß. Der tatsächliche Ort der Datenbanken kann durch Verwendung logischer Namen verborgen werden, nicht jedoch die Unterscheidung mehrerer Datenbanken und ihrer Schemata. Es läßt sich also Ortstransparenz jedoch keine Fragmentierungstransparenz erreichen.

Die Verteilung von DML-Befehlen wird u.a. von CICS (Function Request Shipping) unterstützt [Wi89]. Das Weiterleiten von DB-Operationen kann statt über den TP-Monitor auch durch die DBS der Verarbeitungsrechner realisiert werden. Entscheidend ist dabei lediglich das Verteilgranulat "DB-Operation" und die damit verbundene Restriktion, daß pro Operation nur Daten eines DBS/Rechners referenziert werden können. Diese Funktionalität wird auch vom Datenbanksystem DB2 von IBM unterstützt, wobei jedoch z. Zt. Änderungen in einer Transaktion auf einen Knoten beschränkt sind und nur andere IBM-DBS mit SQL-Unterstützung beteiligt sein können. Bei UDS-D von SNI [Gra88] erfolgt das Weiterleiten von DB-Operationen ebenfalls im DBS. Änderungen einer Transaktion sind dabei nicht auf einen Rechner beschränkt; das erforderliche Commit-Protokoll wird ebenfalls im DBS abgewickelt. Allerdings setzt UDS-D Homogenität in den DBS voraus.

Es bleibt festzuhalten, daß in verteilten DC-Systemen aufgrund der Unabhängigkeit der DBS die DB-Operation das feinste Verteilgranulat darstellt. Operationen, welche Daten verschiedener Rechner betreffen, müssen folglich explizit ausprogrammiert werden, so z.B. zur Join-Berechnung zwischen Relationen mehrerer Rechner. Verteiltransparenz wird nicht unterstützt (außer beim Transaktions-Routing, bei dem die gesamte Transaktion an einem Rechner auszuführen ist). Ferner bestehen praktisch keine Freiheitsgrade für eine dynamische Lastverteilung, da der Ausführungsort für Transaktionsprogramme sowie von DB-Operationen fest vorgegeben ist (Partitionierung von Transaktionsprogrammen und Datenbanken). *keine Verteiltransparenz*

Transaktionsverwaltung

Um die Alles-oder-Nichts-Eigenschaft einer verteilten Transaktion zu garantieren, müssen die TP-Monitore ein gemeinsames Zweiphasen-Commit-Protokoll [BEKK84, CP84, MLO86] unterstützen. Die DBS sind an dem verteilten Zweiphasen-Commit über die TP-Monitore indirekt beteiligt. Eine mögliche Erweiterung gegenüber zentralisierten DBS besteht also darin, daß ein lokales DBS eine Commit-Initiierung "von außen" erlauben muß. Viele zentralisierte DBS besitzen bereits diese Funktionalität, da i.d.R. ein lokal verteiltes Commit mit dem TP-Monitor vorgenommen wird, um das Datenbank-Commit mit dem DC-Commit (Sichern der Ausgabenachricht) zu koordinieren. Im verteilten Fall wird damit jedoch *Commit-Koordinierung durch TP-Monitor* eine Verringerung der lokalen Autonomie in Kauf genommen, da der Commit-Koordinator auf einem anderen Rechner residieren kann, dessen Ausfall den Zugriff auf lokale Daten möglicherweise für unbestimmte Zeit blockiert.

Synchronisation und Deadlock-Behandlung

Die Serialisierbarkeit der Transaktionsverarbeitung ist gewährleistet, wenn jedes der beteiligten DBS ein Sperrverfahren zur Synchronisation einsetzt und die Sperren bis zum Commit hält (striktes Zweiphasen-Sperrprotokoll). Globale Deadlocks können jedoch nur mit einem Timeout-Verfahren aufgelöst werden können, wenn keine Erweiterung der DBS zur Mitteilung von Wartebeziehungen eingeführt werden soll. Die Unterstützung des Timeout-Ansatzes erfordert eine (einfache) Erweiterung der lokalen DBS, wenn zur Auflösung lokaler Deadlocks ein andereres Verfahren verwendet wurde (z.B. explizite Erkennung von Deadlocks). Das Hauptproblem des Timeout-Ansatzes liegt in der Schwierigkeit, einen "geeigneten" Timeout-Wert zu finden [JTK89]. Ein zu kleiner Wert führt zu vielen unnötigen Rücksetzungen von Transaktionen, ohne daß ein Deadlock vorliegt; ein großer Timeout-Wert verzögert die Auflösung globaler Deadlocks für lange Zeit, was zu signifikanten Leistungseinbußen durch Sperrblockierungen führen kann.

LU 6.2 vs. OSI TP

Die Kooperation zwischen heterogenen TP-Monitoren sowie zwischen TP-Monitoren und DBS verlangt natürlich die Einigung auf ein gemeinsames Zweiphasen-Commit-Protokoll. Dazu wird in existierenden Systemen meist auf das SNA-Protokoll LU 6.2 von IBM zurückgegriffen [Gr83, Du89]. Das von LU6.2 realisierte Commit-Protokoll kann sich über mehrere Aufrufstufen erstrecken. Es wird automatisch ausgeführt und entweder implizit (durch Beendigung der Transaktion) oder explizit gestartet. Eine sehr ähnliche Funktionalität wie LU6.2 wird von dem neuen OSI-Standard TP (Transaction Processing) angeboten [Up91, SFSZ91].

Transaktions-verwaltung im Betriebssystem

Die Realisierung des Zweiphasen-Commit-Protokolls kann vom TP-Monitor auch ins Betriebssystem verlagert werden. So unterstützt das DEC-Betriebssystem VMS bereits ein verteiltes Commit-Protokoll, das sowohl von TP-Monitoren als von Datenbanksystemen genutzt wird. In Tandem-Systemen wird die Komponente TMF (Transaction Monitoring Facility) sowohl vom TP-Monitor als auch vom DBS zur Commit-Behandlung genutzt. Im X/Open-Modell zur verteilten Transaktionsausführung (s.u.) wird zur Abwicklung des Commit-Protokolls ein Transaction-Manager pro Rechner vorgesehen, wobei von der Zuordnung dieser Komponente zu TP-Monitor oder Betriebssystem abstrahiert wird.

Kommunikation

Neben der Transaktionsverwaltung ist der TP-Monitor vor allem auch für die Kommunikation von Anwendungsprogrammen mit dem Endbenutzer, dem DBS und anderen Anwendungsprogrammen verantwortlich, wobei in zentralisierten Transaktionssystemen sämtliche Eigenschaften der eingesetzten Kommunikationsmechanismen dem Programmierer verborgen bleiben. Diese Kommunikationsunabhängigkeit sollte natürlich auch in verteilten DC-Systemen erhalten bleiben, bei denen unterschiedliche TP-Monitore, DBS und Kommunikationsprotokolle beteiligt sein können.

Hierzu stellen derzeitige TP-Monitore Transaktionsanwendungen vor allem zwei unterschiedliche Ansätze zur Verfügung. Weitverbreitet ist die Kommunikation über Konversationen im Rahmen eines sogenanntes *"Peer-to-Peer"-Protokolls*. Dabei sind zwischen den Kommunikationspartnern zunächst Verbindungen aufzubauen, bevor eine Konversation (Dialog, Nachrichtenaustausch) über Sende- und Empfangsoperationen erfolgt [Be90, Cl92, Cy91]. Dieser Ansatz, der von dem SNA-Protokoll LU6.2 sowie ISO-Protokollen verfolgt wird, ist sehr flexibel, da nahezu beliebige Kooperationsformen realisiert werden können (z.B. können mehrere Teilprogramme asynchron gestartet werden u.ä.). Die resultierende Programmierschnittstelle ist jedoch sehr komplex und fehleranfällig. Ferner wird keine Ortstransparenz erreicht, da für lokale und entfernte Teilprogramme unterschiedliche Mechanismen verwendet werden (lokaler Prozeduraufruf vs. Kommunikation über Konversationen). TP-Monitore wie CICS oder UTM, die auf LU 6.2 aufbauen, verfolgen diesen Ansatz. *(Peer-to-Peer-Kommunikation)*

Die Alternative besteht in der Verwendung von *Remote Procedure Calls (RPC)* zum Starten externer Teilprogramme [Cy91, Sc92, GR93]. Hierbei besteht eine Client-/Server-Beziehung zwischen den Kommunikationspartnern, wobei das rufende Programm (Client) jeweils nur einen Aufruf absetzt und stets eine Antwort vom gerufenen Programm (Server) entgegennimmt. Der Aufruf der Server-Funktionen ist meist synchron, kann jedoch auch asynchron erfolgen. Die Anwendungsprogrammierung wird gegenüber der Kommunikation über Konversationen erheblich vereinfacht, da eine einheitliche Schnittstelle zum Aufruf lokaler und entfernter Programme verwendet werden kann. Der RPC-Mechanismus (TP-Monitor) ist verantwortlich für Lokalisierung und Aufruf der Programme, wobei ggf. eine Kommunikation und Anpassung von Parameterformaten erfolgt. *(Remote Procedure Call)*

OSF DCE

Auch die Realisierung der Kommunikationsfunktionen kann statt durch den TP-Monitor im Betriebssystem erfolgen, wie z.B. im DCE-Standard (Distributed Computing Environment) der OSF (Open Software Foundation) vorgesehen. OSF DCE definiert eine Reihe von Betriebssystem-Basisdiensten zur Kooperation in heterogenen Systemen, darunter die Realisierung einer verteilten Dateiverwaltung, Directory-Funktionen und von RPCs [Cy91, Se91]. Einige neuere TP-Monitore wie Encina nutzen bereits die DCE-Dienste zur RPC-Abwicklung, allerdings erweitert mit einer Transaktionssemantik ("transaktionsgeschützter RPC") [Sp91, GR93].

X/Open Distributed Transaction Processing (DTP)

X/OPEN DTP

Abb. 3-2 zeigt das Modell eines verteilten Transaktionssystems der Herstellervereinigung X/Open [Br91, GR93]. Dabei liegen in jedem der Rechner die Komponenten eines zentralisierten Transaktionssystems (Kap. 2.1.3) vor sowie zusätzlich ein Communication-Manager (CM) zur Durchführung der Kommunikationsaufgaben. Das API (Application Programming Interface), dessen Standardisierung durch die X/Open durchgeführt wird, umfaßt daher neben den Funktionen zur Transaktionsverwaltung (TX-Schnittstelle) und Resource-Manager-Aufrufe zusätzlich noch die Kommunikationsschnittstelle zum CM. Die Kommunikationsschnittstelle orientiert sich dabei weitgehend an der SAA-Schnittstelle CPI-C von IBM und unterstützt sowohl RPCs als eine Peer-to-Peer-Kommunikation. Das verteilte Zweiphasen-Commit-Protokoll läuft zwischen den Transaction-Managern der an einer Transaktionsausführung beteiligten Rechner ab, wobei die Kommunikation wiederum über die Communication-Manager abgewickelt wird. Als Commit-Protokoll ist dabei OSI TP vorgesehen; die X/Open-Schnittstelle XA+ legt fest, welche Aufrufe hierfür zwischen TM und CM zu verwenden sind.

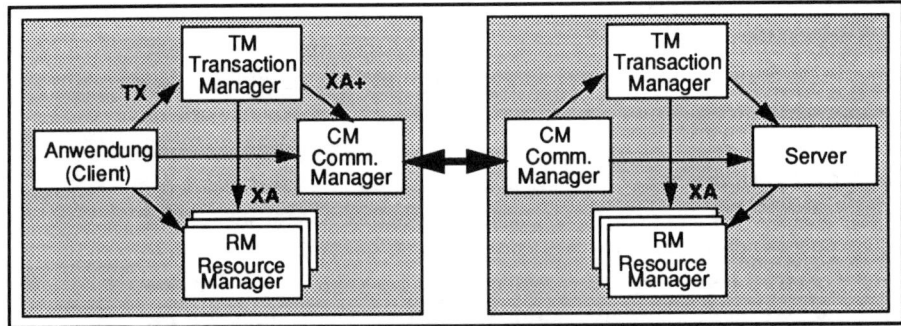

Abb. 3-2:   X/Open-Modell eines verteilten Transaktionssystems [GR93]

Als Schnittstelle zwischen Anwendungen und DBS-Resource-Managern hat X/Open eine Teilmenge von SQL festgelegt, die von den meisten SQL-Implementierungen unterstützt wird. Dies ist trotz der ISO-Standardisierung von SQL erforderlich, da existierende Implementierungen eine Vielzahl von Abweichungen zum Standard aufweisen. Die Verwendung der X/Open-Teilmenge von SQL erleichtert die Interoperabilität zwischen verschiedenen SQL-Systemen, da hiermit die Anzahl von Gateways deutlich reduziert werden kann [SB90, GR93]. Diese DB-Gateways bilden Operationen und Datenformate des DBS-Nutzers auf diejenigen des referenzierten DBS ab; umgekehrt werden Ergebnisse sowie Fehlercodes des DBS auf die Formate des aufrufenden Systems konvertiert.

DB-Gateways

Das X/Open-Modell geht von einer Client-/Server-Zerlegung verteilter Transaktionen aus, ohne bestimmte Aufrufeinheiten vorzugeben. So kann das als Client fungierende Anwendungsprogramm in Abb. 3-2 auf dem zweiten Rechner ein anderes Teilprogramm als Server aufrufen, von dem aus dann auf lokale Resource-Manager zugegriffen wird (entspricht der programmierten Verteilung). Andererseits können aber auch einzelne DB-Befehle die Aufrufeinheiten darstellen; in diesem Fall könnte der aufgerufene Server ein SQL-Gateway sein, von dem aus der Aufruf an ein lokales DBS weitergeleitet wird.

Client-/Server-Kooperation

Eine ausführliche Behandlung von X/Open DTP findet sich in [GR93].

3.2.2 Verteilung im DBS
(horizontal verteilte Mehrrechner-DBS)

Wir bezeichnen verteilte Transaktionssysteme, bei denen die Kooperation der Verarbeitungsrechner innerhalb der DBS erfolgt, als *Mehrrechner-Datenbanksysteme*. Die DC-Systeme der Rechner können dabei unabhängig voneinander arbeiten und verschiedene TP-Monitore benutzen. Eine grobe Unterteilung horizontal verteilter Mehrrechner-DBS ist in Abb. 3-3 gezeigt. Als primäres Unterscheidungsmerkmale dient dabei die Rechnerzuordnung der Externspeicher (Platten), wobei zwischen Partitionierung ("*Shared Nothing*", SN) und Sharing ("*Shared Disk*" (SD), *DB-Sharing*) unterschieden wird. Im Falle von SN (Abb. 3-4b) ist jede Platte nur einem Rechner zugeordnet; die Daten sind entweder ebenfalls partitioniert oder repliziert. Im Falle der Replikation obliegt deren Wartung den DBS, so daß Replikationstransparenz erreicht wird. Bei

Grobklassifikation von Mehrrechner-DBS

SD (Abb. 3-4a) kann jeder Rechner und jedes DBS direkt auf alle
Platten und somit die gesamte Datenbank zugreifen. Zwei weitere
Klassifikationsmerkmale erlauben die Unterscheidung zwischen
integrierten und föderativen sowie zwischen homogenen und heterogenen Mehrrechner-DBS.

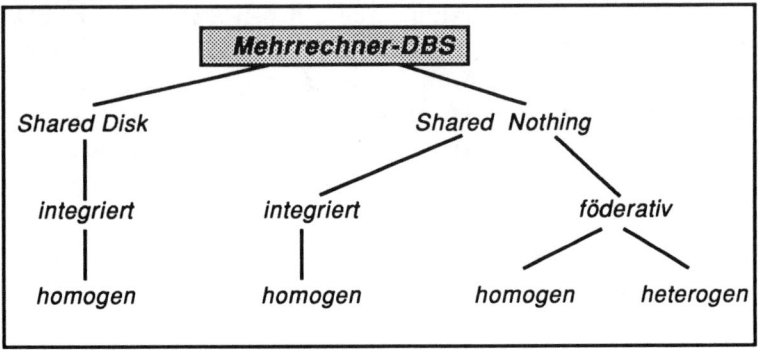

Abb. 3-3:   Grobklassifikation horizontal verteilter Mehrrechner-
            Datenbanksysteme

*Integrierte
Mehrrechner-
DBS*

Integrierte Mehrrechner-DBS sind dadurch gekennzeichnet, daß
sich alle Rechner eine gemeinsame Datenbank teilen, die durch ein
einziges konzeptionelles Schema beschrieben ist. Da dieses gemeinsame Schema von allen Rechnern unterstützt wird, kann den
Transaktionsprogrammen (TAP) volle Verteiltransparenz geboten
werden; sie können über das lokale DBS wie im zentralisierten Fall
auf die Datenbank zugreifen (Abb. 3-4). Auf der anderen Seite ist
die Autonomie der einzelnen Rechner/DBS stark eingeschränkt, da
Schemaänderungen, Vergabe von Zugriffsrechten etc. global koordiniert werden müssen. Daneben wird vorausgesetzt, daß jede DB-
Operation auf allen Rechnern gleichermaßen gestartet werden
kann und daß potentiell alle DBS bei der Abarbeitung einer DB-
Operation kooperieren. Diese Randbedingungen erfordern i.d.R.,
daß die DBS in allen Rechnern identisch (homogen) sind. Die Gewährleistung von Verteiltransparenz läßt die Replikation von
Transaktionsprogrammen zu und ermöglicht somit eine flexiblere
Lastverteilung (Transaktions-Routing) als in verteilten DC-Systemen.

Verteilte DBS

Verteilte Datenbanksysteme [CP83, ÖV91, BG92] sind die bekanntesten Vertreter integrierter Mehrrechner-DBS; sie gehören zur Kategorie "Shared Nothing" (Abb. 3-4b). Gemäß der Schichtenbildung
von DBS (Kap. 2.1) kann die Kooperation auch innerhalb der DBS
auf mehreren Ebenen mit unterschiedlichen Verteilgranulaten er-

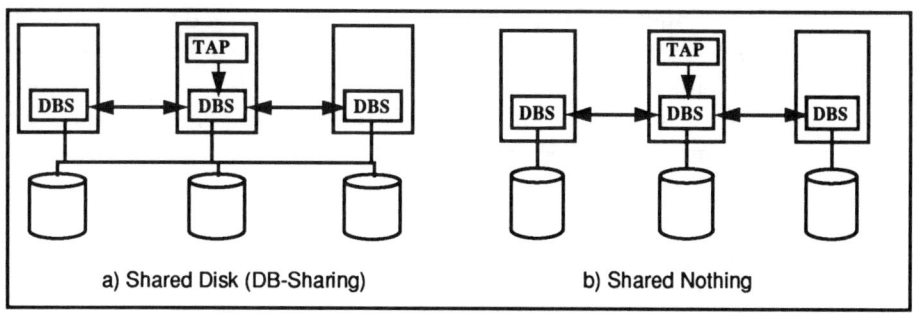

a) Shared Disk (DB-Sharing)   b) Shared Nothing

Abb. 3-4:   Shared Disk vs. Shared Nothing

folgen. So können mengenorientierte Teiloperationen, Satz- oder Seitenanforderungen zwischen den Rechnern verschickt werden, um auf externe Daten zuzugreifen. Im Gegensatz zu verteilten DC-Systemen können bei der Datenzuordnung relativ feine Verteileinheiten gewählt werden, wie eine horizontale (zeilenweise) und vertikale (spaltenweise) Fragmentierung einzelner Relationen. Die beteiligten Rechner können sowohl ortsverteilt als auch lokal verteilt angeordnet sein. Technische Probleme, die bei diesem Ansatz zu lösen sind, beinhalten die Bestimmung der DB-Fragmentierung und DB-Allokation, Erstellung verteilter/paralleler Ausführungspläne, verteilte Commit-Behandlung, globale Deadlock-Behandlung sowie die Aktualisierung replizierter Datenbanken [BEKK84, CP84, ÖV91]. Liegt eine Partitionierung der Daten vor, so ergeben sich relativ geringe Freiheitsgrade zur dynamischen Lastverteilung, da die Datenzuordnung relativ statisch ist und jeder Rechner Zugriffe auf seine Partition weitgehend selbst bearbeiten muß [Ra92b].

DB-Sharing-Systeme [Ra88a, Ra89a] ("Shared Disk", Abb. 3-4a) verkörpern eine weitere Klasse integrierter Mehrrechner-DBS. Aufgrund der direkten Plattenanbindung aller Rechner ist hierbei keine physische Datenaufteilung unter den Rechnern vorzunehmen. Insbesondere kann eine DB-Operation auch von jedem Rechner gleichermaßen abgearbeitet werden (keine Erstellung verteilter Ausführungspläne), wodurch eine hohe Flexibilität zur dynamischen Lastbalancierung entsteht. Kommunikation zwischen den DBS wird v.a. zur globalen Synchronisation der DB-Zugriffe notwendig. Weitere technische Probleme betreffen die Behandlung von Pufferinvalidierungen, Logging/Recovery sowie die Koordination von Lastverteilung und Synchronisation [Ra89a]. Existierende DB-Sharing-Systeme sind u.a. IMS Data Sharing [SUW82], DEC's Datenbanksysteme (RDB, VAX-DBMS) in der Vax-Cluster-

DB-Sharing

Umgebung [KLS86, RSW89] sowie Oracle V6.2 [Or90]. Aufgrund
der erforderlichen Plattenanbindung sind derzeitige DB-Sharing-
Systeme ausschließlich lokal verteilt, wobei die Verarbeitungsrechner sowie die Plattenperipherie typischerweise in einem Raum untergebracht sind. Eine Plattenanbindung über Glasfaserleitungen
erlaubt jedoch eine Aufhebung dieser Beschränkung, so daß eine
begrenzte geographische Verteilung ermöglicht wird (s. Kap. 4.4).
Erfolgt der Zugriff auf die Platten-Controller über eine allgemeine
Nachrichtenschnittstelle (wie z.B. bei den Vax-Clustern sowie in einigen Hypercube-Architekturen bereits der Fall), dann ist prinzipiell auch eine geographisch verteilte Rechneranordnung realisierbar, sofern ein für akzeptable Plattenzugriffszeiten hinreichend
schnelles Kommunikationsnetz verfügbar ist.

*Föderative Mehrrechner-DBS** (federated database systems) streben
nach größerer Knotenautonomie im Vergleich zu den integrierten
Föderative DBS   Systemen, wobei die beteiligten DBS entweder homogen oder hete-
rogen sein können. Aufgrund der geforderten Unabhängigkeit der
einzelnen Datenbanksysteme und Rechner kommt zur Realisierung dieser Systeme nur eine Partitionierung der Externspeicher
in Betracht (Shared-Nothing). Kennzeichnende Eigenschaft der föderativen DBS ist, daß (ähnlich wie bei den verteilten DC-Systemen) jeder Rechner eine eigene Datenbank verwaltet, die durch ein
lokales (privates) konzeptionelles Schema beschrieben ist. Allerdings soll es jetzt durch eine begrenzte Kooperation der DBS möglich werden, über das DBS auf bestimmte Daten anderer Rechner
zuzugreifen, falls dies von dem "Besitzer" der Daten zugelassen
wird. Die Menge kooperierender DBS wird auch als *Föderation* bezeichnet; prinzipiell kann ein DBS an mehreren Föderationen beteiligt sein, falls diese anwendungsbezogen definiert werden. Im
Vergleich zu verteilten DC-Systemen soll eine höhere Integrations-
stufe erreicht werden, indem ein einheitliches Datenmodell bzw.
eine gemeinsame Anfragesprache "nach außen" angeboten werden.
Damit soll es auch möglich werden, innerhalb einer DB-Operation
auf Daten verschiedener Datenbanken zuzugreifen sowie Verteiltransparenz zu erreichen.

Ein Realisierungsansatz hierzu sieht vor, daß jedes DBS Teile seines konzeptionellen Schemas exportiert und somit externe Zugriffe
auf die betreffenden DB-Bereiche zuläßt. Im Idealfall kann Verteiltransparenz für die Benutzer (Programmierer) durch Definition in-

---

*   Gelegentlich findet man auch die Bezeichnung "föderierte Datenbanksy-
    steme" [SW91].

tegrierter externer Schemata (Sichten) erreicht werden, wobei das DBS dann eine automatische Abbildung auf das lokale konzeptionelle Schema sowie die importierten Schemafragmente anderer Rechner vornimmt und für rechnerübergreifende Operationen (z.B. Joins) eine geeignete Anfragezerlegung ausführt. Allerdings ergeben sich bei der erforderlichen Schemaintegration [BLN86] bereits im Fall homogener DBS (mit gleichem DB-Modell und Anfragesprache) vielfach semantische Abbildungsprobleme, welche nicht automatisch aufgelöst werden können [SW91]. Aufgrund der Änderungsproblematik auf Sichten wird auch oft nur lesender Zugriff auf externe Daten unterstützt. Weitere technische Probleme betreffen v.a. die Unterstützung heterogener Datenmodelle und Anfragesprachen sowie die Koordinierung unterschiedlicher Methoden zur Transaktionsverwaltung in den beteiligten Rechnern. Ingres/Star repräsentiert ein kommerziell verfügbares föderatives Mehrrechner-DBS [BR92]. Unterschiedliche Realisierungsformen föderativer DBS werden in [SL90, LMR90, Th90] gegenübergestellt.

Schemaintegration zur Behandlung semantischer Heterogenität

3.2.3 Verteilung im DC-System und im DBS

Die angesprochenen Verteilformen im DC-System und im DBS lassen sich zum Teil kombinieren, wodurch sich i.d.R. größere Freiheitsgrade bezüglich der Last-, Programm- und Datenverteilung ergeben, jedoch auf Kosten einer erhöhten Komplexität. Auch lassen sich einige Nachteile verteilter DC-System beseitigen, wenn zusätzlich ein Mehrrechner-DBS eingesetzt wird (z.B. können durch Verwendung eines verteilten DBS Verteiltransparenz sowie feine Verteileinheiten bei der Datenzuordnung unterstützt werden). Bei Einsatz eines Mehrrechner-DBS erscheint ein zusätzliches Transaktions-Routing zur Lastverteilung generell sinnvoll, um damit einen Transaktionsauftrag einem Rechner zuzuweisen, der nicht überlastet ist und bei dem eine effiziente Ausführung erwartet werden kann (und auf dem das zugehörige Transaktionsprogramm ausführbar ist). Im Zusammenhang mit DB-Sharing erscheinen dagegen die Verteilformen auf Ebene der Teilprogramme und DML-Befehle nicht sinnvoll, da jeder Rechner auf die gesamte Datenbank zugreifen kann.

Mehrrechner-DBS + Verteilung im DC-System

Tandem unterstützt mit dem TP-Monitor Pathway eine spezielle Verteilung auf Teilprogrammebene und mit dem verteilten DBS NonStop-SQL [Ta89] eine verteilte und parallele Anfragebearbeitung im DBS.

3.3 Vertikal verteilte Transaktionssysteme

*vertikale Vertei-
lung bei Work-
station/ Server-
Systemen und
DB-Maschinen*

Vertikal verteilte Transaktionssysteme sind durch eine Partitionierung der Systemfunktionen auf Front-End- und Back-End-Rechner gekennzeichnet, welche gemäß einer Client-/Server-Beziehung kooperieren. Wichtige Vertreter dieser Systemklasse sind Workstation/Server-Systeme, bei denen gewisse Funktionen zur Transaktionsverarbeitung auf Workstations vorgelagert werden, sowie DB-Maschinen, bei denen eine Auslagerung der DB-Verarbeitung auf Back-End-Rechner erfolgt. In beiden Fällen soll eine Entlastung der allgemeinen Verarbeitungsrechner sowie eine Steigerung der Kosteneffektivität durch verstärkten Einsatz preiswerter (jedoch leistungsfähiger) Mikroprozessoren erfolgen. Mit Workstations oder PCs können zudem komfortable Benutzerschnittstellen realisiert werden, was sowohl die Erstellung neuer Anwendungen als auch die Ausführung von Anwendungen (Transaktionen, DB-Anfragen) vereinfacht.

*einfaches vs.
verteiltes
Server-System*

Analog zu den horizontal verteilten Transaktionssystemen ergeben sich bei der Partitionierung der Funktionen mehrere Verteilmöglichkeiten im DC-System und DBS, welche unterschiedliche Verteilgranulate mit sich bringen. Im einfachsten Fall liegt eine Kooperation der Front-End (FE)-Rechner mit nur einem Back-End (BE)-Rechner oder Server vor; bei mehreren Server-Rechnern können diese entweder unabhängig voneinander arbeiten oder kooperieren. In letzterem Fall würde das Server-System wiederum ein horizontal verteiltes Transaktionssystem repräsentieren, was die Orthogonalität der beiden Klassifikationsmerkmale verdeutlicht. Die Server-Rechner müssen dabei jedoch nicht notwendigerweise alle Ebenen des eingeführten Schichtenmodells (Kap. 2.1) unterstützen, werden jedoch i.a. die gleiche Funktionalität aufweisen. So repräsentiert z.B. bei DB-Maschinen das Back-End-System in der Regel ein integriertes Mehrrechner-DBS (derzeit meist vom Typ "Shared Nothing").

3.3.1 Verteilung im DC-System

Bei der Partitionierung im DC-System werden gewisse Funktionen des TP-Monitors bzw. die Transaktionsprogramme auf Front-End-Rechner vorgelagert. Generell ist mit einer Verkomplizierung der Systemadministration zu rechnen, da nun eine Zuordnung von Systemfunktionen und Transaktionsprogrammen auf eine potentiell sehr große Anzahl von Front-End-Stationen zu verwalten ist (replizierte Speicherung von Maskendefinitionen, TP-Monitor-Funktionen und Programmen, so daß Änderungen entsprechend propagiert werden müssen). Ähnlich wie bei den horizontal verteilten DC-Systemen können drei Partitionierungsmöglichkeiten im DC-System unterschieden werden [HM90]:

(1) *Vorlagerung von Präsentationsfunktionen und Nachrichtenaufbereitung*
Eine erhebliche Entlastung der Server ergibt sich oft bereits, wenn Benutzereingaben direkt "vor Ort" analysiert werden (durch intelligente Terminals, PCs oder Workstations) und in ein neutrales, geräteunabhängiges Nachrichtenformat überführt werden, das von den Transaktionsprogrammen auf den Servern verarbeitet werden kann. Umgekehrt sollen Ausgabenachrichten beim Benutzer in das gerätespezifische Format überführt werden. Einfache Eingabefehler (z.B. Verletzung von in der Maskendefinition spezifizierten Wertebereichsbeschränkungen) können sofort abgewiesen werden, ohne daß eine Übertragung an den Server erfolgen muß.

Nachrichtenformatierung auf Workstation oder PC

Diese Verteilform ist einfach realisierbar und wird von vielen Herstellern unterstützt. Sie gestattet die effektive Nutzung der Grafik-Fähigkeiten von Workstations und PCs (z.B. Window-Systeme), so daß sehr komfortable Benutzerschnittstellen zur Transaktionsverarbeitung möglich werden.
Während bei diesem Ansatz weitgehend Aufgaben der Schicht 1 (Abb. 2-1) bzw. der Nachrichtenverwaltung (Abb. 2-2) vorgelagert werden, erfolgt die Ausführung der Transaktionsprogramme weiterhin auf dem Server. Die Einheit der Verteilung ist daher der gesamte Transaktionsauftrag, ähnlich wie beim Transaktions-Routing. Erfolgt auf den Servern keine weitere (horizontale oder vertikale) Verteilung, so ist die Transaktionsausführung auf Daten eines Rechners beschränkt.

(2) *Aufruf von Teilprogrammen auf den Servern*
Bei dieser Partitionierungsform werden Transaktionsprogramme zum Teil auf den FE-Rechnern (z.B. PCs, Workstations) ausgeführt, so daß diese weitergehend als unter (1) genutzt werden können. Allerdings können die FE-Programme nicht unmittelbar mit den Server-DBS kommunizieren, sondern müssen Teilprogramme auf den Servern starten, um die dort erreichbaren Daten zu referenzieren. Zur Durchführung der Kooperation ist je eine TP-Monitor-Komponente auf den FE-Rechnern sowie den Server-Rechnern erforderlich. Innerhalb eines Transaktionsprogrammes auf FE-Seite und damit innerhalb einer Transaktion können Funktionen mehrerer unabhängiger und heterogener Server aufgerufen werden. In diesem Fall muß ein verteiltes Commit-Protokoll zwischen dem TP-Monitor auf dem FE-Rechner und den TP-Monitoren der involvierten Server-Rechner erfolgen. Da PCs oder Workstations als FE-Rechner als "unzuverlässig" einzustufen sind, sollte jedoch die kritische Rolle des Commit-Koordinators vom FE- auf einen der Server-Rechner übertragen werden.*

Nutzung von programmierten Server-Funktionen

Die Bewertung des Ansatzes entspricht im wesentlichen der der programmierten Verteilung bei horizontaler Verteilung. Von Nachteil ist die relativ geringe Flexibilität für die Erstellung von Anwendungen auf FE-Seite, da

---

* Bei verteilten Zweiphasen-Commit-Protokollen kann der Ausfall des Commit-Koordinators dazu führen, daß andere Rechner Sperren und Log-Daten einer Transaktion erst dann freigeben können, wenn der Commit-Koordinator wieder lauffähig ist [MLO86]. Bei Workstations oder PCs muß jedoch von potentiell unbegrenzten Ausfallzeiten ausgegangen werden, da sie i.d.R. nicht von Systemverwaltern betreut werden und z.B. jederzeit abgeschaltet werden können.

nur über Transaktionsprogramme der Server auf die Datenbanken zugegriffen werden kann. Diese Zugriffsform wird u.a. von CICS OS/2 [Da92], Sybase [Sy90], UTM [Go90], Tuxedo (UNIX System Laboratories), Top-End (NCR), Camelot [SPB88] und Encina (Transarc) [Sp91] unterstützt. Neuere TP-Monitore verwenden überwiegend transaktionsgeschützte RPCs zur Kooperation.

Anwendungen vollständig auf FE-Seite

(3) *Ausführung von DML-Befehlen auf den Servern*

Hierbei werden die Transaktionsprogramme vollständig auf den FE-Rechnern ausgeführt und DML-Befehle zur Ausführung an die Server verschickt. Gegenüber (2) ergeben sich somit größere Freiheitsgrade für die DB-Zugriffe, jedoch auch ein i.a. weit höherer Kommunikationsaufwand, da jede Operation einzeln verschickt werden muß. Weiterhin muß die Schemainformation der Server-Datenbanken auf den FE-Rechnern bekannt sein, so ist eine aufwendige Definition von Zugriffsrechten erforderlich (an Schemaobjekte und DB-Operationen gebunden). Soll auf Daten mehrerer (unabhängiger) Server zugegriffen werden, sieht der Programmierer mehrere Schemata. Zur Wahrung des Transaktionskonzeptes (Atomarität) ist ein verteiltes Commit-Protokoll durch die TP-Monitore sowie die DB-Server zu unterstützen.

ISO RDA: Remote Database Access

Die einfachste Realisierungsform (Kooperation mit einem Server) wird von vielen relationalen DBS unterstützt (Oracle, Ingres, Sybase, u.a.). Der ISO-Standard *RDA (Remote Database Access)* [Ar91, La91, Pa91] geht ebenfalls von DML-Befehlen als Aufrufeinheiten aus. RDA strebt dabei vor allem eine verbesserte Interoperabilität in heterogenen Systemen an, indem anstelle von Gateways zur Konvertierung von Daten- und Nachrichtenformaten eine einheitliche Schnittstelle zur Übertragung von DB-Operationen sowie für Funktionen wie Verbindungskontrolle und Transaktionsverwaltung unterstützt wird. Das RDA-Kommunikationsprotokoll spezifiziert ferner die genauen Nachrichtenformate und die erlaubten Reihenfolgen aller Nachrichten. RDA setzt die Verwendung eines einheitlichen APIs (SQL) voraus, wie es z.B. durch X/Open bzw. SQL Access definiert wurde [Ar91]. Zunächst erlaubt RDA lediglich den Zugriff auf einen DB-Server pro Transaktion. Bei der geplanten Erweiterung zum Zugriff auf mehrere Server sollen zur Durchführung der Transaktionsverwaltung andere ISO-Protokolle (TP) verwendet werden. Bei RDA handelt es sich um ein Peer-to-Peer-Kommunikationsprotokoll.

DB-Maschinen

DB-Maschinen fallen auch in die Kategorie vertikal verteilter Transaktionssysteme mit Aufruf von DML-Befehlen. Die Transaktionsprogramme laufen dabei i.a. auf allgemeinen Verarbeitungsrechnern ("Hosts") oder auf Workstations ab. Innerhalb des Back-End-Systems sollen v.a. komplexere DB-Operationen durch Parallelverarbeitung effizient abgearbeitet werden. Beispiele bekannter DB-Maschinen sind Teradatas DBC/1024 [Ne86] sowie Prototypen wie Gamma [De90] oder EDS [WT91].

3.3.2 Verteilung im DBS (vertikal verteilte Mehrrechner-DBS)

Eine weitere Verteilungsmöglichkeit besteht darin, die Anwendungen vollkommen auf den FE-Rechnern auszuführen und die DB-Verarbeitung zwischen FE- und BE-Rechnern zu partitionieren. Diese Realisierungsform wird derzeit v.a. von sogenannten Nicht-Standard-DBS bzw. objektorientierten DBS verfolgt, wobei durch eine möglichst weitgehende Auslagerung der DB-Verarbeitung auf Workstations ein gutes Antwortzeitverhalten für die komplexen

Anwendungsvorgänge in diesen Bereichen (z.B. CAD) angestrebt wird. Insbesondere sollen DB-Objekte nach Bereitstellung durch die Server möglichst im Hauptspeicher der Workstation gepuffert werden (in einem vom Workstation-DBS verwalteten Objektpuffer), um durch Ausnutzung von Lokalität eine hohe Zugriffsgeschwindigkeit zu erzielen. Zudem ergibt sich eine stärkere Unabhängigkeit als bei den vertikal verteilten DC-Systemen gegenüber Server-Ausfällen, da die Verarbeitung i.a. mit dem Workstation-DBS fortgeführt werden kann.

DBS auf Workstation- und Server-Seite

Für die Kooperation zwischen Workstation- und Server-DBS kommen wiederum verschiedene Ebenen mit unterschiedlichen Verteileinheiten in Betracht [De86, DFMV90]. Ähnlich wie bei verteilten DBS können als Aufrufeinheiten mengenorientierte DML-Befehle (oder Teile davon, welche noch nicht lokal vorhandene Daten betreffen) sowie einzelne Objektanforderungen verwendet werden. Wird der Server lediglich zur Dateiverwaltung verwendet, stellen Seiten die Übertragungseinheiten dar. Beispiele vertikal verteilter Mehrrechner-DBS sind u.a. GemStone [BOS91], Orion [KGBW90] und Iris [WLH90].

Liegen auf Workstation und Server unabhängige Datenbanken vor, auf die jedoch innerhalb einer DB-Operation zugegriffen werden kann, so handelt es sich um ein horizontal verteiltes Mehrrechner-DBS, da keine Partitionierung sondern eine Replizierung von DBS-Funktionen vorliegt. Ebenso ist eine horizontale Verteilung bei einer mehrstufig verteilten DB-Verarbeitung gegeben, z.B. zwischen Workstation-DBS, abteilungsspezifischen DB-Servern und einem zentralen DB-Server eines Unternehmens, wenn dabei jeweils unabhängige Datenbanken vorliegen. Es bietet sich dabei ein föderativer Ansatz an, bei dem z.B. auch der Zugriff auf Workstation-Datenbanken von Anwendungen auf den Abteilungsrechnern aus möglich ist, falls dies vom Besitzer der Workstation-Datenbank zugelassen wird.

3.3.3 Vertikale Verteilung über mehr als zwei Ebenen

Eine vertikale Verteilung von Systemfunktionen ist nicht auf zwei Ebenen beschränkt, sondern kann über mehrere Stufen erfolgen. Z.B. ist die DC-Verarbeitung auf drei Ebenen aufgeteilt, wenn eine lokale Nachrichtenaufbereitung auf PCs oder Workstations erfolgt, eine Verteilung der Transaktionsaufträge (Transaktions-Routing) auf Kommunikationsrechnern durchgeführt wird und die Abarbeitung der Transaktionsprogramme auf allgemeinen Verarbeitungs-

rechnern erfolgt. Die DB-Verarbeitung könnte dann auf einer weiteren Server-Ebene vorgenommen werden, z.B. im Rahmen einer
DB-Maschine.

3.4 Kombination von horizontaler und vertikaler Verteilung

Breites
Spektrum an
Verteilformen

Wie schon erwähnt, können horizontale und vertikale Verteilformen miteinander kombiniert werden. Das sich dabei ergebende
Spektrum verteilter Transaktionssysteme ist in Abb. 3-5 verdeutlicht. Dabei werden sowohl bei horizontaler als auch vertikaler Verteilung die drei eingeführten Verteilebenen im DC-System unterschieden (Verteilung ganzer Transaktionsaufträge, von Teilprogrammen oder DML-Befehlen) sowie als vierte Möglichkeit die Verteilung im DBS (Mehrrechner-DBS). Bei horizontaler Verteilung
wurde eine zusätzliche Verteilebene 0 vorgesehen, die den Fall ab-
deckt, wenn nur ein einziger Verarbeitungsrechner (Server) bzw.
mehrere unabhängige Server vorliegen. (Analog könnte man eine

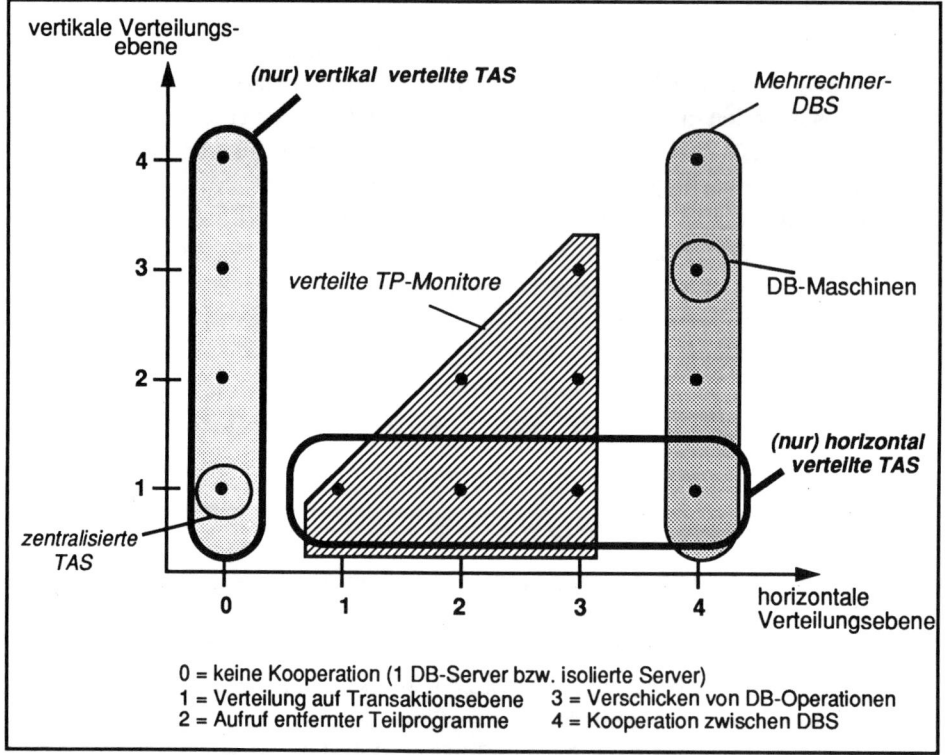

Abb. 3-5:   Kombination horizontal und vertikal verteilter Transaktionssysteme (TAS)

vertikale Verteilebene 0 einführen, welche impliziert, daß die Transaktionen vollständig auf dem FE-Rechner abgearbeitet werden). Zentralisierte Transaktionssysteme sind daher durch die Verteilkombination (0,1) gekennzeichnet, also vertikale Verteilung von ganzen Transaktionsaufträgen (Ebene 1) und keine horizontale Verteilung. Diese Verteilkombination liegt auch vor, wenn eine Vorlagerung der Benutzeroberflächenrealisierung und Nachrichtenaufbereitung auf Front-End-Seite durchgeführt wird. Die in Kap. 3.2 diskutierten Formen horizontal verteilter Systeme entsprechen den Kombinationen (1,1) bis (4,1), während die Kombinationen (0, 1) bis (0,4) den (nur) vertikal verteilten Systemen entsprechen. Die verbleibenden sechs Kombinationen repräsentieren die Systemarchitekturen, bei denen sowohl eine vertikale als eine horizontale Verteilung vorliegt. Dabei ist zu berücksichtigen, daß das horizontale Verteilgranulat stets kleiner oder gleich der vertikalen Verteileinheit sein muß. Wenn also etwa von den FE-Rechnern DML-Befehle auf den Servern aufgerufen werden, so können dort keine gröberen Granulate wie Teilprogramme oder ganze Transaktionsaufträge mehr verteilt werden. DB-Maschinen werden durch die Kombination (4, 3) repräsentiert, also vertikale Übergabe von DB-Operationen und horizontale Aufteilung innerhalb eines Mehrrechner-DBS. Die komplexeste Realisierung eines verteilten Transaktionssystems liegt vor, wenn sowohl eine vertikale als eine horizontale Kooperation zwischen DBS durchgeführt wird (Kombination (4,4)).

Kombination von horizontaler und vertikaler Verteilung

Existierende Systeme bieten oft mehrere Formen einer verteilten Transaktionsverarbeitung an. Sybase unterstützt z.B. die Kombinationen (0, 2), (0, 3) und (2, 2). Dies bedeutet, man kann von Workstations aus entweder Teilprogramme oder DML-Befehle auf den Servern starten; zusätzlich können innerhalb eines Server-Teilprogrammes Teilprogramme anderer Server aufgerufen werden.

3.5 Bewertung verschiedener Verteilformen

In Abb. 3-6 sind für einige der angesprochenen Architekturformen verteilter Transaktionssysteme die qualitativen Bewertungen zur Erleichterung des Vergleichs zusammengefaßt. Für verteilte DC-Systeme ergeben sich bei horizontaler und vertikaler Verteilung weitgehend dieselben Bewertungen bezüglich den angeführten Kriterien, so daß auf eine entsprechende Unterscheidung verzichtet wurde. Die Bewertungen für Mehrrechner-DBS beziehen sich auf horizontal verteilte Systeme, da vertikal verteilte Mehrrechner-DBS vor allem für Nicht-Standard-Anwendungen eingesetzt werden, die in diesem Buch jedoch nicht im Mittelpunkt stehen.

Bewertung verteilter DC-Systeme

Vorteile verteilter DC-Systeme sind die vergleichsweise einfache Realisierbarkeit sowie die Unterstützung einer hohen Knotenautonomie und heterogener Datenbanken, die geographisch verteilt vorliegen können. Föderative DBS liegen bei der Bewertung zwischen den verteilten DC-Systemen und den integrierten Mehrrechner-DBS. Auch sie streben die Unterstützung unabhängiger und möglicherweise heterogener Datenbanken an, jedoch unter Bereitstellung einer höheren Funktionalität als bei verteilten DC-Systemen (vereinfachte Anwendungserstellung). Die dazu erforderliche Kooperation zwischen den DBS führt jedoch zwangsweise zu einer er-

| | Verteilte DC-Systeme | | Mehrrechner-DBS | | |
			föderative DBS	integriert SN	integriert SD
	Programmebene	DML-Ebene		SN	SD
DBS-Komplexität	+	+	o	-	-
Orts-,Fragmentierungstransparenz	-/o	-	o	++	++
Replikationstransparenz	--	--	o	+	n.a.
Einfachheit d. Programmierung	-	-	o/+	++	++
Flexibilität bezüglich					
Datenallokation	--	-	-	o/+	n.a.
Programmzuordnung	--	o	-	o/+	+
Lastverteilung	--	--	-	o	+
geographische Verteilung	++	+	+	o	-
Knotenautonomie	++	+	+/o	-	-
DBS-Heterogenität	++	+	+	-	-
Verfügbarkeit der Daten	-	-	-	+	+
Nutzung von Intra-TA-Parallelität	-	-/o	o	+	+

Abb. 3-6:   Qualitative Bewertung verteilter Transaktionssysteme

höhten DBS-Komplexität sowie einer reduzierten Knotenautonomie.

Die integrierten Mehrrechner-DBS vom Typ "Shared Nothing" und "Shared Disk" unterstützen volle Verteiltransparenz und ermöglichen damit eine einfache Erstellung der Anwendungen. Zudem bieten sie die größten Freiheitsgrade bezüglich der Last-, Programm- und Datenzuordnung sowie der Nutzung von Parallelität innerhalb einer Transaktion. Diese Ansätze sind daher auch hinsichtlich der Realisierung von Hochleistungs-Transaktionssystemen zu bevorzugen, insbesondere bei lokaler Rechneranordnung, wo ein schnelles Kommunikationsmedium genutzt werden kann. Weiterhin können dabei Rechnerausfälle durch geeignete Recovery-Maßnahmen der DBS am ehesten für den Benutzer transparent gehalten werden. Ebenso wird Erweiterbarkeit am besten von integrierten Mehrrechner-DBS unterstützt, da bei verteilten DC-Systemen und föderativen DBS die Rechneranzahl im wesentlichen durch die Anzahl der verschiedenen Datenbanken festgelegt ist (allerdings könnte jede der Datenbanken wiederum von einem integrierten Mehrrechner-DBS verwaltet werden)

Integrierte Mehrrechner-DBS zur Realisierung von Hochleistungs-Transaktions-systemen

Die Untersuchung zeigt, daß für jede Verteilform Vor- und Nachteile hinsichtlich der angeführten Bewertungskriterien bestehen, so daß es keinen "idealen" Typ eines verteilten Transaktionssystemes gibt. Die Eignung verschiedener Architekturansätze ist daher von dem hauptsächlichen Einsatzbereich bestimmt. Viele Hersteller von TP-Monitoren bzw. DBS bieten daher heute schon mehrere Verteilformen an, und es wird es auch weiterhin eine Koexistenz der verschiedenen Ansätze zur verteilten Transaktionsverarbeitung geben. Vertikal verteilte Systeme wie Workstation/Server-Architekturen und DB-Maschinen werden dabei zunehmend an Bedeutung gewinnen, da sie eine hohe Kosteneffektivität zulassen. Die Vorlagerung von DC-Funktionen auf Workstations gestattet zudem die Unterstützung komfortabler Benutzerschnittstellen.

geeignete Verteilungsform ist anwendungs-abhängig

3.6 Vergleich mit anderen Klassifikationsansätzen

Das vorgestellte Klassifikationsschema basiert vor allem auf der
Unterscheidung zwischen horizontaler Replikation und vertikaler
Partitionierung von Systemfunktionen. In beiden Fällen wurden
verschiedene Verteilungsebenen innerhalb des DC-Systems und
des DBS herausgestellt, die eine Abgrenzung der in der Praxis ver-
breitesten Systemarchitekturen für verteilte Transaktionssysteme
ermöglichte. Es wird jedoch nicht der (unrealistische) Anspruch er-
erweiterbare   hoben, alle existierenden oder vorgeschlagenen Architekturformen
Klassifikation   zur verteilten Transaktions- oder Datenbankverarbeitung mit diesem Klassifikationsschema abzudecken. Allerdings kann die Klassifikation leicht verfeinert werden, da bestimmte Unterscheidungsmerkmale nur für einige Systemklassen von Interesse sind und damit eine weitere Aufteilung möglich ist. So existiert z.B. für DB-Maschinen bereits eine große Anzahl von Klassifikationsansätzen
[Hu89]; eine weitergehende Klassifizierung von föderativen DBS
findet sich in [SL90].

Die Klassifikation kann als Weiterentwicklung der Arbeiten
[HR86, Me87, HM90] aufgefaßt werden, die jeweils nur einen Teil-
bereich verteilter Transaktionssysteme abdecken. In [HR86] wurde
eine Klassifikation integrierter Mehrrechner-DBS vorgenommen,
wobei der Schwerpunkt auf der Gegenüberstellung von Shared-
Nothing- und Shared-Disk-Architekturen lag. In [Me87] erfolgte
die Abgrenzung verschiedener Formen horizontal verteilter DC-Systeme, während in [HM90] vertikal verteilte DC-Systeme in Work-
station/Server-Umgebungen im Mittelpunkt standen. Die vorgestellte Klassifikation zeigt nicht nur, wie diese Teilklassen innerhalb eines einheitlichen Ansatzes aufgenommen werden können,
sondern sie enthält noch einige weitere Architekturtypen wie föderative oder vertikal verteilte Mehrrechner-DBS. In [Me87, HM90]
wurden als Mehrrechner-DBS lediglich verteilte DBS diskutiert.
Hier wurden desweiteren eine Systematisierung verschiedener
Kombinationsmöglichkeiten der Verteilung vorgenommen und auf
die Implikationen bestimmter Ansätze für die Allokation von
Transaktionsprogrammen, Daten und Lasteinheiten eingegangen.

sonstige Klassi-   In [Ef87] erfolgte eine Klassifikation verschiedener Ansätze zum
fikationsansätze   "Fernzugriff auf Datenbanken". Dabei wurde zwischen Terminal-
netzen, Netzen aus autonomen Rechnern sowie verteilten Datenbanksystemen unterschieden. Terminalnetze entsprechen dabei im
wesentlichen zentralisierten Transaktionssystemen (bzw. vertikal
verteilten Systemen mit Transaktionsaufträgen als Aufrufeinhei-

ten), wobei die Terminals mit einem Zentralrechner über ein Kommunikationsnetz verbunden sind. Die Netze aus autonomen Rechnern entsprechen in unserer Klassifikation vertikal verteilten DC-Systemen, bei denen die Transaktionsprogramme auf Arbeitsplatzrechnern ausgeführt werden. In [Ef87] wurde dabei vor allem auf RDA eingegangen.

In [LP91] wurde eine Klassifikation von Transaktionssystemen vorgestellt, die jedoch die DC-Komponente völlig außer acht läßt und nur Verteilformen bezüglich des DBS berücksichtigt. Dabei wurden verschiedene Stufen der Heterogenität und Autonomie sowie mehrere Schemaarchitekturen unterschieden, so daß sich im wesentlichen eine Klassifizierung verteilter bzw. föderativer DBS ergab. Vertikal verteilte Transaktionssysteme, horizontal verteilte DC-Systeme sowie DB-Sharing fanden dagegen keine Berücksichtigung. Die Klassifikation in [ÖV91] ist im wesentlichen auch auf horizontal verteilte Shared-Nothing-Systeme beschränkt.

4
Technologische Entwicklungstrends

Zur Realisierung von Hochleistungs-Transaktionssystemen gilt es, die rasanten Fortschritte in nahezu allen Hardware-Bereichen für die Transaktionsverarbeitung möglichst weitgehend zu nutzen. Leistungsverbesserungen sollen sowohl bezüglich der Transaktionsraten als auch bei den Antwortzeiten erreicht werden. Zur Quantifizierung der Leistungssteigerungen eignen sich dabei zwei allgemeine Metriken, Speedup und Scaleup, die in Kapitel 4.1 zunächst definiert werden. Danach betrachten wir die wichtigsten Entwicklungstrends bezüglich CPU, Halbleiterspeichern, Externspeichern (Magnetplatten, optische Platten) und Datenkommunikation. Die sich für die Transaktionsverarbeitung ergebenden Konsequenzen werden abschließend in Kap. 4.6 zusammengefaßt.

4.1 Speedup und Scaleup

Speedup ist ein allgemeines Maß zur Bestimmung, in welchem Umfang die Leistungsfähigkeit von Computersystemen durch eine bestimmte Optimierung verbessert wird [HP90]. Üblicherweise wird Speedup mit Hinblick auf die Verkürzung von Antwortzeiten bzw. Ausführungszeiten bestimmter Berechnungen verwendet. Der Antwortzeit-Speedup ist dabei folgendermaßen definiert:

Antwortzeit-Speedup

$$\text{Antwortzeit-Speedup} = \frac{\text{Antwortzeit ohne Optimierung}}{\text{Antwortzeit mit Optimierung}} \qquad (4.1)$$

Hierbei kann die "Optimierung" sowohl einzelne Hardware- als auch Software-Komponenten betreffen. Wird z.B. die mittlere Antwortzeit einer Transaktion nach Verdoppelung der CPU-Leistung von 2 auf 1.5 Sekunden verbessert, so ergibt sich ein Speedup-Wert von 1.33. Speedup wird insbesondere in Mehrrechner-Datenbanksystemen verwendet, um die Effektivität der Parallelisierung von Transaktionen bzw. Anfragen zu bestimmen [Gr91, DG92]. Dazu wird die durch Einsatz von N Rechnern erzielte Antwortzeit mit der Antwortzeit auf einem Rechner in Beziehung gesetzt, wobei idealerweise ein Speedup-Wert von N erzielt wird.

Der ideale Speedup wird i.d.R. nicht erreicht, wenn sich durch die zu untersuchende Optimierung nur ein Teil der Antwortzeit verbessert. Diesen Zusammenhang verdeutlicht *Amdahls Gesetz* (Formel 4.2), welches den Speedup berechnet, wenn nur ein bestimmter Antwortzeitanteil durch eine Optimierung verkürzt wird [HP90]:

Amdahls Gesetz

$$\text{Antwortzeit-Speedup} = \frac{1}{(1 - F_{opt}) + \dfrac{F_{opt}}{S_{opt}}} \qquad (4.2)$$

F_{opt} = Anteil der optimierten Antwortzeitkomponente ($0 \leq F_{opt} \leq 1$)
S_{opt} = Speedup für optimierten Antwortzeitanteil

Besteht also zum Beispiel die Antwortzeit einer Transaktion zu 50 Prozent aus CPU-bezogenen Anteilen (F_{opt} = 0.5) und wird die CPU-Geschwindigkeit verdoppelt, so gilt S_{opt} = ß2; der Speedup-Wert insgesamt beträgt jedoch nur 1.33. Selbst wenn die CPU-Geschwindigkeit beliebig erhöht wird, ist der bestmögliche Speedup-Wert auf 2 begrenzt, wenn nicht in den anderen Antwortzeitkomponenten (z.B. E/A) zusätzliche Verbesserungen erreicht werden. Analoge Speedup-Begrenzungen bestehen auch hinsichtlich der Parallelisierung, wenn nur ein Teil der Antwortzeit durch Parallelarbeit verkürzt werden kann.

Durchsatz-Scaleup

Zur Bewertung der Durchsatzverbesserung verwendet man in Transaktionssystemen häufig den sogenannten *Scaleup* [Gr91], der folgendermaßen definiert ist:

$$\text{Durchsatz-Scaleup} = \frac{\text{Durchsatz mit Optimierung}}{\text{Durchsatz ohne Optimierung}} \qquad (4.3)$$

Wird im Rahmen der "Optimierung" die CPU-Kapazität (Rechneranzahl) gesteigert, wird als Skalierungsregel zusätzlich verlangt, daß die Datenbankgröße linear mit der CPU-Kapazität erhöht wird. Die Steigerung der CPU-Kapazität sollte dabei stets eine entsprechende Erhöhung der Transaktionsrate zulassen, wobei in [Ra90, BHR91] zwischen vertikalem und horizontalem Wachstum unterschieden wurde. *Vertikales Wachstum* bezieht sich auf zentralisierte Systeme, bei denen eine Steigerung der Rechenkapazität durch schnellere CPUs oder Einsatz von Multiprozessoren eine lineare Durchsatzsteigerung ermöglichen sollte. *Horizontales Wachstum* verlangt, daß im Mehrrechnerfall die Transaktionsrate linear mit der Rechneranzahl wächst, so daß bei N Rechnern ein Scaleup-Wert von N im Vergleich mit einem Rechner erzielt wird.

Gelegentlich wird im Zusammenhang mit der Parallelisierung von Anfragen in Mehrrechner-DBS der *Antwortzeit-Scaleup* (batch scaleup) als weiteres Leistungsmaß verwendet [Gr91, DG92]. Dieses Maß bestimmt die Antwortzeitveränderung bei Einsatz von N Rechnern und N-facher Datenbankgröße verglichen mit dem 1-Rechner-Fall. Dabei soll im Mehrrechnerfall trotz des höheren Datenvolumens aufgrund der Parallelisierung einer Operation möglichst die gleiche Antwortzeit wie bei einem Rechner erreicht werden (Antwortzeit-Scaleup = 1). *Antwortzeit-Scaleup*

4.2 CPU

Die Steigerung der CPU-Leistung erfolgt in unterschiedlicher Geschwindigkeit für verschiedene Rechnerklassen. Dies verdeutlicht die aus [HP90] übertragene Abb. 4-1, wobei die Klassenbildung vor allem über den Preis getroffen wurde. Am leistungsfähigsten und teuersten sind Supercomputer; sie kosten oft mehr als 10 Millionen US-Dollar. Ihr Haupteinsatz liegt bei rechenintensiven, numerischen Anwendungen aus dem wissenschaftlichen Bereich. Großrechner (Mainframes) sind leistungsfähige Allzweck-Rechner, deren Preis typischerweise zwischen 500.000 und einigen Millionen US-Dollar beträgt. Die Preisspanne von Minirechnern reicht von etwa 50.000 bis 500.000 US-Dollar. Mikroprozessoren, bei denen der Prozessor vollständig auf einem Chip untergebracht ist, liegen am unteren Ende der Preisskala. Sie werden vor allem im Rahmen von PCs und Workstations verwendet. *Computerklassen*

Abb. 4-1 verdeutlicht, daß die Steigerung der CPU-Leistung für Mikroprozessoren am weitaus stärksten erfolgt. Während für Superrechner, Mainframes und Minirechner die jährliche Steigerungsrate meist unter 20% lag, wurden für Mikroprozessoren Wachs- *CPU-Leistung* tumsraten von 35% erzielt [MYH86]. Seit etwa 1985 steigerte sich die jährliche Wachstumssrate bei Mikroprozessoren sogar auf 50-100%, was vor allem auf die stark zunehmende Verbreitung der RISC-Technologie zurückzuführen ist. Von der absoluten Rechenleistung her gesehen werden Mikroprozessoren daher Großrechner in naher Zukunft übertreffen [GGPY89]. Für 1995 rechnet man bereits mit Mikroprozessoren von 500 MIPS Leistungsfähigkeit [Wi91], für das Jahr 2000 mit bis zu 2000 bis 4000 MIPS [Fä91].

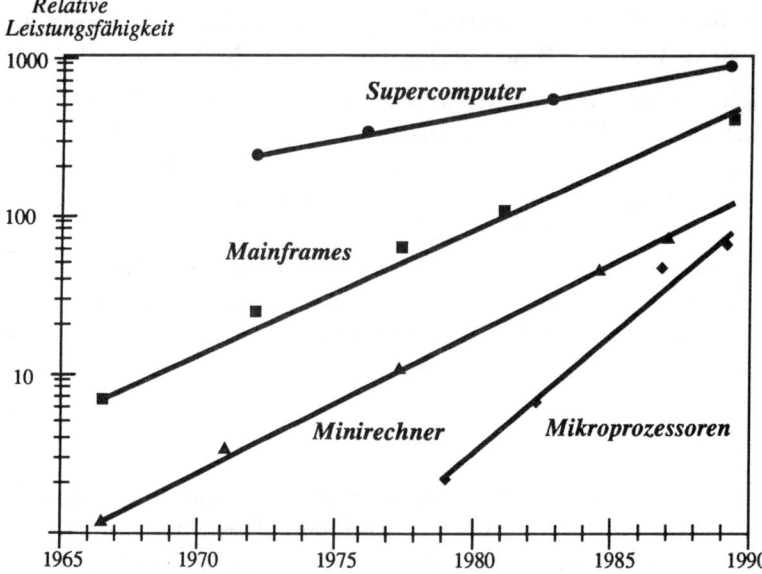

Abb. 4-1:   Entwicklung der CPU-Leistung für unterschiedliche Rechnerklassen [HP90]

CPU-Kosten   Die geringen Kosten und hohe Leistungsfähigkeit von Mikroprozessoren haben eine weit höhere Kosteneffektivität (in US-Dollar pro MIPS) als für Großrechner zur Folge. Abb. 4-2 verdeutlicht, daß das Preis-Leistungsverhältnis sich zwar für alle Rechnerklassen ständig verbessert, jedoch am weitaus stärksten für Mikroprozessoren. So ergibt sich aufgrund einer Schätzung aus [BW89] für Mikroprozessoren eine mehr als hundertfache Verbilligung der CPU-Leistung innerhalb von 12 Jahren, während bei Großrechnern weniger als ein Faktor 10 erreicht wird. Für 1993 wird ein nahezu 400-facher Preisvorteil pro MIPS für Mikroprozessoren verglichen mit Mainframes prognostiziert. Auch wenn ein solcher Vergleich aufgrund der unterschiedlichen Einsatzformen der Rechner nur begrenzt möglich ist, wird doch die Notwendigkeit klar, zur Steige-

rung der Kosteneffektivität zunehmend Mikroprozessoren auch
für die Transaktionsverarbeitung zu nutzen.

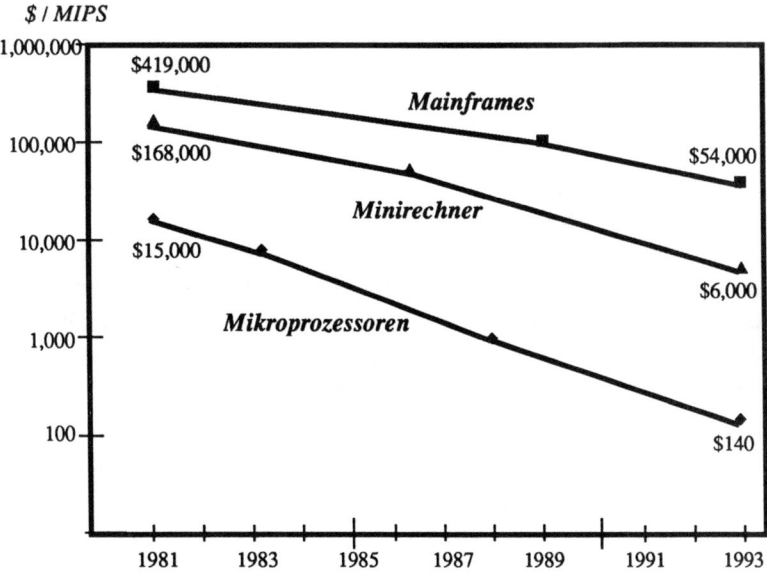

Abb. 4-2: Entwicklung der CPU-Kosten für unterschiedliche Rechnerklassen [BW89] (Werte für 1993 geschätzt)

Durch Einsatz von Multiprozessor-Architekturen (enge Rechner-   *Multi-*
kopplung) kann die CPU-Leistungsfähigkeit weiter gesteigert wer-   *prozessoren*
den. Kennzeichnende Eigenschaften dieser Kopplungsart sind, daß
sich mehrere Prozessoren einen gemeinsamen Hauptspeicher teilen und Software wie Betriebssystem, Datenbanksystem oder Anwendungsprogramme nur in einer Kopie vorliegen. Bei Großrechnern werden derzeit Multiprozessoren mit bis zu acht Prozessoren
angeboten. Auch bei Mikroprozessoren setzt sich der Multiprozessor-Ansatz zunehmend durch, wobei meist ein gemeinsamer Bus
für den Hauptspeicherzugriff verwendet wird, der jedoch meist bei
relativ geringer Prozessoranzahl bereits zu Engpaß-Situationen
führt. Allgemeinere und leistungsfähigere Verbindungsnetzwerke
erlauben zwar eine bessere Erweiterbarkeit, jedoch zu entsprechend hohen Kosten und höhere Zugriffszeiten (bekanntes Beispiel
ist der "butterfly switch" in BBN-Systemen [Ba91, TW91]). Eine
weitergehende Leistungssteigerung wird möglich durch lose gekoppelte Mehrrechner-Architekturen, bei denen mehrere unabhängige Rechner (mit jeweils eigenem Hauptspeicher und Soft-
ware-Kopien) über Nachrichtenaustausch über ein Kommunika-

tionsnetzwerk kooperieren. Jeder Rechner kann dabei ein Multiprozessor sein.

4.3 Halbleiterspeicher

Die Entwicklung bei den Speicherchips verläuft ähnlich rasant wie
bei den Prozessoren. Bei den für Hauptspeicher verwendeten
DRAM-Chips (Dynamic Random Access Memory) führt die ständig
wachsende Integrationsdichte vor allem zu hohen Zuwachsraten
bei der Speicherkapazität sowie zu fallenden Kosten. In den Zugriffszeiten wurden dagegen in den letzten 10 Jahren lediglich Verbesserungen von im Mittel 7% pro Jahr erzielt [HP90]. Da die CPU-
Geschwindigkeit wesentlich stärker gesteigert wurde (s.o.), besteht
die Gefahr, daß die langsamen Hauptspeicherzugriffe zunehmend
eine effektive CPU-Nutzung beeinträchtigen.

Halbleiter-
speicher:
Kapazität vs.
Zugriffszeit

Diese Gefahr kann jedoch durch Einsatz von schnellen Cache-Speichern [Sm82] zwischen Prozessor und Hauptspeicher weitgehend
reduziert werden, da jeder "Treffer" im Cache-Speicher einen
Hauptspeicherzugriff einspart. Für die Cache-Speicher werden
SRAM-Chips (Static Random Access Memory) verwendet, welche
um den Faktor 5-10 schnellere Zugriffszeiten als DRAM-Speicher
ermöglichen. Obwohl für SRAM-Chips eine stärkere Beschleunigung in den Zugriffszeiten (ca. 40% pro Jahr) als für DRAM-Chips
erreicht wurde, gehen einige Hersteller bereits zu zweistufigen
Cache-Architekturen über, bei denen SRAM-Speicher mit unterschiedlicher Zugriffsgeschwindigkeit verwendet werden [Fä91].

Einsatz von
Cache-
Speichern

Da viele Anwendungen eine hohe Zugriffslokalität aufweisen, werden in den Prozessor-Caches häufig Trefferraten von über 95% erzielt. Für Datenbankanwendungen liegen die Trefferraten jedoch
meist signifikant niedriger, da hierbei oft eine große Anzahl von
Prozeßwechseln während der Transaktionsbearbeitung anfällt
(z.B. aufgrund von E/A-Vorgängen bzw. Inter-Prozeß-Kommunikation zwischen Transaktionsprogrammen und Datenbanksystem).
Die Folge davon ist eine merklich reduzierte CPU-Leistung, die zur
Transaktionsverarbeitung genutzt werden kann. Eine weitere Reduzierung der Effektivität von Cache-Speichern entsteht bei Multiprozessoren, bei denen jeder Prozessor einen eigenen Cache-Speicher besitzt. Da nun Speicherinhalte repliziert in den lokalen
Cache-Speichern gehalten werden, führen Änderungen in einem
der Caches zu veralteten Daten in den anderen Caches. Die Lösung
dieses Kohärenz- oder Invalidierungsproblems verlangt die Unter-

reduzierte
Cache-Effekti-
vität im
DB-Betrieb

stützung eines geeigneten Protokolls und führt in der Regel zu vermehrten Hauptspeicherzugriffen [St90]. Die Invalidierungsproble-
matik ist einer der Gründe für die begrenzte Erweiterbarkeit von
Multiprozessoren.

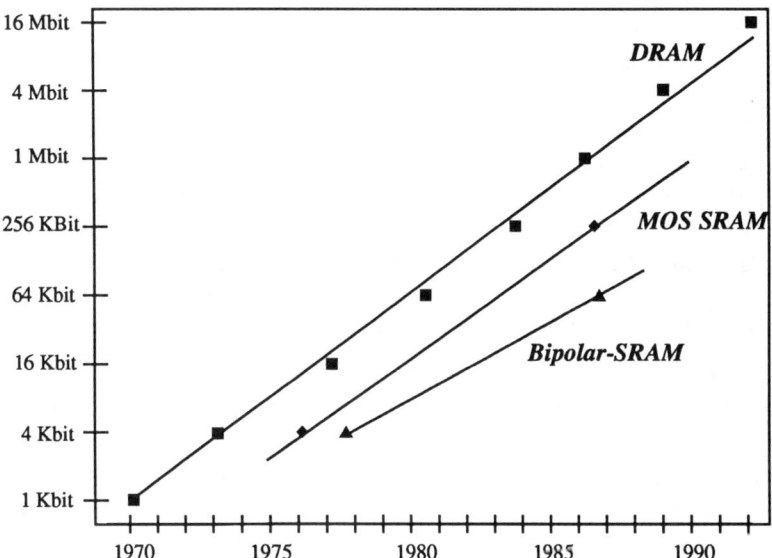

Chip-Kapazität

Abb. 4-3:   Entwicklung der Speicherkapazität von Halbleiterspei-
            chern [As86, KGP89]

Abb. 4-3 verdeutlicht die Zuwachsraten bei der Speicherkapazität   *Speicher-*
für DRAM- und SRAM-Speicherchips. Die größte Integrations-   *kapazität*
dichte sowie die stärksten Zuwachsraten werden für DRAM-Chips
erzielt. Deren Speicherkapazität erhöhte sich zwischen 1970 und
1985 um den Faktor 1000 [As86], die jährliche Zuwachsrate lag zuletzt bei ca. 60% pro Jahr [HP90]. Für SRAM-Chips auf MOS-Basis
(Metal Oxide Silicon) werden ähnlich hohe Zuwachsraten bei der
Speicherkapzität erzielt, jedoch auf etwas geringerem Niveau.
Niedrigere Zuwachsraten sind für die sehr schnellen und teueren
SRAM-Speicher auf Bipolar-Basis zu verzeichnen.

Da der Kapazitätszuwachs bei DRAM-Chips vor allem bei Großrechnern über der Steigerungsrate bei der CPU-Leistung liegt,
wurden vielfach die Hauptspeicher stärker vergrößert als die CPU-
Geschwindigkeit. Während früher die "Faustregel" galt, daß pro
MIPS 1 Megabyte Hauptspeicher vorliegen soll, liegt die Hauptspeichergröße in heutigen Systemen häufig bereits mehr als drei-

Speicherkosten   mal so hoch [HP90]. Die Kosten pro Megabyte Hauptspeicher verringerten sich allerdings in der Regel um weniger als 30% pro Jahr,
wobei die absoluten Werte wiederum von der Rechnerklasse abhängig sind. Wie Abb. 4-4 verdeutlicht, liegen die Speicherkosten pro
Megabyte Hauptspeicher bei Mainframes mehr als 10-mal so hoch
wie bei PCs. Daneben fielen bei PCs die Speicherkosten schneller
als bei Mainframes (um ca. 29% vs. 25% jährlich), wenngleich die
Unterschiede hier weit weniger ausgeprägt sind wie bei den CPU-
Kosten (Kap. 4.2). Wichtig ist auch zu beachten, daß die Hauptspeicherkosten auf Systemebene (board level) weit über den Preisen auf
Chip-Ebene liegen.

Die stark wachsenden Hauptspeicher können natürlich von Datenbanksystemen zur Vergrößerung des Systempuffers genutzt werden, um so Externspeicherzugriffe einzusparen. Im Extremfall können ganze Datenbanken resident im Hauptspeicher geführt werden
(Hauptspeicher-Datenbanken, s. Kap. 5.2).

Ein weiterer Trend liegt in dem ständig geringer werdenden Strombedarf von Speicherchips, der es zunehmend erleichtert, "nicht-
flüchtige" Halbleiterspeicher zu realisieren. Dabei können die Speicherinhalte bei einem Stromausfall durch eine Reservebatterie
("Battery Backup") erhalten bleiben, so daß kein Datenverlust ein-

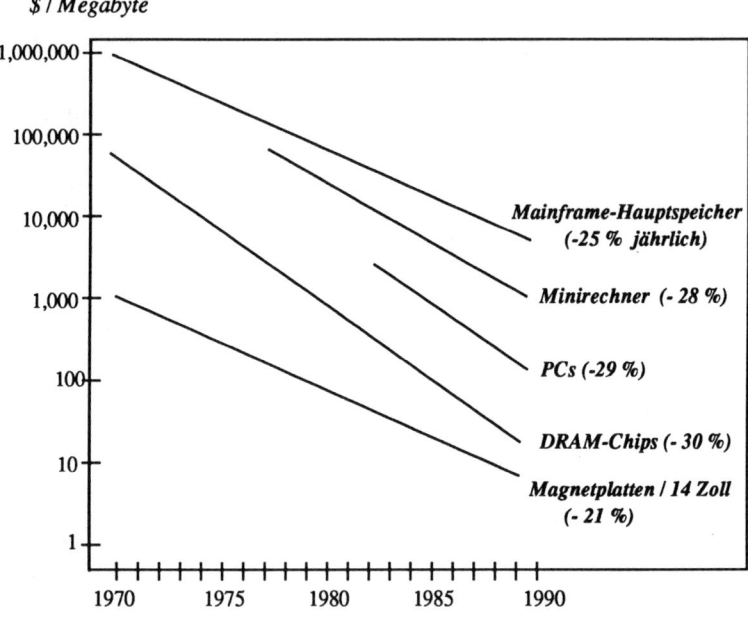

Abb. 4-4: Entwicklung der Speicherkosten [Ba89]

tritt. Es lassen sich damit Herstellerangaben zufolge ähnliche Ausfallwahrscheinlichkeiten (meantime between failures) als für Magnetplatten erzielen. Die Bereitstellung der Batterie führt jedoch zu einer erheblichen Verteuerung der Speicher, insbesondere für DRAM-Chips, die einen weit höheren Strombedarf als SRAM-Chips haben. Bei Verwendung von SRAM-Speichern reicht zwar ggf. eine kleinere Batterie aus, dafür sind diese Speicher selbst weit teurer als DRAM-Speicher. Ein generelles Problem liegt darin festzulegen, welche Ausfalldauer durch die Reservebatterie abzudecken ist, d.h. wie lange mit einem Stromausfall zu rechnen ist (derzeitige Realisierungen unterstützen meist bis zu 48 Stunden). Eine ebenfalls kostenintensive Alternative zur Verwendung von Reservebatterien liegt in der Realisierung einer "ununterbrechbaren" Stromversorgung (uninterruptible power supply). Dies kann durch redundante Auslegung aller an der Stromversorgung beteiligten Komponenten erfolgen, wobei bei Ausfall einer der Komponenten ein sofortiges (automatisches) Aktivieren der Reservekomponenten erfolgen muß [Mo91].

nicht-flüchtige Halbleiterspeicher

Nicht-flüchtige Halbleiterspeicher können auch durch Verwendung von ferroelektrischen DRAM-Speichern sowie EEPROM-Chips (electrically erasable programmable read-only memory) realisiert werden. Von den EEPROM-Speichern werden dabei sogenannte Flash EEPROMs als besonders vielversprechend angesehen, da mit ihnen eine hohe Integrationsdichte sowie vergleichsweise geringe Kosten erreichbar sind [Li88]. Ferroelektrische Halbleiterspeicher erlauben jedoch einen wesentlich schnelleren Schreibzugriff als die EEPROM-Speicher. Derzeit werden solche nicht-flüchtigen Halbleiterspeicher bereits in einigen tragbaren PCs (Laptop- bzw. Notebook-Computer) eingesetzt und ersetzen dabei die Festplatte. Für solche Speicherkarten erfolgte bereits eine Standardisierung, so daß eine zunehmende Verbreitung zu erwarten ist [Pr92]. Allerdings liegen die Kosten zur Zeit noch deutlich über denen von nicht-flüchtigen Halbleiterspeichern mit Reservebatterie sowie Magnetplatten.

weitere Entwicklungen

4.4 Magnetplatten

Datenbanken werden üblicherweise auf Magnetplatten gespeichert, welche Permanenz (Nicht-Flüchtigkeit) sowie einen direkten Zugriff unterstützen. Die Entwicklung bei Magnetplatten ist daher von besonderem Interesse, wobei sich ähnliche Trends wie bei den DRAM-Speichern zeigen. Denn in der Vergangenheit wurden die

größten Fortschritte bei der Speicherkapazität sowie den Speicherkosten erzielt, während bei den Zugriffszeiten nur geringe Verbesserungen stattfanden. Die Aufzeichnungsdichte pro Flächeneinheit
verdoppelte sich seit 1955 im Mittel alle 2.5 Jahre [Ho85], was zu
einer Reduzierung der Speicherkosten von etwa 20-25 % pro Jahr
beitrug [HP90]. Wie auch Abb. 4-4 verdeutlicht, verringerten sich
damit die Speicherkosten in der Vergangenheit etwas langsamer
als bei den Hauptspeichern. Abb. 4-4 zeigt jedoch, daß die Hauptspeicherkosten auf Systemebene (im Gegensatz zu den Kosten für
DRAM-Chips) immer noch signifikant über den Speicherkosten von
Magnetplatten liegen, vor allem für Großrechner (zudem bieten
Magnetplatten Nicht-Flüchtigkeit). Weiterhin ist zu beachten, daß
der Gesamtumfang der Plattenkapazität in einem System durch
Hinzunahme weiterer Platten einfacher konfigurierbar ist als die
Hauptspeichergröße, für die in der Regel feste Obergrenzen beste-
hen, und daß in vielen Anwendungen die im Direktzugriff (online)
zu haltenden Datenmengen auch stark zunehmen. So wurde für
IBM-Systeme festgestellt, daß sich innerhalb von dreizehn Jahren
(1967-1980) die mittlere Plattenkapazität pro Installation um den
Faktor 40 erhöhte, während die Hauptspeicherkapazität nur halb
so stark zunahm [St81]. Die Plattenkapazität übertraf dabei die
Hauptspeicherkapazität im Durchschnitt um das Tausendfache.

Die starken Verbesserungen bei der Speicherdichte führten nicht
nur zu einer höheren Plattenkapazität, sondern auch zu einer stän-
digen Verkleinerung der Plattenlaufwerke. Für Großrechneranlagen betrug der Plattendurchmesser zunächst 24 Zoll, er verringerte
sich jedoch bald (1963) auf 14 Zoll. Das jüngste Modell der IBM
(3390), das 1989 eingeführt wurde, weist einen Durchmesser von
10.8 Zoll auf. Wesentlich kleiner sind die Festplatten für Workstations und PCs. Hier dominieren zur Zeit Magnetplatten mit einem
Durchmesser von 5.25 und 3.5 Zoll und einer Kapazität von zum
Teil mehr als 1 Gigabyte. In Laptop- und Notebook-Computern
werden zunehmend 2.5-Zoll-Platten eingesetzt, die bereits Speicherkapazitäten von über 100 Megabytes erreichen [Na91]. In der
Zukunft ist auch verstärkt mit 1.8- und sogar 1.3-Zoll-Platten zu
rechnen [Ph92]. Bei diesen kleinen Platten liegen die Zuwachsraten bei der Speicherdichte derzeit höher als bei den größeren Platten, und sie erreichen neben einer kleineren Stellfläche auch einen
deutlich günstigeren Stromverbrauch sowie (aufgrund hoher Ferti-
gungszahlen) niedrigere Kosten pro Megabyte [KGP89]. Ein geringerer Durchmesser unterstützt auch schnellere Zugriffszeiten, da
zur Positionierung des Zugriffsarmes (Suchzeit) kürzere Entfer-

nungen zu bewältigen sind.

Neuesten Untersuchungen zufolge berträgt der Kapazitätszuwachs pro Flächeneinheit für die kleinen Platten rund 40% pro
Jahr und liegt damit deutlich über der Steigerungsrate für DRAM-
Speicher (derzeit ca. 26%) [Ph92]. Aus diesem Grund wird für die
Zukunft eine Umkehrung der Preisentwicklung erwartet, so daß
die Kosten pro MB für (kleine) Platten stärker als für Halbleiterspeicher fallen werden.

	IBM 3330 (1971)	IBM 3390-1 (1989)
Flächendichte (Bits / mm^2)	1200	96000
Durchmesser (Zoll)	14	10.8
max. Plattenkapazität (MB)	100	11340
#Umdrehungen pro Minute	3600	4260
mittlere Umdrehungswartezeit (ms)	8.3	7.1
durchschn. Suchzeit (seek) in ms	30	9.5
Transferrate (MB/s)	0.8	4.2

Tab. 4-1: Technische Merkmale von IBM-Magnetplatten [Ha81, CR91]

Zur Verdeutlichung der Entwicklung zeigt Tab. 4-1 einige technische Kenndaten einer Magnetplatte aus dem Jahre 1971 und dem
aktuellen IBM-Modell 3390. Man erkennt, daß sich die Flächen-
dichte innerhalb der 18 Jahre um den Faktor 80 erhöht hat, daß bei
den Zugriffszeiten jedoch nur vergleichsweise geringe Verbesserungen erreicht wurden. Während die Transferrate, welche die
Übertragungszeit zwischen Hauptspeicher und Platte weitgehend
bestimmt, noch um mehr als das Fünffache gesteigert wurde, verbesserten sich die durchschnittlichen Suchzeiten lediglich um das
Dreifache und die mittleren Umdrehungswartezeiten nur um 18
Prozent. Damit verringerte sich die Zugriffszeit für eine 4 KB-Seite
insgesamt nur um den Faktor 2.5, nämlich von 43.3 auf 17.6 ms,
wenn man nur die erwähnten Zugriffszeitanteile berücksichtigt.
Obwohl daneben noch Bedien- und Wartezeiten im E/A-Prozessor
(Kanal) bzw. bei den Platten-Controllern in die Zugriffszeit einge-
hen, liegen die in der Praxis erreichten Werte häufig noch unter
den aufgrund der technischen Parameter zu erwartenden Zeiten.
Der Grund dafür liegt darin, daß bei der durchschnittlichen Suchzeit eine Gleichverteilung der Zugriffe über alle Zylinder unterstellt wird, während aufgrund von Lokalität im Zugriffsverhalten

Vergleich von
IBM-Platten
(1971 vs. 1989)

stellt wird, während aufgrund von Lokalität im Zugriffsverhalten in der Regel nur 25 bis 30 Prozent dieses Wertes anfallen [CKB89].

Zugriffsdauer zunehmend durch Umdrehungswartezeit bestimmt

Eine Folge davon ist, daß die Zugriffszeiten zunehmend durch die Umdrehungswartezeiten begrenzt sind, bei denen bisher die geringsten Verbesserungen erreicht wurden. Die Umdrehungswartezeiten dominieren vor allem bei höherer Kanalauslastung, welche zu einer Zunahme sogenannter RPS-Fehlbedingungen (rotational position sensing misses) führt. Ist nämlich zu dem Zeitpunkt der aufgrund der auf der Magnetplatte erreichten Position des Lese-/Schreibkopfes möglichen Datenübertragung der Kanal belegt (RPS miss), wird die Zugriffszeit wenigstens um eine weitere volle Plattenumdrehung erhöht. Zur Reduzierung der Umdrehungswartezeiten unterstützen einige Plattenhersteller daher bereits 7200 Umdrehungen pro Sekunde.

Glasfaserverbindungen erlauben hohe Transferraten und geographische Verteilung

Bei den Transferraten liegt die Begrenzung derzeit bei den Platten selbst, da mit Glasfaserverbindungen bereits weit höhere Datenraten bewältigt werden können. So unterstützt die neue ESCON-Architektur (Enterprise Systems Connection) der IBM bereits zwischen 10 und 17 MB/s [Gro92]; SCSI2 geht sogar bis zu 20 MB/s. Ein großer Vorteil einer solchen Kopplungsart liegt vor allem darin, daß Magnetplatten und Verarbeitungsrechner räumlich verteilt aufgestellt werden können, wobei die Plattenperipherie selbst wieder auf mehrere Orte aufgeteilt werden kann [Bu90, Sn91]. Dies führt zu einer deutlichen Erhöhung der Datensicherheit, da selbst der Totalausfall eines Knotens (z.B. durch Bombenanschlag) keine Auswirkungen auf die anderen Systemkomponenten hat. Selbst ein Datenverlust kann in einem solchen Fall vermieden werden, wenn Spiegelplatten eingesetzt und die Plattenpaare auf zwei Orte verteilt werden. Weiterhin kann eine Aufstellung der Platten an Orten mit günstigen Kauf- oder Mietpreisen für den benötigten Stellplatz erfolgen. Die ESCON-Architektur unterstützt derzeit Entfernungen von bis zu 9 km zwischen Verarbeitungsrechnern und Platten, mit neueren Kanälen sind künftig Entfernungen bis zu 43 km möglich [Gro92, CZ91].

Schließung der Zugriffslücke

Aufgrund der geringen Verbesserungen bei den Plattenzugriffszeiten besteht die bekannte "Zugriffslücke" zwischen Hauptspeicher und Externspeicher fort, wobei der Unterschied in den Zugriffszeiten etwa den Faktor 100.000 ausmacht. Zur Schließung dieser Lücke wurden bereits verschiedenste Technologien und Speichertypen entwickelt bzw. vorgeschlagen. So wurden in den siebziger Jahren vor allem CCD-Speicher (charge coupled devices) sowie Magnetblasenspeicher propagiert, die von speziellen Anwendungen abgesehen sich jedoch nicht durchsetzen konnten [Ni87]. Festkopfplatten, bei denen jeder Spur zur Vermeidung der Suchzeit ein eigener Lese-/Schreibkopf zugeordnet ist, haben aufgrund der hohen Kosten auch praktisch keine Bedeutung mehr. Stattdessen zeigt sich, daß verschiedene Typen seitenaddressierbarer und zum Teil nicht-flüchtiger Halbleiterspeicher zunehmend als Zwischenspeicher eingesetzt werden. Speichertypen, die in diese Kategorie fallen, sind Platten-Caches, Solid-State-Disks sowie erweiterte Hauptspeicher. Obwohl sie auch weit höhere Speicherkosten als Magnetplatten verursachen, lassen sich bereits mit relativ geringer Speichergröße signifikante Leistungsverbesserungen erzielen. Eine genauere Diskussion der technischen Merkmale sowie der Einsatzformen dieser Speichertypen erfolgt in Kapitel 6.

Ein weiteres Leistungsproblem von Magnetplatten ist deren begrenzte Durchsatzleistung. Denn aufgrund der hohen Zugriffszeiten sind pro Platte nur relativ geringe E/A-Raten von maximal 50 bis 60 E/A-Vorgängen (Blockzugriffe) pro Sekunde möglich. Da sich im höheren Auslastungsbereich die Zugriffszeiten stark erhöhen, wird in der Praxis empfohlen, die Plattenauslastung unter 50% zu halten, was die E/A-Rate auf ca. 25-30 reduziert. Um diese Begrenzung zu erreichen, ist es jedoch vielfach erforderlich, die Plattenkapazität nicht vollständig auszuschöpfen, sondern die Daten auf eine ausreichend große Anzahl von Laufwerken zu verteilen. In diesem Fall sind die Speicherkosten dann nicht durch die benötigte Speicherkapazität, sondern die zu unterstützende E/A-Rate bestimmt [CKS91]. Bei einer umfangreichen Erhebung an MVS-Installationen wurde so festgestellt, daß im Mittel nur etwa 50% der Plattenkapazität belegt wird, während je 25% ungenutzt bleiben, um eine Überlastung der Platte zu verhindern bzw. zukünftiges Wachstum von Dateien zu unterstützen [Ge89]. Eine Erhöhung der Speicherkapazität einer Platte bringt dann offenbar wenig Vorteile, solange die E/A-Rate unverändert bleibt.

Durchsatzleistung (E/A-Raten)

Für datenintensive Anwendungen ist die Übertragungsleistung einer Platte auch bei weitem zu gering, um die benötigten Daten ausreichend schnell einzulesen und somit kurze Antwortzeiten erreichen zu können. Dies ist z.B. problematisch bei der Verarbeitung von umfangreichen Bilddaten, aber auch zur Auswertung von Ad-Hoc-Anfragen, welche das vollständige Einlesen einer oder mehrerer großer Satztypen (Relationen, Dateien) erfordern. Sind z.B. 100 Gigabyte von Platte einzulesen, so dauert bei einer Übertragungs-

Notwendigkeit von E/A-Parallelität

leistung von 4 MB/s allein die Transferzeit zum Hauptspeicher bereits knapp 7 Stunden! Hier kann nur die Aufteilung der Daten auf eine hinreichend große Anzahl von Platten sowie deren paralleles Einlesen und Verarbeiten die Antwortzeit in den Bereich von Sekunden oder wenigen Minuten bringen.

Disk-Arrays stellen einen vielversprechenden Ansatz zur Lösung der Durchsatzprobleme dar. Die Idee dabei ist, eine logische Platte intern durch eine größere Anzahl von Platten zu realisieren, um damit hohe E/A-Raten bzw. große Bandbreiten zu erzielen. Dabei sollen vornehmlich kleinere Magnetplatten verwendet werden, um deren günstigen Eigenschaften (s.o.) optimal auszunutzen. Wir behandeln diesen Ansatz ausführlich in Kap. 5.3.

4.5 Weitere Entwicklungen

Optische Platten

Optische Speicherplatten erlangten in jüngerer Vergangenheit immer größere Bedeutung [Fu84, Be89, Za90], und es ist weiterhin mit stark wachsenden Absatzzahlen zu rechnen. Ihre Hauptvorteile liegen in der großen Aufzeichnungsdichte, die rund um den Faktor 10 über der von Magnetplatten liegt, und damit verbunden in den hohen Speicherkapazitäten sowie geringen Speicherkosten. Allerdings ist für die absehbare Zukunft auszuschließen, daß optische Platten die Position von Magnetplatten gefährden, da ihre Zugriffszeiten und E/A-Raten signifikant schlechter liegen.

Die auf Lesezugriffe beschränkten CD-ROM-Speicher konnten sich aufgrund einer frühzeitigen Standardisierung am schnellsten durchsetzen und werden vor allem für Kataloge, Nachschlagewerke, Telefonbücher u.ä. verwendet, die mit geringen Kosten in hoher Auflage erstellt werden können. Einmalig beschreibbare WORM-Platten (Write Once, Read Many) sind ideal als Archivspeicher und daher auch für Datenbank- und Transaktionssysteme interessant. Die automatische Verwaltung einer größeren Anzahl solcher Platten innerhalb von "Juke-Boxen" erlaubt, Datenmengen von bis zu mehreren Terabytes im Direktzugriff zu halten. Die größte Bedeutung werden in Zukunft jedoch die überschreibbaren optischen Platten (erasable optical disks, magneto-optical disks) erlangen, da sie vielseitigere Einsatzmöglichkeiten gestatten. Die Speicherkosten dieser Platten liegen derzeit jedoch noch über denen von vergleichbaren Magnetplatten, und die Zugriffszeiten sind um rund den Faktor 5 langsamer (60 bis 90 ms) [Mc91].

Trotz der zunehmenden Konkurrenz durch optische Platten werden Magnetbänder sowie Magnetbandkassetten (cartridges) auch
in der nächsten Zukunft noch in größerem Umfang als billiger Archivspeicher eingesetzt werden. Durch Einsatz von Robotern können große Bandarchive im Online-Zugriff gehalten werden.

Magnetbänder

Im Bereich der *Datenkommunikation* nimmt die Übertragungskapazität und Geschwindigkeit der Verbindungsnetzwerke durch
eine zunehmende Nutzung von Glasfaserverbindungen auch ständig zu [CF90]. Bezüglich lokaler Netze (Local Area Networks,
LANs) erreicht der FDDI-Standard (Fiber Distributed Data Interface) bereits eine Übertragungsleistung von bis zu 100 MBit pro
Sekunde, wobei Entfernungen bis zu 200 km zwischen den Rechnern möglich sind. Mit künftigen Hochgeschwindigkeits-LANs sollen Datenraten von mehreren Gbit/s unterstützt werden [Bu91].
Auch im Weitverkehrsbereich werden durch Verwendung von
Glasfaserverbindungen ähnlich hohe Übertragungsraten angestrebt, etwa im Rahmen von Breitband-ISDN. Bis zum Jahre 1995
wird in den USA mit einem flächendeckenden Glasfasernetz für
Forschung und Ausbildung mit Datenraten zwischen 1 und 5
Gbit/s gerechnet [Wi91]. Solche Übertragungsleistungen garantieren jedoch keine ähnlich kurzen Kommunikationsverzögerungen
wie bei lokaler Rechneranordnung. Denn bei großen Entfernungen
von mehreren Tausend Kilometern dominieren zunehmend die
letztlich durch die Lichtgeschwindigkeit begrenzten Signallaufzei-
ten die Übertagungsdauer [GR83]. Weiterhin verursachen die
Kommunikationsprotokolle einen hohen Instruktionsbedarf und
damit entsprechende CPU-Verzögerungen. In lokalen Hochlei-
stungs-Kommunikationssystemen fällt bereits heute die Haupt-
verzögerung zur Kommunikation nicht bei der eigentlichen Nachrichtenübertragung, sondern für die Abwicklung der Sende- und
Empfangsoperationen in den Verarbeitungsrechnern an.

*Daten-
kommunikation*

4.6 Konsequenzen für die Transaktionsverarbeitung

Die starken Verbesserungen in den betrachteten Hardware-Bereichen sollen für die Transaktions- und Datenbankverarbeitung
möglichst weitgehend genutzt werden. Bezüglich der Leistungsmerkmale gilt es vor allem, die hohen Zuwachsraten bei der CPU-
Kapazität zu einer linearen Durchsatzsteigerung (vertikales
Wachstum) bzw. zur Antwortzeitverkürzung zu nutzen. Im Mehrrechnerfall ist ein horizontales Durchsatzwachstum für kürzere
Online-Transaktionen anzustreben, während die Parallelisierung

komplexer Anfragen einen möglichst linearen Antwortzeit-Speedup ergeben soll.

Ein Problem dabei ist jedoch die extrem unterschiedliche Entwicklung bei der Platten- und Prozessorgeschwindigkeit. Die starken Verbesserungen bei der CPU-Geschwindigkeit verkürzen lediglich den CPU-Anteil an der Transaktionsantwortzeit, während die durch Plattenzugriffe bedingten Verzögerungen weitgehend bleiben. Eine direkte Folge davon ist, daß der Antwortzeit-Speedup weit unter der Zuwachsrate bei der CPU-Geschwindigkeit liegt (s. Beispiel in Kap. 4.1) und daß die Antwortzeiten zunehmend von E/A-Verzögerungen dominiert sind. Eine weniger offensichtliche Folge dieser Entwicklung für Transaktionsanwendungen ist, daß auch die erreichbaren Transaktionsraten sowie der Durchsatz-Scaleup beeinträchtigt sein können. Dies ergibt sich daher, daß aufgrund der relativen Zunahme der E/A-Verzögerungen in der Antwortzeit mehr Transaktionen parallel zu bearbeiten sind, um die verfügbare CPU-Kapazität nutzen zu können. Die Zunahme der Parallelität (multiprogramming level) führt jedoch zu einer unmittelbaren Steigerung von Synchronisationskonflikten beim Datenbankzugriff, was wiederum sowohl Antwortzeiten als auch den Durchsatz beeinträchtigen kann. Eine Durchsatzbeschränkung ergibt sich vor allem, wenn aufgrund der Zunahme an Sperrkonflikten ein "lock thrashing" einsetzt, so daß der Durchsatz bei weiterer Steigerung des Parallelitätsgrades zurückgeht oder stagniert [Ta85, ACL87, FRT90, Th91]. Die Gefahr, daß dieser Punkt bereits bei relativ geringer CPU-Auslastung einsetzt und damit ein linearer Durchsatz-Scaleup (vertikales Wachstum) verhindert wird, steigt erheblich aufgrund der stark ungleichen Entwicklung bei Prozessor- und Plattengeschwindigkeit. Dieses Problem stellt sich natürlich vor allem für konfliktträchtige Anwendungen, die oft durch einen hohen Anteil von Schreibzugriffen sowie die Existenz häufig referenzierter "Hot Spot"-Objekte gekennzeichnet sind.

Eine Milderung bzw. Lösung des Problems kann durch Vergrößerung der Hauptspeicher erreicht werden, wobei im Extremfall eine Datenbank vollständig im Hauptspeicher allokiert wird. Da die Datenbanken selbst jedoch auch ständig wachsen und Magnetplatten immer noch deutlich preiswerter als Halbleiterspeicher sind, stellen Hauptspeicher-Datenbanken jedoch kein ökonomisch sinnvolles Allheilmittel dar (s. Kap. 5.2). Vielversprechender erscheint die Nutzung von ggf. nicht-flüchtigen Halbleiterspeichern als Zwischenspeicher zwischen Hauptspeicher und Magnetplatten (Kap.

zunehmende Gefahr von E/A-Engpässen

Zunahme von Sperrkonflikten bei schnellen CPUs

Hauptspeicher-Datenbanken

erweiterte Speicherhierarchie

6). Diese Vorgehensweise ist analog zu der Einführung von Caches zwischen Prozessor und Hauptspeicher, um die unterschiedliche Geschwindigkeitsentwicklung bei CPU und DRAM-Speichern zu kompensieren.

Durch solche Zwischenspeicher werden auch die begrenzten E/A-Raten und Übertragungsbandbreite von Magnetplatten verbessert. Dies kann jedoch auch durch Nutzung von Parallelität im Plattensubsystem erreicht werden, da die Durchsatzleistung mit der Anzahl der Platten (Zugriffsarme) und Übertragungspfade zunimmt. Dies ist die Hauptmotivation von Disk-Arrays (s. Kap. 5.3), welche zudem die Vorteile kleinerer Magnetplatten ausnutzen wollen. Optische Platten stellen einen optimalen Archivspeicher dar, der es erlaubt, große Datenmengen kostengünstig im Direktzugriff zu halten. Dies ist vor allem für viele neuere Datenbank-Anwendungen wichtig, bei denen umfangreiche Multimedia-Objekte (digitalisierte Bilder, Audio- und Videoaufzeichnungen u.ä.) zu verwalten sind. *Disk-Arrays*

Trotz der starken Zuwachsraten bei der Geschwindigkeit von Monoprozessoren besteht die Notwendigkeit von Mehrprozessor- bzw. Mehrrechner-Systemen, um die Leistungsfähigkeit weiter zu steigern sowie Anforderungen nach hoher Verfügbarkeit und Erweiterbarkeit erfüllen zu können. Die besten Voraussetzungen bieten hier lose gekoppelte Architekturen, bei denen die Kommunikation über Nachrichtenaustausch realisiert wird. Trotz der immer schneller werdenden Verbindungen kommt der Minimierung der Kommunikationshäufigkeiten durch geeignete Algorithmen weiterhin eine zentrale Bedeutung zu, da die Hauptkosten der Kommunikation in den Verarbeitungsrechnern selbst anfallen. Weitere Probleme im Mehrrechnerfall, die auf Software-Ebene zu lösen sind, betreffen die Bereiche Lastbalancierung und Parallelisierung. Dabei ist vor allem die effektive Nutzung einer großen Rechneranzahl (> 1000) für Datenbankverarbeitung ein noch weitgehend ungelöstes Problem. *Einsatz von Mehrrechner-systemen*

Die günstigen CPU-Kosten für Mikroprozessoren verlangen die zunehmende Nutzung dieser Rechnerklasse für die Transaktionsverarbeitung. Dies ist vergleichsweise einfach, wenn von vorneherein ausschließlich solche Rechner zur Datenbank- und Transaktionsverabeitung verwendet werden können. Da aber die Mehrzahl kommerziell eingesetzter Datenbank- und Transaktionssysteme derzeit auf Großrechnern läuft, kommt vielfach nur eine graduelle Nutzung von Mikroprozessoren in Betracht. Wie in Kap. 3 disku- *Nutzung von Mikro-prozessoren* tiert, kann dies z.B. durch verteilte Transaktionssysteme erreicht werden, bei denen DC-Funktionen auf Workstations oder andere Front-End-Rechner vorgelagert werden oder indem die DB-Verarbeitung vom Großrechner auf DB-Maschinen ausgelagert wird. Dabei sollten innerhalb der DB-Maschine eine größere Rechneranzahl auf Basis von Standard-Mikroprozessoren eingesetzt werden, um die Leistungsfortschritte neuerer Prozessorgenerationen leicht nutzen zu können. Frühere DB-Maschinen-Ansätze, welche unter Einsatz von Spezial-Hardware versuchten, bestimmte DB-Operationen zu optimieren, haben dagegen keine Zukunft, da ihre Entwicklung sehr zeitaufwendig und teuer ist. Die DB-Verarbeitung sollte dagegen vollkommen durch Software (innerhalb eines horizontal verteilten Mehrrechner-DBS) erfolgen und die Fortschritte innerhalb von Standard-Hardware-Komponenten zur Leistungssteigerung nutzen.

5
Optimierung des E/A-Verhaltens

Aufgrund der im Vergleich zum Hauptspeicherzugriff sehr langsamen Zugriffszeiten auf Platten, ist die Optimierung des E/A-Verhaltens seit jeher eines der wichtigsten Implementierungsziele von Datenbanksystemen. Die wachsende Diskrepanz zwischen CPU- und Plattengeschwindigkeit führt jedoch zu einer Verschärfung des E/A-Problems, der durch geeignete Architekturformen entgegengetreten werden kann. Ansätze in diese Richtung sind die Verwendung von Disk-Arrays, Hauptspeicher-Datenbanken sowie die Nutzung erweiterter Speicherhierarchien.

In diesem Kapitel werden zunächst wichtige Implementierungstechniken von DBS zur E/A-Optimierung zusammengefaßt, vor allem hinsichtlich Systempufferverwaltung und Logging. Zur Verbesserung des E/A-Verhaltens betrachten wir dann die Verwendung von Hauptspeicher-Datenbanken sowie von Disk-Arrays. Zum Abschluß werden noch weitere Ansätze zur Optimierung des E/A-Verhaltens diskutiert, darunter ein neuer Ansatz zur Dateiverwaltung. Einsatzformen erweiterter Speicherhierarchien, insbesondere von nicht-flüchtigen Halbleiterspeichern, werden in Kapitel 6 behandelt. Obwohl die E/A-Problematik sich in vielen Anwendungsbereichen stellt [KGP89, Ou90], konzentrieren sich unsere Überlegungen auf Transaktions- und Datenbanksysteme.

5.1 DBS-Implementierungstechniken zur E/A-Optimierung

Bei der Transaktionsverarbeitung ist die E/A-Häufigkeit neben anwendungsspezifischen Zugriffsmerkmalen und Systemparametern vor allem durch die Implementierung bestimmter Funktionen innerhalb des DBS beeinflußt. Besondere Bedeutung kommt dabei der Realisierung von Anfrageoptimierung und -auswertung, Speicherungs- und Indexstrukturen, Systempufferverwaltung sowie Logging zu. Die Anfrageoptimierung generiert zu einer mengenorientierten DB-Anfrage einen möglichst optimalen Ausführungsplan, wobei die E/A-Kosten bei der Bewertung verschiedener Ausführungsalternativen einen dominierenden Kostenfaktor darstellen. Zur Anfrageauswertung wird auf eine Reihe von Basisalgorithmen zur Implementierung elementarer Operatoren (Restriktion, Projektion, Join, etc.) zurückgegriffen, bei deren Ausführung vorhandene Indexstrukturen genutzt werden.

Query-Optimierung

In existierenden DBS ist der B*-Baum Standard als Zugriffspfadtyp, da er sowohl den direkten Satzzugriff über Schlüsselwerte als auch die sortiert sequentielle Verarbeitung (z.B. zur Auswertung von Bereichsanfragen) effizient unterstützt. Hashing-Verfahren erlauben einen noch schnelleren Direktzugriff über Schlüsselwerte, sind jedoch für sequentielle Zugriffsmuster ungeeignet. Clusterbildung (Clusterung) von häufig zusammen referenzierten Sätzen ist ebenfalls eine wirkungsvolle Technik, um die Anzahl von Seiten- und damit Plattenzugriffen zu reduzieren. Die Definition der Zugriffspfade und Speicherungsstrukturen muß natürlich durch den Datenbank-Administrator (DBA) auf die Anwendungscharakteristika abgestimmt werden. Da die Wartung der Zugriffspfade Speicherplatz erfordert und Änderungsoperationen verteuert, wird dabei die Auswahl mit Hinblick auf die wichtigsten Anfrage- bzw. Transaktionstypen erfolgen.

Zugriffspfade und Clusterbildung

Implementierungsaspekte zur Anfrageoptimierung und Zugriffspfadverwaltung werden in der einschlägigen Datenbankliteratur ausführlich behandelt (z.B. [Hä87, Ul88, EN89]) und sollen im folgenden nicht weiter vertieft werden. Wir diskutieren dagegen die Realisierung von Systempufferverwaltung und Logging etwas ausführlicher, da diese Funktionen die Schnittstelle des DBS zur Externspeicherverwaltung verkörpern und daher im wesentlichen auch auf Seitenebene operieren. Zudem wird dabei auf einige Techniken eingegangen, die in derzeitigen Lehrbüchern noch kaum behandelt werden, die jedoch für die Leistungsfähigkeit wesentlich sind sowie für das weitere Verständnis dieses Buchs benötigt werden.

5.1.1 Systempufferverwaltung

Ziel der Systempufferverwaltung [EH84, TG84, CD85, SS86, GR93] ist es, durch Puffern von DB-Seiten in einem Hauptspeicherbereich Plattenzugriffe einzusparen. Wie generell beim Einsatz einer Speicherhierarchie soll dabei versucht werden, die Leistungsfähigkeit des schnelleren Speichermediums (Hauptspeicher) zu den Speicherkosten des langsameren (Magnetplatten) in Annäherung zu erreichen. Dies soll vor allem durch Nutzung von zeitlicher Lokalität und räumlicher Lokalität (Sequentialität) im Zugriffsverhalten erreicht werden. Dabei kann i.d.R. durch Erhöhen der Puffergröße die sogenannte Fehlseitenrate (Anteil der Referenzen, für die die benötigte Seite nicht gepuffert ist) und damit die E/A-Häufigkeit verringert werden. Wie Abb. 5-1 verdeutlicht, nimmt jedoch die Fehlseitenrate keineswegs linear mit der Puffergröße ab, sondern die Vergrößerung des Puffers wird typischerweise zunehmend weniger kosteneffektiv. Wenn z.B. mit einem kleinen DB-Puffer eine Fehlseitenrate von 20 Prozent (Trefferrate von 80%) erreicht wird, dann kann im Vergleich zu keiner Pufferung mit relativ geringen Kosten ein Großteil der E/A-Verzögerung eliminiert werden (Speedup-Wert 5). Eine weitere Erhöhung der Puffergröße ist dagegen weit weniger effektiv und ermöglicht nur

Nutzung von Lokalität

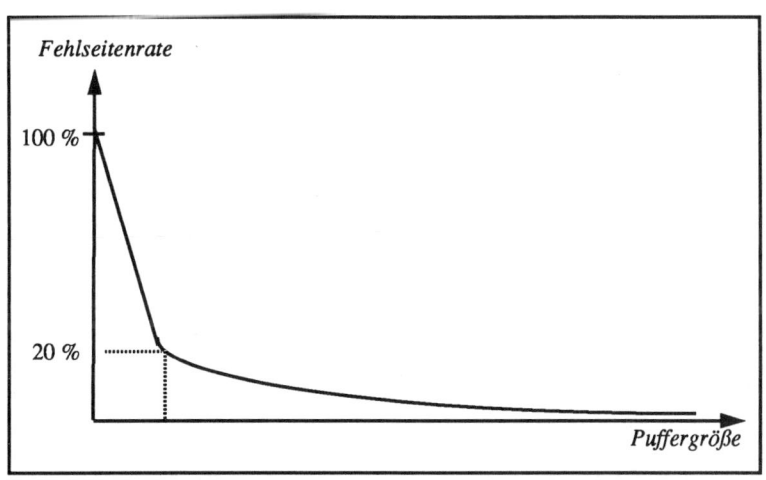

Abb. 5-1: Typischer Verlauf der Fehlseitenrate (Beispiel)

noch vergleichsweise geringe Einsparungen. Dies gilt auch für den Extremfall einer Hauptspeicher-DB (Fehlseitenrate von 0%), der jedoch ein Vielfaches der Speicherkosten verursachen würde.

Bei der Realisierung von Caching- oder Pufferverfahren sind generell eine Reihe von Standardaufgaben zu lösen [HP90, EH84]:

Aufgaben der Pufferver-waltung

- Aufsuchen (Lokalisieren) von Daten im Puffer
- Speicherallokation
- Ersetzungsstrategie
- Behandlung von Änderungen
- Lesestrategie (demand fetching vs. prefetching).

Wir betrachten im folgenden die wichtigsten Alternativen zur Lösung dieser Aufgaben im Rahmen der DB-Pufferung. Das Aufsuchen von Seiten im Puffer erfolgt in der Regel über eine Hash-Tabelle [EH84, Hä87]. Damit kann auch für sehr große Puffer schnell festgestellt werden, ob und an welcher Adresse eine bestimmte DB-Seite gepuffert ist.

Suche im Puffer über Hash-Tabellen

Bezüglich der **Speicherallokation** kann zwischen globalen und lokalen (oder partitionierten) Strategien unterschieden werden [EH84, Hä87]. Im globalen Fall wird ein gemeinsamer Puffer für die gesamte Datenbank und für alle Transaktionen verwaltet. Dagegen sehen lokale Strategien eine Aufteilung in mehrere Pufferbereiche vor, um z.B. bestimmten DB-Bereichen (z.B. Indexstrukturen oder anderen Verwaltungsdaten) oder Transaktionstypen einen eigenen Seitenbereich zuzuordnen. Im Extremfall wird für jede Transaktion (bzw. DB-Operation) ein privater Seitenbereich verwaltet, was jedoch den Nachteil mit sich bringt, daß Lokalität zwischen Transaktionen (Inter-Transaktions-Lokalität) nicht mehr genutzt werden kann. Zudem können dieselben Seiten mehrfach in den privaten Puffern gespeichert sein, was die Speicherplatznutzung beeinträchtigt. Ein generelles Problem lokaler Strategien ist die Bestimmung der relativen Puffergrößen. Hier wären dynamische Festlegungen durch das DBS wünschenswert, dies ist jedoch nur schwer realisierbar und wird von derzeitigen Systemen nicht unterstützt. Eine statische Festlegung durch den DBA erschwert die Administration und führt unweigerlich zu suboptimaler Speicherplatznutzung, da der relative Speicherplatzbedarf schwer abschätzbar ist und starken zeitlichen Schwankungen unterworfen sein kann.

globale vs. lokale Spei-cherallokation

Die Mehrzahl existierender DBS verwendet eine globale Pufferzuteilung. DB2 unterstützt eine Partitionierung mit bis zu vier ver-

schiedenen Pufferbereichen [TG84]. Davon ist einer für DB-Dateien mit einer Blockgröße von 32 KB reserviert, während die drei
anderen für Dateien mit der Standard-Blockgröße von 4 KB eingesetzt werden. Defaultmäßig wird nur einer der drei Bereiche verwendet, jedoch wird dem DBA mit den beiden anderen Pufferbereichen die Möglichkeit gegeben, einigen DB-Dateien durch Definition eines eigenen Pufferbereichs eine Vorzugsbehandlung (prefe-
rential treatment) zukommen zu lassen. Die Pufferbereiche
werden von DB2 dynamisch angelegt und freigegeben (beim ersten
OPEN bzw. letzten CLOSE auf eine DB-Datei), zudem kann die
vom DBA festgelegte Minimalgröße eines Puffers temporär erhöht
werden, wenn keine der gepufferten Seiten ersetzt werden kann.
Damit wird eine begrenzte Dynamik bei der Puffergröße unterstützt, jedoch wird auf die hohen Laufzeitkosten einer dynamischen Puffererweiterung hingewiesen [TG84].

*Pufferverwal-
tung bei DB2*

Lokale Pufferstrategien mit einem privaten Seitenbereich pro
Transaktion wurden vor allem für relationale Anfragen vorgeschlagen, wobei das bei der Anfrageoptimierung anfallende Wissen
über die Zugriffsmerkmale auch für die Pufferverwaltung genutzt
werden soll [CD85, SS86]. Insbesondere kann der Start einer Anfragebearbeitung von der Existenz eines ausreichend großen Puf-
ferbereiches abhängig gemacht werden [CJL89].

Die verwendete ***Ersetzungsstrategie*** hat maßgeblichen Einfluß
auf die erreichbaren Trefferraten im DB-Puffer. Ihre Aufgabe ist
es, Seiten zur Verdrängung aus dem DB-Puffer auszuwählen, um
für neu in den Puffer einzubringende Seiten Platz zu schaffen. Zur
Ersetzung kommen dabei nur solche Seiten in Betracht, die von
laufenden Transaktionen nicht im Puffer zur Verarbeitung festge-
halten ("fixiert") werden [EH84]. Vorzugsweise sollten ungeänderte Seiten verdrängt werden, da für geänderte Seiten ein
vorheriges Zurückschreiben in die permanente Datenbank auf
Platte notwendig ist. In der Praxis wird zur Ersetzung meist ein
LRU-Ansatz (Least Recently Used) verfolgt - bzw. eine Approxima-
tion wie Clock/Second-Chance -, der einfach realisierbar ist und
dessen Leistungsfähigkeit sich meist als gut bewährt hat [EH84].
Die diesem Ansatz zugrundeliegende Annahme ist, daß das künftige Referenzverhalten dem aus der jüngsten Vergangenheit sehr
nahe kommt.

Seitenersetzung

Für relationale Anfragen können jedoch aufgrund der Query-Optimierung häufig genauere Vorhersagen bezüglich des künftigen Re-
ferenzverhaltens getroffen werden. Dies läßt sich einerseits zu einem Prefetching der benötigten Daten nutzen, gestattet aber auch

*Ersetzung bei
relationalen
DBS*

"intelligentere" Ersetzungsentscheidungen als LRU [CD85, SS86]. Für strikt sequentielle Zugriffsmuster (z.B. Relationen-Scan) ist LRU generell ungünstig, da hier nach Abarbeitung einer Seite, diese für die betreffende Transaktion nicht mehr benötigt wird und somit sofort aus dem Puffer entfernt werden kann[*]. DB2 erreicht ein ähnliches Verhalten, indem für sequentiell verarbeitete und sonstige Seiten separate LRU-Datenstrukturen verwaltet werden und bei einer Ersetzung vorzugsweise eine sequentiell verarbeitete Seite ersetzt wird [TG84]. Eine Verallgemeinerung dieser Idee wurde in [CJL89, JCL90] vorgeschlagen, bei der gepufferte Seiten Prioritäten erhalten, die zunächst Transaktionstypen zugewiesen werden und dann auf die von ihnen referenzierten Seiten übergehen. Bei der Ersetzung werden dann vorzugsweise Seiten der geringsten Priorität ersetzt, wenn diese nicht in der allerjüngsten Vergangenheit referenziert wurden. Mit einem solchen Ansatz kann z.B. auch verhindert werden, daß der hohe Pufferbedarf von Ad-Hoc-Anfragen zu Lasten kurzer Online-Transaktionen geht, indem man den kurzen Transaktionen eine entsprechend hohe Priorität zuweist. Eine ähnliche Priorisierung ließe sich auch auf DB-Bereiche oder Seitentypen anwenden.

prioritätsge-steuerte Puffer-verwaltung

Bei der **Behandlung von Änderungen** wird in anderen Kontexten häufig zwischen "write through" (bzw. "store through") und "write back" (bzw. "copy back") unterschieden [Sm82], in Abhängigkeit davon, ob eine Änderung sofort oder verzögert auf die nächste Ebene der Speicherhierarchie durchgeschrieben wird. Im Falle der Pufferverwaltung im DBS spricht man stattdessen von einer FORCE- oder NOFORCE-Strategie [HR83]. *FORCE* bedeutet, daß vor dem Commit einer Transaktion, sämtliche Seiten, die von ihr geändert wurden, in die permanente Datenbank auf Platte durchzuschreiben sind. Bei *NOFORCE* wird dagegen ein solches "Hinauszwingen" von Änderungen unterlassen; geänderte Seiten werden im allgemeinen zu einem späteren Zeitpunkt im Rahmen der Seitenersetzung ausgeschrieben.

Ausschreibstra-tegie für geän-derte Seiten

FORCE bringt Recovery-Vorteile mit sich, da nach einem Rechnerausfall Änderungen erfolgreicher Transaktionen bereits in der per-

---

[*] Trotz Sequentialität innerhalb einer Transaktion kann jedoch Lokalität zwischen Transaktionen vorliegen, z.B. wenn mehrere Transaktionen dieselbe Datei sequentiell verarbeiten. In diesem Fall kann die Effektivität von LRU auch durch spezielle vorausschauende Ersetzungsverfahren übertroffen werden, bei denen vorzugsweise solche Seiten ersetzt werden, die in nächster Zukunft von laufenden Transaktionen nicht benötigt werden [RF92].

manenten DB vorliegen, so daß keine Redo-Recovery erforderlich ist. Ferner werden Änderungen in der Regel nur für kurze Zeit ausschließlich im Hauptspeicher vorkommen, so daß bei der Ersetzung von Seiten in der Regel stets ungeänderte Seiten auswählbar sind. Auf der anderen Seite wird ein hoher Schreibaufwand eingeführt, der die Antwortzeit von Änderungstransaktionen erheblich erhöht. Vor allem sind Sperren über die gesamte Dauer der Schreibvorgänge zu halten, so daß das Ausmaß an Sperrkonflikten steigt.

FORCE

NOFORCE vermeidet dagegen eine solche Erhöhung der Antwortzeiten/Sperrdauern und reduziert den Schreibaufwand, da aufgrund von Inter-Transaktions-Lokalität mehrere Änderungen pro Seite vor einem Ausschreiben akkumuliert werden können. Um stets das Ersetzen ungeänderter Seiten zu ermöglichen, sollten Änderungen möglichst vorausschauend auf Platte ausgeschrieben werden. Damit wird ein asynchrones Ausschreiben realisiert ("preflushing"), da die Schreibdauer nicht mehr in die Antwortzeit von Transaktionen eingeht. NOFORCE erfordert ferner die Durchführung von *Sicherungspunkten* (Checkpoints), um den Redo-Aufwand nach einem Rechnerausfall zu begrenzen. Die Sicherungspunkte werden in regelmäßigen Abständen durchgeführt und in der Log-Datei vermerkt. Bei *direkten Sicherungspunkten* werden sämtliche Änderungen vom DB-Puffer in die permanente Datenbank auf Platte geschrieben; die Redo-Recovery nach einem Rechnerausfall kann daher beim letzten Sicherungspunkt beginnen. Der Nachteil dabei ist, daß während der Durchführung des Sicherungspunktes keine neuen Änderungen vorgenommen werden können, so daß vor allem für große Puffer eine lange Blockierung von Änderungstransaktionen entsteht. *Indirekte Sicherungspunkte* ("fuzzy checkpoints") vermeiden diesen Nachteil, indem lediglich Statusinformationen über die Pufferbelegung gesichert und Änderungen asynchron auf Platte durchgeschrieben werden [HR83, Mo92].

NOFORCE

Sicherungspunkte (Checkpoints)

Viele DBS verwendeten zunächst eine FORCE-Strategie, um später auf die komplexere NOFORCE-Alternative umzusteigen, da dieser Ansatz ein weit besseres Leistungsverhalten im Normalbetrieb erlaubt. IMS ist eines der bekannteren DBS, die noch FORCE einsetzen.

Eine weitere Abhängigkeit zwischen Pufferverwaltung und der Logging-/Recovery-Komponente eines DBS betrifft die Frage, ob sogenannte "schmutzige" Seiten, welche Änderungen von noch nicht (erfolgreich) beendeten Transaktionen enthalten, ersetzt werden dürfen. Dies wird bei der sogenannten STEAL-Strategie [HR83] zugelassen, wodurch die Notwendigkeit einer Undo-Recovery nach einem Rechnerausfall eingeführt wird. Um diese Undo-Recovery durchführen zu können, ist das sogenannte WAL-Prinzip (Write Ahead Log) einzuhalten, das verlangt, daß vor dem Verdrängen einer schmutzigen Seite ausreichende Undo-Log-Daten zu sichern sind. Eine NOSTEAL-Strategie vermeidet die Notwendigkeit einer Undo-Recovery, schränkt jedoch die Freiheitsgrade der Pufferverwaltung ein, da die Menge ersetzbarer Seiten weiter eingeschränkt wird. Existierende DBS verwenden in der Mehrzahl die flexiblere STEAL-Alternative.

STEAL vs.
NOSTEAL

Im Zusammenhang von NOFORCE wurde darauf hingewiesen, daß es möglich ist, Schreibvorgänge asynchron durchzuführen. FORCE verursacht dagegen *synchrone* Schreibvorgänge, welche eine Unterbrechung einer DB-Operation bzw. Transaktion bis zum Ende des Plattenzugriffs erfordern und somit die Antwortzeit direkt erhöhen. Auch bezüglich der **Lesestrategie** ist eine Unterscheidung zwischen synchronen und asynchronen E/A-Vorgängen möglich. Im Normalfall ist bei einer Fehlseitenbedingung im Puffer ein synchrones Lesen der Seite von Platte erforderlich, da eine Transaktion die Bearbeitung erst fortführen kann, wenn die Seite im Hauptspeicher vorliegt (demand fetching). Ein *Prefetching* von DB-Seiten in den Hauptspeicher entspricht dagegen einem asynchron durchgeführten Lesevorgang. Obwohl asynchrone E/A-Vorgänge auch CPU-Overhead verursachen, ist also die Minimierung synchroner E/A-Operationen zur Antwortzeitverkürzung besonders wichtig. Ein vergrößerter DB-Puffer reduziert i.a. die Anzahl synchroner Lesevorgänge (bessere Trefferraten), hilft bei NOFORCE jedoch auch schreibende E/A-Operationen einzusparen, da eine weitergehende Akkumulierung von Änderungen erreichbar ist.

Demand vs.
Prefetching

5.1.2 Logging

Zur Behandlung von Transaktions- und Systemfehlern protokollieren DBS die von Transaktionen durchgeführten Änderungen in einer Log-Datei [HR83, Re81, Re87], die aus Verfügbarkeitsgründen i.a. doppelt geführt wird. Zur Ermöglichung einer Undo- und Redo-Recovery werden dabei in der Regel die Objektzustände vor und nach einer Änderung (Before- bzw. After-Image) protokolliert (physisches Logging). Um den Log-Umfang sowie die Anzahl der E/A-Vorgänge zu reduzieren, ist es wichtig, daß nicht ganze Seiten als

Log-Granulat verwendet werden, sondern nur die betroffenen Bereiche (z.B. Sätze, Einträge) innerhalb von Seiten. Mit einem solchen *Eintrags-Logging* ist es dann möglich, mehrere Änderungen innerhalb einer Log-Seite zu protokollieren. Zur Einsparung von Schreibzugriffen auf die Log-Datei erfolgt eine Pufferung der Log-Daten innerhalb eines *Log-Puffers* im Hauptspeicher. Der Log-Puffer kann dabei aus mehreren Seiten bestehen, die in einem Schreibvorgang auf die Log-Platte geschrieben werden. Da die Log-Datei sequentiell beschrieben wird, ergeben sich sehr kurze Zugriffszeiten, da Zugriffsarmbewegungen weitgehend entfallen. Außerdem lassen sich weit höhere E/A-Raten als bei Platten mit nicht-sequentiellen (wahlfreien) Zugriffen erreichen.

Eintrags-Logging

sequentielle Log-E/A

Das erfolgreiche Ende einer Transaktion erfordert, daß ihre Änderungen dauerhaft und daher auch nach Fehlern im System wiederholbar sind. Deshalb werden im Rahmen des Commit-Protokolls in einer ersten Phase ausreichende Log-Daten sowie ein sogenannter Commit-Satz auf die Log-Datei geschrieben. Nach erfolgreichem Schreiben des Commit-Satzes gilt die Transaktion als erfolgreich beendet, so daß zu diesem Zeitpunkt dem Benutzer eine entsprechende Antwort mitgeteilt werden kann. Die Sperren der Transaktion werden auch erst nach Schreiben der Log-Daten in der zweiten Commit-Phase freigegeben, um sicherzustellen, daß andere Transaktionen nur Änderungen erfolgreicher Transaktionen (also keine schmutzigen Änderungen) sehen. Abb. 5-2a verdeutlicht dieses klassische Zweiphasen-Commit (für den zentralen Fall), wobei von einer NOFORCE-Strategie ausgegangen wurde (bei FORCE sind in der ersten Commit-Phase zusätzlich die Änderungen in die Datenbank zu schreiben).

Zweiphasen-Commit

Bei dieser Vorgehensweise ist der Nutzen des Log-Puffers begrenzt, da bei jedem Commit einer Änderungstransaktion ein Ausschreiben des Puffers erfolgt. Damit ist pro Änderungstransaktion wenigstens ein Schreibvorgang auf die Log-Datei erforderlich, so daß die erreichbare Transaktionsrate durch die E/A-Rate der Log-Platte begrenzt ist (z.B. 60 - 70 E/A-Vorgänge pro Sekunde). Eine Verbesserung kann mit der Technik des *Gruppen-Commit* [Ga85, De84] erreicht werden, wobei die Log-Daten mehrerer Transaktionen in einem Plattenzugriff ausgeschrieben werden. Wie Abb. 5-2b verdeutlicht, werden hierbei während der Commit-Verarbeitung die Log-Daten zunächst nur in den Log-Puffer eingefügt. Das Ausschreiben des Log-Puffers erfolgt dann i.a. verzögert, nämlich wenn er vollständig gefüllt ist oder eine Timeout-Bedingung ab-

hohe Transaktionsraten durch Gruppen-Commit

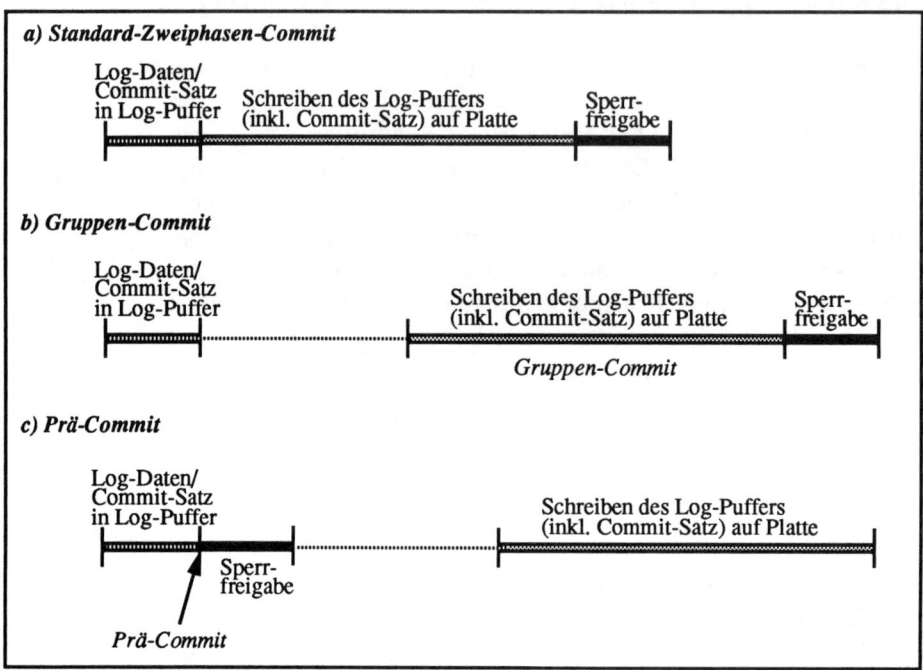

Abb. 5-2:   Alternativen zur Commit-Verarbeitung (NOFORCE, zentralisierte DBS)

läuft. Wie praktische Implementierungen gezeigt haben, können mit dieser einfachen Maßnahme die E/A-Häufigkeit sowie die erreichbaren Transaktionsraten signifikant verbessert werden [He89]. Werden z.B. die Log-Daten von 5 (kurzen) Transaktionen in einer Seite untergebracht, so kann bereits bei einem Log-Puffer von einer Seite die fünffache Transaktionsrate erreicht werden (falls der Durchsatz durch die Log-Datei begrenzt ist). Bei einem Log-Puffer von mehreren Seiten sind entsprechend höhere Verbesserungen möglich[*].

Ein gewisser Nachteil des Gruppen-Commit ist, daß sich durch das verzögerte Schreiben der Log-Daten i.a. eine Erhöhung von Sperrdauer und Antwortzeit ergibt. Durch eine weitere Verfeinerung, in [De84] als *Prä-Commit* bezeichnet, kann jedoch die Erhöhung der Sperrzeiten umgangen werden. Dabei wird nach Einfügen des Commit-Satzes in den Log-Puffer bereits ein vorläufiges Commit (Prä-Commit) angenommen, und die Sperren der Transaktion wer-

*kurze Sperr-
dauer durch
Prä-Commit*

---

[*]   In der praktischen Realisierung sind wenigstens zwei Log-Puffer vorzusehen, um während des Ausschreibens eines Puffers anfallende Log-Daten im zweiten Log-Puffer ablegen zu können [Un90].

den sofort - vor Ausschreiben der Log-Daten - freigegeben (Abb. 5-2c). Dies ist im zentralen Fall zulässig, da zu dem Zeitpunkt des Prä-Commit die Transaktion nur noch durch einen Systemfehler zum Abbruch kommen kann. Andere Transaktionen, die aufgrund der vorzeitigen Sperrfreigabe auf schmutzige Daten zugegriffen haben, sind in diesem Fall jedoch auch vom Systemfehler betroffen und werden zurückgesetzt. Im verteilten Fall ist diese Vorgehensweise jedoch nicht mehr anwendbar, da nach einem Prä-Commit an einem Rechner auf schmutzige Daten zugegriffen werden könnte, obwohl die betreffende Transaktion aufgrund von Fehlern im restlichen System noch zurückgesetzt werden kann.

Mit dem Prä-Commit-Ansatz wird demnach bezogen auf die Sperrdauer auch das Schreiben von Log-Daten asynchron realisiert. Die Sperrdauer ist damit auch kürzer als beim Standard-Zweiphasen-Commit (Abb. 5-2a). Bezüglich der vom Benutzer wahrnehmbaren Antwortzeit sind die Schreibvorgänge auf die Log-Datei jedoch synchron, da erst nach Ausschreiben des Commit-Satzes eine Ausgabenachricht zurückgegeben wird.

Zur Behandlung von Plattenfehlern werden in DBS üblicherweise Archivkopien sowie Archiv-Log-Dateien verwendet [Re81, HR83, Re87]. Die Erstellung von Archivkopien und Archiv-Log läßt sich weitgehend ohne Beeinträchtigung der eigentlichen Transaktionsverarbeitung erreichen. Der Archiv-Log kann asynchron aus der Log-Datei abgeleitet werden, wobei nur die Redo-Log-Daten (After-Images) erfolgreicher Transaktionen zu berücksichtigen sind. Die Erstellung von Archivkopien muß im laufenden Betrieb (online) erfolgen, um die volle Verfügbarkeit der Daten zu erhalten. Methoden dazu werden u.a. in [Pu86] vorgestellt.

Platten-Recovery mit Archivkopien

Ein Nachteil der konventionellen Platten-Recovery ist, daß sie manuelle Eingriffe des Operateurs (Systemverwalters) erfordert und sehr zeitaufwendig ist. So ist die Erstellung von Archivkopien i.a. durch eigene Kommandos zu veranlassen und erfolgt vielfach auf Datenträger, die "offline" gehalten werden (z.B. Magnetbänder). Nach Erkennen eines Plattenfehlers ist die Recovery wiederum durch den Operateur zu starten, wobei dann ein zeitaufwendiges Einspielen der Archivkopie sowie eine Anwendung der Log-Daten vom Archiv-Log durchzuführen sind, bevor auf die Daten wieder zugegriffen werden kann. Eine wesentlich schnellere und automatische Behandlung von Plattenfehlern wird mit *Spiegelplatten* erreicht, wobei die Daten auf verschiedenen Platten doppelt geführt werden und beide Kopien stets auf dem aktuellen Stand sind. Plattenfehler können dann transparent für das DBS gehalten werden,

Spiegelplatten

da im Fehlerfall automatisch auf die intakte Plattenkopie zugegriffen wird. Dies wird durch die Verwaltung der Spiegelplatten erreicht, die entweder durch Betriebssystem-Software oder durch die Platten-Controller erfolgt [Bi89, BT85].

Spiegelplatten verursachen eine Verdoppelung der Schreibzugriffe. Obwohl die Kopien parallel aktualisiert werden können, ergibt sich i.a. eine Erhöhung der Schreibdauer, da die langsamste Schreiboperation die Zugriffszeit bestimmt. Dies ist für asynchron durchgeführte Schreiboperationen (NOFORCE) jedoch unproblematisch.

Optimierung für Lese-E/A

Auf der anderen Seite können Lesezugriffe erheblich beschleunigt werden [BG88, Bi89], da stets die Platte mit der geringsten Suchzeit verwendet werden kann. Außerdem kann für Lesezugriffe die doppelte E/A-Rate unterstützt werden, da zwei Platten zur Verfügung stehen.

Der Hauptnachteil der Spiegelplatten ist die Verdoppelung der Speicherkosten[*]. Mit Disk-Arrays können Plattenfehler auch automatisch behoben werden, jedoch mit einem geringeren Grad an zusätzlichen Speicherkosten (s. Kap. 5.3.2). Obwohl durch solche Maßnahmen die Ausfallwahrscheinlichkeit von Platten sehr gering wird (ein Datenverlust droht nur, wenn zwei oder mehr Platten zur gleichen Zeit ausfallen), werden in Anwendungen mit sehr hohen Verfügbarkeitsanforderungen oft zusätzlich noch Archivkopien und Archiv-Log-Dateien geführt.

---

[*] Tatsächlich sind die Mehrkosten geringer, wenn aufgrund höherer E/A-Raten, die mit Spiegelplatten möglich sind, die Speicherplatznutzung der Platten verbessert werden kann. Werden z.B. ohne Spiegelplatten nur 50% der Plattenkapazität genutzt, um ausreichend hohe E/A-Raten zu erhalten, und wird der Nutzungsgrad für Spiegelplatten auf 75% erhöht, so erhöhen sich die Speicherkosten (Plattenanzahl) lediglich um 33%.

5.2 Hauptspeicher-DBS

Hauptspeicher-DBS waren in den achtziger Jahren Gegenstand zahlreicher Forschungsprojekte (z.B. [GLV84, De84, AHK85, Le86, Ei89, SG90]). Aufgrund des starken Preisverfalls bei Halbleiterspeichern (Kap. 4.3) wurde die Möglichkeit, die gesamte Datenbank resident im Hauptspeicher zu halten, zunehmend als sinnvoll erachtet. In diesem Fall wird natürlich ein optimales E/A-Verhalten erreicht, da sämtliche Lese- und Schreibzugriffe auf die Datenbank im Hauptspeicher abgewickelt werden. Dies gestattet nicht nur sehr kurze Antwortzeiten, sondern unterstützt auch einen linearen Antwortzeit-Speedup und Durchsatz-Scaleup (vertikales Wachstum) bei Erhöhung der CPU-Kapazität. IMS Fast Path bietet bereits seit 1977 Unterstützung für Hauptspeicher-Datenbanken, wobei jedoch nicht verlangt wird, daß der gesamte Datenbestand resident im Hauptspeicher gehalten wird [SUW82].

*optimales
E/A-Verhalten*

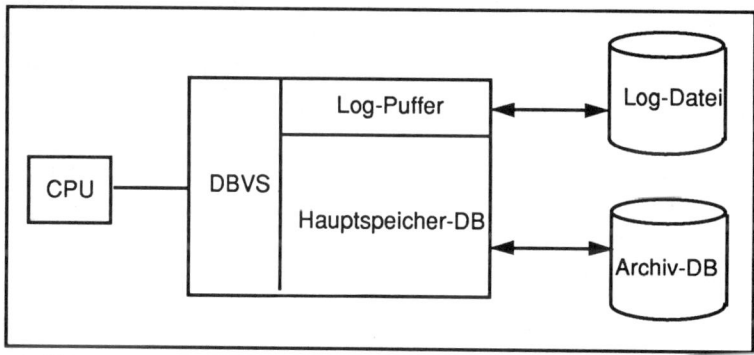

Abb. 5-3:   Modell eines Hauptspeicher-DBS [Ei89]

Abb. 5-3 zeigt den Grobaufbau eines Hauptspeicher-DBS. Das Laden der Datenbank in den Hauptspeicher erfolgt dabei üblicherweise von einer Archivkopie auf Platte, die neben der Log-Datei auch zur Behandlung von Systemfehlern (Crash-Recovery) benutzt wird. Denn ein Rechnerausfall oder Hauptspeicherfehler entspricht hierbei einem Gerätefehler bei herkömmlichen DBS, wobei jedoch nun i.a. die komplette DB betroffen ist. Die Log-Datei entspricht daher auch dem Archiv-Log in herkömmlichen DBS, wobei nur Redo-Log-Daten zu protokollieren sind. Im Fehlerfall wird die Archivkopie geladen und die DB durch Anwendung der Log-Daten auf den neuesten Stand gebracht. Das Logging sowie die Erstellung der Archivkopien kann mit bekannten Algorithmen erfolgen

*Aufbau eines
Hauptspeicher-
DBS*

gen (IMS Fast Path verwendet z.b. zwei Archivkopien auf Platte, die wechselseitig überschrieben werden). Der Optimierung des Loggings durch Gruppen- oder Prä-Commit kommt besondere Bedeutung zu, da dies die einzig verbleibende Platten-E/A für Transaktionen ist. Wird der Log-Puffer in einen nicht-flüchtigen Halbleiterspeicher gelegt, wird auch die Logging-Verzögerung weitgehend eliminiert (s. auch Kap. 6).

neue Realisierungsanforderungen

Um Hauptspeicher-DBS optimal zu nutzen, sind DB-Funktionen, die auf die Minimierung von Plattenzugriffen ausgelegt sind, vollständig neu zu realisieren. Statt der Pufferverwaltung ist jetzt eine effektive Verwaltung des Hauptspeichers erforderlich, wobei neben der Allokation der DB auch temporäre Zwischenergebnisse gespeichert werden müssen. Dazu ist auch eine effiziente Adreßabbildung von logischen Objektnamen auf Hauptspeicheradressen erforderlich. Speicherungs- und Indexstrukturen wie Clusterbildung oder B*-Bäume sind weniger angemessen für Hauptspeicher-DBS und können z.B. durch Hashing-Verfahren oder balancierte Binärbäume ersetzt werden [De84, LC86b]. Zur Anfragebearbeitung sind neue Auswertungsstrategien bereitzustellen, die statt E/A vor allem CPU-Kosten und Speicherbedarf für Zwischenergebnisse minimieren [De84, LC86a, BHT87]. Durch die Umstellung dieser Funktionen sowie die Einsparung von E/A-Vorgängen erhofft man sich eine signifikante Reduzierung des Instruktionsbedarfs zur Transaktionsausführung.

technische Probleme

Die Realisierung sehr großer Hauptspeicher-Datenbanken wird dadurch erschwert, daß die Erweiterbarkeit der Hauptspeicher aufgrund technischer Schwierigkeiten bei der Speicheranbindung wesentlich eingeschränkter möglich ist als die von Externspeichern. Trotz stark wachsender Hauptspeicher bleibt festzustellen, daß die Größe der Datenbanken vielfach noch stärker zunimmt (Kap. 4.4) und selbst die größten verfügbaren Hauptspeicher (derzeit meist unter 4 GB) zur Aufnahme großer Datenbanken nicht ausreichen. Viele Maschinenarchitekturen sind daneben auf 31- bzw. 32-Bit-Adressen beschränkt, so daß höchstens Datenbanken von 4 GB direkt adressierbar im Hauptspeicher gehalten werden können. Problematisch ist auch die Verfügbarkeit eines Hauptspeicher-DBS,

Verfügbarkeitsprobleme

da sowohl Software-Fehler (DBS, Betriebssystem,...) als auch Hardware-Fehler (CPU, Hauptspeicher,...) eine sehr aufwendige Recovery verlangen. Allein das Laden einer DB von Hunderten von Gigabyte kann nur durch massive Parallelität beim Zugriff auf die Archiv-DB akzeptabel kurz gehalten werden. Verteilte Architekturen mit Hauptspeicher-Datenbanken, die für hohe Leistungs- und Verfügbarkeitsanforderungen benötigt werden, wurden noch kaum untersucht. Ein solcher Ansatz läuft auf eine Shared-Nothing-ähnliche Architekturform hinaus, wobei die einzelnen DB-Partitionen im Hauptspeicher statt auf Platte allokiert werden [WT91].

Auch das Kostenargument spricht für die nächste Zukunft gegen Hauptspeicher-Datenbanken. Obwohl die Speicherkosten pro MB für Halbleiterspeicher bisher schneller als für Platten zurückgingen, ist der Abstand immer noch signifikant, insbesondere bei Großrechnern. Für kleine Platten ist sogar eine Umkehrung der Entwicklung zu erkennen, so daß Platten ihren Preisvorteil auch in Zukunft beibehalten bzw. noch ausbauen können (s. Kap. 4.4). Außerdem ist zu beachten, daß auch für Hauptspeicher-DBS ein Großteil der Plattenkosten konventioneller DBS anfällt, falls Archivkopien der DB auf Platte gehalten werden.

geringe Kosteneffektivität

Konventionelle DBS erreichen ihre vergleichsweise hohe Kosteneffektivität vor allem durch die Nutzung von Lokalität im Zugriffsverhalten, so daß mit relativ geringem Hauptspeicherumfang ein Großteil der E/A eingespart werden kann. Solange die Hauptspeicherkosten über den vergleichbaren Kosten von Magnetplatten liegen, lohnt es sich nicht, nur selten referenzierte Objekte im Hauptspeicher zu halten. Die Kosteneffektivität einer Allokation im Hauptspeicher hängt dabei im wesentlichen von der Objektgröße, Zugriffsfrequenz und technologischen Parametern wie den Speicherkosten ab. Zur Quantifizierung der Abhängigkeiten wurden in [GP87, CKS91] einfache Abschätzungen vorgenommen, die im folgenden zusammengefaßt werden sollen. Eine Allokation im Hauptspeicher wird dabei als sinnvoll angesehen, wenn die Kosten der Hauptspeicherresidenz unter denen einer Allokation auf Platte liegen. Dieser Punkt ist im Prinzip spätestens erreicht, wenn die Speicherkosten pro Megabyte für Hauptspeicher unter denen von Magnetplatten liegen. Nach der Projektion von [CKS91] ist dies für Workstations etwa im Jahre 2019 der Fall[*], neueren Prognosen zufolge wird dies möglicherweise aber nie eintreten [Ph92].

Die Kosteneffektivität einer Hauptspeicherresidenz ist jedoch früher erreicht, wenn die Plattenkosten nicht durch die Speicherkapa-

---

[*] Dabei wurde angenommen, daß die Speicherkosten 1991 400 $/MB für Hauptspeicher und 10 $/MB für Magnetplatten betragen und der jährliche Preisnachlaß 30% für Hauptspeicher und 20% für Magnetplatten beträgt.

Bestimmung,
für welche
Dateien
Hauptspeicher-
resisdenz
sinnvoll ist

zität, sondern durch die zu bewältigenden E/A-Raten bestimmt sind. Denn wie in 3.4 diskutiert, werden die Daten vielfach auf eine größere Anzahl von Platten aufgeteilt als aufgrund der Kapazität notwendig, um die erforderlichen E/A-Raten zu bewältigen. Sei G_O die Größe von Objekt O (in MB) und Z_O die Zugriffshäufigkeit darauf (mittlere Anzahl von Zugriffen pro Sekunde)[*]. Ferner bezeichne $\$_{HS}$ die Speicherkosten pro MB Hauptspeicher und $\$_{Arm}$ die Kosten für einen Plattenzugriff pro Sekunde, wobei $\$_{Arm}$ wesentlich von den Kosten eines Zugriffsarms (Platte) bestimmt ist. Dann ist eine Allokation von O im Hauptspeicher kostengünstiger als eine Plattenallokation, wenn gilt:

$$\$_{HS} * G_O < \$_{Arm} * Z_O \quad \text{bzw.}$$

$$Z_O / G_O > \$_{HS} / \$_{Arm}$$

In letzterem Ausdruck wurden die last- und die technologieabhängigen Parameter jeweils auf eine Seite gebracht. Nimmt man z.B. pro Platte Kosten von 5000 $ sowie 25 E/A-Operationen pro Sekunde an, dann ergibt sich $\$_{Arm} = 200$. Für $\$_{HS}=400$ wäre demnach eine Allokation im Hauptspeicher kosteneffektiv, sobald mehr als 2 Zugriffe pro Sekunde und MB auf ein Objekt (DB-Partition) anfallen. Für eine Seite von 4 KB wäre dieser Punkt erreicht, wenn sie häufiger als alle 2 Minuten referenziert würde (für andere Parameterwerte ergab sich in [GP87] in analoger Weise die sogenannte "5-Minuten-Regel").

Objekt O	Z_O (Zugriffe /s)	G_O (MB)	Z_O/G_O	HS-Residenz ?
BRANCH-Partition	1 * TPS	0.0001 * TPS	10000	ja
TELLER-Partition	1 * TPS	0.001 * TPS	1000	ja
ACCOUNT-Partition	1 * TPS	10 * TPS	0.1	nein

Tab. 5-1: Hauptspeicherresidenz für Debit-Credit
(aus [CKS91] abgeleitet)

Diese Formeln können auf die Debit-Credit-Last (Kap. 1.3) angewendet werden, da der Benchmark die Partitionsgrößen (100 B pro Satz) und Zugriffshäufigkeiten in Abhängigkeit zur Transaktionsrate (in TPS) festlegt. Wie Tab. 5-1 verdeutlicht, erhält man für obige Parameterwerte, daß die BRANCH- und TELLER-Satztypen

---

[*]   Die Zugriffshäufigkeit Z_O wird auch als "Hitze" (heat) und der Quotient Z_O / G_O als "Temperatur" eines Objektes O bezeichnet [CABK88].

hauptspeicherresident gehalten werden sollten, ACCOUNT dagegen nicht. Für die sequentielle HISTORY-Datei scheidet Hauptspeicherresidenz aus, da hierauf nur Einfügungen am aktuellen Dateiende vorgenommen werden. Da das Verhältnis $\$_{HS}$ / $\$_{Arm}$ sich ständig verbessert, wird auch für weniger häufig referenzierte Objekte (Partitionen) eine Hauptspeicherallokation zunehmend kosteneffektiver. So wurde in [CKS91] geschätzt, daß bis zum Jahre 2004 auch für den ACCOUNT-Satztyp Hauptspeicherresidenz sinnvoll sei.

Die Abschätzungen verdeutlichen, daß sich für häufig referenzierte DB-Bereiche eine komplette Allokation im Hauptspeicher lohnen kann, auch wenn Halbleiterspeicher teurer als Magnetplatten bleiben. Daraus resultiert eine Mischlösung zwischen konventionellen und Hauptspeicher-DBS, ähnlich wie derzeit bei IMS Fast Path. Allerdings verursacht dies eine sehr hohe Systemkomplexität, wenn für die oben angesprochenen Funktionen (Zugriffspfade, Query-Optimierung, etc.) eine spezielle Unterstützung für beide Betriebsformen vorgesehen wird. Eine einfachere Vorgehensweise wäre, die plattenorientierten Verfahren auch für hauptspeicherresidente Partitionen anzuwenden und somit lediglich die E/A-Einsparungen zur Leistungssteigerung zu nutzen. Dies würde im wesentlichen einer partitionierten Pufferallokation entsprechen, wobei hauptspeicherresidenten DB-Bereichen entsprechend große Pufferpartitionen zuzuweisen sind.

Mischlösungen verursachen hohen Realisierungsaufwand

5.3 Disk-Arrays

Wie in 3.4 ausgeführt, konnte die Leistungsfähigkeit von Magnetplatten in der Vergangenheit nur wenig verbessert werden, und
zwar sowohl bei der Zugriffszeit, der E/A-Rate sowie der Bandbreite
(MB/s). Für OLTP-Anwendungen, bei denen primär Einzelblockzugriffe anfallen, sind die Zugriffszeiten auf einen Block sowie die
E/A-Raten die wichtigsten Leistungsmerkmale. Für komplexe DB-
Anfragen ist daneben verstärkt auf größere Datenmengen zuzugreifen, so daß für kurze Zugriffszeiten eine hohe Bandbreite sowie
Parallelität im E/A-System erforderlich sind.

Nutzung von
E/A-Paralleli-
tät durch
Disk-Arrays

Disk-Arrays [Me89, Ng89, PCGK89, SKPO88, KGP89] streben eine
Verbesserung der Leistungsfähigkeit sowie der Kosteneffektivität
von Magnetplatten an. Die Idee ist dabei ein "logisches" Platten-
laufwerk durch eine größere Anzahl physischer Laufwerke zu realisieren, um damit sowohl höhere E/A-Raten als auch höhere Bandbreiten zu erreichen. Dies ist möglich, da E/A-Rate und Bandbreite
im Idealfall linear mit der Anzahl der Zugriffsarme und Übertragungspfade zunehmen. Wie Abb. 5-4a verdeutlicht, ist die Erhöhung der E/A-Rate für unabhängige Zugriffe auf "kleinere" Datenmengen (z.B. 1 Seite) möglich, die jeweils nur eine Platte bzw. eine
Teilmenge der Platten betreffen. In [WZ93] spricht man dabei von
(Inter-) Auftragsparallelität. Die Steigerung der Bandbreite erlaubt auch eine Verkürzung der Zugriffszeit auf große Datenmengen, falls diese in geeigneter Weise über mehrere Platten verteilt
werden, so daß E/A-Parallelität innerhalb eines Zugriffs genutzt
werden kann (Intra-Auftrags- bzw. Zugriffsparallelität [WZ93],
Abb. 5-4b).

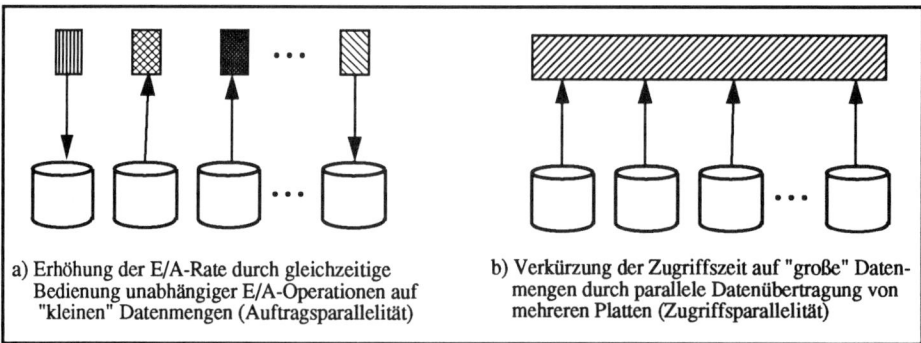

a) Erhöhung der E/A-Rate durch gleichzeitige
   Bedienung unabhängiger E/A-Operationen auf
   "kleinen" Datenmengen (Auftragsparallelität)

b) Verkürzung der Zugriffszeit auf "große" Datenmengen durch parallele Datenübertragung von
   mehreren Platten (Zugriffsparallelität)

Abb. 5-4:   E/A-Optimierung durch Disk-Arrays [PGK88]

Eine Steigerung der Kosteneffektivität soll vor allem durch den Einsatz kleinerer Platten (v.a. 3.5 oder 5.25 Zoll) erreicht werden, die aufgrund hoher Stückzahlen geringere Speicherkosten als "große" Platten (Durchmesser von mehr als 8 Zoll) verursachen. Die Leistungsmerkmale der kleinen Magnetplatten (Zugriffszeiten, E/A-Raten) sind dabei mittlerweile nicht mehr signifikant schlechter als bei großen Platten [PCGK88, KGP89]. Ersetzt man z.B. eine große Magnetplatte von 10 GB mit einer Bandbreite von 4 MB/s und einer E/A-Rate von 50 Zugriffen pro Sekunde durch 10 kleinere mit je 1 GB Kapazität, 2 MB/s und 20 E/A pro Sekunde, können Bandbreite und E/A-Rate um bis das 5- bzw. 4-fache gesteigert werden. Da Disk-Arrays mit Hunderten von Platten angestrebt werden [KGP89], sind entsprechend größere Leistungsverbesserungen möglich.

hohe Kosteneffektivität durch "kleine" Platten

Zwei Kernfragen bei der Realisierung von Disk-Arrays betreffen die Aufteilung der Daten auf die Platten sowie die Erreichung einer hohen Fehlertoleranz. Diese beiden Aspekte werden in den folgenden Unterkapiteln näher behandelt. Abschließend fassen wir die wichtigsten Eigenschaften von Disk-Arrays zusammen.

5.3.1 Datenverteilung

Um die mit Disk-Arrays erreichbare E/A-Parallelität nutzen zu können, ist eine entsprechende Allokation der Datenobjekte (z.B. Dateien) auf mehrere Platten erforderlich. Insbesondere zur Nutzung von Zugriffsparallelität müssen diese über mehrere Platten verteilt werden. Eine derartige Datenaufteilung wird in der Literatur auch als "Interleaving" oder "Striping" bezeichnet [Ki86, SG86, KGP89]. Als Granulat der Datenverteilung kommen dabei einzelne Bits, Bytes, Blöcke oder Blockmengen (Sektoren, Spuren, etc.) in Betracht. Ähnlich wie bei der Realisierung von Spiegelplatten kann die Verwaltung eines Disk-Arrays durch System-Software (Dateiverwaltung des Betriebssystems) oder durch den Controller des Disk-Arrays (Array-Controller) erfolgen. Wesentliche Verwaltungsaufgaben beinhalten die Realisierung der Datenverteilung und der zugehörigen Abbildung logischer auf physische Adressen auf den Platten sowie die automatische Behandlung von E/A-Fehlern (insbesondere von Plattenausfällen, s. Kap. 5.3.2). Eine hardware-nahe Verwaltung im Controller ermöglicht die Nutzung von Disk-Arrays, ohne Änderungen in der System-Software (Betriebssystem, Datenbanksystem) vornehmen zu müssen. Auch können dann Disk-Arrays in einfacher Weise in Mehrrechnersystemen

Dateiallokation über mehrere Platten

Verwaltung des Disk-Arrays im Controller oder Verarbeitungsrechner

vom Typ "Shared-Disk" (DB-Sharing) genutzt werden (in Shared-Nothing-Systemen ist ihre Nutzung auf einen Verarbeitungsrechner begrenzt). Auf der anderen Seite erlaubt die Verwaltung eines Disk-Arrays durch System-Software der Verarbeitungsrechner eine größere Flexibilität. So kann z.b. die Verwaltung innerhalb des Dateisystems die Datenverteilung auf die Zugriffsmerkmale einzelner Dateien abstimmen (s.u.).

Disk-Arrays wurden zuerst für Supercomputer eingeführt, für die herkömmliche Platten die benötigten Datenmengen (z.B. zur Bildverarbeitung) nicht ausreichend schnell bereitstellen konnten. Die Aufteilung der Daten auf mehrere Platten eines Disk-Arrays erlaubte jedoch ein paralleles Einlesen und damit entsprechend schnellere Zugriffszeiten. Die Datenaufteilung erfolgt dabei überwiegend auf Bit- oder Byteebene über alle Platten eines Disk-Arrays, derart, daß aufeinanderfolgende Bits (Bytes) auf benachbar-

Bit- und Byte-Interleaving

ten Platten gespeichert werden. Die Datenzugriffe erfordern eine enge Synchronisation der einzelnen Platten durch den Array-Controller, so daß er z.B. ein zu lesendes Datenobjekt aus den parallelen Datenströme korrekt zusammenfügen kann. Bei N Platten kann durch den parallelen Datentransfer die Transferzeit um den Faktor N verkürzt werden, wobei die vom Controller unterstützte Bandbreite jedoch einen begrenzenden Faktor bilden kann. Ein Vorteil des Ansatzes ist, daß aufgrund der Datenverteilung auf alle Platten sowie der Platten-Synchronisation eine sehr gleichmäßige Plattenauslastung erreicht und damit Wartezeiten reduziert werden können [Ki86]. Weiterhin kann die Datenabbildung auf die Platte bei diesem Ansatz vollkommen im Controller realisiert werden und somit für die nutzenden Rechner transparent bleiben.

Die Datenverteilung auf Bit- oder Byteebene eignet sich jedoch nicht zur Unterstützung hoher E/A-Raten auf einzelne Blöcke, wie dies für Transaktions- und DB-Anwendungen erforderlich ist. Denn zum Einlesen eines Blockes müßten dann mehrere (alle) Platten belegt werden, wodurch insgesamt höchstens die E/A-Rate einer Platte erreichbar wäre. Wir wollen daher im folgenden nur noch eine Aufteilung von Dateien mit Blöcken als kleinstem Granulat betrachten. Eine solche blockweise Datenverteilung wird auch als

Block-Interleaving (Declustering)

"Declustering" bezeichnet [LKB87, CK89, KGP89]. Da für Einzelblockzugriffe nur noch auf eine Platte zugegriffen wird, erhöht sich die erreichbare E/A-Rate mit der Plattenanzahl. Für Mehrblockzugriffe (multiblock I/O), z.B. ein sequentielles Einlesen mehrerer aufeinanderfolgender Blöcke im Rahmen eines Relationen-Scans,

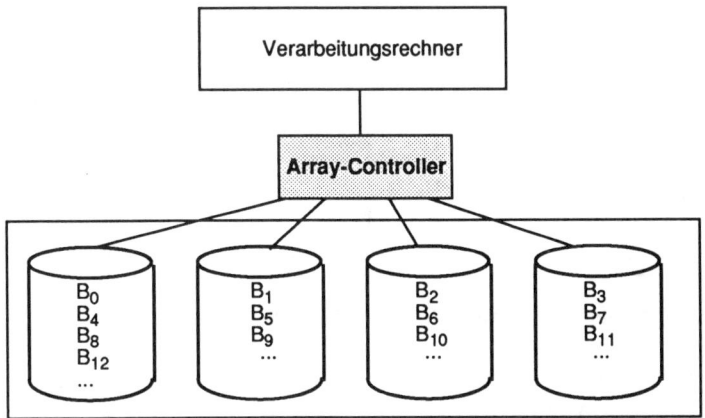

Abb. 5-5:   Beispiel eines Disk-Arrays mit Block-Interleaving
            (Declustering)

kann daneben weiterhin ein paralleles Einlesen von mehreren
Platten erfolgen, wenn die Datei blockweise auf alle Platten verteilt wurde. Im Beispiel von Abb. 5-5 können jeweils vier Blöcke parallel gelesen werden (z.B. B_0 bis B_3), so daß sich im besten Fall
eine vierfache Zugriffszeitverkürzung ergibt. Allerdings arbeiten
die Platten beim Declustering-Ansatz i.a. unsynchronisiert, so daß
für die einzelnen Platten mit Varianzen ("Skew")bei den Zugriffszeiten zu rechnen ist (unterschiedliche Positionierzeiten und Plattenauslastung). Damit wird die Gesamtzugriffszeit durch die langsamste Platte bestimmt.

Die Datenverteilung in Abb. 5-5 entspricht einer Round-Robin-artigen Aufteilung auf Blockebene auf alle Platten des Disk-Arrays[*].
Diese Declustering-Strategie strebt eine maximale Parallelität an.
Abb. 5-6 zeigt den entgegengesetzten Ansatz des *Clustering* (phy-
sische Clusterbildung) bei dem eine Datei auf eine minimale An-   *Clustering*
zahl von Platten aufgeteilt wird und aufeinanderfolgende Blöcke
(weitgehend) auf derselben Platte allokiert (alloziert) werden. In
dem gezeigten Beispiel sind die m Blöcke der Datei auf zwei Platten verteilt, wobei jede Platte maximal K Blöcke aufnehmen kann
$(K < m \leq 2K)$. Eine solche Clusterbildung kann als ein degenerier-
tes Declustering mit dem Granulat von K Blöcken aufgefaßt werden, während in dem Round-Robin-Ansatz in Abb. 5-5 das Granu-

---

[*]   Eine solche Declustering-Strategie wird bereits seit langem von dem
      Hochleistungssystem TPF zur Unterstützung hoher E/A-Raten verwen-
      det [Sc87, TPF88].

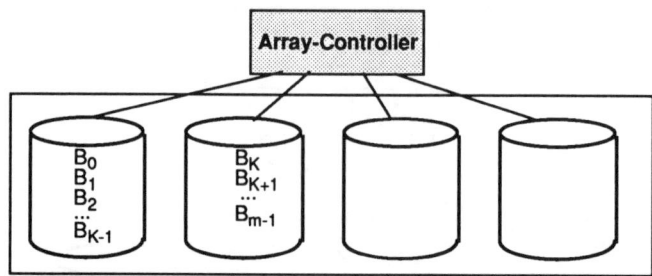

Abb. 5-6:   Datenverteilung mit Clustering

Parameter der Datenallokation:
- Verteilgranulat
- Verteilgrad
- Auswahl der Platten

lat ein einzelner Block war. Da als Verteilgranulat beliebige Blockmengen verwendet werden können, ergibt sich ein großes Spektrum an Declustering-Möglichkeiten. Dies gilt umso mehr, da neben dem Declustering-Granulat auch noch wählbar ist, auf wieviele (und welche) Platten eine Datei allokiert werden soll. Auch für den Verteilgrad bestehen zwei Extremwerte, wobei die Dateigröße die minimale und die Größe des Disk-Arrays die maximale Plattenanzahl festlegen.

Datenbanksysteme setzen Clusterbildung bereits seit langem zur Optimierung sequentieller Zugriffe ein. Der Vorteil dabei ist, daß nach Zugriff auf den ersten relevanten Block Such- und Umdrehungswartezeiten weitgehend wegfallen, so daß wesentlich bessere Zugriffszeiten als für nicht-sequentielle Zugriffe erreicht werden. Für große Objektmengen ist jedoch die Zugriffszeit durch die Transferkapazität einer Platte zu stark begrenzt, so daß in diesem Fall ein Declustering mit kleinerem Granulat durch die Nutzung von Parallelität besser abschneidet. Auch für Einzelblockzugriffe erlaubt ein Declustering über alle Platten prinzipiell die höchsten

Clustering vs. Declustering

E/A-Raten. Auf der anderen Seite kann es für Mehrblockzugriffe auf kleinere Datenmengen vorteilhafter sein, wenn nur eine Platte involviert ist (Clustering), da bei mehreren Platten die Varianzen in den Zugriffszeiten eine Verlangsamung verursachen, die durch die Parallelisierung u.U. nicht wettgemacht werden kann. Der Einfluß dieser Varianzen steigt proportional zur Plattenanzahl. Zudem geht die Nutzung von Zugriffsparallelität immer zu Lasten der E/A-Rate, da mehrere Zugriffsarme belegt werden.
Dem Declustering-Ansatz werden dagegen i.a. Vorteile hinsichtlich der Lastbalancierung zugesprochen, da häufig referenzierte Dateien keinen Plattenengpaß mehr erzeugen, sondern Zugriffe darauf über alle Platten verteilt werden. Dies führte neben der Nutzung einer höheren Parallelität in Simulationsexperimenten zu

klar besseren Resultaten als mit Clustering [LKB87]. Auf der anderen Seite garantiert eine mengenmäßig gleichförmige Datenaufteilung über viele Platten keineswegs eine Gleichverteilung der Zugriffshäufigkeiten, da die Zugriffsverteilung innerhalb von Dateien i.a. nicht gleichmäßig ist. Die Berücksichtigung der tatsächlichen Zugriffshäufigkeiten zur effektiven Lastbalancierung erscheint bei Clustering jedoch einfacher realisierbar, da hierbei Zugriffsstatistiken auf Datei- statt auf Blockebene ausreichen. Declustering impliziert daneben stets einen höheren Verwaltungs-Overhead zur Koordinierung paralleler Plattenzugriffe als für Clustering. Ein Declustering über alle Platten führt ferner zu einer aufwendigen Datenreorganisation, wenn die Plattenanzahl innerhalb eines Disk-Arrays erhöht werden soll [SKPO88].

Gray et al. untersuchten, wie ein Disk-Array-Ansatz am ehesten zur DB-Verarbeitung in Tandem-Systemen genutzt werden kann und kamen zu dem Ergebnis, daß hierzu ein Clustering von Dateien am besten geeignet sei [GHW90]. Neben den schon genannten Vorteilen des Clustering wurde noch angeführt, daß heutige DBS nicht in der Lage seien, die hohen Bandbreiten von Disk-Arrays zu absorbieren. Dieses Argument bezog sich jedoch auf die relativ leistungsschwachen Tandem-CPUs von 10 MIPS, für die geschätzt wurde, daß mit ihnen max. 1 MB/s im Rahmen eines Relationen-Scans verarbeitet werden können[*].

Die Diskussion zeigt, daß sowohl Clustering als auch (ein maximales) Declustering Vor- und Nachteile mit sich bringen. Wie weiter oben ausgeführt, handelt es sich dabei jedoch um zwei extreme Ansätze bezüglich der Parameter Declustering-Granulat sowie Verteilungsgrad. Wird nur einer der beiden Extremfälle unterstützt, ergibt sich eine relativ einfache Realisierung, man muß jedoch die jeweiligen Nachteile und Beschränkungen in Kauf nehmen. Vielversprechender erscheint daher ein flexibler Ansatz, bei dem für jede Datei Declustering-Granulat und Verteilgrad in Abhängigkeit von der Dateigröße sowie von Zugriffsmerkmalen bestimmt werden kann. Eine solche Form der Dateiallokation unter Kontrolle

dateibezogene Allokationsstrategie

---

[*] Ein Multiprozessor von z.B. 200 MIPS könnte demnach bereits 20 MB/s verarbeiten, die z.Zt. nur durch Parallelzugriffe auf mehrere Platten erreichbar sind. Die Bewältigung noch höherer Datenraten, z.B. zur Bearbeitung komplexer Ad-Hoc-Anfragen, erfordert ein Mehrrechnersystem. Dabei ist für Shared-Nothing-Systeme wie Tandem (im Gegensatz zu DB-Sharing) die Nutzung von Disk-Arrays jedoch auf jeweils einen Rechnerknoten beschränkt.

des Dateisystems wird unter anderem in [SKPO88, WZS91, WZ92] propagiert.

Nutzung von Disk-Arrays durch DBS

Eine weitgehende Nutzung von Disk-Arrays zur DB-Verarbeitung erfordert jedoch darüber hinaus, daß die Allokation von DB-Dateien im DBS bekannt ist, um diese optimal im Rahmen der Query-Auswertung berücksichtigen zu können. So haben z.b. Declustering-Granulat und Verteilgrad unmittelbare Auswirkungen auf die E/A-Kosten, die bei der Query-Optimierung für verschiedene Auswertungsalternativen zu bewerten sind. Aus DBS-Sicht empfiehlt sich auch eine logische Datenverteilung auf Satzebene (statt auf Blockebene), um z.b. die Bearbeitung auf die relevanten Platten beschränken zu können. Einige zentralisierte DBS (z.b. DB2) unterstützen bereits eine solche Datenverteilung, wobei eine Partitionierung über Wertebereiche eines Verteilattributs vorgenommen wird. Bereichsanfragen, die sich auf das Verteilattribut beziehen und für die kein Index vorliegt, erfordern dann i.a. keinen vollständigen Relationen-Scan, sondern können auf die Platten beschränkt werden, die relevante Daten enthalten. Die Kenntnis der Datenverteilung ermöglicht auch die effektivere Nutzung von Multiprozessoren zur parallelen Bearbeitung einer Anfrage, indem z.b. Daten von verschiedenen Platten unterschiedlichen Prozessoren zugeordnet werden.

Eine Datenverteilung auf Satzebene wird auch für das analoge Problem der Datenallokation in Shared-Nothing-Mehrrechner-DBS gewählt. Eine derartige Verteilung von Satztypen (Relationen) wird in diesen Systemen ebenfalls als Declustering bzw. horizontale Fragmentierung bezeichnet [DG92, ÖV91]. Neben einer Round-Robin-artigen Datenverteilung (analog zu Abb. 5-5) werden in Shared-Nothing-Systemen vor allem Datenpartitionierungen über Hash-Funktionen (hash partitioning) sowie Wertebereiche (range partitioning) unterstützt, die sich jeweils auf ein Verteilattribut des Satztyps beziehen (s. Kap. 8.2.2).

5.3.2 Fehlertoleranz

Verfügbarkeitsproblem von Disk-Arrays

Die Verwendung von N kleineren Platten innerhalb eines Disk-Arrays anstelle einer großen Platte bringt den Nachteil mit sich, daß die Wahrscheinlichkeit eines Plattenausfalls sich um das N-fache erhöht. Werden innerhalb des Disk-Arrays keine Fehlertoleranzmaßnahmen zur Behandlung von Plattenfehlern unterstützt, führt bereits ein einfacher Plattenfehler zu einem Datenverlust[*]. Der Erwartungswert für die Zeitspanne, bis ein Datenverlust auftritt,

wird als "Mean Time to Data Loss" (MTTDL) bezeichnet und beträgt für ein Disk-Array mit N Platten:

$$MTTDL = MTTF / N \qquad (5.1)$$

Dabei bezeichnet MTTF (Meantime To Failure) den Erwartungswert für die Zeitspanne zwischen Inbetriebnahme und Ausfall einer einzelnen Platte. Während derzeitige Platten MTTF-Werte von
typischerweise 5 bis 10 Jahren erreichen[*], ist demnach bei einem
Disk-Array mit 100 Platten bereits innerhalb weniger Wochen mit
einem Plattenausfall und damit einem Datenverlust zu rechnen.
Eine solche Ausfallhäufigkeit kann nur toleriert werden, wenn
durch Einführung redundanter Informationen eine automatische
und schnelle Behandlung von Plattenfehlern ermöglicht wird, so
daß eine hohe Verfügbarkeit erreicht und die Wahrscheinlichkeit
eines Datenverlusts stark reduziert wird.

Dazu kommen im wesentlichen zwei Alternativen in Betracht,
nämlich die automatische Fehlerkorrektur über Paritätsbits sowie
die Replikation sämtlicher Daten auf verschiedenen Platten. Beide
Ansätze opfern einen Teil der Speicherkapazität sowie der E/A-Lei-
stung zur Erhöhung der Verfügbarkeit. Daneben ist beiden Techniken gemein, daß sie prinzipiell für alle Arten der Datenallokation
anwendbar sind, also bei Clustering und Declustering. Diese Orthogonalität der Konzepte wurde vielfach übersehen, erlaubt jedoch eine übersichtliche Einordnung verschiedener Ansätze. Dies
sei mit Abb. 5-7 verdeutlicht, wo Beispiele für vier Verfahrenskom-
binationen eingeordnet wurden (Declustering bezieht sich dabei
auf ein Round-Robin-Schema auf Blockebene).

2 Lösungs-
alternativen

Im folgenden sollen die verschiedenen Verfahren genauer vorgestellt werden. Der Ansatz der Datenreplikation sieht eine Duplizierung sämtlicher Daten auf unabhängigen Platten vor, so daß die

---

[*] Bei der Nutzung von Disk-Arrays durch Datenbanksysteme kann jedoch
zur Vermeidung des Datenverlusts der Ausfall eines Disk-Arrays wiederum mit Hilfe von Archivkopien sowie eines Archiv-Logs behoben werden (Kap. 5.1.2). Wie erwähnt, handelt es sich dabei aber um eine teilweise manuelle Fehlerbehandlung, da sie vom Operateur zu
veranlassen ist. Die Erstellung von Archivkopien, die üblicherweise da-
teibezogen erfolgt, ist bei einem Declustering problematisch, da hierbei
das gesamte Disk-Array zu kopieren ist [GHW90].

[*] In [PGK88] wird von einer MTTF von 3 Jahren ausgegangen, wobei dieser Wert Herstellerangaben entspricht. Für IBM-Platten wurden in der
Praxis jedoch schon deutlich bessere Werte von über 10 Jahren erreicht.
In [GS91] wird "modernen" Platten ein MTTF-Wert von 12 Jahren atte-
stiert.

	Clustering	Declustering
Paritätsbits	"parity striping" [GHW90]	RAID-5 [PGK88, KGP89]
Datenreplikation	"klassische" Spiegelplatten (Tandem, DEC, ...) [BG88, Bi89] RAID-1 [PGK88, KGP89]	"mirrored declustering", "interleaved declustering" [CK89] "chained declustering" [HD90]

Abb. 5-7:   Verfahrensübersicht zur Fehlerbehandlung in Disk-Arrays

Erhöhung der Fehlertoleranz eine Verdoppelung der Speicherkapazität verlangt. Durch eine Fehlerkorrektur über Paritätsbits soll ein ökonomischerer Ansatz ermöglicht werden.

5.3.2.1 Fehlerkorrektur über Paritätsbits

RAID

Zur Realisierung fehlertoleranter Disk-Arrays wurden in [PGK88, KGP89, PCGK89] verschiedene Arten sogenannter RAIDs (Redundant Arrays of Inexpensive Disks) untersucht. Im Zusammenhang mit Blöcken als feinstem Verteilungsgranulat wurden dabei vor allem zwei Ansätze, RAID-1 und RAID-5 genannt, favorisiert. RAID-1 entspricht dabei der Nutzung von Spiegelplatten und wird im nächsten Unterkapitel betrachtet. Bei RAID-5 erfolgt eine Fehlerkorrektur über Paritätsbits, wobei die Paritätsbits zu jeweils N Datenblöcken in einem Paritätsblock geführt werden. Diese Redundanz führt dazu, daß für ein Disk-Array mit Nutzdaten auf N Platten nunmehr N+1 Platten für Daten- und Paritätsblöcke benötigt werden. Demnach erhöht sich die benötigte Speicherkapazität zur Fehlerbehandlung nur um 100/N Prozent, so daß für größere N geringe Zusatzkosten anfallen. Auf der anderen Seite sinkt die Verfügbarkeit wieder mit wachsendem N, da die Wahrscheinlichkeit eines Doppelfehlers, der zu Datenverlust führt, mit der Plattenzahl zunimmt.

RAID mit Gruppen-bildung

Für Disk-Arrays mit einer großen Plattenanzahl empfiehlt sich daher eine interne Aufteilung in mehrere Gruppen von jeweils G+1 Platten, wobei pro Gruppe die Kapazität einer Platte für Paritätsinformation und von G Platten für Nutzdaten verwendet wird. Damit erhöht sich zwar die Redundanz aber auch die Verfügbarkeit proportional zur Anzahl der Gruppen (N/G). Insbesondere ergibt sich für Mehrfachfehler kein Datenverlust, solange verschiedene Gruppen betroffen sind.

Nach [PGK88] läßt sich der MTTDL-Wert für Disk-Arrays mit
Gruppenbildung durch folgende Formel bestimmen:

$$MTTDL = \frac{MTTF}{N + N/G} * \frac{MTTF}{G * MTTR} \qquad (5.2)$$

Dabei bezeichnet MTTR (Meantime To Repair) die mittlere Dauer
für die Reparatur einer Platte. Dieser Wert ist kritisch, da nur ein
weiterer Plattenausfall während dieser Zeit zu einem Datenverlust
führen kann.Der erste Faktor in Formel 5.2 entspricht der mittle-
ren Zeitspanne, bis eine der insgesamt N+N/G Platten ausfällt. Der   *Verfügbarkeit*
zweite Faktor entspricht dem Kehrwert der Wahrscheinlichkeit,   *von*
daß während der Reparatur der ausgefallenen Platte eine weitere   *Disk-Arrays*
Platte derselben Gruppe ausfällt.
Formel 5.2 liefert als Spezialfälle die Verfügbarkeitswerte für
Disk-Arrays ohne Gruppenbildung (G=N) sowie für Spiegelplatten
(G=1). Tab. 5-2 zeigt für N=100 einige Beispielwerte für diese beiden Spezialfälle sowie bei Verwendung von 10 Gruppen. Man erkennt, daß die Verfügbarkeit des Disk-Arrays ohne Gruppenbildung für diese Plattenanzahl bereits sehr schlecht ist. Die Bildung
von 10 Gruppen verursacht lediglich 10% zusätzlichen Speicherbedarf, dafür kann jedoch die Verfügbarkeit signifikant gesteigert
werden (Faktor 9). Spiegelplatten (100 Gruppen a 2 Platten) erhöhen die Verfügbarkeit nochmals um mehr als den Faktor 5.

Gruppen-anzahl (N/G)	Gesamtanzahl Platten (N + N/G)	MTTDL für	
		MTTR=5 h	MTTR=1 h
1	101	4.3 Jahre	22 Jahre
10	110	40 Jahre	200 Jahre
100	200	220 Jahre	1100 Jahre

Tab. 5-2: MTTDL-Beispielwerte für Disk-Arrays (N=100, MTTF = 5 Jahre)

Im folgenden diskutieren wir, welche Änderungen sich bei der
Datenallokation durch die Verwendung von Paritätsblöcken ergeben. Dabei ist vor allem darauf zu achten, daß ein Paritätsblock
und die ihm zugeordneten Datenblöcke auf jeweils unterschiedlichen Platten liegen. Weiterhin sollten die Paritätsinformationen
möglichst keinen E/A-Engpaß einführen. Zunächst diskutieren wir

die für RAID-5 entwickelte Strategie, wobei von einem Declustering der Daten ausgegangen wurde. Danach wird auf eine Alternative eingegangen, welche auf ein Clustering von Daten abgestimmt ist.

Allokation von Paritätsinformationen bei Declustering (RAID-5)

Allokation von Paritätsblöcken bei RAID-5

RAID-5 sieht ein blockweises Declustering der Daten über alle Platten einer Disk-Array-Gruppe vor. In Abb. 5-8 ist gezeigt, wie sich die Datenallokation für das Beispiel aus Abb. 5-5 durch die Einführung der Paritätsblöcke ändert. Wir nehmen dabei an, daß das Disk-Array nur aus einer Gruppe besteht (G=N), in der nunmehr fünf statt vier Platten belegt sind. Wesentlich dabei ist, daß die Paritätsblöcke gleichmäßig auf alle Platten verteilt wurden. Würden nämlich alle Paritätsblöcke einer einzigen Platte zugeordnet (dies entspricht einer RAID-4-Realisierung), ergäbe sich unweigerlich ein Engpaß, da die Paritätsblöcke für jede Datenänderung anzupassen sind. Insbesondere wäre der Schreibdurchsatz durch die E/A-Rate der Paritätsplatte begrenzt. Wichtig für die Verfügbarkeit ist auch, daß der Array-Controller sowie sämtliche Verbindungen zwischen Platten und Array-Controller sowie zwischen Controller und Verarbeitungsrechner redundant ausgelegt werden [SGKP89, GHW90].

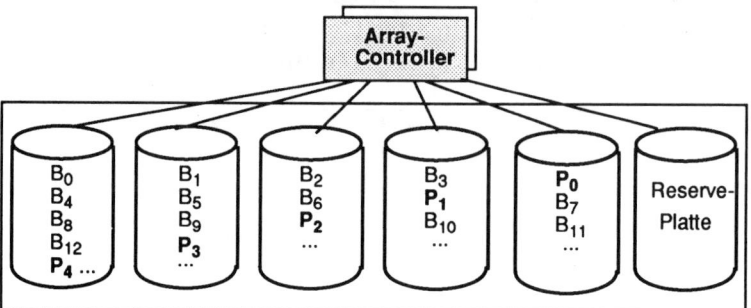

Abb. 5-8:   RAID-5-Realisierung für Declustering-Ansatz aus Abb. 5-5 (G=N=4)

Die Paritätsblöcke werden durch EXOR-Bildung von jeweils G Datenblöcken bestimmt. Für das in Abb. 5-8 gewählte Numerierungsschema (Round-Robin) gilt

$$P_i = B_{G*i} \text{ XOR } B_{G*i+1} \text{ XOR } ... \text{ XOR } B_{G*(i+1)-1} \quad i = 0, 1, ..., K-1,$$

wobei XOR die EXOR-Operation kennzeichnet und K der Anzahl von Blöcken pro Platte entspricht. Die G Datenblöcke eines Paritätsblocks werden auch als *Paritätsgruppe* bezeichnet (in Abb. 5-8 bilden die Blöcke B_4 bis B_7 die P_1 zugeordnete Paritätsgruppe). Abb. 5-9 zeigt, wie zu einem Datenblock der zugehörige Paritätsblock bestimmt wird und wie logische Seitenadressen auf physische Plattenpositionen abgebildet werden. Die Fallunterscheidung bei der Bestimmung der Plattennummer zu einem Datenblock ist erforderlich, um sicherzustellen, daß Paritäts- und Datenblock auf verschiedene Platten abgebildet werden.

Bestimmung physischer Adressen

G +1 = Plattenanzahl (0, 1, ..,G)
K = Anzahl Blöcke pro Platte (0, 1, ..., K-1)

Bestimmung des Paritätsblocks P_j zu Datenblock B_i :   j = i DIV G

	Datenblock B_i (i=0, 1, 2, ...G*K-1)	Paritätsblock P_j (j=0, 1, 2, ...,K-1)
Platte Nr. (0, 1, ... G)	i MOD G *falls i MOD G < G - (i DIV G) MOD (G+1)* 1 + (i MOD G) *sonst*	G - j MOD (G+1)
Position Nr. (0, 1, ... K-1)	i DIV G	j

Abb. 5-9:   Bestimmung physischer Plattenadressen für RAID-5 (Declustering)

Die Paritätsblöcke werden beim Lesen nur zur Behandlung dauerhafter Fehler (z.B. Plattenausfall) verwendet, da transiente Fehler bereits durch die einzelnen Platten selbst behandelt werden können [KGP89]. Wird ein Block als fehlerhaft erkannt bzw. ist er aufgrund eines Plattenfehlers nicht mehr verfügbar, so kann er durch EXOR-Bildung aus dem zugehörigen Paritätsblock sowie der G-1 restlichen Blöcke aus der Paritätsgruppe, die jeweils auf anderen Platten liegen, rekonstruiert werden. Damit kann der Ausfall jeder Platte ohne Datenverlust behandelt werden.

Lesezugriff

Während Lesezugriffe im Normalbetrieb ohne Mehraufwand durchführbar sind, ergibt sich für Schreibzugriffe durch die Anpassung der Paritätsblöcke ein hoher Zusatzaufwand. Für den Paritätsblock P zu einem Block B, der von B_{alt} nach B_{neu} geändert wurde, gilt folgende Berechnungsvorschrift:

$$P_{neu} = P_{alt} \text{ XOR } B_{alt} \text{ XOR } B_{neu}.$$

*hoher Aufwand
für Schreibvor-
gänge*

Durch das Lesen von P_{alt} und B_{alt} sowie das Schreiben von B_{neu} und P_{neu} sind insgesamt vier Plattenzugriffe zum Schreiben eines Blockes erforderlich. Auch wenn das Lesen und Schreiben der jeweils zwei Seiten parallel durchgeführt werden kann, ergibt sich eine signifikante Erhöhung der Schreibdauer, da jeweils die langsamste der beiden Lese- bzw. Schreiboperationen die Zugriffsdauer bestimmt und zwischen Lesen und Schreiben wenigstens eine Plattenumdrehung liegt. Die relativen Schreibkosten verringern sich, wenn mehrere Blöcke einer Paritätsgruppe zusammen geändert werden, da sich dann die Kosten zur Aktualisierung des Paritätsblockes besser amortisieren. Werden alle G Datenblöcke einer Paritätsgruppe geschrieben, so kann der neue Wert des Paritätsblocks direkt aus den neuen Werten der Datenblöcke bestimmt werden. Dieser Idealfall vermeidet die Lesezugriffe auf die ungeänderten Blöcke, so daß lediglich ein zusätzlicher Schreibvorgang zur Aktualisierung des Paritätsblockes anfällt.

Allokation von Paritätsinformationen bei Clustering (Parity Striping)

Ein wesentliches Ziel beim Einsatz von Clustering ist, Zugriffe auf mehrere aufeinanderfolgende Blöcke möglichst auf eine Platte zu begrenzen. Damit werden gute E/A-Raten auch für Mehrblockzugriffe unterstützt, da die restlichen Platten des Disk-Arrays für andere E/A-Aufträge zur Verfügung stehen. Die für RAID-5 entwickelte Allokation von Paritätsblöcken kann zwar prinzipiell auch bei Clustering genutzt werden, jedoch gehen dann für Schreibzugriffe die Vorteile des Clustering verloren. Denn wie Abb. 5-8 verdeutlicht, liegen für benachbarte Datenblöcke einer Platte die Paritätsblöcke jeweils auf unterschiedlichen Platten. Ein Schreibzugriff auf M Datenblöcke einer Platte verlangt somit eine Aktualisierung von Paritätsblöcken auf bis zu M weiteren Platten. Wünschenswert wäre bei Clustering dagegen, daß auch die Zugriffe auf Paritätsblöcke möglichst wenige Platten belegen.

*Clustering von
Paritätsblöcken*

Eine Realisierungsmöglichkeit dazu wurde in [GHW90] unter der Bezeichnung "Parity Striping" vorgestellt. Der Name kommt daher, daß neben den Datenblöcken auch die Paritätsblöcke geclustert werden, so daß sich auf den Platten "Streifen" mit Paritätsblöcken ergeben (Abb. 5-10)[*]. Wenn jede Platte K Blöcke aufnehmen kann, werden dabei pro Platte $P = K/(G+1)$ Paritätsblöcke zusammengelegt, z.B. am "Ende" der Platte. In Abb. 5-10 wurde für drei Paritätsblöcke die zugehörige Paritätsgruppe gekennzeichnet. Die For-

---

[*]   Ein treffenderer Begriff wäre wohl Parity-Clustering.

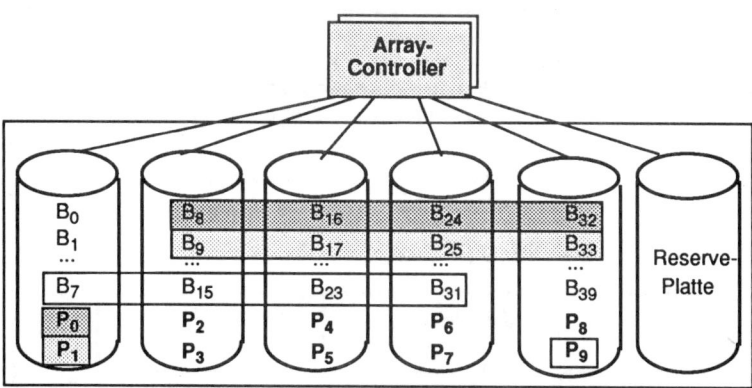

Abb. 5-10: RAID-Realisierung für Clustering ("Parity Striping",
        G=N=4, K=10)

meln zur Bestimmung des einem Datenblock zugeordneten Paritätsblockes sowie zur Plattenzuordnung von Daten- und Paritätsblöcken finden sich in Abb. 5-11. Auch hier war eine Fallunterscheidung erforderlich, um zu gewährleisten, daß Paritätsblock
und Datenblöcke einer Paritätsgruppe auf verschiedene Platten
gelegt werden.

Mit dem eingeführten Allokationsschema werden die Paritäts-
blöcke von jeweils P aufeinanderfolgenden Datenblöcken einer
Platte auf eine Platte abgebildet. Da K und P typischerweise Werte
von mehr als 10^5 bzw. 10^4 annehmen, wird somit für nahezu alle
Schreibzugriffe erreicht, daß die zu aktualisierenden Daten- und
Paritätsblöcke auf insgesamt zwei Platten liegen [GHW90]. Damit
lassen sich die Vorteile des Clustering zur Unterstützung hoher
E/A-Raten weiterhin nutzen. Die Optimierung hinsichtlich der
E/A-Raten geht natürlich v.a. für Lesezugriffe wieder zu Lasten
der Zugriffszeiten, da im Gegensatz zu einem Declustering (RAID-
5) keine Zugriffsparallelität mehr genutzt werden kann.

Allgemeine Beobachtungen

Die Diskussion zeigt, daß aus Leistungsgründen eine enge Abstimmung zwischen der Allokation von Nutzdaten und von Paritätsinformationen wünschenswert ist. Eine dateibezogene Festlegung
von Verteilgrad und -granulat, wie prinzipiell wünschenswert,
würde demnach auch eine dateibezogene Allokation der Paritätsinformationen verlangen. Ein solcher Ansatz würde jedoch die
Komplexität der Datenverteilung noch weiter steigern und wurde
bisher noch nicht untersucht. Ferner würde dies eine Aktualisie-

G +1 = Plattenanzahl (0, 1, ..,G)
K = Anzahl Blöcke pro Platte (0, 1, ..., K-1), K sei Vielfaches von G+1
P = K / (G+1)   Anzahl Paritätsblöcke pro Platte
D = K - P   Anzahl Datenblöcke pro Platte

Bestimmung des Paritätsblocks P_j zu Datenblock B_i :

$$j = \begin{cases} i \; MOD \; D & \textit{falls } i \; DIV \; D > (i \; MOD \; D) \; DIV \; P \\ P + i \; MOD \; D & \textit{sonst} \end{cases}$$

	Datenblock B_i (i=0, 1, 2, ...G*K-1)	Paritätsblock P_j (j=0, 1, 2, ...,K-1)
Platte Nr. (0, 1, ..., G)	i DIV D	j DIV P
Position Nr. (0, 1, ... K-1)	i MOD D	D + j MOD P

Abb. 5-11: Bestimmung physischer Plattenadressen für RAID mit
Clustering

Probleme einer dateibezogenen Datenallokation

rung der Paritätsangaben sowie die Behandlung von Plattenfehlern durch die Dateiverwaltung des Betriebssystems erfordern. Dies führt zum einen zu einer Erhöhung des E/A-Overheads, da für die Paritätszugriffe eigene E/A-Operationen abzuwickeln wären. Ferner wäre keine automatische Behandlung von Plattenfehlern durch das Plattensubsystem möglich, wie prinzipiell wünschenswert. Erfolgt die Verwaltung von Paritätsinformationen sowie die Behandlung von Plattenfehlern transparent für die Dateiverwaltung durch die Array-Controller, dann wird jedoch in der Regel eine einheitliche Allokationsstrategie für alle Dateien festgeschrieben. Ein Kompromiß wäre die Unterstützung verschiedener Allokationsalternativen durch den Array-Controller, so daß z.B. pro Gruppe des Disk-Arrays entweder ein Declustering oder ein Clustering unterstützt wird. Die Allokationsstrategie für eine Datei könnte dann durch das Dateisystem über erweiterte E/A-Befehle an den Array-Controller festgelegt werden.

Behandlung von Plattenausfällen

Ein generelles Problem bei dem Fehlerkorrekturansatz mit Paritätsbits sind Leistungseinbußen nach einem Plattenausfall. Denn für die Dauer des Plattenausfalls ist für die Zugriffe auf die betroffenen Blöcke eine aufwendige Rekonstruktion über die restlichen Blöcke der Paritätsgruppe sowie des Paritätsblocks erforderlich.

Dies kann über eine längere Zeitspanne notwendig sein, da die Reparaturzeit der Platte davon abhängig ist, wie schnell der Plattenausfall durch den Operateur erkannt wird und die Reparatur veranlaßt und beendet ist. Bei der Reintegration der Platte sind zudem alle Blöcke der Platte neu zu bestimmen und zu schreiben. Um die Zeitdauer bis zur erneuten Nutzbarkeit der ausgefallenen Platte möglichst kurz und unabhängig von manuellen Eingriffen zu halten, empfiehlt sich die Bereitstellung einer Reserveplatte pro Gruppe, wie in Abb. 5-8 und Abb. 5-10 bereits angedeutet. Damit kann nach Ausfall einer Platte sofort mit der Rekonstruktion der betroffenen Blöcke begonnen werden, so daß die Übergangszeit mit reduzierter Leistungsfähigkeit relativ kurz gehalten werden kann (i.a. unter 1 Stunde) [PCGK89]. Die Verkürzung der Ausfalldauer durch ein solches G+2-Schema erhöht auch die Verfügbarkeit des Systems, da die Zeitdauer, in der ein weiterer Plattenausfall zu einem Datenverlust führen kann, entsprechend kürzer ist.

Trotz der Aufteilung der Paritätsblöcke auf alle Platten besteht das Problem einer hohen Änderungshäufigkeit auf Paritätsblöcken (sowohl bei Clustering und Declustering) [GHW90]. Denn zu jedem Datenblock ist der zugehörige Paritätsblock zu aktualisieren, so daß auf Paritätsblöcken eine G-fach höhere Schreibfrequenz als auf Datenblöcken besteht und die Hälfte aller schreibenden Plattenzugriffe auf Paritätsblöcke entfallen. Dies verschärft die Probleme der Lastbalancierung und begrenzt die erreichbaren E/A-Raten für Schreibzugriffe (bzw. verlangt eine suboptimale Speicherplatznutzung mit einer Verteilung der Paritätsblöcke/Daten über mehr Platten als aufgrund des Datenumfangs erforderlich).

Lastbalancierungsproblem durch Paritätsblöcke

5.3.2.2 Datenreplikation

Eine Alternative zur Verwendung von Paritätsbits ist der Einsatz von Spiegelplatten. Dieser auch bei herkömmlichen Platten weit verbreitete Ansatz sieht eine doppelte Speicherung sämtlicher Daten auf Plattenebene vor, so daß jeweils zwei Platten einen identischen Inhalt haben. Diese Duplizierung ist unabhängig von der Datenallokation einsetzbar, also bei Clustering und Declustering (in [CK89] wird im Falle eines Declustering von einem "mirrored declustering" gesprochen). Für ein Disk-Array mit N Platten sind nunmehr 2N Platten erforderlich, verglichen mit N+1 (bzw. N + N/G) bei der Fehlerkorrektur über Paritätsbits. Dieser höhere Grad an Redundanz führt natürlich zu besseren Verfügbarkeitswerten, da die Wahrscheinlichkeit eines zweifachen Plattenaus-

höhere Verfügbarkeit / Speicherkosten durch Replikation

falls geringer ist als für eine Gruppe mit G+1 Platten (s.o.).
Weiterhin ergeben sich erhebliche Leistungsvorteile, wie zum Teil
bereits in Kap. 5.1.2 diskutiert. Dies betrifft zum einen die Zugriffszeiten, die wesentlich besser als für RAID-5 oder "parity striping"

Leistungsvor-
teile gegenüber
Paritätsansatz

liegen. Denn Lesezugriffe können durch Auswahl der günstigsten
Kopie i.a. schneller als bei einfacher Speicherung von Datenblöcken
erfolgen. Schreibzugriffe erfordern zwei statt vier Plattenzugriffe,
wobei die beiden Kopien parallel aktualisiert werden können. Zum
anderen wird für Lesezugriffe eine Verdoppelung der E/A-Raten
und Bandbreiten ermöglicht, da jeweils zwei Kopien zur Verfügung
stehen. Auch für Schreibzugriffe sind bessere Durchsatzwerte möglich, da keine Paritätsblöcke zu aktualisieren sind, auf die beim
RAID-Ansatz bis zur Hälfte aller Änderungen entfallen und daher
zu Engpässen führen können. Daneben ist auch nach Ausfall einer
Platte die Leistungsfähigkeit besser, da auf der verbleibenden Kopie Lese- und Schreibzugriffe direkt ausführbar sind und keine Da-
tenrekonstruktion mit anderen Blöcken erfolgen muß.

Wie erwähnt, wurden Spiegelplatten in [PGK88, KGP89, PCGK89]
als RAID-1 bezeichnet, wobei jedoch ein Clustering bei der Datenallokation unterstellt wurde (Abb. 5-7). Bei dem angebrachten Vergleich zwischen RAID-1 und RAID-5 wurden dann zum Teil Leistungsvorteile für RAID-5 geltend gemacht (z.B. höhere Bandbreite), die eine Folge des Declusterings und nicht der Nutzung von
Paritätsbits zur Fehlerbehandlung sind. So können bei Spiegelplatten und Declustering "große" Lese- oder Schreibzugriffe auf mehrere benachbarte Blöcke wie bei RAID-5 parallel abgewickelt werden.

Lastbalancie-
rung im
Fehlerfall

Ein gewisser Nachteil von Spiegelplatten liegt darin, daß nach einem Plattenausfall sich die Leselast auf der verbleibenden Kopie
verdoppelt, so daß es dort zu Überlastsituationen kommen kann.
Eine Abhilfe ist möglich, indem die Kopien von Datenblöcken einer
Platte auf mehrere Platten verteilt werden, so daß im Fehlerfall
eine bessere Lastbalancierung erreicht wird. In diesem Fall wird
wie bei den Spiegelplatten jeder Platte eine weitere zugeordnet, die
jedoch in der Regel Kopien zu Daten anderer Platten hält. Beispiele
solcher Realisierungsformen sind "interleaved declustering"
[CK89] oder "chained declustering" [HD90]. Diese Ansätze wurden
ursprünglich zur Fehlerbehandlung in Shared-Nothing-Systemen
mit Declustering von Relationen vorgeschlagen, können jedoch
auch zur Behebung von Plattenfehlern verwendet werden [CK89,
GLM92].

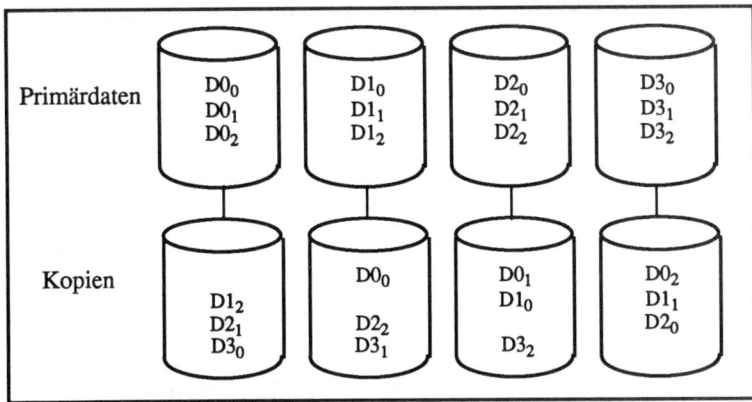

Abb. 5-12: Datenreplikation mit "Interleaved Declustering"
(Beispiel, N=4)

Abb. 5-12 veranschaulicht beispielhaft die Grundidee für "Interlea- *Interleaved*
ved Declustering". Dabei sind N Plattenpaare mit Primärdaten so- *Declustering*
wie Kopien vorhanden. Während bei Spiegelplatten die gesamte
Platte das Granulat der Replikation ist, erfolgt hier eine Aufteilung der Datenmenge Di von Platte i (i=0, ..., N-1) in N-1 Teilmengen Di_0 bis Di_{N-2}. Die Kopie jeder dieser Teilmengen wird auf jeweils eine der kopienführenden Platten der N-1 anderen Plattenpaare aufgeteilt, so daß nach Ausfall der Primärplatte die Last auf
diese Platten gleichmäßig verteilt werden kann. Im Beispiel von
Abb. 5-12 sind z.B. die Daten jeder der vier Platten mit Primärdaten auf die kopienführenden Platten der jeweils anderen drei Plattenpaare verteilt. Fällt eine der Primärplatten aus, so verteilen
sich die Zugriffe auf die Kopien auf die drei voll funktionsfähigen
Plattenpaare. Ein solcher Ansatz wird von der Shared-Nothing-
Datenbankmaschine von Teradata unterstützt, wobei jedoch die
Kopien im Normalbetrieb (im Gegensatz zu Spiegelplatten) nicht
genutzt werden.

5.3.3 Zusammenfassende Bewertung

Zusammenfassend bleibt festzuhalten, daß mit Disk-Arrays eine
Leistungsverbesserung verglichen mit konventionellen Magnetplatten vor allem bezüglich der erreichbaren E/A-Raten sowie *Disk-Arrays*
Bandbreiten möglich ist. Hohe E/A-Raten werden durch die große *bieten hohe*
Anzahl von Platten (Zugriffsarmen) unterstützt, wobei ein Cluste- *E/A-Raten und*
ring der Daten von Vorteil ist, da dabei auch für Mehrblockzugriffe *Bandbreiten*
meist nur 1-2 Platten belegt werden. Der Schlüssel zu hohen Band-

breiten sowie kurzen Zugriffszeiten für große Datenmengen ist ein Declustering der Daten, das eine Parallelisierung von Mehrblockzugriffen gestattet. Declustering unterstützt daneben hohe E/A-Raten für Einzelblockzugriffe. Die volle Nutzung eines Declustering-Ansatzes erfordert jedoch eine gezielte Unterstützung innerhalb des DBS sowie eine hohe Prozessorkapazität zur ausreichend schnellen Verarbeitung großer Datenmengen. Die Verwendung kleiner Platten trägt zur Erlangung einer verbesserten Kosteneffektivität bei, wenngleich dies durch die Notwendigkeit spezialisierter Array-Controller sowie von Redundanz zur Behebung von Plattenfehlern zum Teil wieder kompensiert wird.

automatische Platten-Recovery

Der Einsatz von Redundanz in Form von Paritätsinformation zur Fehlerkorrektur oder Datenreplikation erlaubt eine automatische Behandlung von Plattenfehlern, so daß weit bessere Verfügbarkeitswerte als mit herkömmlichen Magnetplatten erreicht werden. Die Nutzung von Paritätsinformationen ist dabei weit ökonomischer als die Verwendung von Spiegelplatten. Die Wahrscheinlichkeit eines Doppelfehlers, der ohne weitere Maßnahmen zu einem Datenverlust führt, ist jedoch bei großer Plattenanzahl bereits nicht mehr vernachlässigbar. Eine Unterteilung des Disk-Arrays in mehrere Gruppen mit eigener Paritätsinformation kann hier eine ausreichend hohe Verfügbarkeit erreichen und dennoch mit weit weniger Speicherplatz als mit Spiegelplatten auskommen. Spiegelplatten bieten allerdings bessere Leistungsmerkmale (Kap. 5.3.2.2).

hohe Zugriffs-zeiten pro Block für Schreib-E/A

Eine wesentliche Beschränkung der vorgestellten Ansätze ist jedoch, daß für Einzelblockzugriffe die langsamen Zugriffszeiten von Magnetplatten nicht verbessert, sondern sogar verschlechtert werden. Dies trifft vor allem für Schreibzugriffe zu, für die z.B. bei der Nutzung von Paritätsinformationen eine drastische Verschlechterung eingeführt wird. Für asynchron durchgeführte Schreibvorgänge (NOFORCE) ist die Zugriffszeiterhöhung allerdings für die Transaktionsverarbeitung weniger kritisch. Trotzdem gilt, daß die aus den langsamen Zugriffszeiten resultierenden Probleme, wie die mit wachsender CPU-Geschwindigkeit steigende Gefahr von Sperrengpässen (Kap. 4.6), mit anderen Ansätzen zu lösen sind. Lösungsmöglichkeiten dazu, wie die Nutzung von Platten-Caches, können dabei zum Teil mit der Verwendung von Disk-Arrays kombiniert werden (s. Kap. 6.4.2.2).

5.4 Sonstige Ansätze

Bezüglich der Plattenperipherie wurden bereits vielfältige Opti-
mierungsmethoden entwickelt, die u.a. in [Sm81, KGP89,
HGPG92] übersichtsartig diskutiert werden. So wurde z.B. die Anzahl paralleler Pfade zu einer Platte ständig erhöht, um die Auswirkungen von Wartezeiten bei den involvierten Komponenten so
gering wie möglich zu halten. Erwähnenswert sind ferner Schedu-
ling-Strategien, welche die Bearbeitungsreihenfolge von Plattenzugriffen festlegen, so daß die Zugriffszeiten und deren Varianz
möglichst gering bleiben. Bekannte Ansätze hierzu sind neben
FIFO vor allem "Shortest Seek First" und Variationen davon, bei
denen die Bewegungsrichtung des Zugriffsarms möglichst selten
geändert wird. Die Wirksamkeit solcher Scheduling-Maßnahmen
ist jedoch beschränkt, da sich erst bei längeren Warteschlangen ein
Optimierungspotential bildet. Im Zusammenhang mit Spiegelplatten ergibt sich jedoch wieder eine verstärkte Bedeutung, da für Lesezugriffe die günstigste Kopie auszuwählen ist [Bi89].

Platten-Scheduling

Um der ungleichen Entwicklung von CPU- und Plattengeschwindigkeit zu entgegnen, wurde in [OD89, DO89, RO92] eine sogenannte *Log-strukturierte Dateiverwaltung* (Log Structured
File System) vorgeschlagen. Damit sollten jedoch weniger Daten-
bank- oder Transaktionsanwendungen, sondern vor allem allgemeine Büro- oder Ingenieuranwendungen in Unix-Umgebungen
optimiert werden. Für solche Anwendungen wurde festgestellt,
daß eine große Anzahl sehr kleiner Dateien zu verwalten ist, wobei
die meisten Dateien nur eine kurze Lebensdauer besitzen. Eine
zentrale Annahme war ferner, daß durch Hauptspeicherpufferung
lesende Plattenzugriffe weitgehend vermieden werden, so daß vor
allem Schreibzugriffe zu optimieren sind. Dazu wurde eine spezielle Dateiorganisation vorgeschlagen, wobei die Dateien einer
Platte ähnlich wie eine Log-Datei verwaltet werden, um sämtliche
Schreibvorgänge sequentiell (und damit sehr schnell) durchführen
zu können. Der auf Platte vorliegende Seitenbereich wird dabei zy-
klisch überschrieben, wobei geänderte Blöcke stets an das aktuelle
logische Ende des Bereiches geschrieben werden. Nicht mehr benötigte Blöcke (alte Seitenversionen, gelöschte Dateien) werden im
Rahmen einer Freispeicherverwaltung der Wiederverwendung zu-
geführt. Im Rahmen von Simulationen sowie einer Prototypimple-
mentierung wurden erhebliche Leistungsgewinne verglichen mit
dem Unix-Dateisystem (Unix Fast File System) nachgewiesen
[RO92].

Log-struktu-rierte Dateiver-waltung

Obwohl in [SS90] anhand eines einfachen Simulationsmodells
auch für Transaktionslasten eine Leistungssteigerung durch Nutzung einer solchen Dateiverwaltung vorhergesagt wurde, sehen
wir diesen Ansatz für DB-Anwendungen als weniger geeignet an.
Denn Schreibzugriffe auf die Log-Datei werden in DBS ohnehin
schon sequentiell abgewickelt. Schreibzugriffe auf die permanente
Datenbank können zudem im Rahmen einer NOFORCE-Strategie
weitgehend asynchron abgewickelt werden, so daß sie keine Antwortzeiterhöhung verursachen. Folglich sind nur bei einer
FORCE-Strategie nennenswerte Antwortzeitverbesserungen
durch eine Log-strukturierte Dateiverwaltung zu erwarten. Ein
Nachteil einer solchen Dateiverwaltung ist jedoch, daß Clusterei-
genschaften zerstört werden, da Änderungen nicht "in place" vorgenommen werden. Dies führt zu einer starken Benachteiligung
von sequentiellen Lesezugriffen, ähnlich wie mit einem Schatten-
speicherkonzept [Hä87]. Weitere Implementierungsprobleme ergeben sich dadurch, daß bei Datenbanken die Lebensdauer der Daten
weit höher liegen dürfte als in den betrachteten Umgebungen und
ein starkes Wachsen der DB-Dateien zu unterstützen ist. Ein zy-
klisches Überschreiben von Seiten wie bei der Log-Datei dürfte daher nur eingeschränkt möglich sein. Die Freispeicherverwaltung
ist in dem Vorschlag ohnehin schon sehr aufwendig (Umkopieren
von noch benötigten Daten vor einem Überschreiben), wurde in den
Simulationen in [SS90] jedoch vernachlässigt.

6
Einsatz erweiterter Speicherhierarchien

Dieses Kapitel behandelt die Verbesserung des E/A-Leistungsverhaltens durch seitenadressierbare Halbleiterspeicher. Solche Speicher sollen innerhalb einer erweiterten Speicherhierarchie zwischen Hauptspeicher und Magnetplatten eingesetzt werden. Im Mittelpunkt des Interesses stehen vor allem nicht-flüchtige Halbleiterspeicher, da sie auch eine Optimierung schreibender E/A-Operationen gestatten.

Zunächst gehen wir kurz auf generelle Aspekte von Speicherhierarchien ein und betrachten dazu eine einfache Hierarchie ohne Zwischenspeicher. Danach werden drei Typen von seitenadressierbaren Halbleiterspeichern vorgestellt, die innerhalb einer erweiterten Speicherhierarchie genutzt werden können: Platten-Caches, Solid-State-Disks sowie erweiterte Hauptspeicher. In Kapitel 6.3 wird dann diskutiert, wie diese Speichertypen zur E/A-Optimierung eingesetzt werden können, insbesondere mit Hinblick auf Transaktionsverarbeitung. Danach (Kap. 6.4) wird auf die Implementierung einer mehrstufigen Pufferverwaltung eingegangen. Um die Auswirkungen der verschiedenen Einsatzformen und Speichertypen auf das Leistungsverhalten quantitativ zu bewerten, wurde ein detailliertes Simulationsmodell entwickelt, welches die Verwendung unterschiedlichster Transaktionslasten unterstützt. In Kapitel 6.5 werden das Simulationsmodell kurz vorgestellt sowie einige wichtige Simulationsresultate analysiert.

6.1 Speicherhierarchien

Der Einsatz einer Speicherhierachie ist ein bewährtes Konzept, das in allen heutigen Rechnerarchitekturen verwendet wird. Sein Erfolg ist darauf zurückzuführen, daß es kein Speichermedium gibt, das alle wünschenswerten Eigenschaften, insbesondere geringe Speicherkosten und kurze Zugriffszeiten, aufweist. Vielmehr steigen bei realen Speichermedien die Speicherkosten mit kürzerer Zugriffszeit stark an, so daß die Bereitstellung einer hohen Speicherkapazität oft nur für vergleichsweise langsame Speicher (Externspeicher) wirtschaftlich vertretbar ist. Durch Einsatz einer Speicherhierarchie wird versucht, die Geschwindigkeit des schnellsten Speichers zu den Kosten des langsamsten in Annäherung zu erreichen. Dies kann durch Ausnutzung von Lokalität im Referenzverhalten erreicht werden, indem lediglich die Daten mit hoher Zugriffswahrscheinlichkeit in die schnellen und relativ kleinen Speicher gebracht werden, während die Mehrzahl der Daten auf den langsamen und preiswerten Speichern verbleibt.

Prinzip der Speicher- hierarchie

Tab. 6-1 zeigt einige typische Kennzahlen zu vier Speichertypen, die derzeit in den meisten Rechnerarchitekturen verwendet werden. Man erkennt, daß die Speicherkapazität mit längerer Zugriffszeit aufgrund der sinkenden Speicherkosten deutlich zunimmt. Dies gilt auch für die Zugriffseinheiten, damit sich der langsame Zugriff über eine größere Datenmenge amortisieren kann (kleinere Einheiten erhöhen die Zugriffshäufigkeit). Besonders augenfällig sind die Unterschiede zwischen Hauptspeicher und Magnetplatte mit der Zugriffslücke in der Größenordnung von 10^5 bei den Zugriffszeiten. Der Einfluß einer Speicherhierarchie auf das Leistungsverhalten kann mit Hilfe der Speedup-Formel 4.2 (Kap. 4.1) grob abgeschätzt werden. Wenn z.B. Zugriffe auf den Prozessor-Cache fünfmal schneller als Hauptspeicherzugriffe sind und 95% aller Speicherzugriffe im Cache abgewickelt werden, dann ergibt sich damit ein Antwortzeit-Speedup von 4.2 gegenüber einer Konfiguration, in der alle Zugriffe im Hauptspeicher befriedigt werden. Solch eine starke Verbesserung läßt sich aufgrund der Zugriffslokalität i.a. mit relativ kleinen Cache-Speichern erreichen, so daß eine hohe Kosteneffektivität erzielt wird. Eine Konfiguration, in der alle Speicherzugriffe im Cache-Speicher abgewickelt werden können, würde nur eine geringfügig bessere Leistung erzielen, jedoch ein Vielfaches der Kosten verursachen. Ähnliche Überlegungen treffen auch für andere Ebenen der Speicherhierarchie zu, z.B. bezüglich Haupt-

Beispiel einer typischen Speicher- hierarchie

	Kapazität	Zugriffszeit	Zugriffseinheit	Flüchtigkeit	Instruktions-adressierbarkeit
Register	< 1 KB	5 ns	4 B	ja	ja
Cache	< 1 MB	20 ns	16 B	ja	ja
Hauptspeicher	< 1 GB	100 ns	32 B	ja	ja
Magnetplatte	> 1 GB	15.000.000 ns	4096 B	nein	nein

Tab. 6-1: **Typische Kennwerte einer vierstufigen Speicherhierarchie (1992)**

und Externspeicher (Kap. 5.1.1) oder bezüglich Platten-Cache und Magnetplatten [Fr91].

Bei der Speicherkapazität ist zu beachten, daß diese bei Registern und Prozessor-Cache für einen Rechnertyp festgelegt ist, während sie beim Hauptspeicher und vor allem bei den Externspeichern konfigurierbar ist (Hinzunahme weiterer Magnetplatten, Erhöhung der Kapazität einzelner Magnetplatten). Weiterhin bestehen Unterschiede zwischen den Speichertypen hinsichtlich Flüchtigkeit und Durchführbarkeit von Maschineninstruktionen (Instruktionsadressier-barkeit). Für die Speichertypen in Tab. 6-1 gilt, daß der Hauptspeicher sowie die in der Speicherhierarchie darüber liegenden (schnelleren) Speichereinheiten flüchtig und direkt vom Prozessor durch Maschinenbefehle manipulierbar sind. Magnetplatten dagegen sind nicht-flüchtig, und sie können nicht direkt manipuliert werden. Die Daten sind vielmehr zunächst von den Platten in den Hauptspeicher zu bringen, bevor logische Operationen auf ihnen ausgeführt werden können.

Flüchtigkeit und Instruktionsadressierbarkeit

Ncben den in Tab. 6-1 gezeigten werden in derzeitigen Speicherhierarchien noch weitere Speichertypen eingesetzt. So sind oberhalb der Register noch spezielle Speicherbereiche anzusiedeln, welche zur Aufnahme von Mikroprogrammen sowie von Tabellen zur Speicheradreßverwaltung dienen [Co92]. Am unteren Ende der Speicherhierarchie liegen Archivspeicher wie Magnetbänder und optische Platten (Kap. 4.5). Daneben werden bereits zum Teil mehrstufige Cache-Speicher zwischen Register und Hauptspeicher verwendet, um der unterschiedlichen Entwicklung bei CPU- und Hauptspeichergeschwindigkeit zu entgegnen (Kap. 4.3). Halbleiterspeicher wie erweiterte Hauptspeicher, Platten-Caches und Solid-State-Disks liegen in der Speicherhierarchie zwischen Hauptspeicher und Magnetplatten und streben eine Reduzierung der Zugriffslücke an. Auf sie wird in den nachfolgenden Kapiteln im Detail eingegangen.

spezielle Speichertypen

Verwaltungs-
aufgaben

Bezüglich dem Aufbau und der Verwaltung einer Speicherhierarchie können unterschiedliche Organisationsformen unterschieden werden [Sc78]. In einer reinen Hierarchie ist ein direkter Datenaustausch nur zwischen jeweils benachbarten Ebenen möglich, wobei i.a. jede Ebene durch eine eigene Speicherverwaltung kontrolliert wird. In der Praxis finden sich jedoch vielfach Abweichungen von einem solchen Ansatz. Die Verwaltung der einzelnen Speicher kann durch Hardware, Mikrocode oder Software erfolgen. Prozessor-Caches werden häufig durch spezielle Hardware verwaltet, während die Hauptspeicherverwaltung vorwiegend durch Betriebssystem-Software erfolgt. Die Verwaltung von Externspeichern wie Magnetplatten erfolgt i.a. durch Software bzw. Mikrocode in dedizierten Speicher-Controllern. Da auf den einzelnen Ebenen der Speicherhierarchie vor allem eine Pufferung von Daten zu realisieren ist, entsprechen die Verwaltungsaufgaben weitgehend denen der Systempufferverwaltung von DBS (Kap. 5.1.1). Insbesondere sind auf jeder Ebene die Probleme der Datenlokalisierung (Adressierung) und Speicherallokation zu lösen sowie die Ersetzungs-, Schreib- und Lesestrategie festzulegen. Weitere Aufgaben betreffen die Fehlererkennung und -korrektur, Datenkomprimierung und Berücksichtigung speicher- bzw. gerätespezifischer Eigenschaften.

Die Speicherverwaltung sollte natürlich die Existenz einer Speicherhierarchie für Anwendungen vollkommen transparent halten. Datenbanksysteme führen zwar eine Hauptspeicherpufferung von DB-Seiten durch und unterscheiden daher zwischen Haupt- und Externspeicher, jedoch ist auch für sie die Bereitstellung einer Geräteunabhängigkeit bezüglich der Externspeicher wünschenswert. Damit können Änderungen im E/A-System (neue Speichertypen, Änderungen in der Datenallokation) ohne Auswirkungen auf das DBS vorgenommen werden. Sollen jedoch spezielle Eigenschaften von Externspeichern zur DB-Verarbeitung genutzt werden, erfordert dies eine Aufweichung der Geräteunabhängigkeit. Als Beispiel dazu wurde die Nutzung von Disk-Arrays zur Parallelarbeit innerhalb einzelner DB-Operationen genannt (Kap. 5.3.1). Wie noch ausgeführt wird, trifft das auch auf erweiterte Hauptspeicher zu, die zur DB-Verarbeitung gezielt genutzt werden können.

6.2 Seitenadressierbare Halbleiterspeicher

Ein vielversprechender Ansatz zur E/A-Optimierung und damit zur Leistungssteigerung von Transaktions- und Datenbanksystemen besteht in der Nutzung von seitenadressierbaren Halbleiterspeichern innerhalb einer erweiterten Speicherhierarchie. Zu diesem Zweck kommen im wesentlichen drei Speichertypen in Betracht, die bereits kommerziell verfügbar sind:

*Speicher-
typen*

- erweiterte Hauptspeicher (extended memory)
- Platten-Caches (disk caches) und
- Solid-State-Disks (SSD).

Diesen Speichern ist gemein, daß sie auf Halbleiterbasis arbeiten (üblicherweise DRAM-Chips), so daß weit bessere Leistungsmerkmale bezüglich Zugriffszeiten, E/A-Raten und Bandbreite als für Magnetplatten möglich werden. Da Verzögerungen durch mechanische Zugriffsbewegungen nun wegfallen, ergeben sich auch wesentlich gleichmäßigere Zugriffszeiten, und es kann eine höhere Geräteauslastung in Kauf genommen werden. Die genannten Zwischenspeicher sind jedoch nicht instruktionsadressierbar wie Hauptspeicher, so daß keine logischen Verknüpfungen direkt auf den Speicherinhalten ausführbar sind. Vielmehr liegt bei den drei Speichertypen wie bei Magnetplatten Seitenadressierbarkeit vor. Dies bedeutet, daß für jeden Datenzugriff die betroffenen Seiten zunächst in den Hauptspeicher gebracht werden müssen. Änderungen erfolgen zunächst in den Seitenkopien im Hauptspeicher und müssen explizit zurückgeschrieben werden. Ein großer Vorteil der Seitenadressierbarkeit liegt in einer größeren Isolierung gegenüber Hardware- und Software-Fehlern als bei Instruktionsadressierbarkeit. Die Inhalte seitenadressierbarer Halbleiterspeicher sind damit (ähnlich wie für Magnetplatten) auch weitaus besser gegen Rechnerausfälle geschützt als der Hauptspeicher.

*Speicher-
eigenschaften*

Für die schnelle Abwicklung von Schreibzugriffen besonders wichtig ist die Tatsache, daß die Halbleiterspeicher durch Einsatz einer Reservebatterie bzw. einer ununterbrechbaren Stromversorgung nicht-flüchtig ausgelegt werden können (s. Kap. 4.3). Dies ist bei Solid-State-Disks (gelegentlich auch als " RAM-Disks" bezeichnet) stets der Fall, jedoch auch bei Platten-Caches und erweiterten Hauptspeichern möglich. Allerdings werden Platten dennoch i.d.R. als zuverlässiger angesehen, da sie selbst Ausnahmesituationen wie z.B. Überschwemmungen überleben können, während dies für die Halbleiterspeicher nicht zutrifft.

*Nicht-
Flüchtigkeit*

Abb. 6-1 zeigt die relative Position der seitenadressierbaren Halbleiterspeicher in der Speicherhierarchie zwischen Hauptspeicher
und Magnetplatte, wie sie sich aufgrund der Zugriffszeiten ergibt.
Zu beachten ist dabei jedoch, daß die Hierarchie beim praktischen
Einsatz der verschiedenen Speichertypen meist nur teilweise vor-
kommt. So sind die drei Typen von Zwischenspeichern stets optio-
Stellung   nal, da ein direkter Datenaustausch zwischen Hauptspeicher und
innerhalb der   Platte möglich ist. Bei Verwendung einer SSD, ist für die dort ge-
Speicher-   speicherten Daten der Einsatz eines Platten-Caches nicht mehr
hierarchie   sinnvoll (s.u.). Auch zwischen optischen Platten und Hauptspeicher
kann ein direkter Datenaustausch erfolgen, so daß die Zwischen-
schicht der Magnetplatten umgangen wird.

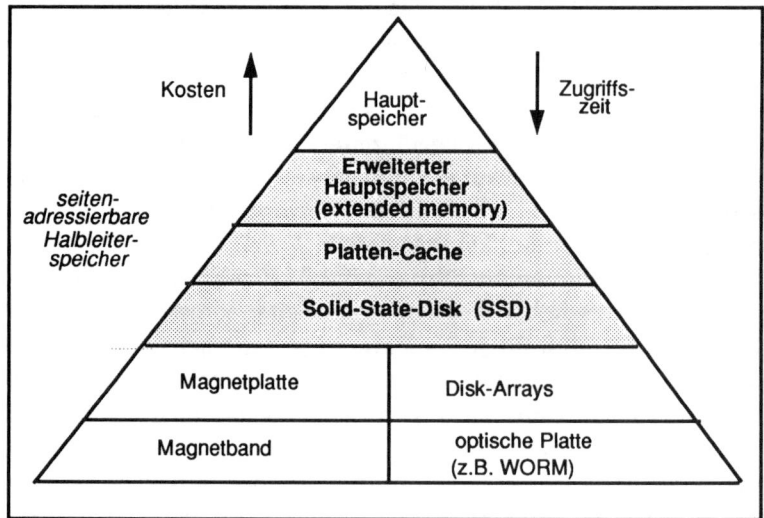

Abb. 6-1:   Seitenadressierbare Halbleiterspeicher innerhalb einer
            erweiterten Speicherhierarchie

Genauere Angaben bezüglich der Zugriffszeiten und Speicherkosten sind in Tab. 6-2 zusammengestellt. Die Kostenangaben beziehen sich auf Großrechneranlagen, in denen diese Speichertypen
derzeit vorwiegend zum Einsatz kommen. Man erkennt, daß Solid-
Speicher-   State-Disks und Platten-Caches einen um den Faktor fünf bis zehn
kosten   schnelleren Zugriff als Magnetplatten erlauben, jedoch zu den 20-
bis 50-fachen Kosten[*]. Erweiterte Hauptspeicher sind nochmals
rund doppelt so teuer wie SSDs [Ku87], jedoch auch mehr als zehn-

---

[*]   Die Kostenunterschiede sind effektiv geringer, wenn die Daten auf mehr
      Platten als aufgrund der Kapazität erforderlich aufgeteilt werden, um
      ausreichend hohe E/A-Raten zu erzielen.

mal schneller. Für Hauptspeicher ergibt sich eine weitere Verdoppelung der Speicherkosten verglichen mit (flüchtigen) erweiterten Hauptspeichern, für die aufgrund der Seitenadressierbarkeit eine weniger aufwendige Technik eingesetzt werden kann. Bei den Speicherkosten ist weiterhin mit einem starken Preisverfall zu rechnen, so daß der Einsatz der seitenadressierbaren Halbleiterspeicher zunehmend kosteneffektiver wird. Dies gilt auch unter Berücksichtigung der Tatsache, daß die Gewährleistung der Nicht-Flüchtigkeit bei den Halbleiterspeichern einen Großteil der Kosten verursacht. Denn aufgrund des ständig sinkenden Stromverbrauchs für DRAM-Speicher vermindern sich auch die Kosten für eine Reservebatterie entsprechend [CKKS89]. Aus diesem Grund wird es auch zunehmend kosteneffektiv, sehr große nicht-flüchtige Halbleiterspeicher einzusetzen.

	Kosten pro MB	Zugriffszeit pro Seite (4 KB)
Erweiterter Hauptspeicher	500 - 1500 $	10 - 100 µs
Platten-Cache	?	1 - 5 ms
SSD	200 - 800 $	1 - 5 ms
Platte	3 - 20 $	10 - 20 ms

Tab. 6-2: Speicherkosten und Zugriffszeiten (1992)

Die Unterschiede bei den Zugriffszeiten zwischen Platten-Cache und SSD einerseits und erweitertem Hauptspeicher andererseits sind durch die unterschiedliche Systemeinbindung verursacht. Der Zugriff auf Platten-Caches und SSD erfolgt wie für Magnetplatten über die konventionelle E/A-Schnittstelle durch einen separaten E/A-Prozessor sowie den Platten- bzw. SSD-Controller. Dies hat den Vorteil, daß diese Speichertypen vollkommen transparent für das Betriebssystem und andere Software der Verarbeitungsrechner genutzt werden können. Andererseits sind aber die Zugriffszeiten relativ hoch, da die Verzögerungen für die Seitenübertragung zwischen Extern- und Hauptspeicher sowie beim Controller anfallen, welche typischerweise mehrere Millisekunden betragen. Eingespart werden lediglich die Verzögerungen auf der Magnetplatte selbst, also die Such- und Umdrehungswartezeiten. Auch ergeben sich keine Einsparungen für den Overhead im Betriebssystem zum Starten bzw. Beenden eines E/A-Vorgangs. Aufgrund der erforder-

Platten-Caches und SSD

lichen Prozeßwechsel fallen hier typischerweise mehrere Tausend Instruktionen pro E/A-Vorgang an.

Erweiterter Hauptspeicher (EH)

Erweiterte Hauptspeicher (EH) dagegen sind Hauptspeicher-Erweiterungen, für die ein direkter Seitenaustausch zwischen EH und Hauptspeicher möglich ist. Dies erfordert eine spezielle Erweiterung der Maschinenarchitektur sowie die Bereitstellung spezieller Instruktionen zum Lesen und Schreiben von Seiten vom bzw. in den erweiterten Hauptspeicher. Die Verwaltung des erweiterten Hauptspeicher erfolgt wie für den Hauptspeicher in erster Linie durch Betriebssystem-Software der Verarbeitungsrechner, also nicht durch eigene Controller. Die direkte Hauptspeicheranbindung erlaubt wesentlich schnellere Zugriffszeiten als für Platten-Cache oder SSD. Da die mit einem Prozeßwechsel verbundenen Verzögerungen die EH-Zugriffszeit übersteigen, erfolgen die Zugriffe auf den erweiterten Hauptspeicher synchron, d.h. ohne den Prozessor freizugeben[*]. Damit kann potentiell auch ein geringerer E/A-Overhead als bei Einsatz von Platten-Caches oder SSD erzielt werden.

IBM Expanded Storage

Erweiterte Hauptspeicher werden zur Zeit in IBM 3090-Großrechnern (sowie kompatiblen Mainframes) als flüchtige Hauptspeichererweiterung, Expanded Storage genannt, eingesetzt [CKB89]. Als durchschnittliche Zugriffszeit auf eine 4 KB-Seite wird 75 µs angegeben, wobei der Betriebssystem-Overhead eingerechnet ist. Eine Besonderheit in der Architektur ist, daß die E/A-Prozessoren nicht auf den Expanded Storage zugreifen können. Damit müssen sämtliche Seitentransfers zwischen Erweiterungsspeicher und Magnetplatten über den Hauptspeicher abgewickelt werden.

---

[*] Die Kosten eines EH-Zugriffs hängen neben der Zugriffsgeschwindigkeit auch von der Prozessorgeschwindigkeit ab. Eine Zugriffsverzögerung von 50 µs entsprechen bei einem 10 MIPS-Prozessor lediglich 500 Instruktionen, bei 100 MIPS jedoch schon 5000. Ein synchroner Zugriff, wie er auch durch die Verwendung spezieller Maschineninstruktionen verlangt wird, ist also vor allem bei langsamen Prozessoren weitaus günstiger als die durch Prozeßwechsel eingeführten CPU-Belastungen. Bei sehr schnellen Prozessoren jedoch ist ggf. auch für den EH eine asynchrone Zugriffsschnittstelle bzw. eine schnellere Speichertechnologie erforderlich.

6.3 Einsatzformen zur E/A-Optimierung

Ziel beim Einsatz der Erweiterungsspeicher ist es, Zugriffe auf Magnetplatten einzusparen oder zu beschleunigen. Die damit erreichbare Reduzierung an E/A-Verzögerungen führt zu einer Verbesserung der Antwortzeiten und ermöglicht, hohe Transaktionsraten mit geringerem Parallelitätsgrad zu erreichen. Beide Faktoren führen zu einer Reduzierung von Sperrkonflikten, wodurch weitere Leistungsvorteile entstehen und ein mit der CPU-Kapazität linear wachsender Durchsatz-Scaleup (vertikales Wachstum) (Kap. 4.1, 4.6) eher erreichbar wird.

Leistungsverbesserungen können sowohl für Paging- und Swapping-Vorgänge als auch für Datei- bzw. DB-bezogene E/A-Operationen erreicht werden. Flüchtige Halbleiterspeicher gestatten nur eine Optimierung lesender E/A-Operationen, während nicht-flüchtige Speicher auch Schreibzugriffe beschleunigen können. Die E/A-Optimierung kann durch Pufferung in den Zwischenspeichern oder durch permanente Allokation ganzer Dateien in nicht-flüchtige Halbleiterspeicher erfolgen.

Paging und Swapping

Der (flüchtige) Expanded Storage der IBM wurde zunächst ausschließlich zur virtuellen Speicherverwaltung durch das Betriebssystem (MVS, VM) genutzt, um Plattenzugriffe für Paging bzw. Swapping einzusparen. Fehlseitenbedingungen im Hauptspeicher, die aus dem erweiterten Hauptspeicher (EH) befriedigt werden können, verursachen keine signifikante Verzögerung. Durch die automatische Migration von Seiten zwischen Haupt- und Erweiterungsspeicher sowie einer LRU-artigen Seitenersetzung für beide Speicher kann ein ähnliches Leistungsverhalten wie mit einem größeren Hauptspeicher erreicht werden, jedoch zu geringeren Speicherungskosten. Dies kommt auch dem DBS zugute, da bei Vorhandensein eines EH entprechend größere DB-Puffer im virtuellen Speicher definiert werden können. MVS bietet inzwischen eine Reihe zusätzlicher Basisdienste zur Datenallokation und -pufferung im Expanded Storage an (u.a. sogenannte Hiperspaces), welche zur Realisierung weitergehender Einsatzformen genutzt werden können [Ru89]. Eine signifikante Verbesserung für Paging- und Swapping-E/A ergibt sich auch, wenn nicht-flüchtige Halbleiterspeicher als Seitenwechselspeicher verwendet werden. Im folgenden wird die Nutzung der Zwischenspeicher nur noch für E/A-Operationen auf Dateien bzw. Datenbanken betrachtet.

Bezüglich einer E/A-Optimierung durch Pufferung kann unterschieden werden zwischen einem *Schreibpuffer*, der speziell zum

Schreibpuffer,
Dateipuffer,
DB-Puffer

schnellen Schreiben geänderter Seiten eingesetzt wird, sowie einem *Dateipuffer*, für den Lokalität im Referenzverhalten zur Einsparung von Plattenzugriffen genutzt werden soll. Die Verwaltung dieser Puffertypen erfolgt außerhalb des Datenbanksystems, z.B. durch das Betriebssystem oder Platten-Controller. Damit handelt es sich um allgemeine Optimierungsmaßnahmen, die nicht nur von DB- bzw. Transaktionsanwendungen genutzt werden können. Bei der Dateipufferung in einem Zwischenspeicher ist eine zusätzliche Pufferung im Hauptspeicher daher auch nicht obligatorisch, jedoch denkbar. Für den DB-Betrieb erfolgt stets eine Pufferung im Hauptspeicher durch die Systempufferverwaltung des DBS; die Nutzung eines Dateipuffers in einem Zwischenspeicher führt daher zu einer mehrstufigen Pufferverwaltung. Die Pufferung im erweiterten Hauptspeicher kann auch durch das DBS kontrolliert werden; in diesem Fall sprechen wir von einem *erweiterten DB-Puffer*. Der Vorteil eines erweiterten DB-Puffers ist vor allem, daß das DBS seine Verwaltung eng mit der Pufferung im Hauptspeicher abstimmen kann.

4 wesentliche
Einsatzformen

Nach diesen Begriffsbestimmungen können wir die Einsatzformen der seitenadressierbaren Halbleiterspeicher zur E/A-Optimierung näher betrachten. Insgesamt sind vier Möglichkeiten zu unterscheiden:

1. *Flüchtiger Datei- bzw. DB-Puffer*
   Der Zwischenspeicher dient zur Pufferung von Seiten einer Datei bzw. der Datenbank, um Lokalität im Zugriffsverhalten zu nutzen. Die E/A-Leistung wird verbessert, da jeder Treffer im Zwischenpuffer den Plattenzugriff vermeidet. Diese für Speicherhierarchien typische Einsatzform zielt vor allem auf die Einsparung von lesenden Plattenzugriffen, so daß ein flüchtiger Speicher ausreicht. Derselbe Effekt kann auch durch Einsatz eines Hauptspeicherpuffers bzw. Vergrößerung desselben erreicht werden, jedoch zu höheren Speicherkosten.

2. *Nicht-flüchtiger Datei- bzw. DB-Puffer*
   Wird der Pufferbereich im Zwischenspeicher nicht-flüchtig ausgelegt, können auch Schreibvorgänge schneller abgewickelt werden. Wird eine geänderte Seite aus dem Hauptspeicher verdrängt, genügt ihr Einfügen in den nicht-flüchtigen Puffer. Die Seitenkopie auf dem Externspeicher (Magnetplatte) wird zu einem späteren Zeitpunkt aktualisiert, z.B. wenn die geänderte Seite aus dem Zwischenpuffer verdrängt wird. Lokalität im Zugriffsverhalten kann somit auch zur Einsparung von schreibenden Plattenzugriffen genutzt werden, da eine Seite mehrfach im nicht-flüchtigen Puffer geändert werden kann, bevor ein Durchschreiben auf Platte erfolgt.

3. *Einsatz eines Schreibpuffers*
   Schreibvorgänge werden hierbei in einen speziellen Pufferbereich in einem nicht-flüchtigen Halbleiterspeicher vorgenommen. Nach Ein-

fügung der geänderten Seite in diesen Schreibpuffer ist für den Auf-
rufer der Schreiboperation (Transaktion) die E/A beendet. Die Aktualisierung der Seiten auf dem Externspeicher erfolgt asynchron aus
dem Schreibpuffer, so daß die Verzögerung nicht mehr in die Zugriffszeit (Antwortzeit) eingeht. Im Gegensatz zum nicht-flüchtigen Datei/
DB-Puffer wird nicht versucht, Lokalität auszunutzen. Das Durchschreiben auf Platte erfolgt unmittelbar nach Einfügung in den
Schreibpuffer, so daß dieser möglichst klein gehalten werden kann.
Für Transaktionssysteme ist diese Einsatzform nicht nur für DB-Dateien, sondern auch für die Log-Datei sinnvoll.

4. *Ersatz von Magnetplatten*
In diesem Fall nehmen die Halbleiterspeicher die gleiche Funktion
wie Magnetplatten ein, sie dienen zur permanenten Ablage ganzer
Dateien. Diese Funktion erfordert natürlich Nicht-Flüchtigkeit der
Halbleiterspeicher. Für die im Halbleiterspeicher resident gehalte-
nen Dateien wird ein optimales E/A-Verhalten möglich, da für sie
sämtliche Lese- und Schreibzugriffe auf Magnetplatte wegfallen.
Aufgrund der hohen Speicherkosten ist diese Einsatzform i.a. nur für
wenige kritische Dateien (z.B. mit hoher Schreibrate) kosteneffektiv.
Diese Einsatzform ist für die Log-Datei sowie für DB-Dateien von Interesse.

SSDs sind für die vierte Einsatzform konzipiert, der permanenten
Ablage ganzer Dateien. Die Nutzung dieses Speichermediums er- *SSD-Einsatz*
fordert keine Änderung im Dateisystem des Betriebssystems, da
der SSD-Controller eine Plattenschnittstelle emuliert. Auch ein
nicht-flüchtiger EH kann zur Allokation ganzer Dateien verwendet
werden, jedoch sind in diesem Fall die Funktionen des SSD-Con-
trollers in die Dateiverwaltung (bzw. einen Gerätetreiber) zu inte-
grieren. Zur Behandlung von SSD- bzw. EH-Fehlern können die
bekannten Verfahren zur Platten-Recovery (Kap. 5.1.2) genutzt
werden (Verwendung von Archiv-Log-Dateien oder Spiegelung der
Dateien in unabhängigen SSD-/EH-Partitionen).

Die drei Pufferungsarten 1-3 können sowohl im EH als auch durch *Puffer-*
Platten-Caches realisiert werden. Während die Verwaltung des *allokation*
Platten-Caches durch den Platten-Controller erfolgt, ist eine Pufferung im EH durch das Betriebssystem (Schreib- und Dateipuffer)
oder das Datenbanksystem (erweiterter DB-Puffer) zu steuern. Die
Verwaltung eines Schreibpuffers sollte stets außerhalb des DBS erfolgen, da hierfür keine Abstimmung auf DB-spezifische Anforderungen erforderlich ist. Die Realisierung einer mehrstufigen Pufferverwaltung wird im nächsten Kapitel genauer behandelt.

Abb. 6-2 zeigt drei Anordnungen von Hauptspeicher, Zwischenspeicher und Magnetplatten, welche zur Realisierung der angesprochenen Einsatzformen in Betracht kommen. Eine zweistufige
Pufferung von Seiten kann mit einer Hauptspeichererweiterung

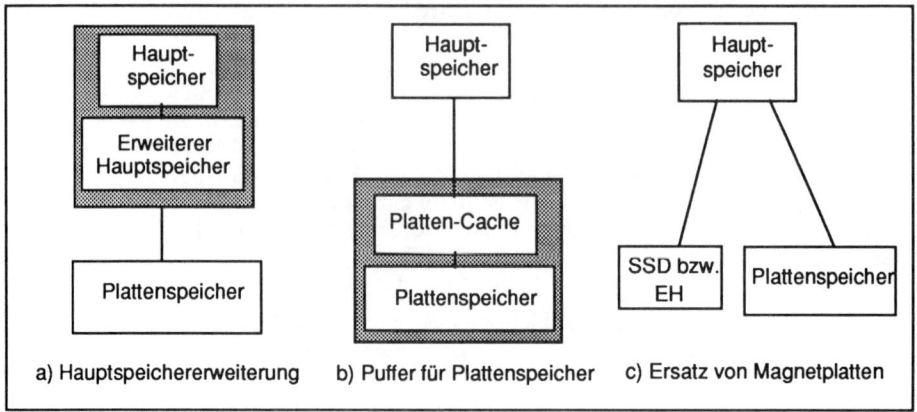

a) Hauptspeichererweiterung   b) Puffer für Plattenspeicher   c) Ersatz von Magnetplatten

Abb. 6-2:   Stellung seitenadressierbarer Halbleiterspeicher in der Speicherhierarchie

(Abb. 6-2a) bzw. einer Plattenpufferung (Abb. 6-2b) erfolgen. Abb.
6-2c zeigt den Fall, indem der Zwischenspeicher (SSD oder nicht-
flüchtiger EH) für einen Teil der Dateien als Plattenersatz eingesetzt wird. Die drei Zwischenspeicher können natürlich auch zusammen innerhalb einer Konfiguration eingesetzt werden. Dazu
wäre in Abb. 6-2c lediglich anstelle des Hauptspeichers die Kombination mit dem EH aus Abb. 6-2a bzw. anstelle des Plattenspei-
chers die Kombination mit einem Platten-Cache aus Abb. 6-2b einzusetzen.

Tab. 6-3 faßt zusammen, welche Speichertypen zur Realisierung
der einzelnen Einsatzformen in Betracht kommen (durch "+" gekennzeichnet). Man erkennt, daß mit einem nicht-flüchtigen EH
Eignung der   alle Einsatzformen realisierbar sind, während SSDs nur als Plat-
Speichertypen   tenersatz in Betracht kommen. Die Realisierung eines erweiterten
für verschie-   DB-Puffers ist auf den erweiterten Hauptspeicher beschränkt,
dene Einsatz-   während eine Dateipufferung auch innerhalb von Platten-Caches
formen   erfolgen kann.

	EH nicht-fl.	flücht.	SSD nicht-fl.	Platten-Cache nicht-fl.	flücht.
flücht. DB-Puffer	+	+	-	-	-
flücht. Dateipuffer	+	+	-	+	+
nicht-fl. DB-Puffer	+	-	-	-	-
nicht-fl. Dateipuffer	+	-	-	+	-
Schreibpuffer	+	-	-	+	-
Plattenersatz	+	-	+	-	-

Tab. 6-3:   Einsatzformen seitenadressierbarer Halbleiterspeicher zur E/A-
            Optimierung

6.4 Realisierung einer mehrstufigen Pufferverwaltung

Wie in Kap. 6.1 bereits erwähnt, fallen bei einer mehrstufigen Pufferverwaltung auf jeder Ebene der Speicherhierarchie ähnliche
Verwaltungsaufgaben an. Als Konsequenz bestehen daher auch
auf jeder Ebene ähnliche Lösungsalternativen zur Behandlung dieser Aufgaben, also vor allem bezüglich der Speicherallokation (globaler Puffer vs. mehrere partitionierte Pufferbereiche), der Ersetzungsstrategie (z.B. LRU), Schreibstrategie (write through vs.
write back) und Lesestrategie (demand fetching vs. prefetching).
Während diese Strategien im Falle einer einstufigen Pufferverwal-
tung relativ genau untersucht wurden, liegen noch kaum Untersu-   *bisherige Un-*
chungen vor, welche Kombinationen bei einer mehrstufigen Puffer-   *tersuchungen*
verwaltung unter welchen Bedingungen gewählt werden sollten.
Es gibt zwar eine große Anzahl von Leistungsanalysen bezüglich
Speicherhierarchien (siehe [Sa86] für eine Übersicht), jedoch wurden dort verschiedene Verwaltungsalternativen kaum untersucht.
Vielmehr stand dabei i.a. die Bestimmung optimaler Puffergrößen
und Übertragungseinheiten im Vordergrund, wobei in der Regel
auf jeder Ebene dieselben Strategien zur Pufferverwaltung zum
Einsatz kamen. Dabei wurden zumeist reine Leselasten unterstellt, so daß der Einfluß der Schreibstrategie unberücksichtigt
blieb. Weitgehend ungeklärt ist zudem, inwieweit eine Abstimmung zwischen den Pufferverwaltungen verschiedener Ebenen
sinnvoll oder notwendig ist, um eine optimale Leistungsfähigkeit
zu erreichen.

In diesem Zusammenhang erwähnenswert ist die Untersuchung in   *Modell einer*
[LM79], in der für ein allgemeines Modell einer Speicherhierarchie   *Speicher-*
verschiedene Strategien zur Propagierung von Daten zwischen den   *hierarchie*
Hierarchieebenen betrachtet wurden. Das Modell geht von einer
reinen Hierarchie mit Datentransfers zwischen jeweils benachbarten Ebenen aus. Eine Pufferung von Objekten erfolgt auf jeder
Ebene mit Ausnahme der untersten, dem sogenannten *Reservoir*
(z.B. Magnetplatte), das zur permanenten Allokation der Daten
dient (Abb. 6-3a). Ferner wird angenommen, daß die Übertra-
gungseinheit zwischen den Ebenen mit wachsender Speicherge-
schwindigkeit kleiner wird. Die Untersuchung unterstellt eine
LRU-artige Seitenersetzung auf jeder Ebene und berücksichtigt
ausschließlich Lesezugriffe. Für den Lesezugriff wurden zwei soge-   *Read-Through -*
nannte *Read-Through-Strategien* unterschieden. In beiden Fäl-   *Strategien*
len beginnt ein Lesevorgang auf der obersten Ebene (z.B. Hauptspeicher) und wird bei einer Fehlbedingung auf der jeweils darun-

terliegenden Ebene fortgesetzt bis ein Treffer erzielt wird. Beim lokalen Read-Through wird dann das in Ebene i gefundene Objekt in
alle darüberliegenden Ebenen gebracht, wobei jeweils eine Anpassung an das Übertragungsgranulat erfolgt. Abb. 6-3b zeigt dazu ein
Beispiel, wobei das gesuchte (schwarz markierte) Objekt in Ebene
E3 gefunden und in die darüberliegenden Ebenen eingebracht
wird. Beim globalen Read-Through wird das Objekt dagegen in alle
Ebenen gebracht, falls dort nicht vorhanden, also auch in die Ebenen unterhalb der höchsten Ebene i, in der das gesuchte Objekt gefunden wurde (im Beispiel von Abb. 6-3b also auch in Ebene E4).

Verdrängung
(Overflow-Be-
handlung)

Für zu ersetzende Objekte wurde in [LM79] unterstellt, daß diese
stets in die darunterliegenden Ebenen verdrängt werden. Dazu
wurden zwei sogenannte *Overflow-Strategien* unterschieden. Im
Fall der dynamischen Overflow-Behandlung wird ein von Ebene i
in die Ebene i+1 verdrängtes Objekt wie eine Referenz auf Ebene
i+1 behandelt (Einfügung in den Puffer und Anpassung der LRU-
Information). Bei der statischen Overflow-Behandlung wird dies
nur getan, wenn sich das verdrängte Objekt noch nicht im Puffer
der Ebene i+1 befand (anderenfalls erfolgt keine Anpassung der
LRU-Information).

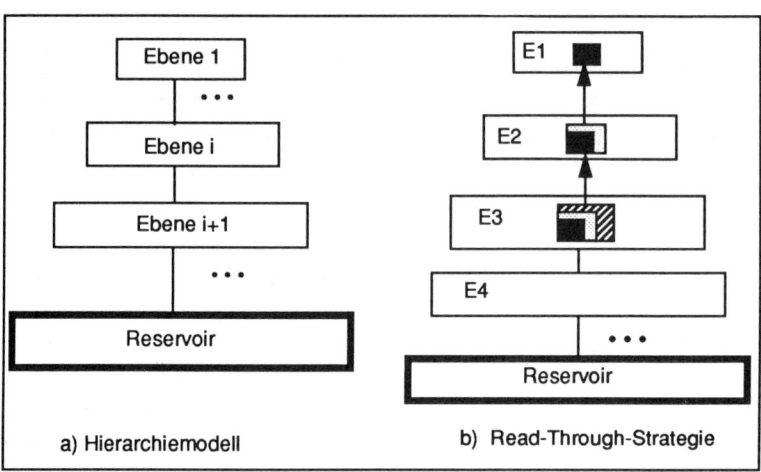

a) Hierarchiemodell   b) Read-Through-Strategie

Abb. 6-3:   Modellierung von Speicherhierarchien nach [LM79]

Inklusions-
eigenschaft

Untersucht wurde in [LM79] vor allem, mit welchen Strategien die
sogenannte *Inklusionseigenschaft* einer Speicherhierarchie gewährleistet wird, die verlangt, daß eine Ebene i+1 stets eine Ober-
menge der höheren Ebene i hält. Ein Vorteil dieser Eigenschaft ist,
daß jede Verdrängung aus Ebene i keine weitere Verdrängung in

Ebene i+1 auslöst, da dort das Objekt bereits vorliegt. Es wurde festgestellt, daß die Inklusionseigenschaft nur für die globale Read-Through-Strategie garantiert werden kann, sofern die Puffer auf den niedrigeren wesentlich größer als die auf den höheren Speicherebenen sind. Für die lokale Read-Through-Strategie läßt sich diese Eigenschaft für keine Wahl der Puffergrößen gewährleisten. In [Mi82] wurden die Read-Through- und Overflow-Strategien innerhalb eines mit DB-Traces getriebenen Simulationssystems implementiert und analysiert. Das Simulationsmodell bestimmt als primäres Leistungsmaß die Fehlseitenraten für unterschiedliche Puffergrößen, liefert jedoch keine Durchsatz- oder Antwortzeitaussagen. Es wurde festgestellt, daß mit der globalen Read-Through-Strategie meist bessere Trefferraten als mit der lokalen Variante erreicht werden. Dies wurde darauf zurückgeführt, daß das Referenzverhalten auf der obersten Ebene sich bei der globalen Read-Through-Strategie in der LRU-Information aller darunterliegenden Ebenen niederschlägt und daher bei der Ersetzung berücksichtigt wird.

Analyse von Speicher-hierarchien

Unsere Untersuchungen streben eine größere Aussagekraft an, indem wir uns nicht an einem abstrakten Modell einer Speicherhierarchie orientieren, sondern real existierende Speicherhierarchien evaluieren. So ist zum Beispiel bei Nutzung eines erweiterten Hauptspeichers oder von SSD keine reine Hierarchie mehr gegeben, da zwischen diesen Zwischenspeichern und Magnetplatten kein direkter Seitenaustausch möglich ist. Weiterhin ist festzustellen, daß für die seitenadressierbaren Halbleiterspeicher sowie Platten jeweils dasselbe Übertragungsgranulat vorliegt, nämlich Seiten fester Größe (meist 4 KB-Seiten). Zudem werden im Hauptspeicher oft nur geänderte Seiten bei einer Ersetzung auf die nächste Ebene der Speicherhierarchie durchgeschrieben (z.B. bei Verwendung eines Platten-Caches), während ungeänderte Seiten einfach überschrieben werden. Im Gegensatz zu bisherigen Arbeiten berücksichtigen wir auch nicht-flüchtige Zwischenspeicher sowie entsprechend weitergehende Einsatzformen (Nr. 2 bis 4 in Kap. 6.3). Unsere Leistungsuntersuchungen (Kap. 6.5) bestimmen nicht nur interne Maße wie Fehlseitenraten, sondern erlauben realistische Antwortzeit- und Durchsatzaussagen. Dazu wird u.a. auch der E/A-Overhead für die Speicherzugriffe berücksichtigt, der z.B. klar gegen eine globale Read-Through-Strategie spricht. Eine weitere Besonderheit unserer Untersuchungen wird sein, den Einfluß der Schreibstrategie zu analysieren sowie das Leistungsverhalten

neue Untersuchungs-schwerpunkte

einer koordinierten dem einer unkoordinierten Pufferverwaltung auf mehreren Ebenen gegenüberzustellen.

In Kap. 6.3 wurde festgestellt, daß eine Pufferung außer im Hauptspeicher vor allem in Platten-Caches sowie in einem EH-Puffer in Betracht kommt. Nachdem die Verwaltung eines DB-Puffers im Hauptspeicher bereits in Kap. 5.1.1 ausführlich behandelt wurde, betrachten wir hier zunächst die Ansätze zur Verwaltung von Platten-Caches, die unkoordiniert von einer Hauptspeicherpufferung erfolgt. Danach untersuchen wir die Realisierung einer Datei- bzw. DB-Pufferung im EH, wobei im Falle des erweiterten DB-Puffers eine Koordinierung mit der Hauptspeicherpufferung von DB-Seiten angestrebt wird. Zunächst führen wir jedoch eine Klassifikation von Schreibstrategien in Speicherhierarchien ein, auf der die nachfolgenden Ausführungen aufbauen.

6.4.1 Schreibstrategien in Speicherhierarchien

Das Hierarchiemodell in Abb. 6-3a sieht eine Objektpufferung auf jeder Speicherebene oberhalb des Reservoirs vor. Wir gehen von einem allgemeineren Modell aus, bei dem nur die Pufferung auf der obersten Speicherebene (hier: Hauptspeicher) sowie die Existenz eines Reservoirs (hier: Magnetplatte, SSD oder EH) für jedes Objekt verlangt wird. Ob und auf welchen Ebenen eine Zwischenpuf-

allgemeineres Hierarchie- modell

ferung erfolgt, soll dagegen objekttypbezogen festgelegt werden können, für Seiten z.B. auf Dateiebene. Damit ist die für einen bestimmten Objekttyp (für eine Datei) relevante Speicherhierarchie konfigurierbar. Die Pufferung auf allen Zwischenebenen der Speicherhierarchie ergibt sich als Spezialfall.

Die Schreibstrategie regelt, wie Objekte einer Ebene i in darunterliegende Ebenen i+1, i+2, ... der Speicherhierachie propagiert werden. Zur Charakterisierung einer Schreibstrategie können folgende Kriterien herangezogen werden, für die jeweils mehrere Alternativen möglich sind:

Klassifikation von Schreib- strategien

1. *Welche Objekte werden bei einer Verdrängung aus dem Puffer der Ebene i in die nächsttiefere Speicherebene i+1 geschrieben ?*
   Handelt es sich für ein zu verdrängendes Objekt bei der nächsttieferen Speicherebene i+1 (gemäß der für den Objekttyp eingestellten Konfigurierung) um das Reservoir, sind geänderte Objekte stets dorthin zu schreiben, damit die Änderungen nicht verlorengehen. Für ungeänderte Objekte erfolgt kein Ausschreiben; diese Objekte werden bei der Verdrängung einfach "weggeworfen" bzw. überschrieben. Erfolgt auf der Ebene i+1 eine Pufferung, ist eine Propagierung unge-

Propagierung ungeänderter Objekte ?

änderter Objekte möglicherweise auch sinnvoll. In diesem Fall ist daher festzulegen, ob nur geänderte, nur ungeänderte oder alle Objekte propagiert werden sollen. Wie die Auswahl der Speicherebenen sollte diese Festlegung für Objekttypen (z.B. Dateien) erfolgen.

2. *Wann erfolgt das Schreiben in die nächsttiefere Speicherebene ?*

Für ungeänderte Objekte, die in der Speicherhierarchie "nach unten" weiterpropagiert werden sollen, erfolgt zum Ersetzungszeitpunkt das Schreiben in die nächste Ebene und die Übernahme in den dortigen Puffer.

*Schreib-
zeitpunkt
(Write-Through
vs. Write-Back)*

Für geänderte Objekte bestehen zwei generelle Alternativen. Beim *Write-Through* erfolgt das Durchschreiben sofort nach Durchführung der Änderung, während bei einem *Write-Back* das geänderte Objekte gepuffert und verzögert durchgeschrieben wird. Im DB-Kontext sind Transaktionen die Verarbeitungseinheiten. Bezüglich des DB-Puffers im Hauptspeicher entspricht Write-Through der FORCE-Strategie, bei der die Änderungen am Transaktionsende (in einen nicht-flüchtigen Speicher) durchgeschrieben werden. Write-Back entspricht der NOFORCE-Strategie. Bei der Pufferung in Zwischenspeichern sind Transaktionen jedoch nicht mehr sichtbar; hier bilden die E/A-Operationen die Verarbeitungseinheiten. Write-Through auf Speicherebene i+1 bedeutet, daß nach Eintreffen einer geänderten Seite von Ebene i diese sofort in die nächsttiefere Ebene i+2 durchzuschreiben ist. Wir unterscheiden hierbei zwei Varianten. Beim *synchronen Write-Through* wird verlangt, daß die E/A-Operation der Ebene i+1 erst beendet ist, nachdem das Durchschreiben auf die nächsttiefere Ebene i+2 (z.B. das Reservoir) abgeschlossen wurde. Beim *asynchronen Write-Through* dagegen wird der Schreibvorgang lediglich sofort gestartet, jedoch erfolgt das Schreiben asynchron bezüglich der auslösenden E/A-Operation. Eine solche Vorgehensweise ist bei einem nicht-flüchtigen Puffer realisierbar.

Auch beim Write-Back kann eine synchrone und asynchrone Variante unterschieden werden. Von einem *synchronen Write-Back* sprechen wir, wenn das Durchschreiben der Änderung erst zum Ersetzungszeitpunkt vorgenommen wird, d.h., wenn der von dem geänderten Objekt belegte Pufferplatz für die Einfügung eines neuen Objektes benötigt wird. Dieser Ansatz hat den Nachteil, daß die Übernahme des neuen Objektes sich bis zum Ende des Schreibvorganges (in einen nicht-flüchtigen Speicher) verzögert. Wie im Zusammenhang mit NOFORCE diskutiert (Kap. 5.1.1), empfiehlt sich daher ein vorausschauendes oder asynchrones Ausschreiben geänderter Objekte (*asynchrones Write-Back*), so daß stets ungeänderte Objekte zur Ersetzung herangezogen werden können[*].

3. *Wie ist die Übernahme der von Ebene i geschriebenen Objekte in einen Puffer der Ebene i+1 geregelt ?*

Ungeänderte Objekte werden nur dann auf die nächsttiefere Speicherebene geschrieben, wenn dort eine Pufferung erfolgen soll. Diese Objekte werden daher stets in den Puffer der Ebene i+1 übernommen. Für geänderte Objekte trifft dies im Falle einer Write-Back-Strategie für Ebene i+1 ebenfalls zu, da dieser Ansatz eine Pufferung vorschreibt, um die Änderung verzögert durchschreiben zu können. Für Write-Through dagegen können verschiedene Alternativen unterschieden werden, in Abhängigkeit davon, ob das geänderte Objekt bereits in einer älteren Version im Puffer der Ebene i+1 vorliegt (*"write hit"*) oder nicht (*"write miss"*) [Sm85]:

- Beim **Write-Allocate**-Ansatz wird das geänderte Objekt stets in den Puffer der Ebene i+1 aufgenommen, unabhängig davon, ob ein Write-Hit oder ein Write-Miss vorliegt. Die Einfügung in den Puffer wird wie eine Referenz behandelt, das heißt, die Ersetzungsinformation (z.B. für LRU) wird entsprechend angepaßt.

- Beim **Write-Update** wird das geänderte Objekt nur bei einem Write-Hit in den Puffer der Ebene i+1 gebracht, wobei die alte Version überschrieben wird. Bei einem Write-Miss erfolgt keine Übernahme in den Puffer.

- Beim **Write-Purge** schließlich werden geänderte Objekte nicht in den Puffer der Ebene i+1 gebracht. Liegt bereits eine ältere Objektversion im Puffer vor (Write-Hit), wird diese aus dem Puffer entfernt.

Diese Alternativen kommen u.a. für Platten-Caches zur Anwendung (s.u.), wobei Abhängigkeiten zur Flüchtigkeit bzw. Nicht-Flüchtigkeit des Pufferspeichers bestehen.

Die Bestimmung der Schreibstrategie einer gesamten Speicherhierarchie verlangt also, für jede Ebene festzulegen, ob für Objekttypen, für die eine Pufferung auf der nächsten Speicherebene vorgesehen ist, nur geänderte, nur gelesene oder alle Objekte zu schreiben sind. Daneben ist pro Ebene die Behandlung geänderter Objekte zu spezifizieren. Die dafür sich aus den letzten beiden Kriterien ergebenden Alternativen sind in Abb. 6-4 noch einmal im Überblick dargestellt. Wie zu sehen ist, erfolgt bei Write-Back die Pufferung geänderter Objekte stets nach der Write-Allocate-Variante.

---

* Das Schreiben eines geänderten Objektes verlangt nicht notwendigerweise seine Entfernung aus dem Puffer. Nach Beendigung des Schreibvorganges in einen nicht-flüchtigen Speicher gilt es jedoch als "ungeändert", da die Änderung auf einen sicheren Platz geschrieben wurde. Solche ungeänderten Objekte können dann später ohne Verzögerung ersetzt/überschrieben werden. Die Beibehaltung im Puffer empfiehlt sich vor allem bei Write-Through, da ansonsten ein Objekt nur kurze Zeit gepuffert wäre und Lokalität für Lesezugriffe kaum genutzt werden könnte.

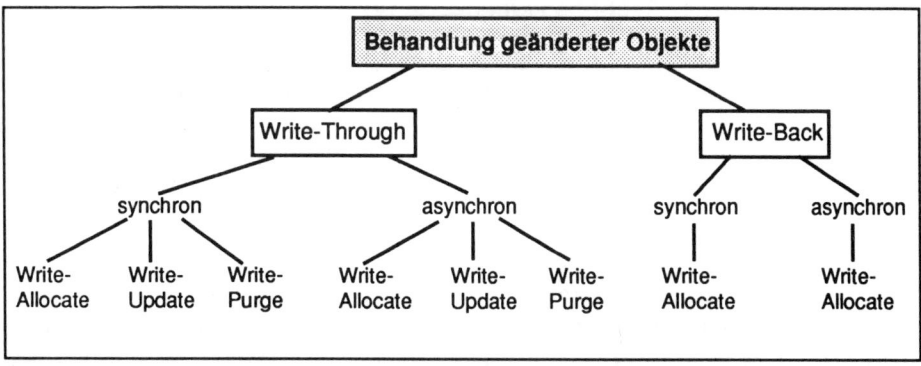

Abb. 6-4: Schreibstrategien in Speicherhierarchien

6.4.2 Verwaltung von Platten-Caches

Platten-Caches werden bereits seit etwa zehn Jahren mit großem Erfolg eingesetzt [Gro89]. Sie werden von Plattensteuereinheiten (Controller) verwaltet, welche i.a. mehrere Mikroprozessoren nutzen, um mehrere E/A-Anforderungen parallel bearbeiten zu können. Damit eine hohe Verarbeitungsgeschwindigkeit erreicht wird, erfolgt die Cache-Verwaltung in der Regel durch Mikrocode-Routinen. Während bei einer Pufferung im Hauptspeicher (bzw. EH) ein globaler Pufferbereich für alle Dateien angelegt werden kann, läuft der Einsatz von Platten-Caches i.a. auf eine partitionierte Puffer- *partitionierte* verwaltung hinaus. Denn in einem Platten-Cache werden nur Da- *Pufferver-* ten der über den betreffenden Platten-Controller erreichbaren *waltung durch* Platten/Dateien gepuffert; zudem werden in einer Installation i.a. *Platten-Caches* mehrere Platten-Controller und damit Platten-Caches eingesetzt. Bei einer partitionierten Pufferverwaltung ist aufgrund unterschiedlicher Referenzierungsmerkmale bezüglich einzelner Datenpartitionen i.a. mit einer ungünstigeren Puffernutzung als bei einem globalen Puffer derselben aggregierten Größe zu rechnen, insbesondere wenn wie bei den Platten-Caches der Fall die einzelnen Puffergrößen statisch festgelegt sind.

Zunächst wurden ausschließlich flüchtige Platten-Caches angeboten wie für die IBM 3880 Platten-Controller, in den letzten Jahren kommen verstärkt nicht-flüchtige Platten-Caches zum Einsatz (z.B. IBM 3990-3). Im folgenden wird die Nutzung flüchtiger und nicht-flüchtiger Platten-Caches getrennt beschrieben.

6.4.2.1 Flüchtige Platten-Caches

Die Nutzung flüchtiger Platten-Caches ist nach Kap. 6.3 (Tab. 6-3) im wesentlich auf die Realisierung einer Dateipufferung zur Vermeidung lesender Plattenzugriffe beschränkt. Bezüglich der Pufferverwaltung werden i.a. mehrere Betriebsmodi unterstützt, und *mehrere* zwar in Abhängigkeit vom Dateityp [Gro85]. Im Normalmodus er-*Betriebsmodi* folgt eine LRU-artige Verwaltung von Seiten (Blöcken) oder Segmenten (8-16 KB), um Lokalität im Referenzverhalten zur Erzielung hoher Trefferraten zu nutzen. Spezielle Modi können für sequentielle und temporäre Dateien gewählt werden, jedoch ist dafür eine entsprechende Angabe beim E/A-Befehl erforderlich (Änderung bestehender Programme, Einsatz des Platten-Caches ist nicht länger transparent) [Gro89]. Daneben ist es möglich, eine Pufferung im Cache abzulehnen ("Bypass Cache").

Lese-E/A Betrachten wir zunächst die Verarbeitung im Normalmodus. Bei einem Lesevorgang sind zwei Fälle zu unterscheiden. Ist die angeforderte Seite nicht im Platten-Cache vorhanden (*"read miss"*), muß diese von Platte gelesen werden. Gleichzeitig zur Übergabe der Seite an den Hauptspeicher erfolgt eine Einfügung in den Platten-Cache und die Aktualisierung der LRU-Information (Abb. 6-5a). Ist bei einer Leseanforderung die gesuchte Seite bereits im Platten-Cache vorhanden (*"read hit"*), kann der Plattenzugriff eingespart werden. Der E/A-Vorgang wird aus dem Cache befriedigt, und die LRU-Information wird aktualisiert (Abb. 6-5b).

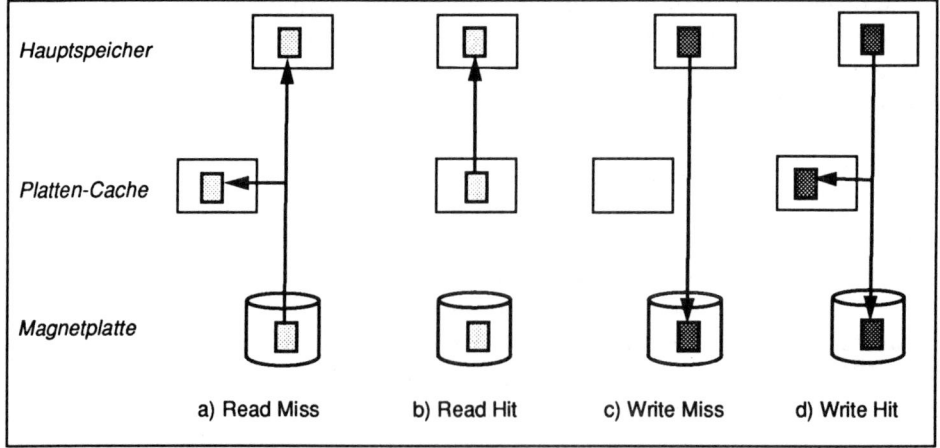

Abb. 6-5: Behandlung von Lese- und Schreibzugriffen bei flüchtigen Platten-Caches (IBM 3880-23)

Da aus Sicht der Anwendung der Einsatz eines Platten-Caches im Normalmodus verborgen bleibt, werden in Schreibzugriffen an den Platten-Controller *nur geänderte Seiten* zurückgegeben. Die Anwendung (z.B. das DBS) erwartet, daß nach Beendigung des Schreibvorganges die Änderungen auf einem sicheren Platz (nichtflüchtiger Speicher) stehen. Bei einem flüchtigen Platten-Cache ist daher eine *synchrone Write-Through-Strategie* einzuhalten, wobei für jeden Schreibvorgang ein sofortiges Durchschreiben der Änderungen auf die Platte vorgenommen wird und die Plattenzugriffszeit in vollem Umfang in die E/A-Dauer eingeht. Die Übernahme der geänderten Seiten in den Cache ist bei den flüchtigen Platten-Caches der IBM (z.B. IBM 3880-23) sowie anderer Hersteller nach der *Write-Update-Strategie* geregelt [Gro85, Sm85]. Dies bedeutet, daß nur bei einem Write-Hit eine Übernahme in den Platten-Cache erfolgt (Abb. 6-5d), nicht jedoch bei einem Write-Miss (Abb. 6-5c). Abb. 6-5 verdeutlicht, daß für flüchtige Platten-Caches nur im Falle eines Read-Hits der Plattenzugriff eingespart wird.

Schreib-E/A

Im Gegensatz zum Normalmodus erfolgt für sequentielle Dateien beim Lesezugriff auf Platte (read miss) ein Prefetching der gesamten Spur (bzw. von mehreren Spuren) in den Platten-Cache, damit nachfolgende Blockanforderungen bezüglich derselben Spur aus dem Cache bedient werden können. Nach Abarbeitung einer Spur werden die folgenden Spuren wiederum durch ein Prefetching in den Cache gebracht. In Abänderung der LRU-Ersetzung werden vollständig gelesene Spuren als primäre Ersetzungskandidaten verwendet, so daß sich für sequentielle Dateien eine MRU-artige Ersetzungsstrategie ergibt (Most Recently Used).

Pufferung sequentieller Dateien

Für temporäre Dateien, z.B. für Zwischenergebnisse bei Sortiervorgängen, erfolgt trotz der Flüchtigkeit des Platten-Caches das Schreiben nur in den Cache. Es wird also eine Write-Back-Schreibstrategie verwendet, bei der sämtliche Änderungen im Cache gepuffert werden und erst bei einer Verdrängung aus dem Cache ein Durchschreiben auf Magnetplatte erfolgt. Der aufgrund der Flüchtigkeit des Caches mögliche Datenverlust (z.B. durch Stromausfall) ist für temporäre Dateien akzeptabel, da die Daten erneut generiert werden können (z.B. nach Rücksetzung der betroffenen Transaktion).

temporäre Dateien

6.4.2.2 Nicht-flüchtige Platten-Caches

Nicht-flüchtige Platten-Caches können zur Realisierung eines Schreibpuffers sowie eines nicht-flüchtigen Dateipuffers genutzt werden (Kap. 6.3). Die Verwaltung eines *Schreibpuffers* wirft keine besonderen Probleme auf. Im Normalfall wird eine geänderte Seite in den Schreibpuffer eingefügt und danach das E/A-Ende zurückgemeldet; die Seitenkopie auf Platte wird asynchron aktualisiert. Dies ist jedoch nicht möglich, wenn der Schreibpuffer bereits "voll" ist, das heißt, wenn für alle Seiten im Schreibpuffer der Schreibvorgang auf Platte noch nicht beendet ist (eine Seite kann erst dann aus dem Schreibpuffer entfernt werden). In diesem Fall kann der Schreibpuffer nicht genutzt werden, und die Änderung ist synchron auf Platte zu schreiben. In diesem Fall ist jedoch mit einer hohen Schreibverzögerung zu rechnen, da ein voller Puffer anzeigt, daß aufgrund hoher Plattenauslastung viele Schreibzugriffe noch in der Auftragswarteschlange vorliegen. Nach einem Fehler (Controller-Ausfall, Stromunterbrechung) werden alle Änderungen vom Schreibpuffer auf die Magnetplatte geschrieben, sobald wieder auf den Schreibpuffer zugegriffen werden kann. Damit wird sichergestellt, daß trotz der asynchronen Schreibvorgänge kein Datenverlust eintritt.

Realisierung eines Schreibpuffers

Bei der Realisierung eines *nicht-flüchtigen Dateipuffers* ergeben sich für die Behandlung von Lesezugriffen keine Unterschiede im Vergleich zum flüchtigen Platten-Cache. Bei einem Read-Hit wird die Anforderung aus dem Puffer bedient, während bei einem Read-Miss von der Platte gelesen und die Seite im Platten-Cache gepuffert wird (Abb. 6-5a,b). Schreibzugriffe fallen auch hier nur für geänderte Seiten an. Aufgrund der Nicht-Flüchtigkeit des Caches kann jetzt jedoch ein synchroner Plattenzugriff vermieden werden, und zwar bei einem Write-Hit als auch bei einem Write-Miss. In beiden Fällen werden die geänderten Seiten in den Platten-Cache übernommen (Write-Allocate) und die Magnetplatte asynchron aktualisiert (Abb. 6-6a; das asynchrone Schreiben ist durch die gestrichelte Linienführung gekennzeichnet). Der Zeitpunkt, zu dem das Schreiben auf Platte erfolgt, ist durch die Schreibstrategie festgelegt. Dazu bestehen im wesentlichen die Möglichkeiten eines synchronen oder asynchronen Write-Back- sowie eines asynchronen Write-Through-Ansatzes. Beim *synchronen Write-Back* wird der Schreibvorgang auf Platte am spätesten gestartet, nämlich erst wenn die geänderte Seite im Dateipuffer ersetzt werden soll. Daher wird ein mehrfaches Ändern derselben Seite im Puffer (mehrere

Realisierung eines nicht-flüchtigen Dateipuffers

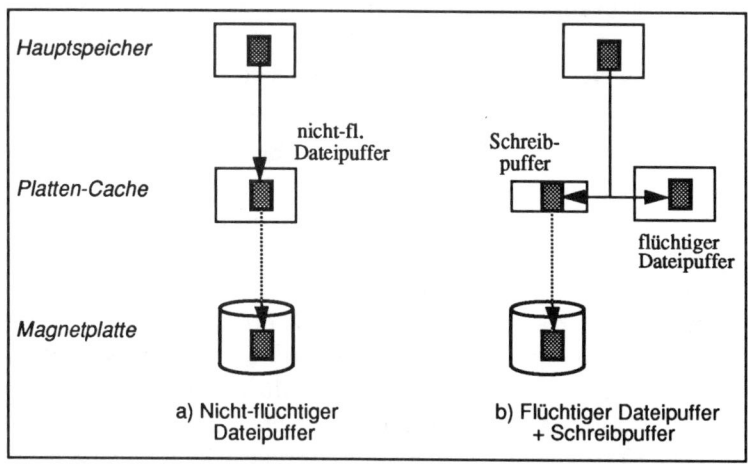

Abb. 6-6: Behandlung von Schreibzugriffen bei nicht-flüchtigen Platten-Caches

Schreibtreffer pro Seite) und somit die Einsparung schreibender Plattenzugriffe am weitgehendsten unterstützt. Auf der anderen Seite ist die Einfügung einer Seite in den Puffer, die zur Ersetzung einer geänderten Seite führt, solange zu verzögern, bis das Ausschreiben auf Platte beendet ist. Dies ist insbesondere bei einem Schreibvorgang möglich, bei dem ein Write-Miss auftritt und die Seite in den nicht-flüchtigen Puffer aufgenommen werden soll, um den synchronen Plattenzugriff zu vermeiden. In diesem Fall ergibt sich jedoch kein Vorteil durch den nicht-flüchtigen Platten-Cache, wenn das Einfügen in den Puffer bis zum Ausschreiben der zu verdrängenden Seite verzögert werden muß, da dann auch ein voller Plattenzugriff in die E/A-Dauer eingeht.

Dieser Nachteil wird bei einem asynchronen Write-Back bzw. einem asynchronen Write-Through umgangen. Am vielversprechendsten erscheint dabei das *asynchrone Write-Back*, da es Verzögerungen bei der Seitenersetzung durch vorausschauendes Ausschreiben geänderter Seiten zu vermeiden sucht. Dennoch erfolgt das Ausschreiben verzögert, so daß Schreibtreffer zur Einsparung von Plattenzugriffen genutzt werden können. Auf der anderen Seite ist ein *asynchrones Write-Through* wesentlich einfacher zu realisieren: das Ausschreiben auf Platte erfolgt sofort nach Einfügen in den Dateipuffer. Der Nachteil dabei ist, daß Lokalität zur Reduzierung von Schreibzugriffen nicht genutzt wird und daher jeder Schreibvorgang zu einem Plattenzugriff führt. Die von einer Platte bewältigbare E/A-Rate kann daher den Schreibdurchsatz

asynchrones Write-Back vs. asynchronem Write-Through

stärker beschränken als bei einem Write-Back-Ansatz. Bei der Ersetzung einer Seite aus dem Dateipuffer treten dafür jedoch keine
Verzögerungen mehr auf, da durch das sofortige Durchschreiben
der Änderungen stets ungeänderte Seiten zur Ersetzung vorliegen.

Nicht-flüchtige
Dateipufferung
über
Schreibpuffer
Der eigentliche Vorteil einer Dateipufferung mit asynchronem
Write-Through liegt jedoch darin, daß es nicht notwendig ist, den
gesamten Pufferbereich nicht-flüchtig auszulegen. Wie in Abb. 6-6b
gezeigt, kann nämlich die gleiche Wirkungsweise bereits mit einem
flüchtigen Puffer in Kombination mit einem nicht-flüchtigen
Schreibpuffer erreicht werden. Dabei erfolgt das asynchrone
Durchschreiben von Änderungen auf Platte über den Schreibpuffer; zusätzlich werden die Seiten in den flüchtigen Dateipuffer gebracht, um künftige Lesezugriffe zu bedienen. Der Vorteil ist eine
deutliche Kosteneinsparung, da nur ein relativ kleiner Speicherbereich gegenüber Stromausfällen zu schützen ist, während der Großteil des Platten-Caches flüchtig bleiben kann. Eine solche Vorgehensweise wird bei der IBM-Plattensteuereinheit 3990-3 verfolgt
[Gro89, MH88]. Während der flüchtige Cache-Bereich bis zu 256
MB umfassen kann, ist der Schreibpuffer, der als Non Volatile
Store (NVS) bezeichnet wird, auf 4 MB beschränkt[*]. Beim 3990-3
werden alle geänderten Seiten in den flüchtigen Dateipuffer aufgenommen, das heißt, es wird eine Write-Allocate-Strategie verfolgt.
Diese Vorgehensweise weicht von der bei flüchtigen Platten-Caches
ab, für die eine Write-Update-Strategie verfolgt wird. Denkbar
wäre auch die alleinige Nutzung des Schreibpuffers ohne Verwendung des Dateipuffers; dies wäre z.B. für Dateien sinnvoll, auf die
kaum Lesezugriffe erfolgen (z.B. die Log-Datei).

Einsatz bei
Disk-Arrays
Ein nicht-flüchtiger Platten-Cache kann zu einer signifikanten Leistungsverbesserung von Disk-Arrays beitragen. Wie in Kap. 5.3.2.1
erläutert, sind Schreibvorgänge bei der Fehlerkorrektur über Paritätsbits (z.B. bei RAID-5) sehr aufwendig, da bis zu vier Plattenzugriffe anfallen. Liegt jedoch ein Schreibpuffer im Disk-Array-Con-
troller vor, können die zwei Schreibvorgänge für den Daten- und
Paritätsblock asynchron auf die Platten abgewickelt werden. Auch
für die Lesezugriffe auf die alten Werte des Daten- und Paritätsblocks ergeben sich Einsparungen, wenn diese Seiten in einem
flüchtigen Dateipuffer gepuffert werden.

---

[*]   Die Größenangaben beziehen sich auf 1989 und können sich bereits er-
       höht haben.

6.4.3 Verwaltung eines EH-Puffers

Nach Kap. 6.3 kann ein EH als Plattenersatz, als Schreib-, Datei und/oder erweiterter DB-Puffer genutzt werden. Die Allokation ganzer Dateien im EH wurde bereits in Kap. 6.3 diskutiert. Die Realisierung eines *Schreibpuffers* im nicht-flüchtigen EH durch das Betriebssystem kann im wesentlichen wie bei den Platten-Caches erfolgen. Eine Abweichung ergibt sich dadurch, daß kein direkter Seitenaustausch zwischen EH und Externspeicher (Magnetplatte) möglich ist. Daher erfolgt das asynchrone Schreiben auf den Externspeicher nicht vom Schreibpuffer, sondern vom Hauptspeicher aus (Abb. 6-7); die E/A-Operation gilt jedoch bereits nach dem Schreiben in den EH-Schreibpuffer als beendet.

Realisierung eine EH-Schreibpuffers

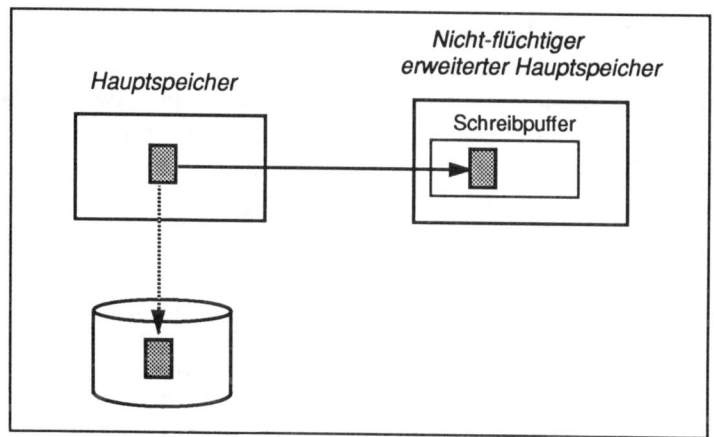

Abb. 6-7:   Schreibpufferung im EH

Die Realisierung eines *flüchtigen* oder *nicht-flüchtigen Dateipuffers* im EH kann ebenfalls weitgehend wie in einem Platten-Cache erfolgen, nur daß jetzt die Pufferverwaltung durch die Dateiverwaltung des Betriebssystem erfolgt. Ein Vorteil ist, daß ein EH-Dateipuffer als globaler Puffer realisiert werden kann, während bei Platten-Caches i.a. eine partitionierte Pufferverwaltung vorliegt (s.o.). Die bessere Puffernutzung in einem globalen EH-Puffer kann die höheren Speicherkosten verglichen mit Platten-Caches bereits zum Teil wettmachen (Erlangung derselben Trefferraten mit kleinerer Pufferkapazität). Daneben ist der Zugriff auf den EH natürlich weit schneller als auf einen Platten-Cache und i.a. mit einem geringeren Overhead verbunden (Kap. 6.2). Von Nachteil ist dagegen, daß Schreibvorgänge vom EH auf Magnetplatte über den

EH-Dateipuffer

Hauptspeicher abgewickelt werden müssen. Dies erschwert die Realisierung einer Write-Back-Schreibstrategie für den EH-Puffer, da für Schreibvorgänge aus dem EH zunächst ein Einlesen in den Hauptspeicher erfolgen muß. Der Ansatz eines asynchronen Write-Through, der wiederum über einen Schreibpuffer und einen flüchtiger Dateipuffer realisierbar ist, erscheint daher für die EH-Pufferung noch attraktiver. Auch ein Prefetching von Daten von Platte in den EH-Puffer erfordert ein Zwischenlagern in den Hauptspeicher.

Die Zugriffsmethode VSAM in MVS realisiert bereits eine zweistufige (flüchtige) Dateipufferung in Hauptspeicher und Expanded Storage [Ru89]. Der Dateipuffer im Erweiterungsspeicher ist dabei einem Hiperspace zugeordnet, welche bis zu 2 GB groß sein können.

Notwendigkeit eines erweiterten DB-Puffers

Obwohl eine vom Betriebssystem kontrollierte EH-Pufferung auch durch das DBS genutzt werden kann, ergeben sich eine Reihe von Nachteilen, wenn dies für das DBS unsichtbar bleibt (wie im Falle der Platten-Caches). Die Probleme sind vor allem dadurch bedingt, daß das DBS bereits eine Pufferung von DB-Seiten im Hauptspeicher vornimmt, so daß eine möglichst enge Abstimmung auf die Pufferung im EH erforderlich ist, um eine optimale Speicherplatznutzung zu erreichen:

- Ist die Existenz eines EH-Puffers dem DBS unbekannt, werden nur geänderte Seiten aus dem DB-Puffer im Hauptspeicher (in den EH-Puffer) geschrieben. Ungeänderte Seiten werden nicht an das Betriebssystem weitergegeben und gelangen daher nicht in den EH-Puffer, was zur Nutzung von Lokalität jedoch i.a. sinnvoll wäre. Eine Übernahme ungeänderter Seiten ist für den EH-Puffer auch mit geringerem Overhead möglich als für Platten-Caches.

- Das DBS kennt nicht den Inhalt des EH-Puffers, wenn dieser durch das Betriebssystem verwaltet wird. Dies kann dazu führen, daß dieselben Seiten sowohl im Hauptspeicher als auch im EH gepuffert werden, so daß die erreichbaren Trefferraten beeinträchtigt werden.

- Es ist keine optimale Abstimmung auf die Schreibstrategie des DBS möglich (FORCE vs. NOFORCE). Daneben können Kenntnisse des DBS über spezielle Zugriffsmerkmale von Transaktionen, die eine Abweichung von einer LRU-artigen Ersetzungsstrategie sinnvoll machen (z.B. sequentielle Zugriffsfolgen), nicht mehr genutzt werden.

- Die gemeinsame Nutzung eines EH-Puffers durch das DBS und andere Anwendungen beeinträchtigt i.a. die Effektivität für den DB-Betrieb.

- Ist das DBS berechtigt, über privilegierte Maschinenbefehle direkt auf den EH zuzugreifen, ergibt sich ein wesentlich geringerer Overhead als über Betriebssystemaufrufe (Supervisor Call, SVC).

Um diese Nachteile zu vermeiden, erscheint die Realisierung eines *erweiterten DB-Puffers* im EH unter Kontrolle des DBS sinnvoll, womit eine enge Abstimmung mit der DB-Pufferung im Hauptspeicher erreicht werden kann[*]. Insbesondere verwaltet der DBS-Pufferverwalter mit seinen Datenstrukturen den Inhalt des DB-Puffers sowohl im Hauptspeicher als im EH, so daß eine Mehrfachpufferung von Seiten weitgehend vermieden werden kann. Allerdings ergibt sich hierbei eine Abhängigkeit, ob das DBS eine FORCE- oder NOFORCE-Strategie zum Ausschreiben geänderter Seiten verwendet.

In konventionellen DBS ist FORCE einem NOFORCE-Ansatz klar unterlegen, da die langen Schreibverzögerungen auf Platte am Transaktionsende eine starke Antwortzeiterhöhung verursachen. Mit einem nicht-flüchtigen EH jedoch können die Schreibvorgänge sehr schnell abgewickelt werden, so daß sich möglicherweise eine andere Bewertung ergibt, zumal FORCE einige Vorteile hinsichtlich Recovery bietet (Kap. 5.1.1). Liegt ein nicht-flüchtiger DB-Puffer im EH vor und werden alle FORCE-Schreibvorgänge dorthin vorgenommen (Write-Allocate), dann führt dies jedoch zwangsläufig dazu, daß diese Seiten sowohl im Hauptspeicher als im EH gepuffert sind. Denn eine Wegnahme der in den EH geschriebenen Seiten im Hauptspeicher würde zu einer schlechten Platznutzung und drastischen Verschlechterung der Trefferraten im Hauptspeicher führen. Ein weiteres Problem ist, daß auf dem EH-Puffer eine hohe Schreibfrequenz anfällt, die zu Engpässen führen kann. Ändert z.B. eine Transaktion im Mittel 5 Seiten und kostet ein EH Zugriff 50 Mikrosekunden, so ergibt sich bei 1000 TPS allein durch die Schreibvorgänge bereits eine EH-Auslastung von 25%. Die hohe Schreibfrequenz läßt zudem nur eine kurze Verweilzeit der Seiten im EH zu, so daß nur relativ geringe Trefferraten erwartet werden können. Im Falle einer Write-Back-Schreibstrategie fällt zudem eine große Anzahl von EH-Zugriffen an, um die Änderungen vom EH über den Hauptspeicher auszuschreiben. Bei einem (asynchronen) Write-Through wird dies vermieden, dafür ist eher mit

FORCE vs. NOFORCE bei EH-Pufferung

---

[*] Einige der genannten Nachteile, z.B. das Auslagern ungeänderter Seiten in den EH, könnten auch vermieden werden, wenn dem DBS die Verwaltung eines Dateipuffers im EH durch das Betriebssystem bekanntgemacht wird und das DBS über eine geeignete Erweiterung der Aufrufschnittstelle Einfluß auf die EH-Pufferung nehmen könnte. Dies entspräche in etwa der Nutzung der speziellen Betriebsmodi von Platten-Caches für sequentielle und temporäre Dateien mittels erweiterter E/A-Befehle. Auf Einzelheiten eines solchen Ansatzes soll hier jedoch nicht weiter eingegangen werden.

Schreibengpässen bei den Platten zu rechnen, da keine Änderungen akkumuliert werden können.

Ein Teil der Probleme läßt sich vermeiden, wenn die FORCE-Schreibvorgänge lediglich über einen Schreibpuffer beschleunigt werden, jedoch keine Einfügungen in den erweiterten DB-Puffer vorgenommen werden. Damit wird insbesondere die Mehrfachpufferung derselben Seiten vermieden, und es ist mit besseren Trefferraten im EH zu rechnen. In diesem Fall ist ein flüchtiger DB-Puffer im EH ausreichend.

Bei NOFORCE kann generell erreicht werden, daß jede Seite höchstens in einem der beiden DB-Puffer gespeichert wird. Dazu ist eine geänderte oder ungeänderte Seite, die in den erweiterten DB-Puffer geschrieben wird, aus dem Hauptspeicher zu entfernen. Umgekehrt ist eine Seite aus dem EH zu entfernen, wenn sie aufgrund *Seitenaustausch* eines Lesetreffers in den Hauptspeicher gebracht wird. Dabei kann *zwischen* ggf. ein Platzaustausch mit der vom Hauptspeicher zu verdrängen- *Hauptspeicher* den DB-Seite erfolgen (Abb. 6-8), so daß die Menge der im Haupt- *und EH* speicher und EH gepufferten Seiten unverändert bleibt. Insgesamt kann so erreicht werden, daß die Seiten im EH-Puffer die Seiten des Hauptspeichers echt komplementieren und die am häufigsten referenzierten Seiten im Hauptspeicher residieren.

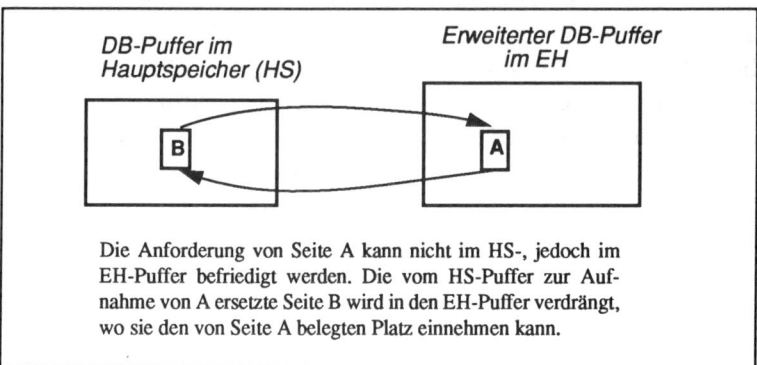

DB-Puffer im
Hauptspeicher (HS)

Erweiterter DB-Puffer
im EH

B   A

Die Anforderung von Seite A kann nicht im HS-, jedoch im EH-Puffer befriedigt werden. Die vom HS-Puffer zur Aufnahme von A ersetzte Seite B wird in den EH-Puffer verdrängt, wo sie den von Seite A belegten Platz einnehmen kann.

Abb. 6-8:   Seitenaustausch zwischen Hauptspeicher- und EH-Puffer

Auch bei NOFORCE genügt ein flüchtiger DB-Puffer im EH. Selbst geänderte Seiten können in diesen flüchtigen Speicher geschrieben werden, um im Rahmen einer Write-Back-Schreibstrategie Änderungen zu akkumulieren. Die Flüchtigkeit des EH-Puffers genügt hier (im Gegensatz zu der Vorgehensweise bei Platten-Caches), da es sich dabei aus Sicht des DBS um eine Erweiterung des ebenfalls flüchtigen Hauptspeicherpuffers handelt. Bei einem EH-Ausfall können die Änderungen nämlich wie bei einem Systemfehler von der Log-Datei rekonstruiert werden. Bei NOFORCE können bereits im Hauptspeicher mehrere Änderungen pro Seite vorgenommen werden, bevor ein Ausschreiben erfolgt, und dies kann nun bei einer Migration der Seite in den EH fortgesetzt werden. Allerdings sind die Erfolgsaussichten einer weitergehenden Akkumulierung von Änderungen im EH eher gering, so daß bei NOFORCE die einfachere Write-Through-Strategie noch eher gerechtfertigt ist als bei FORCE. Damit wird auch ein späteres Einlesen der Seiten in den Hauptspeicher vermieden, wie bei Write-Back zum Ausschreiben geänderter Seiten aus dem EH erforderlich.

Eine schnellere Durchführung von Sicherungspunkten bei NO-FORCE durch nicht-flüchtige Halbleiterspeicher wäre vor allem für direkte Sicherungspunkte wichtig, welche eine große Anzahl von Schreibzugriffen auf die permanente Datenbank verursachen[*]. Dies kann durch einen nicht-flüchtigen DB- bzw. Dateipuffer mit einer Write-Back-Strategie unterstützt werden, wenn die Änderungen während des Sicherungspunktes dorthin geschrieben werden; im Fehlerfall sind vor der eigentlichen Recovery die Änderungen aus diesem Puffer noch in die permanente Datenbank einzubringen. Eine Write-Through-Strategie bzw. die Nutzung eines oder mehrerer Schreibpuffer sind dagegen i.a. von geringem Nutzen, da weiterhin jeder Schreibvorgang auf Platte vorzunehmen ist. Ist eine Platte aufgrund vieler Schreibzugriffe voll ausgelastet, dann füllen sich die Schreibpuffer jedoch sehr schnell auf, so daß keine asynchrone E/A mehr möglich ist. Die Dauer des Sicherungspunktes ist daher weiterhin v.a. durch die Plattengeschwindigkeit bestimmt. Eine Verbesserung kann hier nur für solche DB-Partitionen erreicht werden, die dauerhaft in nicht-flüchtige Halbleiterspeicher allokiert sind.

Sicherungs-punkte

---

[*] Aus Leistungsgründen sind indirekte Sicherungspunkte vor allem für große Puffer vorzuziehen, erfordern jedoch eine komplexere Realisierung (Kap. 5.1.1). Eine Vielzahl existierender DBS unterstützt lediglich direkte Sicherungspunkte; nicht-flüchtige Halbleiterspeicher können helfen, den Implementierungsaufwand zur Unterstützung indirekter Sicherungspunkte zu umgehen.

6.5 Leistungsbewertung

Die vorangehende Diskussion zeigt, daß für die seitenadressierbaren Halbleiterspeicher eine Vielzahl von Einsatzformen zur E/A-Optimierung besteht, wobei jeweils unterschiedliche Realisierungsalternativen bestehen. Zur quantitativen Leistungsbewertung dieser Einsatzformen und Speichertypen wurde ein detailliertes Simulationssystem entwickelt, mit dem eine Vielzahl an Speicherkonfigurationen untersucht werden konnte. Die Evaluierung erfolgte vor allem für Transaktions- und Datenbankanwendungen, wobei Wert auf eine flexible und realitätsnahe Last- und Datenbankmodellierung gelegt wurde, um zu möglichst aussagekräftigen Ergebnissen zu kommen. Wir unterstützen daher sowohl eine synthetische Lastgenerierung als auch die Verwendung von Traces realer Datenbankanwendungen. Mit der Untersuchung sollen u.a. Antworten auf die folgenden Fragen gefunden werden:

Ziele der Simulationsstudie

- Wie groß sind die relativen Leistungsverbesserungen, die mit den verschiedenen Einsatzformen gegenüber konventionellen Architekturen (ohne Zwischenspeicher) erzielt werden können ?

- Mit welchen Speichertypen können die Einsatzformen am kosteneffektivsten realisiert werden ?

- Wie wirkt sich eine mehrstufige Pufferung von DB-Seiten aus ? Wie wichtig ist eine Koordinierung der Pufferstrategien auf verschiedenen Ebenen ?

- Ist es sinnvoll, zwei oder mehr der Zwischenspeicher gemeinsam einzusetzen ?

- Ist eine FORCE-Strategie bei Nutzung nicht-flüchtiger Halbleiterspeicher für Hochleistungssysteme akzeptierbar ?

- Sind durch die E/A-Optimierung alle Sperrprobleme gelöst, so daß schnelle CPUs voll genutzt und vertikales Durchsatzwachstum erreicht werden können ?

Im nächsten Abschnitt stellen wir zunächst unser Simulationsmodell vor, um danach eine Analyse der Simulationsergebnisse vorzunehmen. Am Ende fassen wir die wichtigsten Schlußfolgerungen aus den Experimenten zusammen.

6.5.1 Simulationsmodell

Die Realisierung unseres Simulationssystems, TPSIM genannt, erfolgte mit dem Modellierungswerkzeug DeNet [Li89], welches das Prinzip der diskreten Ereignissimulation unterstützt. Unser Modell eines Transaktionssystems umfaßt im wesentlichen drei Komponenten (Abb. 6-9): Lasterzeugung, einen Verarbeitungsrechner,

Aufbau des Simulationssystems

der die erzeugte Transaktionslast abarbeitet, sowie die Peripherie bestehend aus den verschiedenen Speichertypen zur Pufferung und Allokation der Log- und DB-Dateien (Magnetplatten ohne oder mit Platten-Cache, SSD, EH). In den folgenden drei Unterkapiteln werden die genannten Komponenten des Simulationsmodells überblicksartig beschrieben. Weitergehende Einzelheiten zur Implementierung und Parametrisierung sind in [Ra92a] zu finden.

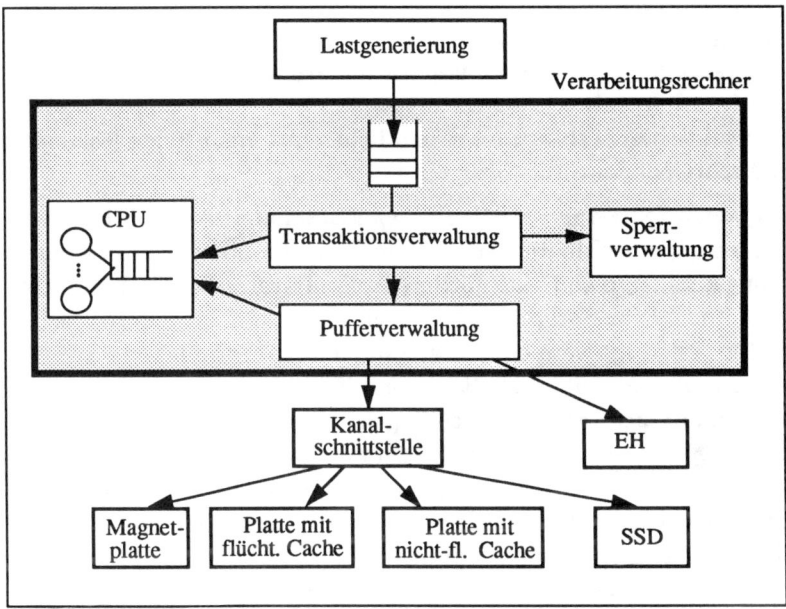

Abb. 6-9:   Grobaufbau des Simulationssystems TPSIM

6.5.1.1 Datenbank- und Lastmodell

Um ein möglichst großes Anwendungsspektrum mit unserer Untersuchung abdecken zu können, wurden drei verschiedene Lastgeneratoren realisiert. Ein Lastgenerator erzeugt allgemeine synthetische Transaktionslasten mit einer hohen Flexibilität zur Variation des Lastprofils. Ein zweiter Lastgenerator erzeugt ausschließlich Debit-Credit-Transaktionen, wie sie auch innerhalb von Benchmarks verwendet werden (Kap. 1.3). Der dritte Lastgenerator schließlich gestattet die Verwendung von DB-Traces. In allen drei Fällen wird eine einheitliche Schnittstelle zum Verarbeitungssystem unterstützt, um dieses unabhängig von dem verwendeten Lastgenerator zu halten.

unterstützte Lasttypen

Das für alle Lasten gültige Datenbankmodell unterteilt die Datenbank in eine Menge von *Partitionen*, wobei eine Partition typischerweise eine Datei oder einen Satztyp bzw. einen Teil davon repräsentiert. Eine Partition besteht aus einer Menge von DB-Seiten, die wiederum aus einer Menge von Objekten oder Sätzen bestehen. Für die synthetischen Lasten wird die Anzahl von Sätzen pro Seite durch einen partitionsspezifischen *Blockungsfaktor* bestimmt. Partitionen werden verwendet, um die Datenallokation und Pufferstrategien bezüglich der einzelnen Speichermedien festzulegen. Die Unterscheidung von Seiten und Sätzen erlaubt eine Variation des Sperrgranulates sowie die Untersuchung von Clusterungseffekten. Transaktionen bestehen im wesentlichen aus einer Folge lesender und schreibender Satzreferenzen.

Bei dem *allgemeinen synthetischen Lastmodell* besteht die Last aus einer frei wählbaren Anzahl von Transaktionstypen. Zu jedem Transaktionstyp kann die mittlere Ankunftsrate, die durchschnittliche Anzahl von Satzreferenzen sowie der Anteil an Änderungszugriffen festgelegt werden. Ferner kann ein sequentielles oder nicht-sequentielles Zugriffsverhalten gewählt werden.

Im Fall der nicht-sequentiellen Zugriffe regelt eine sogenannte *relative Referenzmatrix* die Zugriffsverteilung. Wie das Beispiel in Tab. 6-4 verdeutlicht, legt diese Matrix pro Transaktionstyp T und DB-Partition P fest, welcher Anteil der Referenzen von Transaktionen des Typs T auf P entfallen. Innerhalb einer Partition erfolgt eine wahlfreie Zugriffsverteilung. Die absoluten Zugriffshäufigkeiten auf die einzelnen Partitionen sind neben der relativen Referenzmatrix durch die Ankunftsraten sowie die Anzahl von Referenzen pro Transaktion bestimmt.

	P1	P2	P3	P4
TT1	1.0	-	-	-
TT2	-	0.4	0.1	0.5
TT3	0.25	0.25	0.25	0.25

Tab. 6-4: Beispiel einer relativen Referenzmatrix für
drei Transaktionstypen und vier Partitionen

Die Nutzung einer relativen Referenzmatrix repräsentiert einen mächtigen und flexiblen Ansatz zur kontrollierten Definition ungleichmäßiger Lastverteilungen. Damit können nahezu beliebige Lokalitätsstufen (bzw. Sperrkonfliktpotentiale) eingestellt werden, wie sie vor allem zur Untersuchung von Pufferstrategien wesentlich sind. Der Ansatz ist insbesondere weitaus flexibler als die Verwendung einer sogenannten B/C-Regel [Ta85], die festlegt, daß B% aller Zugriffe auf C% der DB-Objekte entfallen sollen (häufig benutzte Beispiele sind 80/20- und 90/10-Regeln). Eine solche Regel bezieht sich auf alle Transaktionen und die ganze Datenbank, wobei die Datenbank im wesentlichen in zwei Partitionen aufgeteilt wird[*]. Unser Ansatz unterstützt dagegen eine beliebige Anzahl und Dimensionierung von Partitionen und ermöglicht für jeden Transaktionstyp die Einstellung beliebiger Lokalitätsstufen für Transaktionen desselben Typs (Intra-Transaktionstyp-Lokalität) als auch bezüglich anderer Transaktionstypen (Inter-Transaktionstyp-Lokalität). Die gleichförmige Zugriffsverteilung innerhalb einer Partition bedeutet keine Einschränkung, da eine Partition beliebig klein sein kann und im Extremfall aus nur einem Objekt (Satz) besteht.

Der Lastgenerator zur synthetischen Erzeugung von *Debit-Credit-Transaktionen* verwendet ein weitgehend festgelegtes DB- und Lastmodell. Die Datenbank besteht aus vier Partitionen, die den vier Satztypen ACCOUNT, BRANCH, TELLER und HISTORY entsprechen (Kap. 1.3). Es existiert nur ein Transaktionstyp, wobei jede Transaktion jeweils einen Satz der vier Satztypen ändert. Während bezüglich des HISTORY-Satztyps der Änderungszugriff jeweils ans aktuelle Dateiende erfolgt, sind die Zugriffe auf die drei anderen Satztypen weitgehend wahlfrei (bis auf die 15%-Regel, s. Kap. 1.3). Als Besonderheit erlaubt unser Lastgenerator eine Clusterbildung von BRANCH- und TELLER-Sätzen, so daß die einem BRANCH-Satz zugeordneten TELLER-Sätze mit ihm zusammen in einer Seite liegen. Damit wird erreicht, daß pro Transaktion nur drei statt vier verschiedene Seiten referenziert werden, was zu einer Verbesserung der Trefferraten beitragen kann.

Debit-Credit-Last

Bei den *trace-getriebenen Simulationen* ist das DB- und Lastmodell im wesentlichen durch die zugrundeliegende Anwendung sowie das verwendete DBS bestimmt. Die Transaktionen gehören i.a. zu unterschiedlichen Transaktionstypen mit stark ungleichmäßiger Zugriffsverteilung. Tab. 6-5 verdeutlicht dies anhand einer relativen Referenzmatrix, die aus dem DB-Trace einer realen Last abgeleitet wurde, der für unsere Simulationen zur Verfügung stand. Dabei spezifizieren die Matrixwerte jedoch Prozentangaben

Trace-Lasten

---

[*]   Die B/C-Regel impliziert, daß 100 - B% der Zugriffe auf die zweite Partition bestehend aus 100 - C% aller DB-Objekte entfallen.

	P1	P2	P3	P4	P5	P6	P7	P8	P9	P10	P11	P12	P13	Summe
TT1	9.1	3.5	3.3		5.0	0.9	0.4	0.1				0.0		22.3
TT2	7.5	6.9	0.4	2.6	0.0	0.5	0.8	1.0	0.3	0.2	0.0			20.3
TT3	6.4	1.3	2.8	0.0	2.6	0.2	0.7	0.1	1.1	0.4		0.0	0.0	15.6
TT4	0.0	3.4	0.3	6.8			0.6	0.4			0.0			11.6
TT5	3.1	4.1	0.4		0.0		0.5	0.0						8.2
TT6	2.4	2.5	0.6		0.7		0.9	0.3						7.4
TT7	1.3		2.6			2.3	0.1							6.2
TT8	0.3	2.3	0.2		0.0		0.1							2.9
TT9	0.0	1.4	0.0					1.1						2.6
TT10	0.3	0.1	0.3			1.0	0.1					0.0		1.8
TT11		0.9						0.2						1.1
TT12		0.1												0.1
Summe	30.3	26.6	11.0	9.4	8.3	4.9	4.1	3.3	1.4	0.6	0.0	0.0	0.0	100.0
Partitionsgröße (%)	31.3	6.3	8.3	17.8	1.0	20.8	2.6	7.3	2.6	1.3	0.8	0.0	0.0	100.0
referenziert (%)	11.1	16.6	8.0	2.5	18.1	1.5	9.5	4.4	5.2	2.7	0.2	13.5	5.0	6.9

Tab. 6-5: Relative Referenzmatrix einer realen Last

bezüglich der Gesamtheit aller Referenzen (z.B. entfallen 22.3% aller Referenzen auf Transaktionstyp TT1; 7.5% aller Referenzen stammen von TT2 und betreffen die Partition P1). Die Reihenfolge der Partitionen und Transaktionstypen in Tab. 6-5 entspricht ihrer Referenzhäufigkeit. Unterhalb der Referenzmatrix wurde die relative Größe der einzelnen DB-Partitionen spezifiziert (bezogen auf die gesamte Datenbank) sowie welcher Anteil der jeweiligen Partition während der Trace-Erstellung überhaupt referenziert wurde. Der Trace umfaßt insgesamt etwa 17.500 Transaktionen mit über 1 Million Referenzen auf 66.000 unterschiedliche Seiten. Die Anzahl der Referenzen pro Transaktion schwankt sehr stark, die längste Transaktion (eine Ad-Hoc-Query) referenziert über 11.000 Seiten. Der Trace enthält die Transaktionsausführungen von etwa drei Stunden; das zugrundeliegende Datenbanksystem war UDS.

Der Lastgenerator extrahiert lediglich die Transaktionen mit ihren Referenzen in chronologischer Reihenfolge aus dem Trace und übergibt sie dem eigentlichen Transaktionssystem. Dabei sind die Zeitpunkte der Übergabe durch eine einstellbare Ankunftsrate bestimmt. Alternativ dazu ist es möglich, pro Transaktionstyp eine individuelle Ankunftsrate zu wählen, womit auch Transaktionstypen ganz aus der Simulation herausgenommen werden können.

6.5.1.2 Modellierung der Transaktionsverarbeitung

Die Verwendung von Ankunftsraten deutete bereits daraufhin, daß unser Modell eines Transaktionssystem als offenes (Warteschlangen-)System konzipiert wurde. Dabei ist, wie auch in realen Transaktionssystemen der Fall, die Anzahl aktiver Transaktionsaufträge im System zeitlichen Schwankungen unterworfen, da die Ankunftsraten nur Mittelwerte spezifizieren. Treten bei der Transaktionsverarbeitung keine dauerhaften Engpässe auf, so ist der Durchsatz bereits durch die eingestellten Ankunftsraten festgelegt. Die Antwortzeit stellt daher das primäre Leistungsmaß in offenen Systemen dar. In geschlossenen Systemen wird dagegen vereinfachenderweise angenommen, daß zu jedem Zeitpunkt eine feste Anzahl von Transaktionen in Bearbeitung ist. In diesem Modell kann die Antwortzeit aus dem Durchsatz (oder umgekehrt) über das Gesetz von Little abgeleitet werden [La83].

offenes Warteschlangen-modell

Die vom Lastgenerator erzeugte Last wird in einem Verarbeitungsrechner abgearbeitet, wobei in unserem Modell eine Transaktionsverwaltung, Sperr- und Pufferverwaltung sowie CPU-Server beteiligt sind (Abb. 6-9). Die Anzahl von CPUs (Multiprozessor) sowie deren Kapazität können frei gewählt werden.

Die Transaktionsverwaltung modelliert die Arbeit eines TP-Monitors sowie Teile des DBS eines realen Transaktionssystems, wobei von einer bestimmten Prozeßzuordnung abstrahiert wird. Diese Komponente ist verantwortlich für die Entgegennahme von Transaktionsaufträgen und kontrolliert ihre Abarbeitung. Durch Einstellung eines Parallelitätsgrades (multiprogramming level) wird nur die maximale Anzahl gleichzeitiger Transaktionsaktivierungen beschränkt; ist sie erreicht, müssen neu eintreffende Aufträge in einer Eingangswarteschlange auf die Beendigung einer laufenden Transaktion warten. Die Verarbeitungskosten werden durch CPU-Anforderungen berücksichtigt, die zum Start einer Transaktion, für jede Referenz sowie zur Beendigung einer Transaktion gestellt werden (die mittlere Anzahl von Instruktionen pro Anforderung ist jeweils durch Parameter festgelegt). Pro Referenz wird daneben eine Lese- oder Schreibsperre von der Sperrverwaltung sowie die Bereitstellung der entsprechenden DB-Seite im Hauptspeicher von der Pufferverwaltung angefordert. Während der Commit-Verarbeitung am Transaktionsende wird für Änderungstransaktionen zunächst die Pufferverwaltung zum Schreiben der Log-Daten (und bei FORCE zum Schreiben von DB-Seiten) aufgefordert.

Transaktions-verwaltung

Danach werden die Sperren der Transaktion über die Sperrverwaltung freigegeben.

Synchroni-
sation

Zur Synchronisation wird ein striktes Zweiphasen-Sperrprotokoll mit langen Lese- und Schreibsperren verwendet. Deadlocks werden explizit erkannt und durch Rücksetzung derjenigen Transaktion aufgelöst, für die ein Sperrkonflikt zur Entstehung des Deadlocks führte. Hervorzuheben ist, daß das Sperrgranulat für jede DB-Partition individuell gewählt werden kann, wobei entweder Seiten- oder Satzsperren möglich sind. Daneben kann zu Vergleichszwecken die Synchronisation auch abgestellt werden, was zu "best case"-Ergebnissen führt. Eine solche Vorgehensweise ist auch gerechtfertigt, um eine Annäherung an die Nutzung von Spezialprotokollen in realen DBS zu erreichen, welche oft vernachlässigbare Sperrkonflikte verursachen. So repräsentiert für die Debit-Credit-Anwendung das aktuelle Ende des HISTORY-Satztyps einen "Hot Spot", der z.B. durch Verwendung von Kurzzeitsperren (Latches) anstelle von Transaktionssperren entschärft werden kann. Durch "Abschalten" der Konflikte auf diesem Satztyp kann in der Simulation ein ähnliches Sperrverhalten nachgebildet werden.

HS-Pufferver-
waltung

Die Pufferverwaltung verwaltet einen globalen DB-Puffer im Hauptspeicher und, falls eingestellt, einen Schreibpuffer und/oder erweiterten DB-Puffer im EH. In beiden DB-Puffern wird eine LRU-artige Seitenersetzung vorgenommen. Daneben führt die Pufferverwaltung ein einfaches Logging durch, wobei pro Änderungstransaktion eine Seite auf die Log-Datei geschrieben wird. Es wird wahlweise eine FORCE- oder NOFORCE-Ausschreibstrategie unterstützt. Bei NOFORCE erfolgt am Transaktionsende lediglich ein Logging, während für FORCE zusätzlich die von der Transaktion geänderten Seiten ausgeschrieben werden. Aus Einfachheitsgründen wurde für NOFORCE kein vorausschauendes Ausschreiben geänderter Seiten implementiert (das heißt, es wurde ein synchrones Write-Back/NOFORCE realisiert).

EH-Pufferver-
waltung

Die Nutzung eines EH-Schreibpuffers sowie des erweiterten DB-Puffers kann für jede DB-Partition individuell eingestellt werden. Soll der erweiterte DB-Puffer genutzt werden, so kann ferner spezifiziert werden, ob alle Seiten der Partition, die aus dem Hauptspeicher verdrängt/ausgeschrieben werden sollen, in den erweiterten DB-Puffer geschrieben werden oder nur geänderte oder nur ungeänderte Seiten. Für den erweiterten DB-Puffer wurde eine asynchrone Write-Through-Strategie realisiert, so daß jede in den EH propagierte Änderung zugleich auf Platte geschrieben wird, ohne

i.a. jedoch die Antwortzeit zu erhöhen. Für eine NOFORCE-
Schreibstrategie kann stets gewährleistet werden, daß eine bestimmte DB-Seite höchstens einmal gepuffert ist (im Hauptspeicher oder EH, siehe Kap. 6.4.3). Für FORCE dagegen ergibt sich
eine Replikation von Seiten in beiden Puffern, wenn ein Ausschreiben geänderter Seiten in den erweiterten DB-Puffer eingestellt
wird, da die bei Transaktionsende geschriebenen Seiten weiterhin
im Hauptspeicher verbleiben.

Eine DB-Partition kann auch als hauptspeicherresident definiert
werden, wobei sich dann natürlich eine Pufferung erübrigt (Trefferrate von 100%). In diesem Fall entfallen bis auf das Logging am
Transaktionsende sämtliche E/A-Vorgänge. Externspeicherzugriffe können bezüglich der CPU-Belegung synchron oder asynchron durchgeführt werden. Im Gegensatz zu Externspeichern wie
SSD oder Magnetplatten erfolgen die EH-Zugriffe defaultmäßig
synchron, so daß die CPU während des Speicherzugriffs belegt
bleibt. In beiden Fällen kann zusätzlicher CPU-Overhead zur In-
itialisierung bzw. Beendigung der E/A-Operation berechnet werden (z.B. Prozeßwechselkosten).

6.5.1.3 Externspeichermodellierung

DB- und Log-Dateien können in unserem Simulationsmodell auf
folgenden Speichermedien allokiert werden: Magnetplatte, SSD sowie nicht-flüchtigem EH. DB-Dateien (Partitionen) können daneben, wie erwähnt, noch hauptspeicherresident gehalten werden.
Eine Pufferung von DB-Seiten wird auf drei Ebenen unterstützt:
im Hauptspeicher, im EH sowie in flüchtigen oder nicht-flüchtigen
Platten-Caches. Ein Schreibpuffer kann schließlich in nicht-flüchtigen EH oder Platten-Caches realisiert werden. Zu beachten ist,
daß nicht alle einstellbaren Kombinationen sinnvoll sind. Wenn
z.B. ein Schreibpuffer oder ein nicht-flüchtiger DB-Puffer im EH
verwendet wird, ist keine weitere Schreibpufferung für dieselbe
Datei im Platten-Cache erforderlich. Für die Log-Datei kommt
höchstens die Nutzung eines Schreibpuffers, nicht jedoch eines
DB- oder Dateipuffers in Betracht.

*Allokations-
möglichkeiten
für DB- und
Log-Dateien*

Die Nutzung des EH erfolgt durch die Pufferverwaltung des DBS
und wurde bereits erläutert. Physische Merkmale, die im Simulationsmodell noch festgelegt werden können, sind die mittlere Zugriffszeit pro Seite sowie die Anzahl der EH-Server. Letztere Angabe legt fest, wieviele EH-Zugriffe gleichzeitig möglich sind (Ver-
schränkungsgrad), bevor ein Warten erforderlich wird.

*Modellierung
der
Externspeicher*

Zugriffe auf die restlichen Externspeicher (SSD, Platten) erfolgen über einen Controller, der ggf. auch einen Platten-Caches verwaltet. Der E/A-Dauer pro Seite enthält jeweils eine Übetragungszeit zwischen Hauptspeicher und Controller sowie eine Controller-Belegungszeit. Für Magnetplatten kommt dazu noch die eigentliche Plattenbelegungsdauer, falls die E/A nicht im Platten-Cache behandelt werden kann. Controller und Platten sind als Server modelliert, so daß bei ihnen Wartezeiten auftreten können.

Die Realisierung der Dateipufferung innerhalb von Platten-Caches erfolgt wie in existierenden Produkten (Kap. 6.4.2). Zur Seitenersetzung wird jeweils LRU verwendet. Für flüchtige Platten-Caches erfolgt die Einfügung in den Dateipuffer gemäß der Write-Update-Strategie. Für nicht-flüchtige Platten-Caches wird ein asynchrones Write-Through mit Write-Allocate eingesetzt. Zum Vergleich kann für nicht-flüchtige Platten-Caches auch ein synchrones Write-Back als Schreibstrategie eingestellt werden [Wo91].

6.5.2 Simulationsergebnisse

Mit dem beschriebenen Simulationssystem wurden mehrere Tausende von Simulationsläufen für die drei Lasttypen und unterschiedliche Speicherallokationen durchgeführt. Hier kann natürlich nur eine kleine Menge dieser Experimente analysiert werden, wobei jedoch die wichtigsten Schlußfolgerungen schon erkennbar werden. Wir verwenden dazu vor allem die Debit-Credit-Last, die den Vorteil der Einfachheit und damit einer leichten Verständlichkeit der Ergebnisse aufweist; zudem konnten wichtige Beobachtungen hiermit bereits getroffen werden. Natürlich ist diese Last aufgrund der Verwendung in zwei Benchmarks (TPC-A und TPC-B, Kap. 1.3) auch von großer praktischer Bedeutung bezüglich der Leistungsbewertung von Transaktionssystemen. Im ersten Unterkapitel geben wir zunächst die wichtigsten Parameter an, die bei den Debit-Credit-Experimenten generelle Anwendung fanden. Danach

Überblick der durchgeführten Experimente folgt die Beschreibung mehrerer Experimente mit dieser Last, wobei die Allokation von Log- und DB-Dateien, der Einfluß der Ausschreibstrategie (FORCE vs. NOFORCE) sowie einer mehrstufigen DB-Pufferung untersucht werden. Die Pufferung von DB-Seiten wird danach (Kap. 6.5.2.6) auch für die durch die Referenzmatrix in Tab. 6-5 repräsentierte reale Last analysiert. Zum Abschluß verwenden wir eine einfache synthetische Last, um den Einfluß von Sperrkonflikten näher zu untersuchen.

6.5.2.1 Parametereinstellungen für die Debit-Credit-Experimente

Tab. 6-6 gibt einen Überblick der wichtigsten Parametereinstellungen, die in den meisten Simulationsläufen unverändert blieben. Die DB-Dimensionierung wurde dem TPC-Benchmark entsprechend für eine Transaktionsrate von 500 TPS vorgenommen. Bezüglich BRANCH und TELLER wurde stets eine Clusterbildung gewählt (Kap. 6.5.1.1), so daß ein BRANCH-Satz sowie die zehn ihm zugeordneten TELLER-Sätze in derselben DB-Seite liegen. Die Größe der HISTORY-Partition ist für unsere Zwecke unerheblich, da immer an das aktuelle Dateiende eingefügt wird. Für diesen Satztyp wurde die Synchronisation abgestellt (Annahme eines Spezialprotokolls), ansonsten werden die Sperren auf Seitenebene angefordert. Die mittlere Netto-Pfadlänge pro Transaktion (ohne E/A-Overhead) beträgt 250.000 Instruktionen, so daß bei einer Gesamtkapazität von 200 MIPS ein theoretisches Maximum von 800 TPS erreichbar sind. Bei 50 MIPS pro CPU beträgt die CPU-Belegungszeit etwa 5 ms pro Transaktion. Ohne Wartezeiten ergibt sich eine durchschnittliche Zugriffszeit pro Seite von 50 µs für den EH, 1.4 ms für SSD und Platten-Cache, 6.4 ms für Log-Platten sowie 16.4 ms für DB-Platten. Für Log-Platten wurde eine kürzere

Parametervorgaben

Parameter	Einstellungen	
DB-Größe	BRANCH:	500 Sätze, Blockungsfaktor 1
	TELLER:	5.000 Sätze, Blockungsfaktor 10 (geclustert mit BRANCH)
	ACCOUNT:	50.000.000 Sätze, Blockungsfaktor 10
	HISTORY:	Blockungsfaktor 20
Pfadlänge	250.000 Instruktionen pro Transaktion	
Sperrmodus	Seitensperren für BRANCH, TELLER, ACCOUNT; keine Sperren für HISTORY	
CPU-Kapazität	4 Prozessoren mit jeweils 50 MIPS	
DB-Puffergröße (HS)	2000 Seiten	
EH-Parameter	1 EH-Server; 50 µs mittlere Zugriffszeit pro Seite	
E/A-Overhead	3000 Instruktionen (EH: 300 Instr. Vorlaufkosten)	
Plattenzugriffszeit	15 ms für DB-Platten; 5 ms für Log-Platten	
sonst. E/A-Zeiten	1 ms Controller-Belegungszeit, 0.4 ms Übertragungszeit pro Seite	

Tab. 6-6: Parameterbelegungen für Debit-Credit

Zugriffszeit gewählt, da hierauf vorwiegend sequentiell zugegriffen wird, so daß Plattensuchzeiten weitgehend entfallen. Der CPU-Overhead für die Speicherzugriffe liegt jeweils in der gleichen Größenordnung. Für Platten- und SSD-Zugriffe werden im Mittel 3000 Instruktionen E/A-Overhead berechnet; ein synchroner EH-Zugriff kostet wenigstens 2500 Instruktionen (50 µs bei 50 MIPS; EH-Wartezeiten erhöhen diesen Wert) zuzüglich Vorlaufkosten von 300 Instruktionen.

Variiert werden u.a. folgende Parameter: Ankunftsrate, Speicherallokation von Log- und DB-Dateien, die Änderungsstrategie (FORCE, NOFORCE) sowie die Puffergrößen.

6.5.2.2 Allokation der Log-Datei

Im ersten Experiment wurden vier Alternativen zur Allokation der Log-Datei untersucht: 1) Log-Zuordnung auf eine einzige Platte; 2) Nutzung einer Platte mit Schreibpuffer in einem nicht-flüchtigen Platten-Cache; 3) SSD-Allokation; 4) EH-residente Log-Datei. In allen Fällen wurden die DB-Partitionen auf ausreichend viele Magnetplatten gelegt, so daß dort keine Engpässe auftraten. Als Ausschreibstrategie wurde NOFORCE verwendet.

Wirksamkeit eines Schreibpuffers

Abb. 6-10 zeigt die durchschnittlichen Antwortzeitwerte pro Transaktion für die vier Konfigurationen. Die Ankunftsrate wurde zwischen 10 und 700 TPS variiert, wobei in letzterem Fall eine CPU-Auslastung von über 90% erreicht wurde. Die Allokation auf eine einzige Platte führte erwartungsgemäß zu einem Engpaß, der hier aufgrund der eingestellten Zugriffszeit von 5 ms pro Seite bei etwa 180-200 TPS eintrat. In der Konfiguration ohne Schreibpuffer war

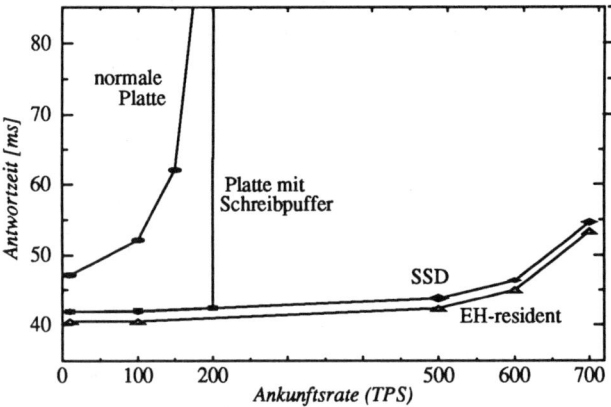

Abb. 6-10: Einfluß der Log-Allokation

jedoch bereits ab 100 TPS ein starker Antwortzeitanstieg aufgrund
von Wartezeiten an der Log-Platte zu verzeichnen. Wird ein
Schreibpuffer eingesetzt, so bleibt ein Durchsatzlimit von 200 TPS,
allerdings sind die Antwortzeiten aufgrund der asynchronen
Schreibvorgänge auf Platte bis kurz vor dem Limit nahezu unverändert und sehr kurz. Erst bei voller Plattenauslastung kommt es
zu einem Rückstau, der den Schreibpuffer überfüllt und keine weiteren asynchronen Schreibvorgänge mehr ermöglicht. In den anderen beiden Konfigurationen trat kein Log-Engpaß auf; die mit höherer Ankunftsrate etwas ansteigenden Antwortzeiten sind auf
CPU-Wartezeiten zurückzuführen. Die besten Antwortzeiten ergeben sich bei EH-residenter Log-Datei; die SSD-Allokation ist jedoch nur wenig ungünstiger. Das nur geringfügig bessere Ab-   *Log-Allokation*
schneiden einer EH-Allokation mag überraschen, angesichts der   *in SSD oder EH*
mehr als zehnfachen Zugriffsgeschwindigkeit im Vergleich zu SSD.
Allerdings wird durch die SSD-Nutzung die E/A-Verzögerung eines
Plattenzugriffs bereits zum Großteil eliminiert, so daß die weitergehende Beschleunigung durch einen EH-Einsatz nur noch vergleichsweise geringe absolute Einsparungen ermöglicht (ca. 1.5 ms
pro E/A).

Die Ergebnisse verdeutlichen, daß ein Schreibpuffer vor allem die
Antwortzeiten verbessern kann, während die E/A-Raten und damit
der Transaktionsdurchsatz weiterhin durch die Magnetplatten begrenzt sind. Ein leichter Durchsatzvorteil ergibt sich dadurch, daß
aufgrund der asynchronen Plattenzugriffe eine höhere Plattenauslastung als bei fehlendem Schreibpuffer möglich wird. Mit einem
Gruppen Commit (Kap. 5.1.2) könnten wesentlich höhere Transaktionsraten erreicht werden, da dann die Log-Daten mehrerer
Transaktionen in einer E/A geschrieben werden. Andererseits zei-
gen die Ergebnisse, daß solch hohen Transaktionsraten auch dann   *reduzierte Not-*
erreichbar werden, wenn die Log-Datei vollständig in einen nicht-   *wendigkeit von*
flüchtigen EH oder eine SSD gelegt werden. Dies bedeutet, daß   *Gruppen-Com-*
durch die Verwendung solch nicht-flüchtiger Halbleiterspeicher   *mit*
auch mit einfacheren Logging-Strategien hohe Transaktionsraten
erzielt werden, so daß die Notwendigkeit, Optimierungen wie
Gruppen-Commit durch das DBS zu unterstützen, reduziert wird
(falls die höheren Speicherkosten in Kauf genommen werden).

Eine höhere E/A-Rate könnte auch durch eine physische Aufteilung der Log-Datei auf mehrere Platten erzielt werden. Wird dies   *Logging mit*
z.B. innerhalb eines Disk-Arrays realisiert, so kann die Verwen-   *Disk-Arrays*
dung mehrerer Platten transparent für das DBS bleiben. Wie in

Kap. 6.4.2 erwähnt, kann die Schreibdauer bei Verwendung von Schreibpuffern innerhalb des Platten-Controllers auch hierbei stark verbessert werden. Es lassen sich somit die Vorteile von Disk-Arrays (hohe E/A-Raten) sowie einer Schreibpufferung in nicht-flüchtigen Halbleiterspeichern (kurze Antwortzeiten) miteinander verbinden.

6.5.2.3 Allokation von DB-Partitionen

Die folgenden sechs Konfigurationen zur Allokation von DB-Partitionen wurden untersucht: 1) alle Partitionen (sowie die Log-Datei) auf Platten ohne Cache; 2) DB-Partitionen und Log auf Platten mit Schreibpuffer in nicht-flüchtigem Platten-Cache; 3) wie 2), jedoch Schreibpuffer im EH; 4) DB-Partitionen und Log auf SSD; 5) EH-residente Datenbank und Log-Datei; 6) Hauptspeicher-Datenbank, Log auf Platte. Um die relativen Unterschiede hervorzuheben, wurden sämtliche DB-Partitionen sowie die Log-Datei (außer bei 6) demselben Speichertyp zugeordnet. Die Anzahl der Platten und Controller wurde jeweils ausreichend dimensioniert, um Engpässe zu vermeiden. Die Änderungsstrategie war NOFORCE.

Abb. 6-11 zeigt die Antwortzeitergebnisse für die unterschiedlichen Konfigurationen. Die absoluten Antwortzeitwerte sind zwar durchweg sehr klein, jedoch bestehen signifikante *relative* Unterschiede, welche sich bei komplexeren Lasten auch in den absoluten Zeiten deutlicher auswirken. Da E/A-Engpässe vermieden wurden und auch Sperrkonflikte keine nennenswerte Rolle spielten, sind die Antwortzeitunterschiede vor allem auf die Verwendung der unterschiedlichen Speichertypen zurückzuführen. Die besten Ergebnisse

EH-Allokation gleichwertig mit Hauptspeicher-DB ergaben sich wiederum bei Allokation der Daten im EH; hierbei waren die Antwortzeiten nahezu ausschließlich durch die CPU-Belegungs- und -Wartezeiten bestimmt. Die Verwendung einer Hauptspeiche︖-Datenbank liefert etwas höhere Werte aufgrund des Plattenzugriffs zum Logging; eine Log-Allokation im EH hätte ähnliche Antwortzeiten wie für die EH-residente Datenbank geliefert. Liegen die Speicherkosten für nicht-flüchtige EH unter denen für Hauptspeicher, so stellt also die Nutzung des EH eine kosteneffektivere Lösung als die Verwendung einer Hauptspeicher-DB dar. Da auch die bei SSD-Allokation erzielten Antwortzeiten nicht wesentlich schlechter liegen, ergibt sich eine weitere Verbesserung der Kosteneffektivität durch Nutzung dieses Speichertyps zur dauerhaften Allokation der Datenbank (bzw. einzelner Dateien). Ein weiterer Vorteil liegt darin, daß EH- bzw. SSD-residente Dateien durch das Betriebssystem bzw. SSD-Controller verwaltet werden, während Hauptspeicher-Datenbanken durch das Datenbanksystem zu unterstützen sind. Auch werden durch die größere Entkopplung der seitenadressierbaren Halbleiterspeicher im Vergleich zum Hauptspeicher die Verfügbarkeitsprobleme von Hauptspeicher-Datenbanken vermieden: ein Rechnerausfall kann wie in herkömmlichen DBS behandelt werden und erfordert keine Rekonstruktion der gesamten Datenbank.

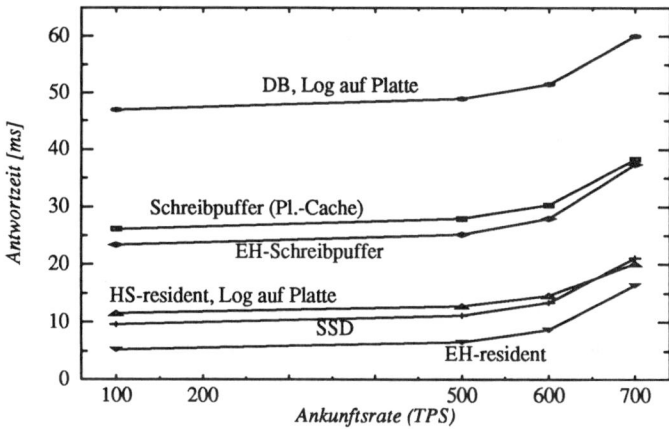

Abb. 6-11: Einfluß der DB-Allokation

Die vollständige Allokation der Datenbank in Halbleiterspeicher ist sicherlich in den meisten Fällen nicht kosteneffektiv, für die Debit-Credit-Anwendung insbesondere nicht für die riesigen HISTORY- und ACCOUNT-Satztypen. Abb. 6-11 zeigt jedoch, daß bereits durch die Nutzung eines Schreibpuffers signifikante Antwortzeitverbesserungen erreicht werden. Dieser Ansatz ist weit kosteneffektiver, da die Verbesserungen durch einen relativ kleiner Pufferbereich in nicht-flüchtigem Halbleiterspeicher erreicht werden. Der EH-Schreibpuffer schneidet nur geringfügig besser ab als die Verwendung von Platten-Caches. Die Kosteneffektivität ist jedoch *Schreibpuffer-Einsatz* eher höher, da bei Platten-Caches pro Platten-Controller ein eigener Schreibpuffer notwendig ist, während ein einziger EH-Schreibpuffer alle Platten bedienen kann.

Die Antwortzeitergebnisse lassen sich weitgehend durch das E/A-Verhalten erklären. Eine Puffergröße von 2000 Seiten bewirkte pro *E/A-Verhalten* Transaktion etwas mehr als eine Fehlseitenbedingung, die für den ACCOUNT-Zugriff auftrat. Da für die Debit-Credit-Last nur geän-

derte Seiten im Puffer vorliegen, verursachte jede Fehlseitenbedingung eine weitere E/A zum Zurückschreiben der zu ersetzenden
Seite. Die somit etwa zwei E/A-Vorgänge auf die permanente Datenbank sowie die Log-E/A verursachen eine Verzögerung von ca.
40 ms bei Magnetplatten. Ein Schreibpuffer eliminiert weitgehend
die Verzögerungen für die zwei schreibenden E/A-Vorgänge. Erst
die vollständige Allokation der ACCOUNT-Datei in Halbleiterspeicher kann auch den verbleibenden lesenden Plattenzugriff noch beseitigen, jedoch zu unvertretbar hohen Speicherkosten.

Die E/A-Verzögerung bei der Seitenersetzung ist auf die Verwendung der synchronen Write-Back/NOFORCE-Strategie zurückzuführen. Ein vorausschauendes Ausschreiben geänderter Seiten innerhalb einer ausgefeilteren Pufferverwaltung hätte diese Verzögerung weitgehend vermeiden können, so daß nur eine synchrone Da-
tenbank-E/A (Lesezugriff auf ACCOUNT) sowie die Log-E/A ver-
blieben wären. Damit wären die Unterschiede zwischen der plat-
tenbasierten   Konfiguration   sowie   der   Verwendung   eines
Schreibpuffers wesentlich geringer als in Abb. 6-11 ausgefallen.
Auf der anderen Seite kann wiederum argumentiert werden, daß

*Schreibpuffer
erlaubt einfa-
chere Verdrän-
gung aus
HS-Puffer*

die Notwendigkeit einer komplexen Pufferverwaltung mit asynchronem Ausschreiben von Änderungen durch das DBS durch die
Nutzung nicht-flüchtiger Halbleiterspeicher entfällt. Denn das
asynchrone Schreiben von Änderungen wird bei Einsatz eines
Schreibpuffers außerhalb des DBS geleistet, wobei dies nicht nur
DB-Seiten, sondern auch dem Logging (sowie anderen Anwendungen) zugute kommt. Damit wird sogar ein besseres Leistungsverhalten als mit der aufwendigeren Pufferverwaltung möglich.

Unsere Ergebnisse zeigen bereits, daß es sinnvoll sein kann, die unterschiedlichen Einsatzformen und Speichertypen innerhalb einer

*Einsatz
mehrerer
Speichertypen*

Konfiguration zu kombinieren. So sollte die Log-Datei sowie die
kleine BRANCH/TELLER-Partition resident in SSD (oder nicht-
flüchtigem EH) gehalten werden, während für ACCOUNT und
HISTORY Magnetplatten in Kombination mit einem Schreibpuffer
(innerhalb von Platten-Caches bzw. EH) empfehlenswert sind.

6.5.2.4 FORCE vs. NOFORCE

Um den Einfluß der Ausschreibstrategie zu untersuchen, verwendeten wir die im letzten Experiment betrachteten Speicherkonfigurationen für den Fall einer FORCE-Strategie. Es ergab sich dabei
zwar die gleiche Reihenfolge, jedoch traten signifikante Verschie-
bungen bei den relativen Unterschieden auf. Dies wird durch Abb.

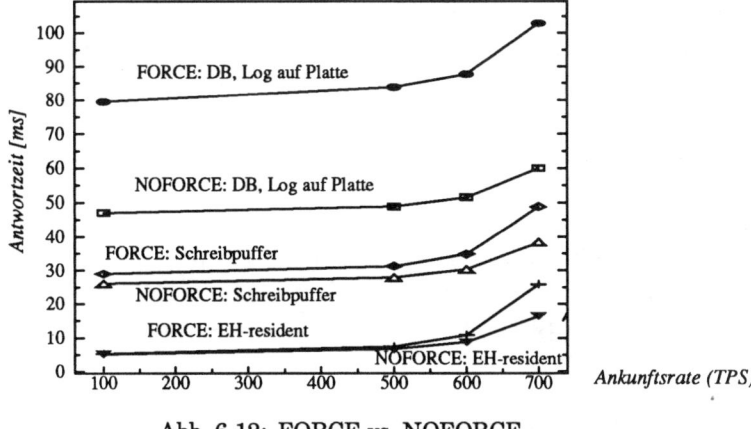

Abb. 6-12: FORCE vs. NOFORCE

6-12 anhand der Antwortzeitresultate für drei Speicherkonfigurationen verdeutlicht.

Die Antwortzeiten für FORCE liegen generell höher als bei NO-FORCE, da durch die synchronen Ausschreibvorgänge am Transaktionsende größere E/A-Verzögerungen entstehen[*]. Während dies für eine DB-Allokation auf Magnetplatten eine erhebliche Antwortzeitverschlechterung bewirkt, sinken die Unterschiede zu NO-FORCE mit der Zugriffsgeschwindigkeit des verwendeten Speichermediums deutlich (Abb. 6-12). Bereits die Nutzung geringer Mengen nicht-flüchtigen Halbleiterspeichers in Form eines Schreibpuffers führt dazu, daß die Antwortzeiten für FORCE nur noch geringfügig höher als für NOFORCE liegen. Dies zeigt, daß auch mit FORCE eine hohe Leistungsfähigkeit erreicht werden kann, da FORCE vom Einsatz nicht-flüchtiger Halbleiterspeicher stärker als NOFORCE profitiert. Abb. 6-12 zeigt zudem, daß ein FORCE-Ansatz mit Schreibpuffer besser abschneidet als ein plattenbasiertes NOFORCE. Dies deutet wiederum daraufhin, daß durch Verwendung nicht-flüchtiger Halbleiterspeicher signifikante Leistungssteigerungen erreicht werden, ohne innerhalb des DBS aufwendige und weitreichende Optimierungen wie die Umstellung der Ausschreibstrategie von FORCE auf NOFORCE vornehmen zu müssen.

nicht-flüchtige Halbleiterspeicher machen FORCE konkurrenzfähig zu NOFORCE

---

[*] Für FORCE treten drei Schreibvorgänge am Transaktionsende auf. Andererseits liegen stets ungeänderte Seiten zur Ersetzung vor, so daß bei der Ersetzung keine Schreibverzögerungen wie bei NOFORCE auftreten. Pro Transaktion sind somit zwei schreibende E/A-Vorgänge mehr als bei NOFORCE abzuwickeln.

Allerdings betreffen diese Aussagen primär das Antwortzeitverhalten. Denn ein FORCE-Ansatz mit Schreibpuffer verursacht weiterhin erheblich mehr Plattenzugriffe sowie einen höheren E/A-Over-
head als NOFORCE. So war es auch erforderlich, die kleine
BRANCH/TELLER-Partition auf mehrere Platten aufzuteilen, um
einen E/A-Engpaß zu vermeiden. Die Allokation der Partition auf
eine Platte hätte den Durchsatz für FORCE auf weniger als 70 TPS
begrenzt. Der Engpaß kann auch durch Zuordnung der Partition
auf SSD bzw. nicht-flüchtigen EH behoben werden. Die vollständige Allokation kritischer Dateien in nicht-flüchtige Halbleterspei-
cher ist also bei FORCE von besonderem Interesse, um so drohende
E/A-Engpässe abzuwenden.

6.5.2.5 Mehrstufige DB-Pufferung bei Debit-Credit

Neben einer Pufferverwaltung im Hauptspeicher wurde die Puffe-
rung von DB-Seiten innerhalb eines erweiterten DB-Puffers im EH
sowie innerhalb von flüchtigen und nicht-flüchtigen Platten-
Caches untersucht. Dazu wurde in einem ersten Experiment die
Größe des Hauptspeicherpuffers von 200 bis 5000 Seiten für die in
Abb. 6-13 bezeichneten Konfigurationen variiert. Für die Platten-
Caches wurde jeweils eine Puffergröße von 1000 Seiten, für den
EH-Puffer von 500 und 1000 Seiten eingestellt. Um die Vergleich-
barkeit der Ergebnisse zu erleichtern, wurde wie für die DB-Puffe-
rung im Hauptspeicher und EH auch für die Platten-Caches ein ge-
meinsamer (globaler) Pufferbereich für alle Partitionen verwendet.
Bei den Konfigurationen, die einen EH bzw. nicht-flüchtigen Platten-Cache verwenden, erfolgte das Logging ebenfalls über diese
Speichertypen. Abb. 6-13 zeigt zum Vergleich auch die Ergebnisse
mit einem Schreibpuffer in nicht-flüchtigem Platten-Cache. Die Si-
mulationsläufe wurden für eine feste Transaktionsrate von 500
TPS sowie für NOFORCE durchgeführt.

Pufferverhalten bestimmt durch BRANCH/ TEL-LER

Das Pufferverhalten ist weitgehend durch die kleine BRANCH/-
TELLER-Partition (500 Seiten) bestimmt. Auf der großen AC-
COUNT-Partition konnten aufgrund der wahlfreien Zugriffsverteilung unabhängig von der Puffergröße nahezu keine Treffer erzielt
werden; für HISTORY bewirkte der eingestellte Blockungsfaktor
von 20 jeweils eine Trefferrate von 95%. Da BRANCH- und TEL-
LER-Sätze geclustert wurden, ergaben sich höchstens für die
BRANCH-Zugriffe Fehlseitenbedingungen im Hauptspeicher, während für den TELLER-Zugriff stets ein Treffer vorlag (100% Trefferrate). Wie Abb. 6-13 zeigt, war die Vergrößerung des Hauptspei-

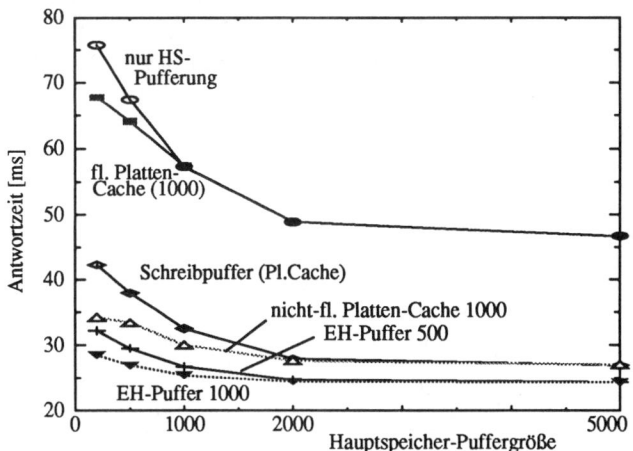

Abb. 6-13: Vergleich unterschiedlicher Pufferkonfigurationen (500 TPS)

cherpuffers für eine Puffergröße von unter 2000 Seiten am effektiv-
sten, da in diesem Bereich noch viele Fehlseitenbedingungen auf
BRANCH auftraten. Da referenzierte ACCOUNT- und HISTORY-
Seiten aufgrund von LRU einen Großteil des Hauptspeicherpuffers
belegten, konnten erst für eine Puffergröße von 2000 Seiten die 500
Seiten der BRANCH/TELLER-Partition weitgehend im Haupt-
speicher gehalten werden. Bei weiterer Puffervergrößerung (5000
Seiten) traten keine nennenswerten Verbesserungen mehr auf.

Mit einem flüchtigen Platten-Cache konnten nur bei sehr kleinem
Hauptspeicherpuffer geringe Verbesserungen durch Lesetreffer
auf der BRANCH/TELLER-Partition erreicht werden. Sobald der
Hauptspeicherpuffer die Größe des Platten-Caches (1000 Seiten)
erreichte, traten dort keinerlei Treffer mehr auf (Tab. 6-7), so daß
danach die gleichen Antwortzeiten wie ohne Platten-Cache erzielt
wurden. Starke Verbesserungen ergeben sich bei Nutzung eines
nicht-flüchtigen Platten-Caches bzw. mit einem EH-Puffer, da
dann sämtlichen synchronen Schreibvorgänge auf Platte eliminiert wurden (asynchrones Write-Through)[*]. Dabei konnte bereits
mit einem Schreibpuffer ein Großteil der E/A-Einsparungen erzielt

*geringe Wirk-
samkeit von
flüchtigen Plat-
ten-Caches*

---

[*]   Die Verwendung der synchronen Write-Back-Strategie bei den nicht-
       flüchtigen Platten-Caches ergab i.a. schlechtere Ergebnisse als das
       asynchrone Write-Through, da beim Einfügen in den Puffer Verzögerun-
       gen zum Ersetzen geänderter Seiten auftreten können (Kap. 6.4.1). Der
       Vorteil des Write-Back-Ansatzes, die Reduzierung von Plattenzugriffen
       durch Akkumulierung von Änderungen, kommt nur bei Durchsatzeng-
       pässen auf den Platten zum Tragen.

werden. Der Abstand zu den Resultaten bei Dateipufferung in
nicht-flüchtigem Platten-Cache in Abb. 6-13 entspricht den durch
Lesetreffer erreichten Einsparungen. Am effektivsten war die Nutzung eines erweiterten DB-Puffers im EH. Selbst ein EH-Puffer von
500 Seiten führte zu besseren Antwortzeiten als ein Platten-Cache
von 1000 Seiten.

		Hauptspeicher-Puffergröße			
		200	500	1000	2000
	HS-Trefferrate	53.7	59.6	66.7	72.5
NOFORCE	fl. Pl.-Cache 1000	12.8	5.6	0	0
	n.-fl. Pl.-Cache 1000	13.0	7.4	3.8	0.8
	EH-Puffer 1000	14.8	11.0	5.7	1.1
	EH-Puffer 500	9.2	7.1	3.9	0.8
FORCE	fl. Pl.-Cache 1000	12.4	6.9	0.1	0
	n.-fl. Pl.-Cache 1000	12.8	7.0	0.1	0
	EH-Puffer 1000	13.1	7.2	3.4	0.6

Tab. 6-7: Trefferraten im Hauptspeicher sowie im EH
           bzw. Platten-Cache in %

Die Betrachtung der erreichten Trefferraten in Tab. 6-7 (zunächst
für NOFORCE) gibt näheren Aufschluß über die Effektivität der
DB-Pufferung. Während sich die Hauptspeicher-Trefferraten mit
wachsender Größe des Hauptspeicherpuffers verbessern, sinken
die zusätzlich erreichten Trefferraten auf der zweiten Speicherebene (EH-Puffer bzw. Platten-Cache). Die Tabelle zeigt, daß von
den drei Puffertypen außerhalb des Hauptspeichers die EH-Pufferung die besten Trefferraten erreicht, gefolgt von der Nutzung eines nicht-flüchtigen Platten-Caches. Überraschenderweise ergaben sich die schlechtesten Trefferraten für flüchtige Platten-
Caches. Die im Vergleich zur EH-Pufferung geringere Effektivität
von Platten-Caches ist darauf zurückzuführen, daß sie unabhängig
vom DB-Puffer im Hauptspeicher verwaltet werden. Dies führte
dazu, daß dieselben Seiten häufig sowohl im Hauptspeicher als im
Platten-Cache gepuffert wurden. Die Treffer treten dann natürlich
im Hauptspeicher auf; im Platten-Cache wird nur unnötigerweise
der Platz belegt, der für eine Pufferung von Seiten, die nicht im
Hauptspeicher vorliegen, besser genutzt werden könnte. Die Dop-
pelpufferung der Seiten ergibt sich dadurch, daß nach einer Fehlseitenbedingung im Platten-Cache (Read-Miss), die Seite in den
Platten-Cache sowie in den Hauptspeicherpuffer gebracht wird. Ist
der Platten-Cache größer als der Hauptspeicherpuffer, erhöht sich
die Effektivität der Platten-Caches, da dann dort verstärkt auch
solche Seiten vorliegen, die nicht im Hauptspeicher gepuffert sind.

doppelte Puffe-
rung von Seiten
im HS und
Platten-Cache

Bei der Koordinierung der DB-Pufferung im Hauptspeicher sowie im EH durch das DBS konnte für NOFORCE dagegen eine doppelte Pufferung derselben Seiten vollkommen vermieden werden (s. Kap. 6.4.3). Dies führte nicht nur zu besseren Trefferraten im EH-Puffer als im Platten-Cache, sondern die Summe der Trefferraten im Hauptspeicher- und im EH-Puffer erreichte die gleichen Werte wie mit einem Hauptspeicherpuffer, dessen Größe der kombinierten Größe der beiden DB-Puffer entspricht. So zeigt Tab. 6-7, daß die mit einem Hauptspeicher- und EH-Puffer von jeweils 500 Seiten erreichte gemeinsame Trefferrate von 66.7% (59.6 + 7.1) dem Wert für einen Hauptspeicherpuffer von 1000 Seiten entspricht. Dies trifft auch für weitere Kombinationen von Hauptspeicher-/EH-Puffergrößen zu, z.B. 2000/0 vs. 1000/1000 sowie 1000/500 vs. 500/1000. Aufgrund der sehr schnellen EH-Zugriffszeiten führten die EH-Treffer praktisch zu den gleichen Antwortzeiten wie für Hauptspeichertreffer mit einem vergrößerten Hauptspeicherpuffer (Abb. 6-13 verdeutlicht dies z.B. für die Kombinationen 500/1000 und 1000/500). Diese wichtige Beobachtung verdeutlicht, daß für NOFORCE nur die kombinierte Größe des Hauptspeicher- und EH-Puffers maßgebend ist. Da die EH-Speicherkosten wesentlich unter den Hauptspeicherkosten liegen, kann die Kosteneffektivität der DB-Pufferung durch Verwendung eines kleinen Hauptspeicher- und großen EH-Puffers stark verbessert werden gegenüber Konfigurationen, die nur eine Hauptspeicherpufferung einsetzen.

effektive EH-Pufferung

Noch nicht erklärt wurde, warum für nicht-flüchtige Platten-Caches bessere Lesetrefferraten als für flüchtige Platten-Caches erzielt wurden. Dies ist keine Konsequenz der Nicht-Flüchtigkeit, sondern der Verwendung unterschiedlicher Schreibstrategien. Bei nicht-flüchtigen Platten-Caches wurde die Write-Allocate-Strategie verfolgt, bei der jede vom Hauptspeicher kommende Seite in den Cache aufgenommen wird. Bei flüchtigen Platten-Caches wurde dagegen, wie in realen Produkten der Fall, der Write-Update-Ansatz gewählt, wobei im Fall eines Write-Misses die Seite nicht in den Platten-Cache übernommen wird (Kap. 6.4.2). Aufgrund des verzögerten Ausschreibens geänderter Seiten bei NOFORCE treten jedoch fast nur Write-Misses auf, so daß im Gegensatz zu den nicht-flüchtigen Platten-Caches kaum Seiten vom Hauptspeicherpuffer in den Platten-Cache migrierten. Insbesondere wurden für die flüchtigen Platten-Caches keinerlei Treffer erreicht, wenn der Platten-Cache kleiner als der Hauptspeicherpuffer ist (Tab. 6-7), da dann der Platten-Cache eine echte Teilmenge

höhere Trefferraten in nichtflüchtigen als in flüchtigen Platten-Caches

des Hauptspeicherpuffers hielt. Die Ergebnisse zeigen, daß die Effektivität flüchtiger Platten-Caches, die in Kombination mit einer Hauptspeicherpufferung genutzt werden sollen, durch Umstellung auf eine Write-Allocate-Strategie leicht verbessert werden kann. Eine weitere Verbesserung für flüchtige und nicht-flüchtige Platten-Caches kann erreicht werden, wenn die mehrfache Pufferung derselben Seiten umgangen wird, indem bei einem Read-Miss im Platten-Cache die betreffende Seite dort nicht eingefügt wird, wenn bekannt ist, daß eine Pufferung der Seite im Hauptspeicher erfolgen wird[*]. Diese Erweiterungen lassen sich durch entsprechende Parametrisierung der E/A-Befehle leicht realisieren.

Ergebnisse für FORCE

Im Falle einer **FORCE-Strategie** reduzierte sich die Effektivität der DB-/Dateipufferung im EH bzw. in den Platten-Caches. Dies ergab sich aufgrund der höheren Schreibrate auf die Puffer der Zwischenspeicher, was zu einer kürzeren Pufferungsdauer von Seiten und damit einer geringeren Wahrscheinlichkeit der Rereferenzierung führte. Dies verdeutlichen die mit FORCE erzielten Trefferraten in Tab. 6-7 (unterer Teil), die meist unter den Werten für NOFORCE liegen. Vergleichsweise günstige Trefferraten wurden jedoch für flüchtige Platten-Caches registriert, wobei kaum noch ein Unterschied zu den nicht-flüchtigen Platten-Caches auftrat. Dies geht darauf zurück, da für FORCE das Ausschreiben geänderter Seiten kurz nach ihrer Referenzierung erfolgt, so daß eine große Anzahl von Schreibtreffern im Platten-Cache erzielt wird. Die besten Trefferraten wurden wiederum im EH-Puffer erzielt, wenngleich dabei eine starke Verschlechterung gegenüber NOFORCE auftrat, da jetzt auch hier eine doppelte Pufferung derselben Seiten auftrat.

Wie in Kap. 6.4.3 schon erwähnt, ist es jedoch möglich, diesen Nachteil bei FORCE zu umgehen und somit dieselben Trefferraten wie für NOFORCE zu erreichen, wenn die Änderungen am Transaktionsende nicht in den erweiterten DB-Puffer geschrieben werden, sondern nur in einen Schreibpuffer. Diese Vorgehensweise kann prinzipiell auch mit den Platten-Caches erreicht werden, wobei dann jedoch bei dem (FORCE-)Schreibvorgang mitzuteilen wäre, daß keine Einfügung in den Dateipuffer erfolgen soll (Write-Purge-Schreibstrategie, Kap. 6.4.1). Ein Problem dabei ist, daß dann der Dateipuffer im Platten-Cache kaum noch genutzt würde,

---

[*]   Für sequentielle Dateien, für die ein Prefetching durchgeführt wird, ist die Übernahme von Platte gelesener Seiten in den Platten-Cache jedoch weiterhin sinnvoll.

da keine Seiten mehr vom Hauptspeicher dorthin migrieren würden. Dazu wäre es dann nämlich erforderlich, auch ungeänderte Seiten in den Platten-Cache auszuschreiben.

Obwohl wir eine dreistufige Pufferung von DB-Seiten nicht explizit untersucht haben, können die zu erwartenden Ergebnisse aus den bereits vorliegenden leicht abgeleitet werden. Denn die Nutzung eines Dateipuffers innerhalb von Platten-Caches zusätzlich zu einer DB-Pufferung im EH würde prinzipiell dieselben Ergebnisse liefern wie in Kombination mit einem größeren Hauptspeicherpuffer. Ein solcher Ansatz erscheint jedoch wenig sinnvoll, es sei denn, die Speicherkosten für den Platten-Cache liegen signifikant unter denen des EH und die Nutzung des Platten-Caches kann über eine erweiterte E/A-Schnittstelle besser als derzeit der Fall auf die DB-Pufferung im Hauptspeicher bzw. EH abgestimmt werden. *3-stufige DB-Pufferung*

6.5.2.6 Mehrstufige DB-Pufferung bei der realen Last

Da die Debit-Credit-Last aufgrund ihrer Dominanz von Änderungszugriffen sowie der weitgehend wahlfreien Zugriffsverteilung sicher keine repräsentative Last zur Untersuchung von Pufferstrategien darstellt, haben wir die Untersuchung verschiedener Pufferkonfigurationen auch für reale Lasten durchgeführt. Im folgenden beschreiben wir dazu einige Ergebnisse für die Last, deren Zugriffsverhalten durch die Referenzmatrix in Tab. 6-5 charakterisiert wird. Neben einer stark ungleichmäßigen Zugriffsverteilung bezüglich verschiedener sowie innerhalb von Partitionen weist diese Last vorwiegend Lesezugriffe auf. Obwohl etwa 20% der Transaktionen Änderungen vornehmen, sind lediglich 1.6% der DB-Referenzen ändernde Zugriffe. *hoher Anteil von Lesezugriffen bei realer Last*

Abb. 6-14 und Abb. 6-15 zeigen die Antwortzeitergebnisse für die verschiedenen Pufferkonfigurationen sowie einer festen Ankunftsrate und NOFORCE. Aufgrund des geringen Anteils ändernder Referenzen ergaben sich keine wesentlichen Unterschiede zwischen FORCE und NOFORCE. Die Antwortzeitangaben beziehen sich auf eine künstliche Transaktion, die die durchschnittliche Anzahl von DB-Referenzen bezogen auf alle Transaktionen im DB-Trace ausführt[*]. Die Parameterwerte wurden weitgehend wie für die Debit-Credit-Experimente gewählt (Tab. 6-6), insbesondere bei den CPU- und Speichermerkmalen.

---

[*] Diese Antwortzeit wird ermittelt, indem die mittlere Bearbeitungszeit pro Referenz multipliziert wird mit der mittleren Anzahl von Referenzen pro Transaktion.

Zunächst wurde eine feste Größe des EH-Puffers bzw. der Platten-Caches von 2000 Seiten gewählt und die Größe des Hauptspeicherpuffers von 100 bis 2000 Seiten variiert (Abb. 6-14). Die Vergrößerung des Hauptspeicherpuffers wirkt sich wiederum am stärksten auf die Antwortzeiten aus, wenn nur eine Hauptspeicherpufferung vorgenommen wird. Für eine zweistufige Pufferverwaltung konnten bereits bei kleinem Hauptspeicherpuffer gute Antwortzeitergebnisse erzielt werden, begünstigt durch die relativ großen Puffer im EH bzw. Platten-Cache. Aufgrund des hohen Anteil lesender Referenzen war die Verwendung eines flüchtigen Platten-Caches weit erfolgreicher als für die Debit-Credit-Last. Es wurden dabei praktisch die gleichen Trefferraten wie für den nicht-flüchtigen Platten-Cache erzielt; die leichten Antwortzeitunterschiede gehen lediglich auf das Logging zurück. Die Nutzung eines erweiterten DB-Puffers im EH erreichte wiederum die besten Trefferraten und Antwortzeiten, da eine doppelte Pufferung derselben Seiten verhindert wurde. Für diese Last machte sich vor allem die Verdrängung ungeänderter Seiten vom Hauptspeicher in den EH positiv bemerkbar, während bei den Platten-Caches nur geänderte Seiten vom Hauptspeicher übernommen werden. Die Untersuchung verschiedener Konfigurationen zur EH-Pufferung zeigte, daß für NOFORCE i.a. die besten EH-Trefferraten erzielt werden, wenn sowohl geänderte als auch ungeänderte Seiten vom Hauptspeicher- in den EH-Puffer migrieren.

EH-Pufferung wieder am effektivsten

In Abb. 6-15 wurde die Größe des Hauptspeicherpuffers konstant gewählt (1000 Seiten) und die Puffergröße auf der zweiten Speicherebene variiert. Die Ergebnisse für den Wert 0 entsprechen da-

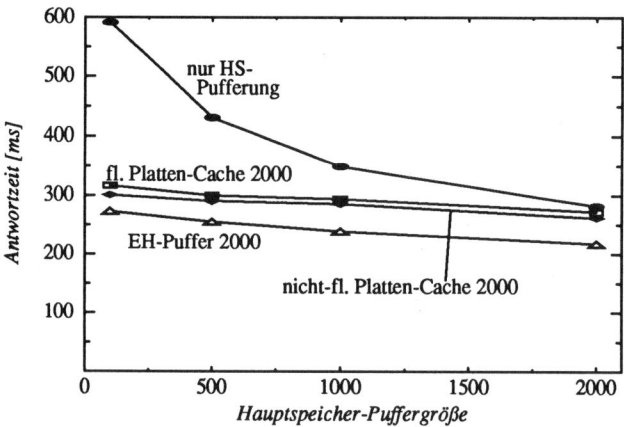

Abb. 6-14: Variation der Hauptspeicherkapazität für die reale Last

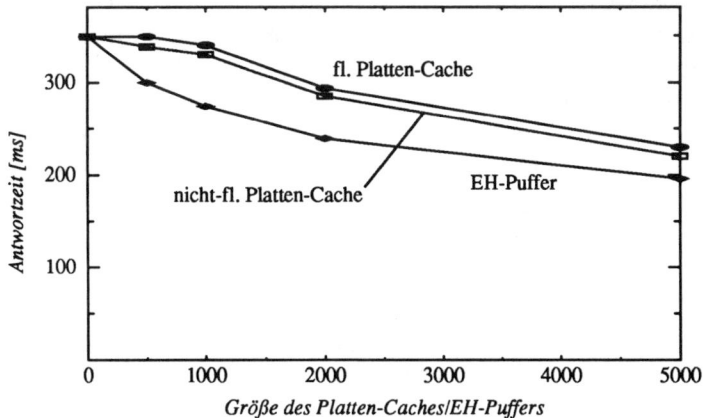

Abb. 6-15: Variation der Puffergröße auf der zweiten Speicherebene

bei dem Fall mit einer Pufferung nur im Hauptspeicher. Man erkennt, daß die Platten-Caches keine nennenswerten Antwortzeitverbesserungen erreichen, solange ihre Größe nicht über der des Hauptspeicherpuffers liegt (aufgrund der replizierten Pufferung derselben Seiten im Hauptspeicher und Platten-Cache ergeben sich kaum Treffer im Platten-Cache). Mit einem EH-Puffer wurden für sämtliche Puffergrößen weit bessere Trefferraten als mit den Platten-Caches erreicht.

6.5.2.7 Einfluß von Sperrkonflikten

Um die Auswirkungen der durch die Zwischenspeicher erreichten E/A-Verbesserungen auf das Sperrverhalten zu untersuchen, verwendeten wir eine einfache synthetische Transaktionslast mit einem Transaktionstyp und zwei DB-Partitionen. Jede Transaktion dieses Transaktionstyps referenziert dabei im Mittel 10 Sätze, wobei der Änderungsanteil 100% beträgt. Über eine relative Referenzmatrix wurde ferner festgelegt, daß 80% der Zugriffe auf die kleinere Partition, bestehend aus 10.000 Sätzen, und 20% der Zugriffe auf die zweite Partition mit 100.000 Sätzen entfallen. Damit liegt auf der kleinen Partition eine 40-fache Zugriffshäufigkeit pro Satz vor. Für beide Partitionen wurde der Blockungsfaktor 10 verwendet. Wie für die Debit-Credit-Last wurde eine mittlere Pfadlänge von 250.000 Instruktionen pro Transaktion, eine CPU-Kapazität von 4*50 MIPS sowie eine Hauptspeicher-Puffergröße von 2000 Seiten gewählt.

Abb. 6-16 zeigt die Antwortzeitresultate zu diesem Transaktionstyp für drei verschiedene Speicherallokationen sowie für Satz- und
Seitensperren; die Ankunftsrate wurde von 10 bis 700 TPS variiert.
Die Log-Datei sowie die beiden DB-Partitionen werden entweder
Magnetplatten zugeordnet oder vollständig in nicht-flüchtigem EH
gehalten. In einer dritten (gemischten) Allokation wird nur die kleinere Partition sowie der Log im EH allokiert, die große DB-Partition dagegen auf Platte.

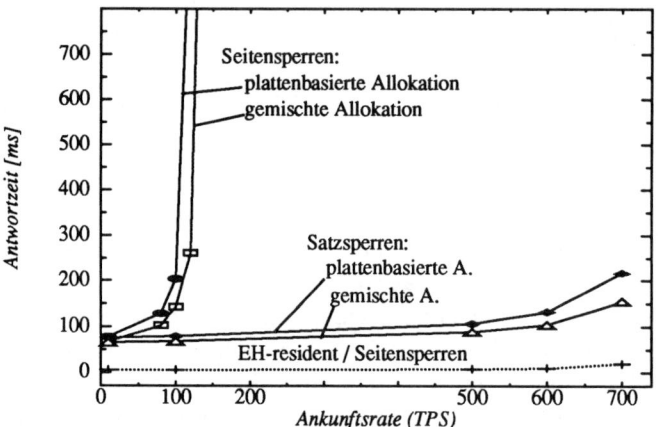

Abb. 6-16: Seiten- vs. Satzsperren für unterschiedliche
Speicherallokationen

Abb. 6-16 verdeutlicht, daß für Seitensperren die verfügbare CPU-
Kapazität für die plattenbasierte sowie die gemischte Speicherallokation nicht ausgeschöpft werden konnte. Der Durchsatz war aufgrund von Sperrengpässen auf der kleinen Partition auf etwa 120
TPS für die plattenbasierte und 150 TPS für die gemischte Allokation beschränkt. Für beide Konfigurationen konnte der Sperreng-

Sperrengpaß
bei Seitensper-
ren verschwin-
det nur, falls DB
vollständig
EH-resident

paß durch Verwendung von Satzsperren behoben werden, da damit
die Anzahl der sperrbaren Objekte um das Zehnfache anstieg. In-
teressanterweise verursachte die Verwendung von Seitensperren
keine Sperrprobleme, wenn die gesamte Datenbank sowie der Log
EH-resident geführt werden. In diesem Fall traten kaum E/A-Ver-
zögerungen auf, so daß die Antwortzeiten sehr kurz blieben. Dies
wiederum reduzierte die Anzahl gleichzeitig aktiver Transaktionen
sowie die Sperrhaltezeiten, so daß kaum Sperrverzögerungen auftraten.

In den beiden anderen Konfigurationen sind die Antwortzeiten
weitgehend durch E/A-Verzögerungen für Logging sowie auf der

größeren DB-Partition bestimmt; die kleine Partition konnte im Hauptspeicherpuffer gehalten werden. Bei der gemischten Allokation wurde nur der Plattenzugriff für Logging eingespart, nicht jedoch für die DB-Zugriffe auf der großen Partition. Weiterhin war es im Gegensatz zur Debit-Credit-Last hier nicht möglich, die am häufigsten referenzierten Objekte zuletzt innerhalb einer Transaktion zu referenzieren. Vielmehr mußten jetzt Sperren auf den häufig referenzierten Objekten der kleinen Partition über mehrere Plattenzugriffe hinweg gehalten werden, was zu erheblichen Sperrkonflikten führte. Die Sperrprobleme konnten in unserem Beispiel zwar durch Satzsperren gelöst werden, jedoch wäre es auch dafür möglich gewesen, Lasten mit dauerhaften Sperrengpässen zu erzeugen.

Das Experiment verdeutlicht, daß die Nutzung nicht-flüchtiger Halbleiterspeicher für die am häufigsten referenzierten DB-Bereiche bzw. die Log-Datei i.a. nicht garantieren kann, daß das Ausmaß an Sperrkonflikten klein genug gehalten wird, so daß die verfügbare CPU-Kapazität voll genutzt werden kann. Dies geht darauf zurück, daß die verbleibenden Plattenzugriffe immer noch ausreichen können, Sperrengpässe für konfliktträchtige Anwendungen zu erzeugen. Eine vollständige Vermeidung von (synchronen) Plattenzugriffen durch EH-residente Datenbanken ist eine mögliche Lösung des Problems, die jedoch hohe Speicherkosten verursacht. Die Alternative ist, wie auch für konventionelle DBS ohne nicht-flüchtige Halbleiterspeicher, effektivere Sperrprotokolle zu verwenden (Verwendung von Satzsperren, Mehrversionen-Sperrkonzepte, Einsatz von Spezialprotokollen für "Hot Spot"-Objekte, u.ä.) bzw. Sperrengpässe durch einen revidierten Datenbank- und Anwendungsentwurf zu eliminieren.

6.5.3 Zusammenfassung der Simulationsstudie

Die Simulationsstudie diente vor allem dazu, für die seitenadressierbaren Halbleiterspeicher wie Platten-Cache, SSD und erweiterter Hauptspeicher die wichtigsten Einsatzformen (Kap. 6.3) mit Hinblick auf Transaktionsanwendungen quantitativ zu bewerten. Die wesentlichsten Erkenntnisse, welche auch die am Anfang von Kap. 6.5 gestellten Fragen beantworten, können folgendermaßen zusammengefaßt werden:

starke Antwort-
zeit- und
Durchsatzver-
besserungen

- Die E/A-Optimierung durch nicht-flüchtige Halbleiterspeicher führt nahezu immer zu signifikanten Antwortzeitverbesserungen gegenüber einer konventionellen E/A-Architektur ohne Zwischenspeicher. Eine Verbesserung von Transaktionsraten wird erreicht in Fällen, bei denen ansonsten E/A- und/oder Sperrengpässe die volle Nutzung der CPU-Kapazität verhindern.

Allokation gan-
zer Dateien in
EH bzw. SSD

- Die weitgehendsten Verbesserungen werden erreicht, wenn DB-Bereiche bzw. die Log-Datei vollständig nicht-flüchtigen Halbleiterspeichern zugeordnet werden (Eliminierung aller Plattenzugriffe). Es werden dabei ähnliche Leistungswerte erreicht wie für Hauptspeicher-Datenbanken, jedoch zu geringeren Speicherkosten. Ferner können die Leistungsvorteile ohne Modifikation im DBS erreicht werden, und die Verfügbarkeitsprobleme von Hauptspeicher-Datenbanken werden vermieden. Die Verwendung von SSD für diese Einsatzform erscheint derzeit am kosteneffektivsten. Die Bestimmung, ob eine Datei auf Platte oder resident in nicht-flüchtigem Halbleiterspeicher gehalten werden sollte, kann analog zur Vorgehensweise in Kap. 5.2 erfolgen[*].

Schreibpuffer

- Die Nutzung eines Schreibpuffers in nicht-flüchtigen Halbleiterspeicher (EH oder Platten-Cache) ist ein einfacher und kosteneffektiver Ansatz, das Leistungsverhalten änderungsintensiver Anwendungen zu verbessern. Die asynchrone Durchführung von Schreibvorgängen auf Platte verbessert primär die Antwortzeiten; Durchsatzvorteile ergeben sich dadurch, daß für Schreibvorgänge eine höhere Plattenauslastung toleriert werden kann.

- Die mehrstufige Pufferung von DB-Seiten erfordert eine enge Abstimmung der Pufferverwaltung auf den verschiedenen Ebenen.

---

[*] Mit den in Kap. 5.2 eingeführten Bezeichnungen wäre so eine Dateiallokation im EH (bzw. SSD) kosteneffektiv, wenn gilt:

$$\$_{EH} / \$_{Arm} < Z_O / G_O \text{ bzw.}$$

$$\$_{SSD} / \$_{Arm} < Z_O / G_O.$$

Dabei bezeichnet $\$_{EH}$ bzw. $\$_{SSD}$ die Speicherkosten (pro MB) für EH bzw. SSD. Wenn z.B. die EH-Speicherkosten nur halb so hoch wie für Hauptspeicher liegen, lohnt sich unter Durchsatzaspekten eine EH-Allokation bereits für Dateien mit der halben Zugriffshäufigkeit, wie für eine kosteneffektive Hauptspeicherallokation erforderlich. Eine EH-Allokation bringt daneben natürlich noch weit bessere Antwortzeiten als die Allokation auf Platte.

Hierbei ist vor allem darauf zu achten, daß eine replizierte Puffe-rung derselben Seiten weitgehend vermieden wird und sowohl geänderte als auch ungeänderte Seiten bei einer Verdrängung in den Puffer auf der nächsten Speicherebene migrieren. Dies ist bei der Verwendung von heutigen Platten-Caches in Kombination mit einer Pufferung im Hauptspeicher nicht der Fall, könnte jedoch durch geeignete Erweiterungen der E/A-Schnittstelle erreicht wer-den. Die in flüchtigen Platten-Caches verwendete Write-Update-Strategie ist in Kombination mit einer Hauptspeicherpufferung unvorteilhaft und sollte durch ein Write-Allocate ersetzt werden. Die gemeinsame Verwaltung eines DB-Puffers im Hauptspeicher sowie im erweiterten Hauptspeicher durch das DBS ermöglicht eine optimale Abstimmung und ein sehr gutes Leistungsverhalten. Die Kosteneffektivität der DB-Pufferung kann durch Verwendung eines kleinen Hauptspeicher- und großen EH-Puffers deutlich erhöht werden gegenüber Konfigurationen, die nur eine Hauptspeicherpuf-ferung vornehmen. Eine DB-Pufferung auf mehr als zwei Ebenen erscheint derzeit nicht sinnvoll, insbesondere aufgrund der Lei-stungsprobleme beim Einsatz von Platten-Caches.

mehrstufige DB-Pufferung

Eine generelle Schlußfolgerung aus den Ergebnissen ist, daß die Inklusionseigenschaft von Speicherhierachien aus Leistungsgrün-den abzulehnen ist, falls auf den verschieden Speicherebenen die-selben Objektgranulate zur Pufferung verwendet werden (hier: DB-Seiten). Denn die Inklusionseigenschaft führt zu einer replizierten Pufferung derselben Objekte, welche die Trefferraten, Speicher-platznutzung und damit die Kosteneffektivität für die niedrigeren Speicherebenen beeinträchtigt. Vorzuziehen ist dagegen eine mehr-stufige Pufferung, bei der die Puffer der niedrigeren Speichereb-enen die der höheren komplementieren, so daß die am häufigsten referenzierten DB-Objekte in den schnellen und die weniger oft referenzierten Objekte in den langsameren Speichern gepuffert werden. Wie deutlich wurde, ist hierzu eine enge Abstimmung der Pufferstrategien verschiedener Ebenen erforderlich.

Inklusions-eigenschaft nicht erstre-benswert

- Die Nutzung nicht-flüchtiger Halbleiterspeicher ermöglicht einfa-chere Pufferstrategien innerhalb des DBS, ohne die Leistungsfähig-keit zu beeinträchtigen. So kann für NOFORCE auf ein voraus-schauendes Ersetzen ungeänderter Seiten durch das DBS verzich-tet werden, da dies ebenso durch die Nutzung eines Schreibpuffers außerhalb des DBS erreicht wird. Auch die negativen Leistungsaus-wirkungen einer FORCE-Ausschreibstrategie werden durch Nut-zung eines Schreibpuffers bereits weitgehend vermieden. Durch-satzfördernde Optimierungen wie Gruppen-Commit oder NO-FORCE sind nicht obligatorisch zur Realisierung von Hochlei-stungs-Transaktionssystemen, wenn die Log-Datei bzw. häufig ge-änderte Dateien vollständig in nicht-flüchtige Halbleiterspeicher gelegt werden.

hohe Leistungs-fähigkeit auch bei einfachen DBS-Puffer-strategien

- Für typische OLTP-Lasten mit kurzen Transaktionen lassen sich Sperrprobleme nahezu vollständig lösen, wenn die gesamte Daten-bank sowie die Log-Datei nicht-flüchtigen Halbleiterspeichern zu-geordnet werden. In diesem Fall genügen einfache Sperrprotokolle

reduzierte Sperr-problematik

zur Synchronisation, z.B. die Verwendung von Seitensperren. Werden synchrone Plattenzugriffe jedoch nur teilweise eliminiert, besteht für konfliktträchtige Anwendungen weiterhin die Gefahr dauerhafter Sperrengpässe, die eine Sonderbehandlung erforderlich machen.

Die eingeführten Einsatzformen der seitenadressierbaren Halbleiterspeicher lassen sich alle durch einen nicht-flüchtigen EH realisieren (Tab. 6-3). Allerdings wird aufgrund der unterschiedlichen Speicherkosten sowie der Leistungsstudie klar, daß es durchaus sinnvoll ist, mehrere Speichertypen in einer Konfiguration einzusetzen. So empfiehlt sich die Verwendung von SSD zur dauerhaften Allokation von Dateien, während ein nicht-flüchtiger Platten-Cache zur Realisierung eines Schreibpuffers in Betracht kommt. Eine mehrstufige DB- bzw. Dateipufferung wird am effektivsten über einen EH realisiert, dessen Nutzung erfordert jedoch Änderungen im DBS bzw. in der Dateiverwaltung.

Die Verwendung nicht-flüchtiger Halbleiterspeicher kann nicht nur das Leistungsverhalten im Normalbetrieb verbessern, sondern auch eine wesentlich schnellere Behandlung von Systemfehlern ermöglichen. Dies ist besonders dringlich, da die ständig größer werdenden Hauptspeicher potentiell zu einer deutlichen Verlängerung der Recovery-Zeiten führen, da nach einem Rechnerausfall i.a. immer mehr Änderungen nachzufahren sind (bei NOFORCE). Liegen die Log-Datei sowie häufig geänderte DB-Bereiche in nicht-flüchtigen Halbleiterspeichern, kann jedoch die Recovery-Zeit drastisch verkürzt werden, da ein Großteil der erforderlichen E/A-Operationen auf sie entfällt.

Recovery-Unterstützung

7
Mehrrechner-
Datenbanksysteme
mit naher Kopplung

Die Optimierung des E/A-Verhaltens, die im Mittelpunkt der beiden vorangegangenen Kapitel stand, ist von großer Wichtigkeit für das Leistungsverhalten von zentralisierten und verteilten Transaktionssystemen. Eine Verbesserung der Antwortzeiten durch E/A-Einsparungen macht sich indirekt über eine Verbesserung des Sperrverhaltens zusätzlich leistungsfördernd bemerkbar. In Mehrrechner-Datenbanksystemen, welche nach Kap. 3.5 zur Realisierung von Hochleistungs-Transaktionssystemen benötigt werden, sind zur Erlangung hoher Transaktionsraten und kurzer Antwortzeiten noch weitergehende Leistungsprobleme zu lösen. Analog der Zielsetzung eines vertikalen Durchsatzwachstums für zentralisierte Systeme wird im Mehrrechnerfall ein *horizontales Wachstum* angestrebt (Kap. 4.1). Dies verlangt, daß alle Rechner des verteilten Systems effektiv genutzt werden können und die Durchsatzleistung annähernd linear mit der Rechneranzahl gesteigert werden kann. Diese Maßgabe steht offenbar in engem Zusammenhang mit der Forderung nach modularer Wachstumsfähigkeit eines Hochleistungs-Transaktionssystems (Kap. 1.4).

horizontales Wachstum

Im wesentlichen sind es drei Faktoren, welche die Erreichbarkeit eines horizontalen Wachstums erschweren sowie eine Verschlechterung von Antwortzeiten verglichen mit zentralisierten Transaktions- bzw. Datenbanksystemen verursachen können:

- *Kommunikations-Overhead*

Kommuni-
kation

Die Verarbeitung innerhalb eines Mehrrechner-DBS erfordert eine Kooperation der DBS verschiedener Verarbeitungsrechner, so daß zwangsläufig Kommunikationsverzögerungen während der Transaktionsausführung auftreten. Diese Kommunikationsvorgänge führen sowohl zu einer Antwortzeiterhöhung als auch zu CPU-Belastungen (Overhead), die den Durchsatz beeinträchtigen können. Häufigkeit und Kosten der Kommunikationsvorgänge hängen von vielen Faktoren ab, darunter dem Typ des Mehrrechner-DBS (DB-Sharing vs. Shared-Nothing), den benutzten Algorithmen für globale Kontrollaufgaben, von DB-Struktur und Lastprofil sowie dem verwendeten Kommunikationsmedium.

- *Ungünstige Lastbalancierung*

Last-
balancierung

Während eine ungleichmäßige Rechnerauslastung in Schwachlastzeiten meist unproblematisch ist, führt sie unweigerlich zu Leistungseinbußen, wenn die zu bewältigenden Transaktionsraten eine hohe Auslastung aller Prozessoren erfordern. In diesem Fall führt die Überlastung einzelner Rechner zu Durchsatzengpässen sowie Antwortzeitverschlechterungen, die das Leistungsverhalten des gesamten Systems beeinträchtigen.

- *Verschärfung von Sperrkonflikten*

Sperr-
komflikte

Die durch Kommunikationsunterbrechungen verursachten Antwortzeiterhöhungen können eine Zunahme an Sperrkonflikten bewirken. Die Sperrproblematik wird noch dadurch verschärft, daß die Anzahl der Transaktionen, die systemweit gleichzeitig in Bearbeitung sind, mit der Rechnerzahl zunimmt. Auch wenn nicht alle Rechner auf denselben Datenbankbereichen operieren, ist mit wachsender Rechneranzahl mit einer Erhöhung der Konfliktwahrscheinlichkeit zu rechnen. Damit steigt auch die Gefahr von dauerhaften Sperrengpässen im Vergleich zum zentralisierten Fall.

Von den genannten Punkten kommt dem ersten eine besondere Bedeutung zu, da Lastbalancierung und Sperrproblematik auch davon abhängen, wie aufwendig Kommunikationsvorgänge sind bzw. wie häufig und lange Kommunikationsverzögerungen auftreten. Ein Hauptziel bei der Realisierung eines Mehrrechner-DBS ist daher, die Häufigkeit sowie Kosten von Kommunikationsvorgängen zu reduzieren. Mehrrechner-DBS vom Typ DB-Sharing oder Shared-Nothing laufen üblicherweise auf lose gekoppelten Verarbeitungsrechnern, bei denen die Kommunikation über Nachrichten-

hoher Kommu-
nikations-Over-
head bei loser
Kopplung

austausch realisiert wird. Von Nachteil dabei ist jedoch, daß auch bei schnellen Übertragungseinrichtungen die CPU-Kosten derzeitiger Kommunikationsprotokolle meist sehr hoch liegen [Gr88]. Dies führt zu einem hohen Overhead bei einer verteilten Transaktionsverarbeitung, der den Durchsatz signifikant beeinträchtigen kann. Hauptziel einer nahen Rechnerkopplung ist, eine effizientere Kooperation und Kommunikation als bei loser Kopplung zu ermöglichen und damit eine signifikante Verbesserung der Leistungsfähigkeit zu erreichen. Dies kann zum einen ohne Änderungen innerhalb des DBS erreicht werden, wenn nur die Kommunikation effizienter realisiert wird, z.B. durch einen Nachrichtenaustausch über gemeinsame Halbleiterspeicher. Eine weitergehende Nutzung ergibt sich, wenn die DBS die neue Kopplungsart direkt für globale Kontrollaufgaben nutzen und somit auch die Häufigkeit von Kommunikationsvorgängen zwischen Rechnern reduziert wird.

Im nächsten Kapitel klären wir die Merkmale einer nahen Rechnerkopplung und stellen sie der engen und losen Kopplung gegenüber. Danach diskutieren wir generelle Einsatzalternativen bei der Nutzung einer solchen Kopplungsart für die Transaktionsverarbeitung. In Kap. 7.3 betrachten wir dann einen speziellen Typ eines erweiterten Hauptspeichers, GEH (Globaler Erweiterter Hauptspeicher) genannt, der zur Realisierung nahe gekoppelter Mehrrechner-DBS in Frage kommt. Die Nutzung des GEH zur Realisierung einer effizienten Kommunikation wird danach in Kap. 7.4 erläutert. Daran anschließend diskutieren wir weitergehende Einsatzmöglichkeiten für DB-Sharing-Systeme, insbesondere zur globalen Synchronisation sowie der Erstellung einer globalen Log-Datei. In Kap. 7.6 schließlich stellen wir eine Simulationsstudie vor, mit der die mit Nutzung eines GEH erreichbaren Leistungsverbesserungen näher bestimmt werden.

7.1 Alternativen zur Rechnerkopplung

Die bekanntesten Ansätze, mehrere Prozessoren miteinander zu verbinden, sind die enge und lose Rechnerkopplung (Kap. 4.2). Bei der *engen Kopplung* (Multiprozessor-Ansatz) teilen sich die Prozessoren einen gemeinsamen Hauptspeicher (Abb. 7-1a), über den eine effiziente Kooperation möglich ist (Verwendung gemeinsamer Datenstrukturen). Die Lastbalancierung ist in der Regel einfach (durch das Betriebssystem) möglich, indem gemeinsame Auftragswarteschlangen im Hauptspeicher gehalten werden, auf die alle Prozessoren zugreifen können. Allerdings bestehen Verfügbarkeitsprobleme, da der gemeinsame Hauptspeicher nur eine geringe Fehlerisolation bietet und Software wie das Betriebssystem oder das DBS nur in einer Kopie vorliegt. Auch die Erweiterbarkeit ist i.a. stark begrenzt, da mit wachsender Prozessoranzahl der Hauptspeicher leicht zum Engpaß wird. Die Verwendung großer Prozessor-Caches erlaubt zwar eine Reduzierung von Hauptspeicherzu-

enge Kopplung

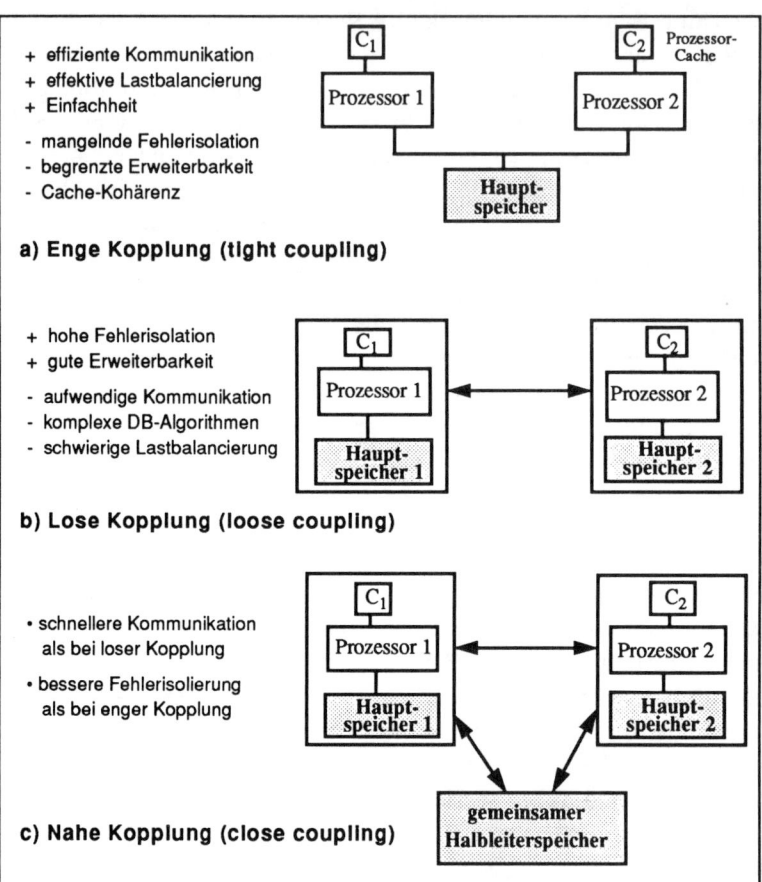

Abb. 7-1:   Alternativen zur Rechnerkopplung

griffen und damit prinzipiell eine bessere Erweiterbarkeit, jedoch kann die notwendige Lösung des Cache-Kohärenzproblems (Kap. 4.3) diesen Vorteil zum Großteil wieder zunichte machen. Die eingeschränkte Erweiterbarkeit begrenzt natürlich auch die erreichbare CPU-Kapazität, die für Hochleistungs-Transaktionssysteme vielfach nicht ausreicht.

DBS-Erweiterungen zur Nutzung von Multiprozessoren

Die Nutzung eng gekoppelter Prozessoren ist aus DB-Sicht relativ einfach, da das Betriebssystem die Verteilung weitgehend verbirgt ("single system image"). Allerdings verlangt die volle Nutzung eines Multiprozessors eine DB-Verarbeitung in mehreren Prozessen, wobei beim Zugriff auf gemeinsame Datenstrukturen wie dem DB-Puffer oder der Sperrtabelle eine Synchronisation, z.B. über Semaphore, erforderlich ist [Hä79]. Daneben sind Erweiterungen bei der Query-Optimierung erforderlich, wenn eine Parallelarbeit innerhalb von Transaktionen auf mehreren Prozessoren erfolgen soll. In Anlehnung an die Begriffe "Shared-Disk" und "Shared-Nothing" wird die Nutzung eines Multiprozessors zur DB-Verarbeitung gelegentlich auch als "Shared-Memory" bzw. "Shared-Everything" (da neben dem Hauptspeicher auch Terminals sowie Externspeicher von allen Prozessoren erreichbar sind) bezeichnet [St86, HR86, Bh88].

Bei der *losen Rechnerkopplung* (Abb. 7-1b) kooperieren mehrere unabhängige Rechner, die jeweils einen eigenen Hauptspeicher besitzen. Die Fehlerisolation ist weit besser als bei enger Kopplung, da kein gemeinsamer Hauptspeicher verwendet wird und jeder Rechner eigene Kopien von Anwendungs- und System-Software führt. Das Fehlen eines gemeinsamen Hauptspeichers ermöglicht auch eine bessere Erweiterbarkeit. Es lassen sich somit von der Gesamt-CPU-Kapazität her gesehen wesentlich leistungsfähigere Konfigurationen realisieren als bei enger Kopplung, insbesondere da bei der losen Kopplung jeder Rechnerknoten selbst wieder ein Multiprozessor sein kann. Hauptnachteil ist die aufwendige Kommunikation, die bei der losen Kopplung ausschließlich durch Nachrichtenaustausch über ein Verbindungsnetzwerk erfolgt. Die Kommunikationsprimitive zum Übertragen und Empfangen von Nachrichten sind meist sehr teuer; zusätzlich entstehen Prozeßwechselkosten, da Kommunikationsverzögerungen von typischerweise mehreren Millisekunden kein synchrones Warten auf eine Antwortnachricht zulassen.

lose Kopplung

Für lose gekoppelte (integrierte) Mehrrechner-DBS ist die Verteilung sichtbar, während für die Anwendungen volle Verteiltransparenz geboten wird (Kap. 3). Der gewählte Architekturtyp, Shared-Nothing oder DB-Sharing, bestimmt, für welche Aufgaben bei der Abarbeitung von DB-Operationen Kommunikation erforderlich ist. Bei Shared-Nothing führen Referenzen auf nicht-lokale Datenpartitionen zu einer verteilten Transaktionsbearbeitung. Dazu werden üblicherweise Teiloperationen an den datenhaltenden Knoten ausgeführt; am Transaktionsende ist ein rechnerübergreifendes Commit-Protokoll auszuführen. Bei DB-Sharing dagegen können die DB-Operationen einer Transaktion stets lokal ausgeführt werden. Kommunikation entsteht hier vor allem zur globalen Synchronisation des DB-Zugriffs sowie zum Austausch geänderter DB-Objekte (Seiten) zwischen Rechnern (Kap. 3.2.2, [Ra89a]). Die Realisierung der angesprochenen Aufgaben ist komplex und bestimmt zu einem großen Teil die Häufigkeit von Kommunikationsvorgän-

Kommunikation zur Realisierung globaler DBS-Funktionen

gen. Auch die Realisierung einer effektiven Lastbalancierung ist weit schwieriger als bei enger Kopplung, da bei der Lastzuordnung neben einer Vermeidung von Überlastsituationen auch eine Minimierung von Kommunikationsvorgängen bei der DB-Verarbeitung unterstützt werden sollte (Kap. 3.1).

nahe Kopplung

Ziel einer *nahen Rechnerkopplung* [HR86, Ra86a] ist es, die Vorteile von loser und enger Kopplung miteinander zu verbinden. Wie bei der losen Kopplung besitzen die am Systemverbund beteiligten Rechner einen eigenen Hauptspeicher sowie separate Kopien der Software. Um die Kommunikation der Rechner effizienter realisieren zu können, ist jedoch die Nutzung gemeinsamer Systemkomponenten vorgesehen. Wie in Abb. 7-1c angedeutet, eignen sich hierzu besonders gemeinsame Halbleiterspeicher, über die ein schneller Nachrichten- bzw. Datenaustausch möglich werden soll. Desweiteren können globale Kontrollaufgaben ggf. erheblich vereinfacht werden, wenn statt eines verteilten Protokolls globale Datenstrukturen in einem solchen Speicher genutzt werden können. Aus Leistungsgründen ist es wünschenswert, wenn auf solch gemeinsame Speicher über spezielle Maschinenbefehle synchron zugegriffen werden kann (Zugriffszeit von wenigen Mikrosekunden). Durch den Wegfall der Prozeßwechselkosten können dann enorme Einsparungen gegenüber einer losen Kopplung erwartet werden. Die nahe Kopplung schreibt eine lokale Rechneranordnung vor.

Einsatz gemeinsamer Halbleiterspeicher

Natürlich birgt der gemeinsame Halbleiterspeicher ähnliche Verfügbarkeits- und Erweiterbarkeitsprobleme wie ein gemeinsamer Hauptspeicher bei enger Kopplung. Eine größere Fehlerisolation als bei enger Kopplung wird jedoch bereits dadurch unterstützt, daß die einzelnen Rechner weitgehend unabhängig voneinander sind (private Hauptspeicher) und der gemeinsame Speicherbereich nur für globale Kontrollaufgaben genutzt wird. Weiterhin verlangen wir, daß der gemeinsame Speicher nicht instruktionsadressierbar sein darf [Ra86a], sondern die Auswertung und Manipulation von Speicherinhalten innerhalb der privaten Hauptspeicher durchzuführen ist. Desweiteren ist durch entsprechende Recovery-Protokolle zu gewährleisten, daß sich Software- und Hardware-Fehler einzelner Verarbeitungsrechner nicht über den gemeinsamen Speicherbereich ausbreiten und daß ein Ausfall des gemeinsamen Speichers schnell behandelt wird. Inwieweit Erweiterbarkeitsprobleme drohen, hängt vor allem von der Nutzung des gemeinsamen Speichers ab. Generell ist vorzusehen, daß eine Kommunikation wie bei loser Kopplung weiterhin möglich ist, und der gemeinsame Spei-

cherbereich nur für spezielle, besonders leistungskritische Aufgaben verwendet wird, um so die Engpaßgefahr gering zu halten. Die
Nutzung eines gemeinsamen Speichers verursacht natürlich Zusatzkosten, wobei zur Wahrung der Kosteneffektivität entsprechende Leistungsverbesserungen erreicht werden müssen.

Von einer nahen Rechnerkopplung sprechen wir auch, wenn anstelle eines gemeinsamen Halbleiterspeichers Spezialprozessoren *Nutzung von*
innerhalb des Systemverbundes eingesetzt werden, auf die über *Spezial-*
spezielle Operationen zugegriffen werden kann. Eine sinnvolle *prozessoren*
Einsatzform wäre etwa die hardware-gestützte Realisierung eines
globalen Sperrprotokolls für DB-Sharing innerhalb einer sogenannten "Lock Engine", die Sperranforderungen innerhalb weniger Mikrosekunden bearbeiten kann. Im nächsten Kapitel werden
die unterschiedlichen Realisierungsformen einer nahen Kopplung
näher betrachtet.

Obwohl die Bezeichnungen "nahe Kopplung" bzw. "closely coupled *Begriffs-*
system" für Systemarchitekturen wie in Abb. 7-1c zunehmend Ver- *abgrenzungen*
wendung finden, werden die Begriffe auch in abweichender Bedeutung benutzt. So wurden die Vax-Cluster in [KLS86] als "closely
coupled architecture" bezeichnet, da für alle Rechner ein gemeinsamer Zugriff auf die Platten möglich ist. Da jedoch die Kommunikation der Rechner durch Nachrichtenaustausch über ein lokales
Netzwerk geschieht, handelt es sich nach unserer Begriffsbildung
um ein lose gekoppeltes "Shared-Disk"-System. Nehmer [Ne88]
vermeidet die relativ ungenauen Attribute "eng", "lose" und "nahe",
sondern unterscheidet neben Multiprozessorsystemen (enge Kopplung) zwischen nachrichten-, speicher sowie hybrid gekoppelten
Systemen. Nachrichtengekoppelte Systeme entsprechen dabei lose
gekoppelten Systemen; die nahe Kopplung korrespondiert grob zu
den hybrid gekoppelten Systemen. In [Ne88] wurde bei der Speicherkopplung jedoch offenbar von der Nutzung gemeinsamer (in-
struktionsadressierbarer) Hauptspeicherbereiche ausgegangen,
die wir aus Verfügbarkeitsgründen ablehnen. Die Unterscheidung
zwischen Nachrichten- und Speicherkopplung ist auch problematisch, wenn ein gemeinsamer Speicher als "Nachrichtentransport-
system" verwendet wird.

7.2 Generelle Realisierungsalternativen zur nahen Kopplung

Wie erwähnt, bestehen im wesentlichen zwei Ansätze zur nahen
Rechnerkopplung: die Nutzung gemeinsamer Halbleiterspeicher
sowie der Einsatz von Spezialprozessoren. In beiden Fällen soll der
Zugriff auf die gemeinsam benutzten Systemkomponenten sehr
schnell sein, möglichst über spezielle Maschinenbefehle. Wir diskutieren zunächst die Verwendung von Spezialprozessoren und danach Alternativen zur Nutzung gemeinsamer Halbleiterspeicher.

7.2.1 Nutzung von Spezialprozessoren

Globale Systemfunktionen können natürlich auch in einem lose gekoppelten System durch ausgezeichnete Rechner realisiert werden,
z.B. ein globaler Name-Service oder eine globale Sperrverwaltung.
In diesem Fall wird die betreffende Funktion durch Software realisiert und die Nutzung verlangt Nachrichtenaustausch zwischen
Verarbeitungs- und Service-Rechner. Der Ansatz leidet nicht nur
an der teuren Kommunikation, sondern auch an Engpaß- sowie

Hardware-
Unterstützung

Verfügbarkeitsproblemen der spezialisierten Knoten. Die Realisierung globaler Dienste in Hardware bzw. Mikrocode sowie eine
Rechneranbindung über spezielle Operationen im Rahmen einer
nahen Kopplung verspricht eine wesentlich effizientere Lösung mit
verringerter Engpaßgefahr; die Verfügbarkeitsprobleme (Ausfall
des Spezialprozessors) sind jedoch weiterhin zu lösen.

Limited Lock
Facility

Zwei Arten einer hardware-gestützten Synchronisation in "Shared-
Disk"-Systemen sind bereits im Einsatz, wobei jedoch kein synchroner Zugriff durch spezielle Maschinenbefehle unterstützt wird. Die
sogenannte "Limited Lock Facility" ist eine Mikrocode-Option für
IBM-Platten-Controller, die ein einfaches globales Sperrprotokoll
unterstützt [BDS79]. Sperranforderungen und -freigaben erfolgen
über spezielle Kanalbefehle und können häufig mit E/A-Operatio-
nen kombiniert werden; die Gewährung einer Sperre wird über einen Interrupt mitgeteilt. Dieser Ansatz, der im Spezial-Betriebssy-
stem TPF genutzt wird [Sc87], verlangt jedoch durch die Verwendung der E/A-Schnittstelle immer noch einen relativ hohen Overhead zur globalen Synchronisation. Zudem weist er nur eine
geringe Funktionalität auf (nur exklusive Sperren auf Rechnerebene), so daß ein Großteil des Protokolls zusätzlich durch Software
in den Verarbeitungsrechnern zu realisieren ist [Ra89a]. Eine weitergehende Funktionalität bietet die Lock-Engine im DCS-Prototyp

[Se84], welche intern aus acht Spezialprozessoren besteht, die die Sperranforderungen über eine Hash-Abbildung untereinander aufteilen. Der Entwurfsschwerpunkt liegt jedoch v.a. auf der fehlertoleranten Auslegung der Lock-Engine; die Kooperation mit den Verarbeitungsrechnern geschieht über Nachrichtenaustausch. Alternativen zur fehlertoleranten Realisierung einer Lock-Engine werden auch in [IYD87] betrachtet. *Lock Engine*

Überlegungen zur hardware-gestützten Synchronisation in "Shared-Disk"-Systemen sind darüber hinaus in [Ro85] zu finden. In [Yu87] wird das Leistungsverhalten von DB-Sharing-Systemen, welche eine Lock-Engine nutzen, untersucht, ohne jedoch auf Einzelheiten der Realisierung einzugehen. Da eine Sperrbearbeitung innerhalb von 100 Mikrosekunden unterstellt wurde, konnte ein besseres Leistungsverhalten als bei Verwendung eines nachrichtenbasierten Sperrprotokolls erreicht werden.

Die Verwendung von Spezialprozessoren erinnert an Architekturvorschläge früher Datenbankmaschinen, die auch versuchten, bestimmte Operationen durch Spezial-Hardware zu optimieren. Diese Ansätze sind weitgehend erfolglos geblieben, da die Entwicklung der Spezialprozessoren sehr aufwendig und langwierig war sowie nur eine eingeschränkte Funktionalität unterstützt werden konnte. Zur parallelen DB-Verarbeitung haben sich letzlich Software-Lösungen durchgesetzt, da sie nicht nur flexibler und einfacher zu realisieren sind, sondern vor allem den starken Geschwindigkeitszuwachs allgemeiner Prozessoren (insbesondere von Mikroprozessoren) zur Leistungssteigerung nutzen konnten [DG92]. Die Anbindung von Spezialprozessoren über Maschineninstruktionen zur Unterstützung eines synchronen Zugriffs führt zu einer sehr speziellen Aufrufschnittstelle (z.B. Lock- und Unlock-Operationen), die nur für wenige Anwendungen genutzt werden kann. Auch sind für solch relativ komplexe Operationen für einen synchronen Zugriff ausreichend kurze Bearbeitungszeiten nur schwer zu erreichen, insbesondere für sehr schnelle Verarbeitungsrechner. Zudem können bei etwas höherer Auslastung des Spezialprozessors Wartezeiten den Zugriff deutlich verlängern. *Probleme von Spezial-prozessoren*

7.2.2 Verwendung gemeinsamer Halbleiterspeicher

Da aus Gründen der Fehlerisolierung eine Instruktionsadressierbarkeit für den gemeinsamen Halbleiterspeicher nicht angestrebt wird, bieten sich die in Kap. 6 behandelten seitenadressierbaren Halbleiterspeicher auch für die Nutzung im verteilten Fall an. Die

Verwendung gemeinsamer Platten-Caches und SSDs bei DB-Sharing

dort besprochenen Einsatzformen zur E/A-Optimierung können dann auch im Mehrrechnerfall zur Anwendung kommen. Insbesondere können dauerhaft in SSD oder nicht-flüchtigem EH allokierte Dateien in DB-Sharing-Systemen ohne Rückwirkungen auf das DBS genutzt werden, wobei natürlich alle Rechner mit den Erweiterungsspeichern zu verbinden sind (dies ist derzeit für SSD problemlos möglich, für erweiterte Hauptspeicher jedoch auch realisierbar). In einer "Shared-Disk"-Architektur können auch alle Rechner auf Platten-Caches zugreifen, so daß dort eine globale Datei- und Schreibpufferung einfach realisiert werden kann. Über einen solchen globalen Dateipuffer können geänderte Seiten wesentlich schneller zwischen den Rechnern als über Magnetplatte ausgetauscht werden[*].

Die Verwendung gemeinsamer SSD oder Platten-Caches entspricht keiner echten nahen Kopplung, da diese Speichertypen bis auf den Austausch geänderter Seiten nicht zu einer effizienteren Kommunikation beitragen. Ihr primärer Nutzen innerhalb von DB-Sharing-Systemen liegt weiterhin in der Optimierung des E/A-Verhaltens, wobei sich v.a. durch einen globalen Dateipuffer eine weitergehende Einsatzmöglichkeit als im zentralen Fall ergibt. Wie das Beispiel der "Limited Lock Facility" zeigt, könnte die Funktionalität der SSD- oder Platten-Controller erweitert werden, z.B. zur Realisierung einer globalen Sperrverwaltung. Aber auch in diesem Fall bleibt die Einschränkung, daß der Zugriff auf die Speicher/Controller über E/A-Operationen sehr aufwendig ist und keine entscheidenden Vorteile gegenüber einer losen Kopplung verspricht. Wesentlich attraktiver erscheint dagegen die Nutzung erweiterter Hauptspeicher, die einen schnellen und synchronen Zugriff gestatten. Wie wir sehen werden, ergeben sich für diesen Speichertyp auch im verteilten Fall die größten Einsatzmöglichkeiten.

Ein kritische Entwurfsfrage bei der Realisierung der nahen Kopplung liegt in der Festlegung der Zugriffsschnittstelle auf den gemeinsamen Halbleiterspeicher. Der Zugriff auf den erweiterten Hauptspeicher im zentralen Fall besteht lediglich aus Lese- und

---

[*] Ein Seitenaustausch ist erforderlich, wenn eine in einem Rechner geänderte und gepufferte Seite in einem anderen Rechner referenziert werden soll. Ein Seitenaustausch über gemeinsame Platten verursacht Verzögerungen von über 30 ms (zwei Plattenzugriffe), die mit nicht-flüchtigen Platten-Caches um rund den Faktor 10 verkürzt werden. Eine Alternative ist die Seitenübertragung über ein Verbindungsnetzwerk, was jedoch einen hohen Kommunikations-Overhead verursacht und Recovery-Probleme mit sich bringt [Ra91a].

Schreiboperationen auf Seiten. Diese einfache Schnittstelle ermöglicht schnelle Zugriffe. Die hohe Zugriffsgeschwindigkeit wird auch dadurch begünstigt, daß der Speicher weitgehend "passiv" bleibt und die Speicherverwaltung im zugreifenden Rechner erfolgt und somit nicht in die Dauer der Speicherbelegung eingeht. Diese Vorgehensweise ist im verteilten Fall problematischer, da nun mehrere Rechner auf den Speicher zugreifen, so daß die Speicherzugriffe sowie die Realisierung von Verwaltungsaufgaben global zu koordinieren sind. Weiterhin begrenzt eine ausschließlich seitenorientierte Zugriffsschnittstelle die Einsatzmöglichkeiten im verteilten Fall, vor allem hinsichtlich der Realisierung von Kommunikationsaufgaben sowie zur Ablage globaler Datenstrukturen.

Zugriffs-schnittstelle auf gemeinsamen Speicher

Eine Alternative besteht darin, den Controller des gemeinsamen Halbleiterspeichers intelligenter zu machen und insbesondere die Speicherverwaltung ihm zu überlassen (ähnlich wie bei Platten-Caches, jedoch mit wesentlich schnellerer Systemanbindung). Der Vorteil liegt vor allem darin, daß die Verwaltungsaufgaben sowie die Speicherzugriffe nicht mehr global zu synchronisieren sind, so daß sich eine einfache Speichernutzung durch mehrere Rechner ergibt. Allerdings impliziert dies zwangsläufig wieder eine speziellere Zugriffsschnittstelle, insbesondere wenn nicht nur Lese- und Schreiboperationen auf Seiten unterstützt werden sollen. Im Endeffekt ergeben sich somit wiederum ähnliche Probleme wie für die Nutzung von Spezialprozessoren, vor allem die Gefahr von für einen synchronen Zugriff zu langen Zugriffsverzögerungen. Den Ansatz, den wir daher verfolgen, ist die Nutzung einer einfachen Zugriffsschnittstelle ähnlich wie für erweiterte Hauptspeicher im zentralen Fall. Allerdings sehen wir neben Seiten ein weiteres Zugriffsgranulat vor, um eine weitergehende Nutzungsmöglichkeit im Mehrrechnerfall zu ermöglichen.

7.3 Globaler Erweiterter Hauptspeicher (GEH)

Die obige Diskussion zeigte, daß die größten Nutzungsmöglichkeiten einer nahen Rechnerkopplung bestehen, wenn ein gemeinsamer Halbleiterspeicher verwendet wird, der durch die zugreifenden Verarbeitungsrechner verwaltet wird. Einen solchen Speicher stellt der Globale Erweiterte Hauptspeicher (GEH) dar, dessen Stellung innerhalb eines DB-Sharing-Systems in Abb. 7-2 dargestellt ist. Wie für den erweiterten Hauptspeicher im zentralen Fall kann auf den GEH über Maschineninstruktionen synchron zugegriffen werden, jetzt natürlich von mehreren Rechnern aus. Auch der GEH stellt keine "echte" Erweiterung der Speicherhierarchie dar, sondern Datentransfers zwischen GEH und Magnetplatten sind über die Hauptspeicher (HS) der Verarbeitungsrechner abzuwickeln.

GEH

Neben Seitenzugriffen unterstützt der GEH jedoch noch ein weiteres Zugriffsgranulat, sogenannte Einträge, um z.B. einfache globale Datenstrukturen zu realisieren. Es wird angenommen, daß die Eintragsgröße als Mehrfaches eines Einheitsgranulats, z.B. ein Doppelwort, definiert werden kann und daß Maschinenbefehle zum Lesen und Schreiben von Einträgen verfügbar sind. Um Zugriffe mehrerer Rechner auf GEH-Datenstrukturen synchronisieren zu können, wird ferner eine Compare&Swap-Operation auf dem Einheitsgranulat bereitgestellt. Eintragszugriffe können wesentlich schneller als Seitenzugriffe abgewickelt werden (z.B. 1-5 Mikrosekunden), da eine weit geringere Datenmenge zu tranferieren ist. Trotz der erweiterten Zugriffsschnittstelle liegt keine Instruktionsadressierbarkeit auf dem GEH vor, da eine direkte Änderung von GEH-Einträgen nicht möglich ist. Stattdessen müssen Einträge wie Seiten zur Auswertung und Änderung in den Hauptspeicher gebracht werden. Dies impliziert auch, daß eine Pufferung von GEH-Einträgen in Hauptspeicher oder innerhalb der Prozessor-Caches i.a. nicht genutzt werden kann, sondern daß stets auf den GEH zuzugreifen ist, um die aktuelle Version einer globalen Datenstruktur zu lesen.

2 Zugriffsgranulate: Seiten und Einträge

Als weitere GEH-Eigenschaft setzen wir aus Fehlertoleranzgründen voraus, daß zumindest Teile des GEH nicht-flüchtig ausgelegt sind. Zur Behebung von GEH-Ausfällen kann, analog zu Spiegelplatten, eine Duplizierung der Speicherinhalte in unabhängigen Partitionen vorgesehen werden. Zur Rekonstruktion von DB-Seiten kann auch ein Log-basiertes Verfahren verwendet werden.

Als wichtigste GEH-Eigenschaften sind demnach festzuhalten:

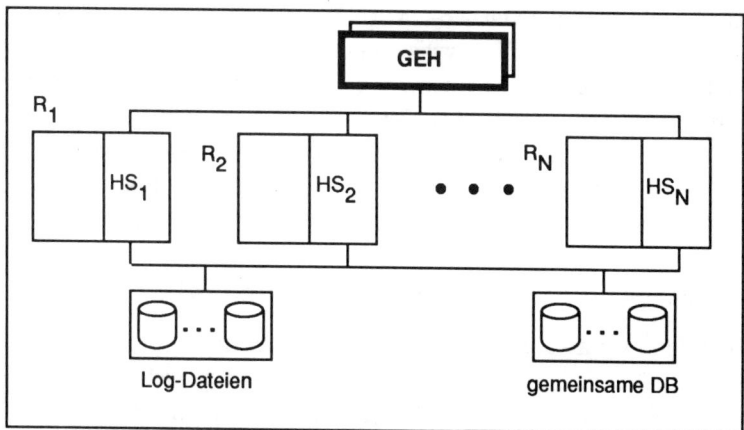

Abb. 7-2: Stellung des GEH in einem DB-Sharing-System

- gemeinsamer Zugriff über eine synchrone Schnittstelle
- zwei Zugriffsgranulate: Seiten und Einträge
- Nicht-Flüchtigkeit.

Aufgrund der beiden Zugriffsgranulate besteht der GEH intern aus mehreren Seiten- und Eintragsbereichen. GEH-Seiten dienen vor allem zur Aufnahme von DB- und Log-Seiten, um das E/A-Verhalten sowie den Seitenaustausch zu optimieren. Mit GEH-Einträgen sollen globale Datenstrukturen (Tabellen) realisiert werden, z.B. zur systemweiten Synchronisation oder aber zur Verwaltung des GEH selbst. Wie die Diskussion in Kap. 7.2 bereits zeigte, bestehen die größten Nutzungsmöglichkeiten für Mehrrechner-DBS vom Typ "DB-Sharing"; in Kap. 7.5 wird darauf im Detail eingegangen. Eine allgemeine Optimierung im verteilten Fall ist jedoch, den GEH zur beschleunigten Interprozessor-Kommunikation zu verwenden. Nähere Einzelheiten dazu werden im nächsten Kapitel diskutiert.

generelle GEH-Einsatz-möglichkeiten

Weitere Alternativen beim Einsatz eines GEH ergeben sich bezüglich der *Verwaltung des GEH*, insbesondere bezüglich der Verwaltung des GEH-Seitenbereiches (Austausch geänderter Seiten, globaler DB-Puffer, Logging). Neben einer Verwaltung über zentrale Datenstrukturen im GEH selbst kommt dabei auch ein sogenannter *partitionierter Ansatz* in Frage, bei dem jeder Verarbeitungsrechner eine Partition des GEH kontrolliert und die dazu erforderlichen Datenstrukturen lokal verwaltet (z.B. zur Realisierung lokaler Log-Dateien im GEH). In [DIRY89] wird ein solcher Ansatz vorgestellt, wobei ein Rechner zwar Lesezugriffe auf den gesamten

GEH-Verwaltung

gemeinsamen Speicherbereich (hier: GEH) vornehmen kann, Schreibzugriffe jedoch nur bezüglich der von ihm kontrollierten Partition. Daneben sind auch Mischformen aus einem solch partitionierten Ansatz sowie der Verwendung zentraler Verwaltungsdaten im GEH denkbar, wobei dies im einzelnen natürlich stark von der vorgesehenen Verwendung der zu verwaltenden GEH-Daten abhängt.

7.4 Nachrichtenaustausch über einen GEH

speicherbasierte Kommunikation

Die allgemeinste Einsatzform eines GEH im (lokal) verteilten Fall ist seine Nutzung zum Nachrichtenaustausch zwischen Verarbeitungsrechnern. Die Bereitstellung einer solchen speicherbasierten Kommunikation ist eine allgemeine Dienstleistung, die vom Betriebssystem bereitgestellt werden sollte. Der GEH-Einsatz zur Kommunikation bleibt transparent für das DBS und kann daher sowohl für Shared-Nothing als auch in DB-Sharing-Systemen genutzt werden. Die speicherbasierte Kommunikation soll vor allem eine Reduzierung des CPU-Overheads im Vergleich zu allgemeinen Kommunikationsprotokollen ermöglichen, jedoch auch schnellere Transferzeiten, vor allem für große Datenmengen.

Soll eine Nachricht X von Rechner R_1 über den GEH nach R_2 gebracht werden, so sind im wesentlichen drei Schritte vorzunehmen (Abb. 7-3):

1. R_1 schreibt X in den GEH.
2. R_1 schickt eine Benachrichtigung (z.B. Interrupt) an R_2, daß X vom GEH eingelesen werden kann. Dabei wird auch die GEH-Adresse mitgeteilt, an der X vorliegt.
3. R_2 liest X vom GEH in den Hauptspeicher.

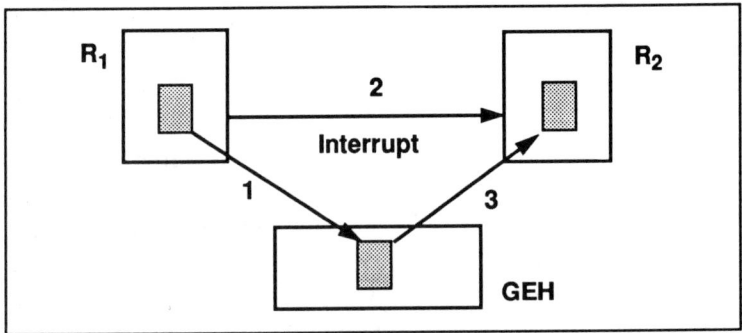

Abb. 7-3:   Nachrichtenaustausch über den GEH

Diese Vorgehensweise kann auf Nachrichten beliebiger Größe
angewendet werden. Kurze Nachrichten können auf GEH-Einträge, lange auf GEH-Seiten abgebildet werden. So kann auch der
Austausch einer DB-Seite über den GEH als beschleunigtes Senden einer "großen Nachricht" aufgefaßt werden. Die Benachrichtigung in Schritt 2 könnte zwar selbst wieder als eigene Nachricht
angesehen werden, jedoch nehmen wir an, daß für diese kurze Mitteilung fester Länge nur ein geringer Overhead anfällt. Insbesondere könnte der Interrupt über eine spezielle GEH-Instruktion
ausgelöst werden.

Die Realisierung der angegebenen drei Schritte zum Nachrichtenaustausch über den GEH erfordert allerdings noch die Behandlung *Verwaltungs-*
folgender Verwaltungsaufgaben: *aufgaben*

1. Bevor eine Nachricht in den GEH geschrieben werden kann, muß zunächst ein Nachrichtenpuffer (ausreichende Anzahl von Einträgen
   bzw. Seiten) im GEH lokalisiert werden, der frei ist bzw. überschrieben werden kann.

2. Die in den GEH geschriebene Nachricht muß vor einem Überschreiben durch andere Rechner geschützt werden (zumindest bis sie vom
   Adressaten eingelesen wurde).

3. Nach Einlesen der Nachricht ist der betreffende Nachrichtenpuffer
   im GEH freizugeben.

Wie schon in Kap. 7.3 erwähnt, kommen für diese Verwaltungsaufgaben unterschiedliche Strategien in Betracht, z.B. eine partitionierte GEH-Verwaltung oder die Verwendung von zentralen Ver- *partitionierte*
waltungsdaten im GEH. Beim partitionierten Ansatz kann jeder *GEH-*
Verarbeitungsrechner nur auf eine ihm zugeordnete GEH-Parti- *Verwaltung*
tion schreibend zugreifen (lesend dagegen auf den gesamten GEH),
so daß die Punkte 1 und 2 mit lokalen Datenstrukturen im Hauptspeicher zu lösen sind. Punkt 3 erfordert jedoch, daß der Empfang
einer Nachricht quittiert wird, damit die betreffende GEH-Infor-
mation als überschreibbar gekennzeichnet werden kann. Dies
kann durch einen erneuten Interrupt geschehen oder über eine
Nachricht, die mit anderen gebündelt übertragen wird. Auch in
herkömmlichen Protokollen sind solche Quittierungen üblich, um
einen Verlust von Nachrichten erkennen zu können.

Die Verwaltung des Nachrichtenaustausches kann auch mit GEH-
Datenstrukturen erfolgen, z.B. über eine Bitliste. Dabei wird pro
"Nachrichtenbehälter" (GEH-Eintrag oder -Seite) ein Bit vorgese- *Verwaltung über*
hen, das anzeigt, ob der zugehörige Behälter frei ist oder nicht. Zur *zentrale Daten-*
Allokation eines Nachrichtenpuffers ist die Bitliste vom GEH ein- *strukturen*
zulesen und eine ausreichend große Zahl von Einträgen/Seiten *im GEH*

durch Setzen der Bits zu reservieren. Die geänderte Bitliste ist daraufhin mit der Compare&Swap-Operation zurückzuschreiben. Diese Operation ist erfolgreich, wenn kein anderer Rechner in der Zwischenzeit die Bitliste geändert hat (anderenfalls ist die Bitliste erneut zu lesen, um einen Nachrichtenpuffer zu allokieren). Nach Einlesen der Nachricht gibt der Empfängerknoten den Nachrichtenpuffer durch Zurücksetzen der entsprechenden Bits im GEH frei. Damit werden pro Nachricht wenigstens vier weitere Zugriffe auf GEH-Einträge notwendig. Doch selbst für große Nachrichten sind aufgrund der schnellen GEH-Zugriffszeiten Verzögerungen von unter 100 µs zu erwarten, so daß sich gegenüber herkömmlichen Protokollen starke Einsparungen ergeben. Der GEH-Speicherplatzbedarf zur Nachrichtenübertragung ist gering, da Nachrichtenpuffer i.a. nur für kurze Zeit belegt sind.

7.5 Nutzung eines GEH bei DB-Sharing

Shared-Nothing-Systeme können, neben dem Einsatz einer speicherbasierten Kommunikation, nur begrenzt Nutzen von einer nahen Kopplung machen, da bei ihnen eine Partitionierung der Externspeicher vorliegt, so daß z.B. eine globale Pufferverwaltung
oder GEH-residente Dateien nicht genutzt werden können. Auch
die Synchronisation auf die Datenbank ist relativ unproblematisch, da jeder Rechner Zugriffe bezüglich seiner Partition lokal
(ohne Kommunikation) synchronisieren kann. Höchstens zur Erkennung von Deadlocks könnte es sinnvoll sein, globale Wartein-
formationen in einem gemeinsamen Speicherbereich zu führen.
Für DB-Sharing dagegen ergeben sich weitergehende Nutzungsmöglichkeiten. Für nahezu alle leistungskritischen Funktionen,
die den Kommunikationsbedarf bestimmen, sind Verbesserungen
durch eine nahe Kopplung realisierbar, insbesondere bezüglich
Synchronisation und Kohärenzkontrolle (Behandlung von Pufferinvalidierungen). Um das Verständnis der folgenden Ausführungen zu erleichtern, geben wir zunächst einen groben Überblick, wie
diese beiden Funktionen bei loser Kopplung gelöst werden können.
In Kap. 7.5.2 beschreiben wir dann, wie Synchronisation sowie Kohärenzkontrolle bei Einsatz eines GEH realisiert werden können.
Weitergehende Einsatzformen des GEH bezüglich globalem Logging, globaler Pufferverwaltung und Lastkontrolle werden in Kap.
7.5.3 diskutiert. Die DB-Sharing-spezifischen Nutzungsarten eines
GEH sind durch die DBS (nicht im Betriebssystem) zu realisieren.

GEH-Nutzung bei Shared-Nothing vs. DB-Sharing

7.5.1 Synchronisation und Kohärenzkontrolle bei lose ge-
koppelten DB-Sharing-Systemen

Die Leistungsfähigkeit von DB-Sharing-Systemen ist wesentlich
von den gewählten Algorithmen zur globalen Synchronisation und
Behandlung von Pufferinvalidierungen abhängig, da der Kommunikationsaufwand zur Transaktionsbearbeitung weitgehend durch
diese beiden Funktionen bestimmt ist. Dies gilt natürlich vor allem
bei loser Kopplung, wo die Minimierung von Kommunikationsvorgängen Hauptoptimierungsziel ist. Einen Überblick zu alternativen Verfahren für Synchronisation und Kohärenzkontrolle bieten
[Ra89a, Ra91d], nähere Beschreibungen sind in [Ra88a] zu finden.
Im folgenden sollen einige wesentliche Lösungsansätze kurz skizziert werden.

Synchronisation

Zentrales Sperrverfahren

Zur Synchronisation kommen in existierenden DB-Sharing-Systemen ausnahmslos Sperrverfahren zum Einsatz, welche zentralisiert oder verteilt realisiert werden können. Bei einem *zentralen Sperrverfahren* nimmt ein dedizierter Rechner die globale Sperrverwaltung für die gesamte Datenbank vor. Im einfachsten Fall sind sämtliche Sperranforderungen und -freigaben an diesen Rechner zu schicken, was jedoch zu einem inakzeptabel hohem Kommunikationsaufwand und starken Antwortzeitverzögerungen führt. Der Kommunikations-Overhead läßt sich relativ leicht durch eine Nachrichtenbündelung reduzieren, wobei mehrere Sperranforderungen und -freigaben pro Nachricht übertragen werden; dies führt aber zu einer noch stärkeren Antwortzeiterhöhung. Die Anzahl globaler Sperranforderungen läßt sich jedoch reduzieren, indem man die lokalen Sperrverwalter einzelner Rechner autorisiert, Sperren

Einsparung von Nachrichten durch Schreib- und Leseautorisierungen

ggf. lokal zu verwalten, ohne also Kommunikation mit dem zentralen Rechner vornehmen zu müssen. Dabei lassen sich zwei Arten von Autorisierungen unterscheiden, die vom globalen Sperrverwalter den lokalen Sperrverwaltern zugewiesen werden können:

- Eine *Schreibautorisierung* ermöglicht es dem lokalen Sperrverwalter, sowohl Schreib- als auch Lesesperren für das betreffende Objekt (z.B. Seite oder Satztyp) lokal zu vergeben. Eine solche Autorisierung wird vom globalen Sperrverwalter erteilt, wenn zum Zeitpunkt einer Sperranforderung kein weiterer Rechner eine Sperre auf dem betreffenden Objekt angefordert hat. Eine Schreibautorisierung kann jeweils nur einem Rechner (lokalem Sperrverwalter) zuerkannt werden. Eine Rückgabe der Schreibautorisierung ist erst erforderlich, wenn ein anderer Rechner dasselbe Objekt referenzieren will.

- Eine *Leseautorisierung* ermöglicht es dem lokalen Sperrverwalter, Lesesperren für das betreffende Objekt lokal zu vergeben. Eine solche Autorisierung wird vom globalen Sperrverwalter erteilt, wenn zum Zeitpunkt einer Sperranforderung kein weiterer Rechner eine Schreibsperre auf dem betreffenden Objekt angefordert hat. Im Gegensatz zur Schreibautorisierung können mehrere Rechner eine Leseautorisierung für dasselbe Objekt halten. Eine Rückgabe der Leseautorisierung(en) ist erst erforderlich, sobald ein Rechner einen Schreibzugriff auf das betreffende Objekt durchführen will.

Ein Beispiel zum Einsatz dieser Autorisierungen zeigt Abb. 7-4. Dabei besitzt Rechner R2 (genauer: der lokale Sperrverwalter LLM2) eine Schreibautorisierung für Objekt O1, in den Rechnern R1 und R3 liegt je eine Leseautorisierung für Objekt O2 vor. Damit können in R1 sämtliche Sperranforderungen und -freigaben bezüglich O1 ohne Kommunikationsverzögerungen behandelt werden, in

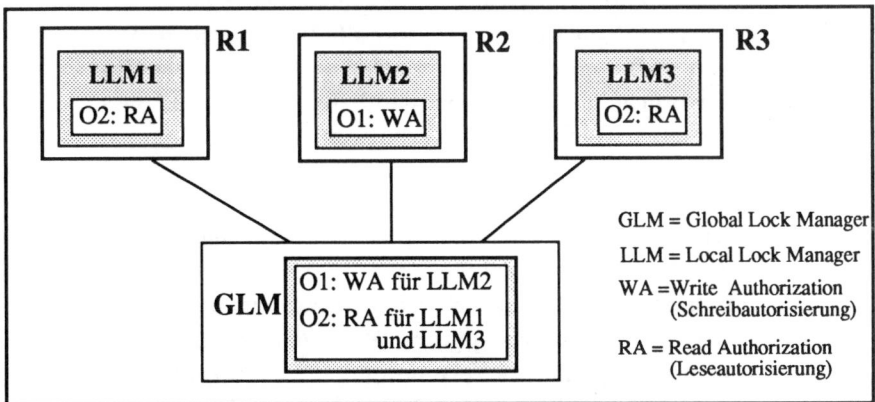

Abb. 7-4:   Einsatz von Schreib- und Leseautorisierungen

R1 und R3 sind sämtlich Lesesperren auf O2 lokal gewährbar. Erfolgt jedoch eine Referenz auf O1 zum Beispiel in Rechner R1, dann führt die entsprechende Sperranforderung an den globalen Sperrverwalter (GLM) zum Entzug der Schreibautorisierung an R2. In diesem Fall entstehen für die Sperranforderung in R1 zusätzliche Verzögerungen und Nachrichten (ingesamt 4 Nachrichten). Ebenso kann eine Schreibsperre auf O2 erst gewährt werden, nachdem die beiden Leseautorisierungen entzogen wurden.

Obwohl also durch den Entzug von Schreib- bzw. Leseautorisierungen zusätzliche Nachrichten eingeführt werden, zeigen Leistungsuntersuchungen, daß die Nachrichteneinsparungen demgegenüber i.a. deutlich überwiegen [Ra88b]. Dabei ist die Effektivität der Schreibautorisierungen jedoch davon abhängig, inwieweit durch die Lastverteilung ein günstiges Lokalitätsverhalten erreicht werden kann, so daß bestimmte DB-Bereiche möglichst nur in einem Rechner referenziert werden.

Da ein einzelner Rechner zur globalen Sperrverwaltung v.a. bei größerer Rechnerzahl leicht zum Leistungsengpaß wird, empfiehlt sich der Einsatz verteilter Sperrverfahren, bei denen die globale Sperrverantwortlichkeit unter mehrere Rechner aufgeteilt wird. Im einfachsten Fall kann dies z.B. dadurch geschehen, daß der für ein Objekt zuständige Rechner durch Anwendung einer Hash-Funktion auf dem Objektnamen ermittelt wird. Das Sperrprotokoll selbst bleibt im Vergleich zum zentralen Fall davon weitgehend unbeeinflußt, insbesondere können Schreib- und Leseautorisierungen weiterhin genutzt werden.

Verteilte Sperr-
verfahren

Primary-Copy-
Sperrverfahren

Beim *Primary-Copy-Sperrverfahren* [Ra86c] wird angestrebt, die Sperrverantwortlichkeit so unter alle Verarbeitungsrechner aufzuteilen, daß dadurch bereits ein hoher Anteil lokaler Sperrgewährungen möglich wird. Denn sämtliche Sperren, für die der eigene Rechner die globale Sperrverantwortung trägt, können lokal behandelt werden. Um diesen Anteil möglichst groß werden zu lassen, ist eine Abstimmung zwischen der Aufteilung der Sperrverantwortung, die einer logischen DB-Partitionierung gleichkommt, und der Lastverteilung vorzunehmen. Damit läßt sich ähnlich wie durch den Einsatz von Schreibautorisierungen Lokalität im Referenzverhalten zur Einsparung globaler Sperranforderungen nutzen. Allerdings ist die Verteilung der Sperrverantwortung im Gegensatz zu den Schreibautorisierungen stabil, und Verzögerungen wie zum Entzug von Schreibautorisierungen kommen keine vor. Der Einsatz der Leseautorisierungen ist auch beim Primary-Copy-Sperrverfahren sinnvoll [Ra86c, Ra88a]. Damit können Lesesperren auch für solche Objekte lokal behandelt werden, für die ein anderer Rechner die globale Sperrverantwortung trägt.

Kohärenzkontrolle

Behandlung von
Puffer-
invalidierungen

Da jeder Knoten eines DB-Sharing-Systems einen lokalen DB-Puffer im Hauptspeicher führt, kommt es zu einer (dynamischen) Datenreplikation in den Puffern und dem damit verbundenen *Veralterungsproblem* (buffer invalidation problem) [Ra89a, Ra91d]. Zur Behandlung von Pufferinvalidierungen (Kohärenzkontrolle) ist es erforderlich, daß invalidierte Seiten im DB-Puffer eines Rechners erkannt werden. Daneben ist dafür zu sorgen, daß eine Transaktion stets die neuste Version einer DB-Seite erhält. Letztere Aufgabe hängt davon ab, ob eine FORCE- oder NOFORCE-Strategie zum Ausschreiben geänderter Seiten auf Externspeicher eingesetzt wird. Bei einer FORCE-Strategie kann die neuste Version einer DB-Seite stets vom gemeinsamen Externspeicher gelesen werden, da jede Änderung unmittelbar dorthin durchgeschrieben wird. Für NOFORCE sind dagegen Zusatzmaßnahmen erforderlich, um eine Änderung, die nur im Puffer eines Rechners steht, anderen Rechnern zur Verfügung zu stellen.

Broadcast- vs.
On-Request-
Invalidierung

Ein einfacher Ansatz zur Erkennung invalidierter Seiten erfordert, daß jede Änderungstransaktion am Transaktionsende in einer Broadcast-Nachricht allen anderen Rechnern mitteilt, welche Seiten von ihr geändert wurden. Dieser Ansatz führt jedoch zu einem hohen Kommunikationsaufwand sowie erhöhten Antwortzeiten, da die Sperren einer Transaktion erst freigegeben werden können, nachdem alle Rechner die Bearbeitung der Broadcast-Nachricht quittiert haben. Wesentlich effizienter ist dagegen eine sogenannte *On-Request-Invalidierung*, bei der die Erkennung invalidierter Seiten in das Sperrprotokoll integriert ist. Hierbei wird durch Führen zusätzlicher Informationen (z.B. seitenspezifischer Änderungszähler) in der globalen Sperrtabelle bei der Bearbeitung einer Sperranforderung ("on request") festgestellt, ob für die betreffende Seite eine Invalidierung vorliegt. Dies gestattet die Erkennung von Pufferinvalidierungen ohne zusätzliche Kommunikation, verlangt jedoch eine Synchronisation auf Seitenebene.

Bezüglich der Bereitstellung aktueller Seitenversionen bei NO-FORCE kann in der globalen Sperrtabelle zusätzlich vermerkt werden, welcher Rechner eine Seite zuletzt geändert hat. Bei einer Sperranforderung eines anderen Rechners, der die betreffende Seite noch nicht gepuffert hat (bzw. eine veraltete Version besitzt), wird damit ersichtlich, bei welchem Rechner die Seite verfügbar ist. In diesem Fall wird anstelle eines Externspeicherzugriffs eine *Seitenanforderung* (page request) an den betreffenden Rechner gestellt, der die Seite daraufhin in einer Antwortnachricht über das Kommunikationsnetz zurückliefert. Wird eine geänderte Seite auf Externspeicher ausgeschrieben, erfolgt eine Anpassung in der globalen Sperrtabelle, die anzeigt, daß die aktuelle Seitenversion nun vom Externspeicher gelesen werden kann.

Progagierung von Änderungen bei NOFORCE

Beim Primary-Copy-Sperrverfahren ist für NOFORCE eine andere Strategie zum Austausch geänderter Seiten möglich, die ohne zusätzliche Nachrichten für Seitenanforderungen auskommt. Dabei werden am Transaktionsende geänderte Seiten stets an den Rechner gesendet, der die globale Sperrverantwortung für die Seite hält. Diese Übertragung kann mit der Nachricht zur Freigabe der Schreibsperre kombiniert werden und führt zu keiner Antwortzeiterhöhung (die Übertragung einer "großen" Nachricht erfordert jedoch einen höheren Kommunikations-Overhead). Kommunikation ist daneben natürlich nur dann erforderlich, wenn nicht der eigene Rechner (an dem der Zugriff erfolgte) die Sperrverantwortung hält. Eine Folge dieser Vorgehensweise ist, daß die aktuelle Version einer Seite entweder bei dem Rechner erhältlich ist, der die globale Sperrverantwortung besitzt, oder von Externspeicher eingelesen werden kann (wenn die Seite nicht geändert wurde oder durch den zuständigen Rechner bereits ausgeschrieben wurde). Dies bringt den großen Vorteil mit sich, daß bei einer externen Sperranforderung der zuständige Rechner die aktuelle Version der Seite mit der

Seitenaustausch beim Primary-Copy-Sperrverfahren

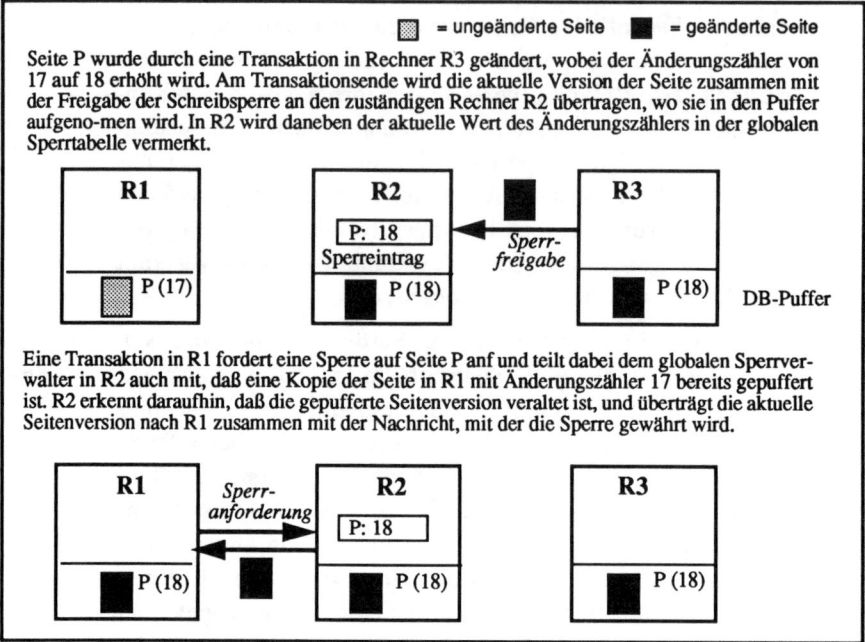

Abb. 7-5:   Beispielszenarium für Seitentransfers beim Primary-Copy-Sperrverfahren

Sperrgewährung direkt mitschicken kann, falls sie bei ihm vorliegt. Damit entstehen nach Erhalt der Sperre/Seite keine weiteren Verzögerungen für Seitenanforderungen bzw. Externspeicherzugriffe.

Beispiel   In Abb. 7-5 ist ein Beispiel für das skizzierte Protokoll gezeigt. Dabei trägt Rechner R2 die globale Sperrverantwortung für die betrachtete Seite P. Die Erkennung von Pufferinvalidierungen (On-Request-Invalidierung) erfolgt über Änderungszähler, die in den Seiten selbst gespeichert und bei jeder Änderung inkrementiert werden.

7.5.2 Synchronisation über den GEH

Ein nachrichtenbasiertes Protokoll für Synchronisation und Kohärenzkontrolle läßt sich auch bei naher Kopplung mit einem GEH verwenden, wenn der GEH lediglich zur Beschleunigung der Kommunikation genutzt wird. Ein solcher Ansatz hat vor allem den Vorteil, daß sowohl Konfigurationen mit und ohne GEH ohne Auswirkungen auf das Synchronisationsprotokoll (sowie das DBS) genutzt werden können.

Eine Alternative besteht in der Nutzung einer globalen Sperrtabelle (Global Lock Table, GLT) im GEH, auf die alle Rechner (DBS)
Zugriff haben. Darin sind Informationen über gewährte und wartende (inkompatible) Sperranforderungen zu führen, so daß jeder
Rechner über die Gewährbarkeit einer Sperranforderung entscheiden kann. Änderungen an der globalen Sperrtabelle erfordern jeweils mindestens zwei GEH-Zugriffe: einen zum Lesen des relevanten Sperreintrages in den Hauptspeicher und einen zum Zurückschreiben der Änderung in den GEH (mit Compare&Swap).
Bei Eintragszugriffszeiten von wenigen Mikrosekunden können so
im Vergleich zu nachrichtenbasierten Protokollen in lose gekoppelten Systemen nahezu vernachlässigbare Verzögerungen zur Sperrbehandlung erreicht werden.

globale Sperr-
tabelle im GEH

Die Verwaltung einer globalen Sperrtabelle im GEH wird jedoch
durch die fehlende Instruktionsadressierbarkeit erschwert, da die
globale Sperrinformation vollständig auf GEH-Einträge fester
Länge abzubilden ist. Dazu ist eine Verwaltung der Sperrangaben
innerhalb einer Hash-Tabelle im GEH vorzusehen, da es nicht
möglich ist, für jedes sperrbare DB-Objekt a priori einen GLT-Kon-
trolleintrag zu reservieren. Aufgrund von Namenskollisionen bei
der Hash-Abbildung sind pro Hash-Klasse eine variable Anzahl
von Einträgen möglich, die in geeigneter Weise zu verketten sind.
Die Verwaltung solch variabler Datenstrukturen mit GEH-Einträgen ist sehr umständlich und führt zu vermehrten GEH-Zugriffen
[HR90]. So sind beim Zugriff auf einen Sperreintrag im GEH ggf.
mehrere Einträge derselben Hash-Klasse einzulesen. Auch das
Einfügen eines neuen Eintrages in die Hash-Klasse erfordert mehrere GEH-Zugriffe, um einen freien GEH-Eintrag zu allokieren
und mit der Hash-Tabelle zu verketten.

Realisierungs-
probleme

Ähnliche Probleme entstehen bei der Verwaltung der Sperrkon-
trollblöcke selbst, da auch die Anzahl gewährter und wartender
Sperranforderungen pro Objekt variabel ist. Um die Komplexität
der Implementierung sowie die GEH-Zugriffshäufigkeit zu reduzieren, empfiehlt sich, im GEH nur eine reduzierte Sperrinformation fester Länge zu führen. Dies ist möglich, wenn im GEH die
Sperrangaben rechnerbezogen verwaltet werden, die transaktions-
spezifischen Angaben dagegen innerhalb von lokalen (Hauptspei-
cher-) Sperrtabellen der einzelnen DBS.

Eine denkbare Realisierung nutzt folgende Angaben innerhalb eines Sperrkontrollblocks im GEH:

Object ID:	*...;*
GRANTED-MODE:	*array [1.. NMAX] of [0, R, X];*
#WE:	*0.. 2*NMAX;*
	{ aktuelle Anzahl von Warteeinträgen }
GWL:	*array [1..#WE] of (Rechner-ID, Modus);*
	{Globale Warteliste }

Dabei wird von zwei Sperrmodi ausgegangen: lesenden (R-) und schreibenden (X-) Sperranforderungen. NMAX bezeichne die maximale Rechneranzahl im System. Zu einem Objekt gibt der Vektor GRANTED-MODE für jeden Rechner an, ob Sperren und, wenn ja, mit welchem höchsten Sperrmodus an Transaktionen des Rechners vergeben sind (0 bedeutet, daß keine Sperren vergeben sind; R, daß nur Lesesperren gewährt wurden, usw.). Auch die Angaben zu wartenden Sperranforderungen konnten auf eine feste Länge begrenzt *reduzierte Sperr* werden, obwohl die Anzahl wartender Transaktionen prinzipiell *information* unbegrenzt ist. Dazu wurde pro Rechner und Sperrmodus höch *fester Länge im* stens ein Warteeintrag vorgesehen, so daß bei zwei Sperrmodi ma *GEH* ximal 2*NMAX Warteeinträge möglich sind. Wäre nur die restrik tivste Sperranforderung in der globalen Warteliste vermerkt wor den, hätten bei der Abarbeitung der Warteliste weniger Transak tionen als möglich gleichzeitig aktiviert werden können (z.B. kön nen nun mehrere Leseanforderungen verschiedener Rechner gleichzeitig gewährt werden, auch wenn einer der Rechner eine X-Sperre gefordert hat).

Die globale Sperrinformation ist sehr kompakt. Für NMAX=4 wer den für GRANTED-MODE nur 1 Byte, für #WE 4 Bits und für die globale Warteliste 3 Bytes benötigt. Daneben sind ca. 6 Bytes für die Objekt-ID und 2 Bytes für den Verweis auf den Nachfolger in nerhalb derselben Hash-Klasse vorzusehen, so daß eine Eintrags größe von 16 Bytes zur Aufnahme eines Sperrkontrollblockes aus reicht (dabei verbleibt noch etwas Platz für zusätzliche Angaben, z.B. zur Behandlung von Pufferinvalidierungen, s.u.).

Behandlung von Eine Sperranforderung wird stets über die globale Sperrtabelle im *Sperranforderu* GEH entschieden. Dazu ist zunächst der betreffende Kontrollblock *ngen und* von der Hash-Tabelle des GEH in den Hauptspeicher zu lesen. *-freigaben* Liegt noch keiner vor, so wird ein neuer Eintrag allokiert und die Sperre kann gewährt werden. Anderenfalls wird mit den globalen Sperrangaben entschieden, ob die Sperre mit bereits gewährten Sperren verträglich ist. Liegen unverträgliche Sperrgewährungen

bzw. bereits wartende Sperranforderungen vor, wird ein Warteeintrag an die GWL angefügt, falls noch kein Eintrag für den betreffenden Rechner und Sperrmodus vorliegt. Bei gewährbarer Sperre
wird GRANTED-MODE, falls erforderlich, angepaßt. Eine Sperrfreigabe erfordert einen GEH-Zugriff, falls sich für den Rechner
der maximale Modus gewährter Sperren reduziert (z.B. nach Freigabe der letzten Lesesperre). Daraufhin wird GRANTED-MODE
angepaßt und festgestellt, ob wartende Sperranforderungen gewährbar sind. Ist dies der Fall, so wird dies den betreffenden Rechner über eine Nachricht mitgeteilt. Geänderte GEH-Einträge werden stets mit Compare&Swap zurückgeschrieben. Scheitert die
Compare& Swap-Operation, so ist die betreffende Sperranforderung bzw. -freigabe von neuem zu bearbeiten.

Die Verwendung der eingeführten Datenstrukturen verdeutlicht   *Beispiel*
das Beispiel in Abb. 7-6 für drei Rechner. Für das betrachtete Objekt O gibt GRANTED-MODE an, daß eine Transaktion in Rechner
R3 eine X-Sperre hält; die lokalen Sperrangaben dieses Rechners
zeigen, daß Transaktion T1 die Sperre hält. Wie zu erkennen, liegen auf Transaktionsebene (in den lokalen Sperrtabellen) 6 wartende Sperranforderungen vor, jedoch nur 4 Einträge auf Rechnerebene innerhalb der globalen Warteliste GWL. Nach Freigabe der
X-Sperre von T1 wird zunächst eine R-Sperrgewährung von R3
nach R2 geschickt und der GEH-Eintrag entsprechend angepaßt
(GRANTED-MODE := 0R00; #WE := 3; erstes GWL-Element ent-

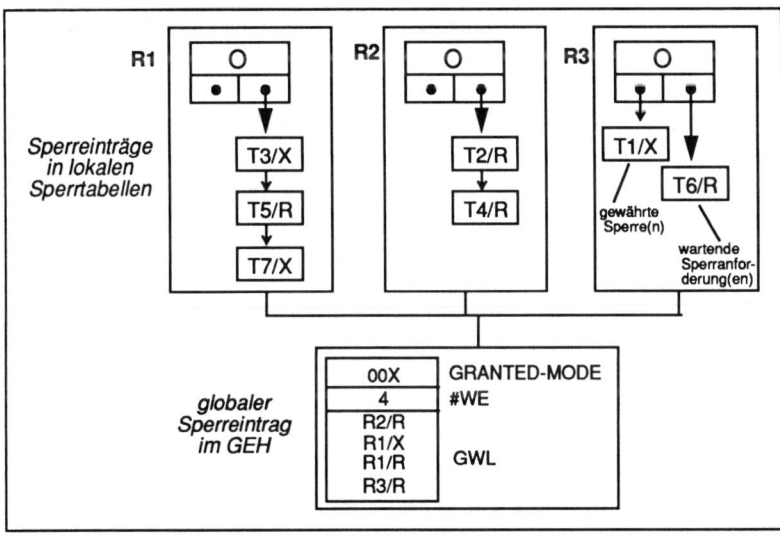

Abb. 7-6:   Beispielszenarium zur Verwaltung wartender Sperranforderungen

fernen). In R2 werden daraufhin natürlich beide R-Anforderungen befriedigt, obwohl die zweite R-Anforderung nicht im GEH gespeichert wurde. Nach Freigabe der letzten R-Sperre greift R2 auf die globale Sperrtabelle zu und veranlaßt die weitere Abarbeitung der globalen Warteliste, wobei dann die X-Anforderung aus R1 (T3) befriedigt wird. Erst nach Entfernen des zugehörigen X-Warteintrages für R1 aus der GWL kann nun die bereits länger gestellte X-Anforderung von Transaktion T7 an den GEH weitergereicht werden, wobei ein erneuter X-Warteintrag für R1 an das aktuelle Ende der GWL angefügt wird. Eine derart verzögerte Weitergabe wartender Sperranforderungen ist erforderlich, um trotz der reduzierten Warteinformation im GEH ein "Verhungern" von Transaktionen zu verhindern.

Deadlock-Behandlung

Die Führung lokaler Sperrtabellen gestattet jedem Rechner eine Erkennung lokaler Deadlocks, so daß nur noch globale Deadlocks einer gesonderten Behandlung bedürfen. Am einfachsten ist hierzu eine Timeout-Strategie. Eine Erkennung globaler Deadlocks kann entweder durch ein nachrichtenbasiertes Protokoll oder unter Nutzung geeigneter Datenstrukturen im GEH erfolgen. Allerdings wäre ein globaler Wartegraph mit GEH-Einträgen nur äußerst umständlich zu realisieren und würde mühsame und häufige Änderungsoperationen verursachen.

Rechnerausfall

Ein weiterer Vorteil der eingeführten Redundanz ist, daß die globale Sperrinformation im GEH durch die Angaben in den lokalen Sperrtabellen rekonstruierbar ist (Fehlertoleranz). So können z.B. auch nach einem Rechnerausfall die GEH-Sperreinträge, die der ausgefallene Rechner in Bearbeitung hatte, durch die Sperrangaben in den überlebenden Rechnern auf einen konsistenten Zustand gebracht werden. Das Hauptproblem, nämlich die Erkennung der von einem Rechnerausfall betroffenen Einträge, wird damit jedoch nicht gelöst; hierzu muß i.a. ein Doppeltführen der globalen Sperrtabelle in Kauf genommen werden.

Leistungs-abschätzung

Das skizzierte Sperrprotokoll erfordert wenigstens zwei GEH-Zugriffe pro Sperranforderung und -freigabe. Geht man davon aus, daß Namenskollisionen bei der Hash-Abbildung selten sind, ergeben sich ca. 4 bis 5 GEH-Zugriffe pro Sperre. Bei doppelter Haltung der GLT sind die Schreiboperationen zweifach auszuführen, so daß ca. 6 bis 7 GEH-Zugriffe pro Sperre anfallen. Für eine Transaktion mit fünf Sperren ergibt dies 30 bis 35 GEH-Zugriffe mit einer Gesamtverzögerung in der Größenordnung von 100 μs. Auch bei hohen Transaktionsraten bleibt die GEH-Auslastung gering (unter 10% für 1000 TPS).

Die GEH-Zugriffshäufigkeit kann weiter reduziert werden, wenn nicht jede Sperranforderung über den GEH entschieden wird, sondern die Verarbeitungsrechner zur lokalen Vergabe von Sperren autorisiert werden. Ein solch erweitertes Sperrverfahren kann analog zu Vorschlägen zur Reduzierung globaler Sperranforderungen bei nachrichtenbasierten Protokollen realisiert werden, insbesondere durch Verwendung von Schreib- und Leseautorisierungen (Kap. 7.5.1). Mit einer solchen Verfahrenserweiterung läßt sich durch Nutzung von Lokalität die Anzahl der GEH-Zugriffe stark reduzieren, allerdings auf Kosten einer erheblich gesteigerten Komplexität des Sperrprotokolls. Außerdem werden durch die Autorisierungen lediglich GEH-Zugriffe eingespart, die sehr kurze Verzögerungen verursachen. Der Entzug der Autorisierungen dagegen (nach einer unverträglichen Sperranforderung durch einen anderen Rechner), ist auch bei GEH-Einsatz nur über Nachrichten möglich, so daß die Verzögerungen hierfür die Einsparungen bei den GEH-Zugriffen mehr als zunichte machen können.

Reduzierung der GEH-Zugriffshäufigkeit

Behandlung von Pufferinvalidierungen

Die Diskussion in Kap. 7.5.1 zeigte, daß eine effiziente Lösung zur Kohärenzkontrolle durch Integration ins Sperrprotokoll möglich ist, indem erweiterte Sperrinformationen genutzt werden (z.B. um veraltete Seiten erkennen zu können, Angaben zum Aufenthaltsort der aktuellen Seitenversion). Wird die globale Sperrtabelle im GEH abgelegt, so können nun natürlich auch für geänderte DB-Seiten die Angaben zur Behandlung des Veralterungsproblems in Tabellen des GEH abgelegt werden. Desweiteren kann der GEH zum beschleunigten Austausch geänderter Seiten zwischen den Rechnern verwendet werden, und zwar sowohl bei einem nachrichtenbasierten Synchronisationsprotokoll als auch bei einer Synchronisation über zentrale Sperrtabellen im GEH.

erweiterte Sperrinformation zur Kohärenzkontrolle

7.5.3 Weitere Einsatzmöglichkeiten des GEH

Logging

Jeder Rechner eines DB-Sharing-Systems führt zur Behandlung von Transaktionsfehlern und Rechnerausfällen eine lokale Log-Datei, in der Änderungen der an dem Rechner ausgeführten Transaktionen protokolliert werden. Die Allokation der lokalen Log-Dateien im GEH bzw. die Realisierung einer Schreibpufferung ist wie

lokales und glo-
bales Logging

im zentralen Fall möglich, da keine rechnerübergreifende Koordinierung erforderlich ist. Zur Behandlung von Externspeicherfehlern erfordert DB-Sharing jedoch auch die Konstruktion einer globalen Log-Datei, in der die Änderungen sämtlicher Transaktionen im System in chronologischer Reihenfolge protokolliert werden [Ra91a]. In existierenden DB-Sharing-Systemen erfolgt die Erstellung der globalen Log-Datei durch Mischen der lokalen Log-Daten mit einem Dienstprogramm. Dieser Ansatz verursacht jedoch signifikante Verfügbarkeitsprobleme, da nach einem Plattenfehler zunächst das Dienstprogramm zur Erstellung der globalen Log-Datei auszuführen ist. Eine bessere, jedoch komplexe Alternative ist das Mischen der Log-Daten im laufenden Betrieb [MNP90]. Die Nutzung des GEH erlaubt eine wesentlich einfachere, aber effiziente Alternative zur Erstellung der globalen Log-Datei. Dabei wird die

globaler Log im
GEH

globale Log-Datei direkt im GEH erstellt, indem jede erfolgreiche Transaktion ihre Änderungen an das aktuelle Ende des globalen Logs schreibt, bevor sie die Sperren freigibt. Während diese einfache Strategie bei Allokation der globalen Log-Datei auf einer Platte einen Log-Engpaß zur Folge hätte, lösen die schnellen GEH-Zugriffszeiten dieses Problem.

In [Ra91b] wird die Verwendung des GEH zur Erstellung der globalen Log-Datei im Detail beschrieben; hier sollen nur einige Punkte herausgegriffen werden. Da der globale Log (im Gegensatz zu den lokalen Log-Dateien) ständig wächst, wird nur das aktuelle

Realisierungs-
aspekte

Ende des globalen Log-Datei im GEH geführt. Spezielle Schreibprozesse in den Verarbeitungsrechnern müssen die Log-Daten ständig vom GEH auf Hintergrundspeicher weiterleiten. Bei den GEH-Zugriffen auf die globale Log-Datei ist zum einen eine Synchronisation zwischen verschiedenen Transaktionen erforderlich, um das aktuelle Ende der globalen Log-Datei fortzuschalten. Desweiteren ist eine Synchronisierung der GEH-Lesezugriffe durch die Schreibprozesse mit den Schreibzugriffen von Transaktionen notwendig. Diese Aufgaben können mit zwei speziellen GEH-Einträgen gelöst werden, die den aktuellen Beginn sowie das aktuelle Ende des globalen Log-Bereichs im GEH kennzeichnen. Weiterhin wird eine Bitliste benötigt, die für GEH-Seiten im Log-Bereich angeben, ob das Schreiben schon beendet ist, so daß ein Lesen durch die Schreibprozesse erfolgen kann [Ra91b]. Techniken wie Gruppen-Commit können problemlos genutzt werden, um den Log-Umfang sowie die GEH-Zugriffshäufigkeit zu begrenzen.

Globaler DB-Puffer

Eine erweiterte Nutzung des GEH-Seitenbereiches ergibt sich, wenn dieser nicht nur zur zum Austausch geänderter Seiten (bzw. allgemein zur beschleunigten Interprozessor-Kommunikation) eingesetzt wird, sondern auch zur Aufnahme von aus den lokalen DB-Puffern verdrängten bzw. ausgeschriebenen Seiten. Hauptziele dabei sind das schnellere Ausschreiben geänderter Seiten sowie die Einsparung von Lesevorgängen von Platte.

Leider zeigt sich, daß die Verwaltung eines globalen DB-Puffers durch GEH-Datenstrukturen nur äußerst umständlich realisierbar ist. So werden Datenstrukturen zur Freispeicherverwaltung, Lokalisierung von DB-Seiten sowie zur Realisierung der Seitenersetzung (z.B. LRU-Ketten) benötigt. Dies ist zwar über GEH-Einträge möglich, jedoch ergibt sich eine weit komplexere Realisierung als etwa bei der Nutzung einer globalen Sperrtabelle. Eine praktikablere Lösung zur Realisierung eines globalen DB-Puffers erscheint daher die Verwendung gemeinsamer (nicht-flüchtiger) Platten-Caches, wobei jedoch ggf. die Pufferstrategien über eine entsprechende Parametrisierung auf die DB-Anforderungen anzupassen wären.

aufwendige Pufferverwaltung über GEH-Datenstrukturen

Jeder Rechner kann natürlich wie im zentralen Fall einen erweiterten DB-Puffer unter lokaler Kontrolle im GEH führen. Die im erweiterten DB-Puffer möglichen Pufferinvalidierungen können dann wie für Seiten im Hauptspeicherpuffer behandelt werden.

Lastkontrolle

Erfolgt die Lastverteilung durch mehrere Rechner, dann kann bei einer nahen Kopplung über einen GEH dieser zur

-   effizienten Weiterleitung von Transaktionsaufträgen,
-   zur schnellen Sicherung von Eingabenachrichten und
-   zur Ablage gemeinsam benutzter Datenstrukturen (z.B. Routing-Tabelle, Angaben zur aktuellen Last- und Verteilsituation, u.ä.)

genutzt werden. Dies verspricht eine effiziente Realisierung einer dynamischen Lastverteilung, da globale Statusinformation in einfacher Weise mehreren Rechnern zugänglich werden. Diese Nutzungsform ist auch für Shared-Nothing relevant und vor allem durch die TP-Monitore zu realisieren.

dynamische Lastverteilung

7.6 Leistungsanalyse

Zur quantitativen Bewertung nah gekoppelter Mehrrechner-DBS
wurde das in Kap. 6.5 vorgestellte Simulationssystem TPSIM erweitert. Die wesentlichen Erweiterungen werden im nächsten Abschnitt kurz beschrieben. Danach folgen die Beschreibung der Simulationsergebnisse für verschiedene Lasten (Debit-Credit und
reale Last), wobei u.a. verschiedene Strategien zur Lastverteilung
berücksichtigt werden, sowie ein Vergleich zwischen lose und nahe
gekoppelten DB-Sharing-Systemen.

7.6.1 Simulationsmodell

*Erweiterungen
gegenüber
1-Rechner-
Modell*

Da eine nahe Kopplung über einen GEH vor allem für DB-Sharing-
Systeme von Interesse ist, mußte das Simulationssystem für zentralisierte Systeme (Kap. 6.5) hinsichtlich der Lösung DB-Sharing-
spezifischer Probleme erweitert werden. Dies betrifft insbesondere
die Realisierung eines globalen Synchronisationsprotokolls sowie
die Behandlung von Pufferinvalidierungen. Daneben sind die erzeugte Transaktionslast gemäß einer Routing-Strategie unter den
Verarbeitungsrechnern aufzuteilen und die Kommunikation zwischen Rechnern nachzubilden.

*Synchronisation
über GEH vs.
Primary-Copy-
Sperrverfahren*

Zur *Synchronisation* wird je ein Protokoll für lose und nahe Kopplung unterstützt. Bei naher Kopplung wird das in Kap. 7.5.2 skizzierte Protokoll verwendet, bei dem die Vergabe und Freigabe aller
Sperren über eine globale Sperrtabelle im GEH geschieht. Die einzelnen Sperreinträge werden dabei im GEH explizit verwaltet und
über Eintragsoperationen zum Lesen und Schreiben (Compare&
Swap) manipuliert. Die GEH-Tabelle hält nur die reduzierte Sperrinformation auf Rechnerebene, während transaktionsbezogene Angaben in lokalen Sperrtabellen geführt werden. Bei loser Kopplung
ist ein nachrichtenbasiertes Protokoll zur globalen Synchronisation
erforderlich. Hierzu wurde das   Primary-Copy-Sperrverfahren
(Kap. 7.5.1) implementiert, da dieses beim Leistungsvergleich verschiedener Protokolle in lose gekoppelten DB-Sharing-Systemen
die besten Ergebnisse erzielte [Ra88a, Ra88b]. Die implementierte
Version des Protokolls unterstützt dabei den Einsatz von Leseautorisierungen, um eine lokale Vergabe von Lesesperren auch für Objekte zu ermöglichen, für die ein anderer Rechner die globale Sperrverantwortung hält.

Zur *Behandlung von Pufferinvalidierungen* wurde für beide
Sperrverfahren   ein   On-Request-Invalidierungsverfahren   (Kap.

7.5.1) realisiert. Damit können aufgrund erweiterter Informatio- *Kohärenz-*
nen in der globalen Sperrtabelle (im GEH bzw. beim zuständigen *kontrolle*
Rechner) Pufferinvalidierungen ohne zusätzliche Kommunikation
bzw. GEH-Zugriffe erkannt werden.

Bezüglich der Ausschreibstrategie werden für beide Synchronisati-
onsprotokolle sowohl die Wahl einer FORCE- als auch einer NO-
FORCE-Strategie unterstützt. Bei NOFORCE werden geänderte
Seiten stets über das Kommunikationsnetz zwischen den Rech- *Seitenaustausch*
nern ausgetauscht, es kommen dabei jedoch unterschiedliche An- *bei NOFORCE*
sätze für die beiden Sperrprotokolle zum Einsatz. Bei der Verwendung einer globalen Sperrtabelle im GEH wird bei NOFORCE dort
vermerkt, welcher Rechner eine Seite zuletzt geändert hat. Dieser
Rechner wird dann aufgefordert, wenn erforderlich, die aktuelle
Seitenversion per Seitentransfer bereitzustellen. Für das Primary-
Copy-Sperrverfahren wird die in Kap. 7.5.1 skizzierte Alternative
eingesetzt, welche zusätzliche Nachrichten für solche Seitenanforderungen vermeidet. Dabei erhält der Rechner mit der globalen
Sperrverantwortung stets die aktuelle Version von extern geänder-
ten Seiten, und sämtliche Seitentransfers werden mit regulären
Sperrnachrichten kombiniert.

Zur *Lastverteilung* werden mehrere einfache Strategien unterstützt. Zum einen kann für jede Last eine *wahlfreie Lastver-* *Lastverteilung*
teilung eingestellt werden, bei der für jede Transaktion der Verarbeitungsrechner über einen Zufallsgenerator ausgewählt wird. Der
Zufallsgenerator gewährleistet lediglich, daß jeder Rechner etwa
gleich viele Transaktionen zur Bearbeitung erhält. Daneben ist es
möglich, die Lastverteilung über eine *Routing-Tabelle* zu steuern,
die für jeden Transaktionstyp festlegt, auf welchem Rechner die
Verarbeitung erfolgen soll. Wie das Beispiel in Tab. 7-1 zeigt, ist es
dabei nicht erforderlich, daß ein Transaktionstyp vollständig auf *Routing-*
einem Rechner bearbeitet wird, sondern es kann eine partielle Zu- *Tabelle*
ordnung auf mehrere Rechner spezifiziert werden (z.B. 70% der
Transaktionen vom Typ TT1 werden Rechner 1, 30% Rechner 2 zu-

	R1	R2	R3	R4
TT1	0.7	0.3	-	-
TT2	-	0.5	0.5	-
TT3	-	-	-	1.0

Tab. 7-1: Beispiel einer Routing-Tabelle für drei
Transaktionstypen und vier Rechner

geordnet). Bei der Bestimmung einer Routing-Tabelle kann das Referenzverhalten von Transaktionstypen berücksichtigt werden, um Transaktionen, die dieselben DB-Bereiche referenzieren, zur Unterstützung von Lokalität demselben Rechner zuzuordnen. Eine solche Lastverteilung wird auch als *affinitätsbasiertes Transaktions-Routing* bezeichnet [Ra92b] (s. Kap. 8.1.3.1). Für das Primary-Copy-Sperrverfahren sollte die Routing-Tabelle mit der Zuordnung der Sperrverantwortung abgestimmt werden, um möglichst wenig globale Sperrbearbeitungen vornehmen zu müssen[*]. Für die *Debit-Credit*-Last schließlich wird eine spezielle affinitätsbasierte Lastverteilung unterstützt, bei der die Rechnerzuordnung über die Nummer der Zweigstelle erfolgt, für die die Transaktion ausgeführt werden soll (s.u.).

Modellierung der Kommunikation

Zur Nachbildung der **Kommunikation** wird ein Kommunikationsnetz mit einstellbarer Übertragungskapazität modelliert. Jede Nachricht verursacht Kommunikations-Overhead im sendenden und empfangenden Rechner, wobei die jeweilige Instruktionsanzahl (Parameter) von der Nachrichtengröße abhängt. Damit kann für die Übertragung ganzer Seiten ein größerer Overhead als für kurze Nachrichten berechnet werden. Eine Bündelung von Nachrichten wird unterstützt, z.B. um beim Primary-Copy-Verfahren die Freigabe mehrerer Sperren durch eine Nachricht an den zuständigen Rechner zu veranlassen.

GEH-Modellierung

Für den **GEH** lassen sich für Eintrags- und Seitenzugriffe verschiedene Zugriffszeiten spezifizieren. Eine Nutzung des GEH zur E/A-Optimierung ist analog zum zentralen Fall möglich. Insbesondere können DB- und Log-Dateien für alle Rechner GEH-resident geführt werden, und jeder Rechner kann einen erweiterten DB-Puffer im GEH halten. Platten sowie Platten-Caches werden für DB-Sharing mit allen Rechnern verbunden, so daß z.B. Seiten zwischen Rechnern über einen gemeinsamen Platten-Cache ausgetauscht werden können.

Weitergehende Einzelheiten zum Simulationsmodell finden sich in [St91, We92].

---

[*]   Algorithmen zur Bestimmung einer Routing-Tabelle werden u.a. in [Ra86b, Ra92b] vorgestellt.

7.6.2 Simulationsergebnisse

Der Großteil der Experimente wurde für die Debit-Credit-Last durchgeführt, deren Einfachheit die Analyse der Simulationsergebnisse erleichtert. Beide Ansätze zur Synchronisation sowie zur Behandlung von Pufferinvalidierungen (GEH-Nutzung und Primary-Copy-Sperrverfahren) wurden hinsichtlich wichtiger Einflußfaktoren untersucht, insbesondere der Rechneranzahl und Lastverteilungsstrategie. Zunächst stellen wir die wichtigsten Parametereinstellungen für die Debit-Credit-Experimente kurz vor. Die Diskussion der Ergebnisse erfolgt danach in zwei Teilen. Zunächst konzentrieren wir uns auf die Resultate bei naher Rechnerkopplung über einen GEH. Danach (Kap. 7.6.2.2) erfolgt der Vergleich mit lose gekoppelten DB-Sharing-Systemen. Zum Abschluß untersuchen wir noch Simulationsergebnisse für die reale Last.

7.6.2.1 Parametereinstellungen für die Debit-Credit-Experimente

Tab. 7-2 zeigt die wichtigsten Parameterbelegungen für die Debit-Credit-Experimente. Die fett markierten Angaben entsprechen Parametern, die im Mehrrechnerfall neu hinzugekommen sind bzw. gegenüber den Experimenten des zentralen Falls (Tab. 6-6) neu besetzt wurden. Die Rechneranzahl wird von 1 bis 10 variiert, wobei in den meisten Experimenten eine Transaktionsrate von 100 TPS pro Rechner eingestellt wird. Die DB-Größe steigt linear mit der Transaktionsrate, so wie es der TPC-Benchmark (Kap. 1.3) vorschreibt. So ergibt sich für 10 Rechner die 10-fache DB-Größe (100 Millionen ACCOUNT-Sätze) wie im 1-Rechner-Fall. Für die BRANCH- und TELLER-Satztypen wurde wiederum eine Clusterbildung der Sätze unterstellt (Kap. 6.5.1.1).

Die CPU-Kapazität pro Rechner wurde auf 40 MIPS voreingestellt (vier Prozessoren mit je 10 MIPS), was bei einer Pfadlänge von 250.000 Instruktionen pro Transaktion die Bearbeitung von 100 TPS zuläßt und dabei eine Auslastung von wenigstens 62.5% verursacht. Ein Puffer von 200 Seiten pro Rechner resultiert in eine Gesamtpuffergröße im System, die doppelt so groß ist wie die BRANCH/TELLER-Partition.

Das Senden sowie Empfangen einer kurzen Nachricht kostet jeweils 5000 Instruktionen CPU-Overhead, für eine lange Nachricht 8000 Instruktionen. Eine externe Sperranforderung beim Primary-Copy-Sperrverfahren erfordert demnach 20.000 Instruktionen;

Kommunikationskosten

Parameter	Einstellungen
Rechneranzahl	1 - 10
Ankunftsrate	100 TPS pro Rechner
DB-Größe (pro 100 TPS)	BRANCH: **100 Sätze**, Blockungsfaktor 1 TELLER: **1.000 Sätze**, Blockungsfaktor 10 (geclustert mit BRANCH) ACCOUNT: **10.000.000 Sätze**, Blockungsfaktor 10 HISTORY: Blockungsfaktor 20
Pfadlänge	250.000 Instruktionen pro Transaktion
Sperrmodus	Seitensperren für BRANCH, TELLER, ACCOUNT; keine Sperren für HISTORY
CPU-Kapazität	**pro Rechner:** 4 Prozessoren mit jeweils **10 MIPS**
DB-Puffergröße (HS)	**200 (1000) Seiten pro Rechner**
GEH-Parameter	1 GEH-Server; 50 µs mittlere Zugriffszeit pro Seite **2 µs mittlere Zugriffszeit pro Eintrag**
Kommunikation	Übertragungsbandbreite: 10 MB/s je 5000 Instr. für Senden/Empf. "kurzer" Nachr. (100 B) je 8000 Instr. für Senden/Empf. "langer" Nachr. (4 KB)
E/A-Overhead	3000 Instr. (GEH: 300 Instr. Vorlaufkosten)
Plattenzugriffszeit	15 ms für DB-Platten; 5 ms für Log-Platten
sonst. E/A-Zeiten	1 ms Controller-Belegungszeit, 0.4 ms Übertragungszeit pro Seite

Tab. 7-2: Parameterbelegungen für Debit-Credit

eine Seitenanforderung dagegen 26.000 Instruktionen. Für die Synchronisation im GEH wird eine mittlere Zugriffszeit von 2 µs pro Eintragszugriff angesetzt (Erwerb und Freigabe einer Sperre verlangen jeweils wenigstens 2 GEH-Zugriffe, s. Kap. 7.5.2).

Variiert wurden neben der Rechneranzahl und damit der Ankunftsrate die Strategie zur Lastverteilung, die Ausschreibstrategie (FORCE vs. NOFORCE), die Puffergröße sowie die DB-Allokation auf Externspeicher.

7.6.2.2 Leistungsverhalten bei naher Kopplung (GEH-Synchronisation)

In den ersten Experimenten betrachten wir ausschließlich nahe gekoppelte DB-Sharing-Systeme mit Synchronisation über eine globale Sperrtabelle im GEH. Zunächst analysieren wir dazu den Einfluß der Lastverteilung sowie der Ausschreibstrategie für die Debit-

Credit-Last. Danach betrachten wir die Auswirkungen unterschiedlicher Puffergrößen sowie der DB-Allokation.

Einfluß von Lastverteilung und Ausschreibstrategie

Abb. 7-7 zeigt die mittlere Antwortzeit pro Debit-Credit-Transaktion für bis zu 10 Rechner und unterschiedlichen Ansätzen zur Lastverteilung und Ausschreibstrategie (FORCE vs. NOFORCE). Sämtliche Satztypen sowie die Log-Dateien wurden bei diesem Experiment einer ausreichenden Anzahl von Magnetplatten (ohne Platten-Cache) zugeordnet, so daß keine E/A-Engpässe auftraten. Zur Lastverteilung wird neben einer wahlfreiem Zuordnung eine affinitätsbasierte Strategie eingesetzt, die versucht, Lokalität im Referenzverhalten zu optimieren. Dies ist für Debit-Credit relativ einfach möglich, da die Mehrzahl der Transaktionen ausschließlich *Lastverteilung* DB-Sätze referenzieren, die derjenigen Bankfiliale (BRANCH) zu- *bei Debit-* geordnet sind, für die die Transaktion ausgeführt werden soll. Da *Credit* in der Datenbank pro Rechner 100 Filialen vorgesehen sind, werden mit der lokalitätsbezogenen Lastverteilung die Transaktionen derart aufgeteilt, daß jeder Rechner ausschließlich Transaktionen von jeweils 100 Filialen erhält (eine Transaktion von Filiale k wird dazu dem Rechner j = 1 + (k DIV 100) zugeordnet). Damit wird erreicht, daß in jedem der Rechner die Referenzen auf BRANCH, TELLER und HISTORY jeweils auf disjunkte und gleich große Teilmengen dieser Satztypen entfallen. Lediglich für ACCOUNT ist eine geringe Abweichung von diesem Verhalten möglich, da 15% der ACCOUNT-Zugriffe eine andere Filiale betreffen, als diejenige, an der die Transaktion abgewickelt wird. Bei wahlfreier Lastverteilung sind dagegen die Referenzen von Transaktionen jedes Rechners i.a. über die gesamte Datenbank verstreut. Dies kann hinsichtlich der Lastverteilung als Worst-Case-Ansatz angesehen werden, der das Leistungsverhalten illustriert, wenn keine lokalitätsbezogene Lastverteilung erfolgt bzw. möglich ist.

Abb. 7-7 zeigt, daß bei lokalitätsbezogener Lastverteilung die Antwortzeiten mit wachsender Rechneranzahl für beide Ausschreib- *optimale* strategien nahezu unverändert bleiben, trotz des linearen Durch- *Antwortzeiten* satzwachstums von jeweils 100 TPS pro Rechner. Dies war mög- *bei lokalitäts-* lich, obwohl die Lokalität nicht für eine lokale Sperrvergabe ge- *bezogener* nutzt wird, sondern jede Sperre über die globale Sperrtabelle im *Lastverteilung* GEH bearbeitet wurde. Aufgrund der sehr kurzen GEH-Zugriffszeiten führte die globale Synchronisation jedoch zu vernachlässigbaren Verzögerungen.

Bei wahlfreier Lastverteilung dagegen kommt es für beide Aus-

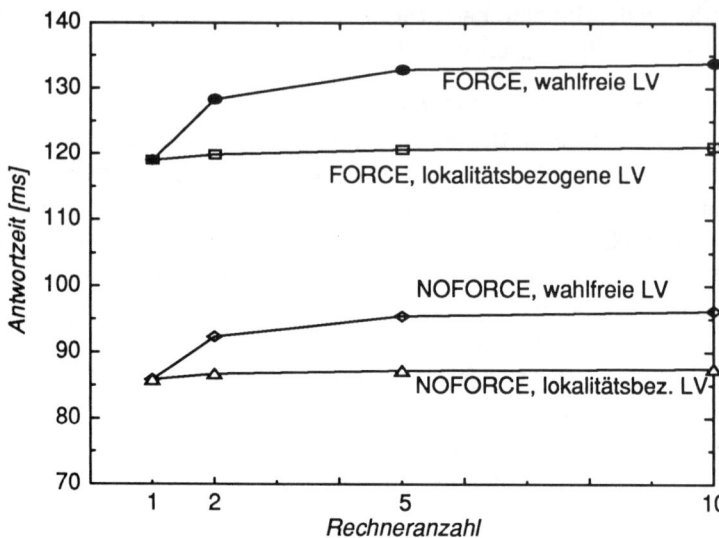

Abb. 7-7: Einfluß von Lastverteilung (LV) und Ausschreibstrategie
bei Synchronisation über eine GEH-Sperrtabelle
(100 TPS pro Rechner)

schreibstrategien mit wachsender Rechneranzahl zu einer zunehmenden Antwortzeiterhöhung, und zwar bei FORCE in größerem
Ausmaß als bei NOFORCE. Die Ursache hierfür liegt nicht bei der
Synchronisation, da diese unabhängig von der gewählten Lastver-
viele Pufferin-   teilung mit minimaler Verzögerung erfolgt. Ausschlaggebend für
validierungen   die Antwortzeiterhöhung ist dagegen die Zunahme an Pufferinvali-
bei wahlfreier   dierungen sowie die mit wachsender Rechnerzahl sich verringernde
Lastverteilung   Effektivität des Hauptspeicherpuffers. Diese Effekte gehen aus-
schließlich auf die BRANCH/TELLER-Seiten zurück, da für AC-
COUNT ohnehin keine Treffer erzielt werden und die HISTORY-
Seiten sequentiell beschrieben werden (s. Kap. 6.5.2.5). Bei wahlfreier Lastverteilung werden dieselben BRANCH/TELLER-Seiten
in allen Rechnern referenziert/modifiziert, was zu einer mit der
Rechneranzahl zunehmenden Replikation der Seiten sowie deren
Invalidierung führt. So reduzierten sich die Trefferraten auf
BRANCH/TELLER-Seiten von 71% bei einem Rechner auf weniger
als 7% bei zehn Rechnern (34% bei zwei, 13% bei fünf Rechnern).
Bei lokalitätsbezogener Lastverteilung wurden in allen Mehrrech-
ner-Konfigurationen dieselben Trefferraten wie bei einem Rechner
erreicht.
Die bei wahlfreier Lastverteilung sich mit wachsender Rechnerzahl
verschlechternden Trefferraten wirken sich bei FORCE negativer

als bei NOFORCE aus. Bei FORCE verursacht jede Invalidierung und Fehlseitenbedingung einen Externspeicherzugriff, um die aktuelle Version der betreffenden Seite zu erhalten. Bei NOFORCE wurden dagegen viele BRANCH/TELLER-Seiten über eine Page-Request-Nachricht von einem anderen Rechner angefordert, welche wesentlich schneller als ein Plattenzugriff abgewickelt wurden[*]. Da die Anzahl der Page-Requests mit der Rechneranzahl zunahm, vergrößerte sich der Abstand zwischen FORCE und NO-FORCE entsprechend (für zwei Rechner führten 33%, bei zehn Rechnern 57% der BRANCH/TELLER-Zugriffe zu einem Page-Request).

FORCE von Pufferinvalidierungen stärker betroffen

Abb. 7-7 verdeutlicht, daß die durch das E/A-Verhalten bedingten Antwortzeitverschlechterungen vor allem beim Übergang auf zwei und fünf Rechner auftreten, während danach nur noch geringfügige Antwortzeiteinbußen erfolgen. Dies ist durch die Einfachheit der Debit-Credit-Last bedingt, bei der Unterschiede im E/A-Verhalten im wesentlichen nur für BRANCH/TELLER-Referenzen auftreten. Bei wahlfreier Lastverteilung treten bereits bei fünf Rechnern kaum Treffer für diesen Satztyp auf, so daß es bei weiterer Erhöhung der Rechneranzahl zu keinen signifikanten Verschlechterungen mehr kommt.

Einfluß der Puffergröße

Da das E/A-Verhalten maßgeblich durch die Puffergröße bestimmt ist, wurden die Simulationsreihen mit einer erhöhten Puffergröße von 1000 Seiten pro Rechner wiederholt. Abb. 7-8 zeigt die für FORCE und NOFORCE erzielten Antwortzeitergebnisse und stellt sie denen bei einer lokalen Puffergröße von 200 Seiten gegenüber. Es werden nur die Ergebnisse bei wahlfreier Lastverteilung gezeigt, da bei lokalitätsbezogener Lastverteilung die Antwortzeiten im Mehrrechnerfall wiederum nahezu unverändert blieben. Man erkennt, daß NOFORCE weit stärker als FORCE von der Vergrößerung der Puffergröße profitiert. Für beide Ausschreibstrategien reduziert sich mit wachsender Rechneranzahl der Vorteil des vergrößerten Puffers; bei FORCE werden für fünf und mehr Rechner kaum noch Antwortzeitverbesserungen durch den größeren Puffer erreicht.

NOFORCE profitiert von größerem Puffer stärker als FORCE

---

[*]   Ein Page-Request verursachte eine mittlere Verzögerung von etwa 6.5 ms, bis die angeforderte Seite zurückgeliefert wurde, während ein Plattenzugriff mehr als 16.4 ms für die gewählten Parametereinstellungen erfordert. Der Großteil der Page-Request-Verzögerung entfällt auf CPU-Zeiten (inklusive Wartezeiten) zur Kommunikationsabwicklung.

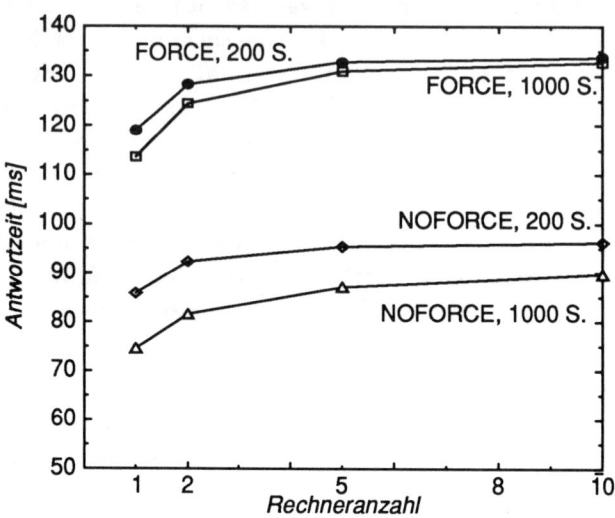

Abb. 7-8: Einfluß der lokalen Puffergröße (wahlfreie Lastverteilung)

Im 1-Rechner-Fall wird mit dem vergrößerten Puffer ein optimales
E/A-Verhalten erzielt, da alle BRANCH/TELLER-Seiten gepuffert
werden können. Mit wachsender Rechneranzahl kommt es jedoch
wiederum zu replizierter Pufferung der BRANCH-/TELLER-Seiten
und zunehmender Invalidierungshäufigkeit, und zwar in stärkerem Umfang als bei dem kleineren Puffer. So beträgt die Trefferrate auf BRANCH/TELLER bei dem großen Puffer bereits bei zwei
Rechnern nur noch etwa 50% und reduziert sich auf 12% bei 10
Rechnern. NOFORCE litt weniger stark unter dieser Entwicklung
als FORCE, da in nahezu allen Fällen eine Fehlseitenbedingung
auf BRANCH/TELLER schnell durch eine Seitenanforderung an einen der anderen Rechner befriedigt werden konnte. Bei kleinerem
Puffer war dies nur für einen Teil der Fehlseitenbedingungen möglich (s.o.), so daß noch Plattenzugriffe auf BRANCH/TELLER-Sei-
ten erforderlich waren. Auf der anderen Seite verursachten die Seitenanforderungen eine höhere CPU-Auslastung und damit verstärkte CPU-Wartezeiten für NOFORCE im Vergleich zu FORCE
und NOFORCE mit kleinerem Puffer. FORCE ermöglicht demnach
auch etwas höhere Transaktionsraten als NOFORCE (s.u.).

Einfluß der DB-Allokation

Da die hohe Zugriffsdichte auf die BRANCH-/TELLER-Partition
bei der Debit-Credit-Last für das E/A-Verhalten ausschlaggebend
ist, wurde in einem weiteren Experiment diese Datei vollständig in

den GEH gelegt. Abb. 7-9 vergleicht für beide Ausschreibstrategien die damit erzielten Ergebnisse mit den bereits vorgestellten Resultaten für eine Allokation auf Platte. Für alle übrigen Dateien erfolgte eine Allokation auf Magnetplatte.

Allokation der BRANCH/ TELLER-Partition

Abb. 7-9a zeigt, daß bei NOFORCE für beide Lastverteilungsstrategien die Antwortzeitkurven dicht beieinander liegen. Dies bedeutet, daß die Allokation der BRANCH/TELLER-Partition in den GEH für NOFORCE nahezu keine Wirkung zeigt, während für FORCE (Abb. 7-9b) starke Antwortzeitverbesserungen erreicht werden. Bei NOFORCE treten bei lokalitätsbezogener Lastverteilung und Puffergröße 1000 keine E/A-Verzögerungen auf BRANCH/TELLER auf, so daß die Allokation dieser Partition in den GEH wirkungslos bleibt. Bei wahlfreier Lastverteilung werden für NOFORCE Fehlseitenbedingungen auf BRANCH/TELLER über Page-Requests zwischen Rechnern behandelt, so daß die Allokation der Partition in den GEH auch keine Verbesserung bewirkt. Eine Antwortzeitreduzierung durch die GEH-Allokation ist für NOFORCE also nur für kleine Hauptspeicherpuffer möglich, wenn nicht alle Fehlseitenbedingungen vermieden bzw. durch Page-Requests behandelt werden können. Der GEH könnte daneben zur schnelleren Behandlung von Page-Requests genutzt werden, indem eine angeforderte Seite über den GEH zurückgeliefert wird anstatt über das Kommunikationsnetz.

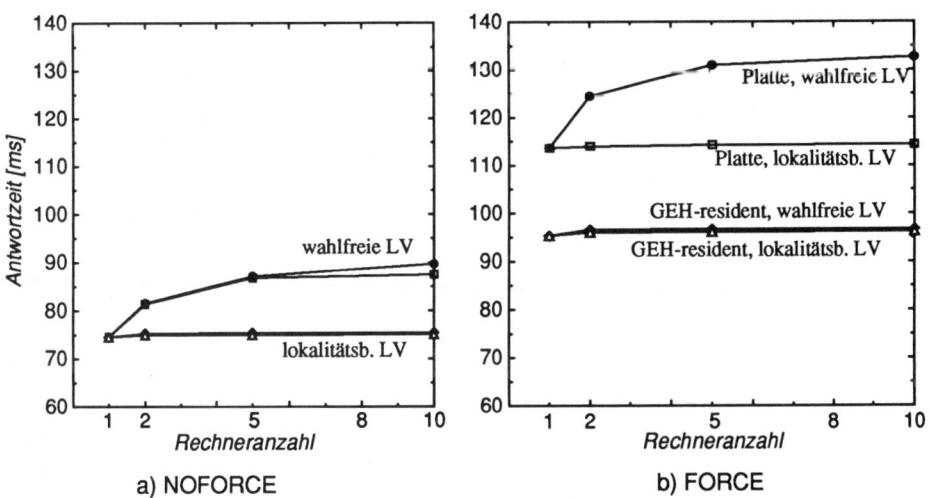

a) NOFORCE   b) FORCE

Abb. 7-9:   Einfluß der Speicherallokation für die BRANCH-/TELLER-Partition (1000 S. Puffer pro Rechner)

*FORCE profi-
tiert stärker von
GEH-Alloka-
tion*

Für FORCE dagegen bewirkt die GEH-Allokation stets eine signifikante Verbesserung, insbesondere bei wahlfreier Lastverteilung. Generell entfällt durch die GEH-Allokation der Plattenzugriff für das Ausschreiben der geänderten BRANCH/TELLER-Seite am Transaktionsende[*]. Bei wahlfreier Lastverteilung können zusätzlich sämtliche Fehlseitenbedingungen (Pufferinvalidierungen) sehr schnell über eine GEH-Zugriff befriedigt werden. Damit bleiben die mit wachsender Rechneranzahl steigenden Fehlseitenraten nahezu ohne Wirkung auf das Antwortzeitverhalten. Der Einsatz des GEH zur Synchronisation sowie zur Speicherung der BRANCH/TELLER-Partition erlaubt damit für FORCE auch bei wahlfreier Lastverteilung praktisch die gleichen Antwortzeitergebnisse wie für die lokalitätsbezogene Lastzuordnung!

*GEH-Alloka-
tion minimiert
negativen Ein-
fluß von Puffer-
invalidierungen*

Dies ist eine wesentliche Beobachtung, die verdeutlicht, daß durch die nahe Kopplung über einen GEH die das Leistungsverhalten von DB-Sharing-Systemen bestimmenden Funktionen, nämlich die Synchronisation sowie die Behandlung von Pufferinvalidierungen, sehr effizient gelöst werden können. Ferner ist dies unabhängig von der Lastverteilung möglich, wenn die häufig geänderten Seiten bzw. Partitionen im GEH gehalten werden sowie die Synchronisation über eine globale Sperrtabelle im GEH erfolgt. Dies erleichtert die Aufgabe der Lastverteilung erheblich und reduziert Abhängigkeiten im Leistungsverhalten zur Erreichbarkeit einer hohen Lokalität.

Ähnlich günstige Antwortzeitergebnisse wie bei GEH-Allokation lassen sich für FORCE bei einer Speicherung der BRANCH-/TELLER-Partition in SSD oder Pufferung in einem gemeinsamen nichtflüchtigen Platten-Cache erreichen. Weiterhin kann das Leistungsverhalten für FORCE wie im zentralen Fall weiter verbessert und den NOFORCE-Ergebnissen angenähert werden, wenn die Schreibvorgänge am Transaktionsende (für ACCOUNT, HISTORY und Logging) durch einen Schreibpuffer beschleunigt werden.

7.6.2.3 Lose vs. nahe Kopplung

Zum Vergleich zwischen naher und loser Kopplung wurden die meisten der vorgestellten Experimente auch mit einer Synchronisation und Behandlung von Pufferinvalidierungen nach dem Primary-Copy-Ansatz (Primary Copy Locking, PCL) durchgeführt. Dabei

---

[*]   Die Antwortzeiten für FORCE bleiben höher als für NOFORCE, da für
       ACCOUNT und HISTORY die Schreibvorgänge am Transaktionsende
       weiterhin auf Platte vorgenommen werden.

wurde für jeden Satztyp die Sperrverantwortlichkeit gleichmäßig unter allen Rechnern aufgeteilt. Dies geschah derart, daß mit der lokalitätsbezogenen Lastverteilung alle Referenzen (bis auf höchstens 15% der ACCOUNT-Zugriffe) lokal synchronisiert werden können. In Abb. 7-10 sind die damit erzielten Antwortzeitergebnisse denen bei GEH-Synchronisation gegenübergestellt, wobei jeweils zwei Alternativen zur Lastverteilung, Ausschreibstrategie und Puffergröße berücksichtigt sind.

GEH-Synchro-nisation vs. Primary-Copy-Sperrverfahren

Als erstes Ergebnis ist festzuhalten, daß bei lokalitätsbezogener Lastverteilung mit dem Primary-Copy-Ansatz in allen Fällen nahezu dieselben Antwortzeiten wie mit GEH-Synchronisation erreicht wurden. Dies war möglich, da aufgrund der Abstimmung zwischen Lastverteilung und Zuordnung der Sperrverantwortlichkeit auch für PCL nahezu keine Kommunikation zur globalen Synchronisation anfiel. Daneben ergibt sich wiederum ein optimales E/A-Verhalten ohne Replikation von Seiten und Pufferinvalidierungen. Diese Ergebnisse unterstreichen die Gutmütigkeit der Debit-Credit-Last, die auch im verteilten Fall eine lineare Durchsatzsteigerung ohne nennenswerte Antwortzeiterhöhung zuläßt.

Deutliche Unterschiede zwischen den verschiedenen Konfigurationen ergeben sich jedoch bei wahlfreier Lastverteilung. Hier schneidet das Primary-Copy-Verfahren stets schlechter ab als eine Syn-

Vorteile für GEH-Synchr. bei wahlfreier Lastverteilung

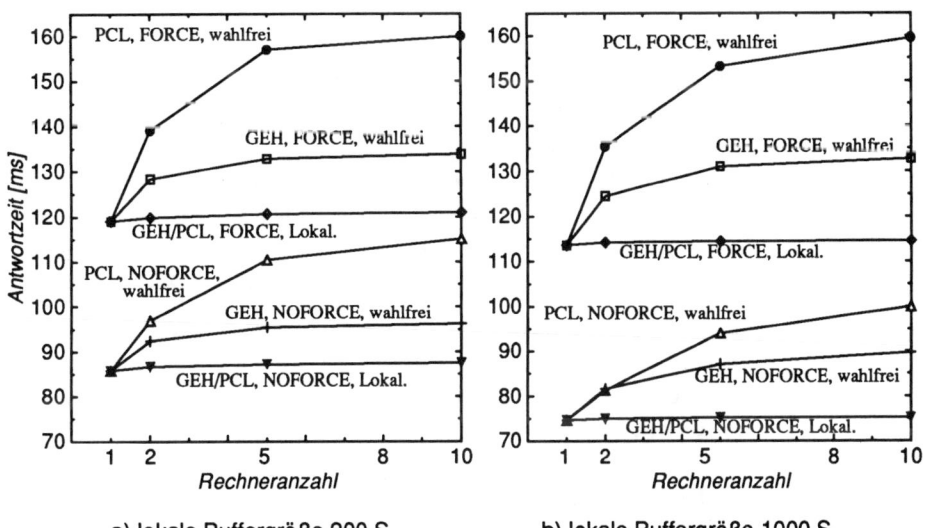

a) lokale Puffergröße 200 S.   b) lokale Puffergröße 1000 S.

Abb. 7-10: Primary-Copy-Sperrverfahren (PCL) vs. GEH-Synchronisation

chronisation über eine GEH-Sperrtabelle. Der Grund dafür liegt im
Kommunikations-Overhead zur globalen Sperrbehandlung, der
nur bei PCL anfällt. Da der Kommunikationsaufwand mit zunehmender Rechneranzahl ansteigt, erhöht sich der Abstand zwischen
den Konfigurationen mit loser und naher Kopplung. Denn bei zwei
Rechnern können mit dem Primary-Copy-Verfahren noch 50% aller
Sperren lokal behandelt werden, bei 10 Rechnern dagegen nur noch
10%. Da jedoch höchstens zwei Sperren extern anzufordern sind
(für ACCOUNT sowie BRANCH/TELLER) ist die maximale Nachrichtenanzahl pro Transaktion für die Debit-Credit-Last eng begrenzt. Der Worst-Case wird bereits bei 10 Rechnern nahezu erreicht, so daß auch bei PCL und wahlfreier Lastverteilung bei weiterer Erhöhung der Rechneranzahl keine nennenswerten Antwortzeiteinbußen mehr auftreten.

Abb. 7-10 zeigt, daß der Abstand zwischen PCL und GEH-Synchronisation für NOFORCE geringer ist als für FORCE und daß sich
der Abstand bei NOFORCE für Puffergröße 1000 im Vergleich zu
Puffergröße 200 nochmals verringert. Dies geht darauf zurück, daß
für NOFORCE die Behandlung von Pufferinvalidierungen mit dem
PCL-Ansatz effizienter erfolgt als bei GEH-Synchronisation. Bei
GEH-Synchronisation führen nämlich Pufferinvalidierungen zu
zusätzlichen Nachrichten für Page-Requests, während bei PCL die
Übertragung von Seiten stets mit Nachrichten zur Freigabe bzw.
Gewährung von Sperren kombiniert werden. Folglich erhöht sich
der Kommunikations-Overhead für Seitentransfers bei PCL nur geringfügig. Eine Erhöhung der Puffergröße erlaubt so zwar auch bei
PCL vermehrte Seitentransfers, ohne jedoch nenneswerte Zusatz-
verzögerungen auszulösen. Dennoch liegt natürlich der gesamte
Kommunikations-Overhead für PCL höher als bei GEH-Synchronisation, da mehr als doppelt so viele globale Sperranforderungen als
Seitenanforderungen auftreten (für ACCOUNT werden keine Seitenanforderungen gestellt, jedoch globale Sperranforderungen).

Durchsatz   Der höhere Kommunikations-Overhead für PCL begrenzt natürlich
die Transaktionsraten im Vergleich zur nahen Kopplung. Dies wird
mit Abb. 7-11 illustriert, welche die erreichbare Transaktionsrate
pro Rechner zeigt, wenn die CPU-Auslastung auf 80% beschränkt
wird. Bei lokalitätsbezogener Lastverteilung entsteht nahezu kein
Overhead, so daß ein linearer Durchsatzanstieg möglich wird. Eine
wahlfreie Lastverteilung reduziert den maximalen Durchsatz um
etwa 15% für das nachrichtenbasierte PCL-Protokoll aufgrund des
Kommunikations-Overheads zur Synchronisation. FORCE erlaubt

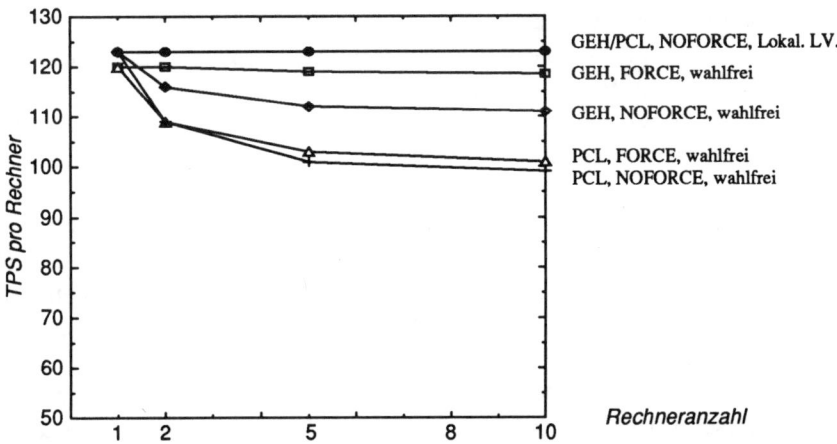

Abb. 7-11: Durchsatz pro Rechner bei GEH-Synchronisation und PCL (1000 S.)

bei wahlfreier Lastverteilung etwas höhere Transaktionsraten als
NOFORCE, da Externspeicherzugriffe einen geringeren Overhead
als Page-Requests verursachen. Die Page-Requests führen vor allem bei GEH-Synchronisation einen merklichen Zusatzaufwand
ein, da sie im Gegensatz zum PCL-Verfahren hier nicht mit anderen Nachrichten kombiniert werden.

7.6.2.4 Ergebnisse für die reale Last

Für eine weitergehende Bewertung des GEH-Einsatzes in DB-Sharing-Systemen wurden für die bereits in Kap. 6.5 verwendete reale
Last (Tab. 6-5) eine Reihe trace-getriebener Simulationen durchgeführt. Auch für diese Last sollen ein Vergleich zwischen GEH-Synchronisation und dem Primary-Copy-Verfahren vorgenommen sowie der Einfluß der Rechneranzahl, Lastverteilung und Puffergröße analysiert werden. Zusätzlich werden verschiedene Ankunftsraten betrachtet, um den Auslastungsgrad der Rechner zu
variieren. Als Ausschreibstrategie verwenden wir lediglich NO-
FORCE, da für FORCE aufgrund des geringen Anteils von Schreibzugriffen keine signifikanten Abweichungen im Leistungsverhalten auftreten.

Neben einem wahfreien Transaktions-Routing untersuchen wir
wiederum eine lokalitätsbezogene (affinitätsbasierte) Lastver-   *affinitäts-*
teilung, die für die reale Last über eine Routing-Tabelle erreicht   *basierte Last-*
wird. Zur Bestimmung der Routing-Tabelle wurde eine Heuristik   *verteilung für*
verwendet [Ra86b], die sowohl Lokalität im Referenzverhalten als   *die reale Last*

eine Lastbalancierung anstrebt, indem jeder Rechner etwa gleich viele Referenzen zur Abarbeitung erhält. Neben der Lastverteilung wurde zugleich eine Datenverteilung bestimmt, welche für das Primary-Copy-Verfahren die Verteilung der Sperrverantwortlichkeit festlegt. Während für die Debit-Credit-Anwendung eine effektive Unterstützung von Lokalität und Lastbalancierung einfach erreicht werden konnte, war es für die reale Last aufgrund der ungleichmäßigen Referenzverteilung nur sehr eingeschränkt möglich, die Transaktionen so aufzuteilen, daß Transaktionen verschiedener Rechner unterschiedliche DB-Bereiche referenzieren. Denn wie die Referenzmatrix in Tab. 6-5 zeigt, referenzieren die wichtigen Transaktionstypen nahezu alle DB-Partitionen und die wichtigsten DB-Bereiche werden von fast allen Transaktionstypen referenziert. Erschwerend kommt hinzu, daß für die reale Last die DB-Größe festgeschrieben ist und nicht wie für Debit-Credit linear mit der Rechneranzahl erhöht werden kann. Für das Primary-Copy-Verfahren führt das dazu, daß die DB-Partition, für die ein Rechner die globale Sperrverantwortung besitzt, sich mit zunehmender Rechneranzahl verkleinert, was nahezu zwangsläufig zu einem steigenden Anteil globaler Sperren führt.

In Abb. 7-12 sind die Antwortzeitergebnisse für GEH-Synchronisation und Primary-Copy-Sperrverfahren (PCL) bei wahlfreier und lokalitätsbezogener Lastverteilung dargestellt. Die Antwortzeitwerte beziehen sich wie bereits in Kap. 6.5.2.6 auf eine künstliche Transaktion mit der durchschnittlichen Anzahl von DB-Referenzen. Die Parameterbelegungen von Tab. 7-2 kamen auch für die reale Last weitgehend zur Anwendung, insbesondere bezüglich GEH, Plattenperipherie sowie CPU-Kapazität pro Rechner. Die Rechneranzahl wurde jedoch nur zwischen 1 und 8 variiert. Pro Rechner wurden zunächst eine Ankunftsrate von 10 TPS sowie eine Puffergröße von 1000 Seiten gewählt.

geringe Leistungsunterschiede im Unterlastbereich
Abb. 7-12 zeigt, daß die Ergebnisse primär durch die Lastverteilung bestimmt sind und weniger durch das Synchronisationsprotokoll. Die lokalitätsbezogene Lastverteilung führt zu einer mit der Rechnerzahl wachsenden Antwortzeitverbesserung gegenüber dem 1-Rechner-Fall, während mit der wahlfreien Lastverteilung (wie bei Debit-Credit) eine zunehmende Verschlechterung eintritt. Dieses Verhalten geht vor allem auf das E/A-Verhalten zurück, das maßgeblich von der Lastverteilung abhängt. Die Gesamtpuffergröße im System erhöht sich proportional zur Rechnerzahl, während die DB-Größe für die trace-getriebenen Simulationen gleich bleibt, so daß

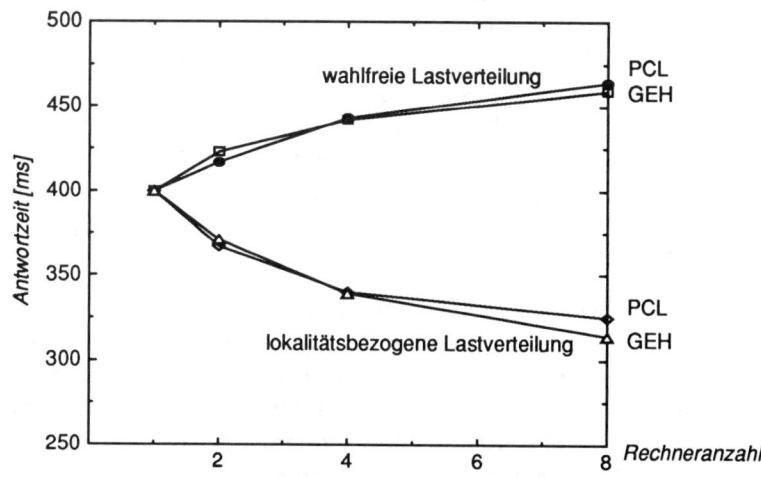

Abb. 7-12: PCL vs. GEH-Synchronisation bei der realen Last
(10 TPS pro Rechner, 1000 S. lokale Puffergröße)

im Mehrrechnerfall prinzipiell bessere Trefferraten als bei 1 Rechner möglich sind. Dies konnte jedoch nur bei lokalitätsbezogener
Lastverteilung genutzt werden. Bei wahlfreier Lastverteilung kam
es dagegen in wesentlich stärkerem Umfang zu einer replizierten
Pufferung derselben Seiten in mehreren Rechnern, wodurch die Effektivität der Pufferung gemindert wird. Daß die Trefferraten sich
bei wahlfreier Lastverteilung mit wachsender Rechnerzahl trotz
steigender Pufferkapazität sogar verschlechterten, deutet ferner
daraufhin, daß daneben im Mehrrechnerfall die Lokalität zwischen
Transaktionen schlechter als im 1-Rechner-Fall war. Pufferinvalidierungen sowie Sperrkonflikte spielten aufgrund der geringen
Häufigkeit von Schreibzugriffen keine nennenswerte Rolle.

Für das Primary-Copy-Verfahren kam es mit wachsender Rechnerzahl zu einer steigenden Anzahl globaler Sperranforderungen, insbesondere bei wahlfreier Lastverteilung. Abb. 7-12 zeigt jedoch,
daß die Antwortzeiten davon wenig beeinflußt sind und praktisch
dieselben Ergebnisse wie mit GEH-Synchronisation erreicht werden. Dies liegt zum einen daran, daß die CPU-Auslastung für 10
TPS sehr gering blieb (< 15%), so daß der Kommunikations-Overhead nicht stark ins Gewicht fiel. Ferner ergab sich für das Primary-Copy-Verfahren ein besseres E/A-Verhalten als bei GEH-
Synchronisation, wodurch die Kommunikationsverzögerungen
weitgehend kompensiert wurden. Bei GEH-Synchronisation fanden nämlich aufgrund der geringen Änderungshäufigkeit nur we-

nige Seitentransfers zwischen Rechnern statt, so daß nahezu jede
Fehlseitenbedingung zu einem Plattenzugriff führte. Bei PCL dagegen wird bei jeder globalen Sperranforderung im zuständigen Rechner geprüft, ob dem anfordernden Rechner neben der Sperrgewährung auch die aktuelle Version der Seite zugeschickt werden kann,
unabhängig davon, ob die Seite zuvor geändert wurde. Dies war mit
zunehmender Rechnerzahl immer häufiger der Fall, so daß entsprechend weniger Plattenzugriffe als bei GEH-Synchronisation
anfielen.

Eine wesentlich andere Situation ergibt sich jedoch bei höherer
Rechnerauslastung, wie Abb. 7-13 für eine Ankunftsrate von 50
TPS pro Rechner verdeutlicht. In diesem Fall schneidet die lose
Kopplung für beide Lastverteilungsalternativen wesentlich

hohe Leistungs-
vorteile für
GEH-Synchro-
nisation

schlechter ab als bei GEH-Synchronisation, wobei die Unterschiede
mit steigender Rechneranzahl zunehmen. Dies geht nahezu ausschließlich auf den zur Synchronisation erforderlichen Kommunikations-Overhead zurück, da das E/A-Verhalten verglichen mit
dem Schwachlastfall im wesentlichen unverändert blieb. Bei GEH-
Synchronisation ergab sich für die erhöhten Ankunftsraten eine
mittlere CPU-Auslastung von etwa 45%, was nur zu wenig schlech-
teren Antwortzeiten verglichen mit 10 TPS pro Rechner führte. Bei
PCL verursachten die Synchronisationsnachrichten dagegen einen
mit der Rechnerzahl steigenden Kommunikations-Overhead; selbst
bei lokalitätsbezogener Lastverteilung war dies aufgrund der un-

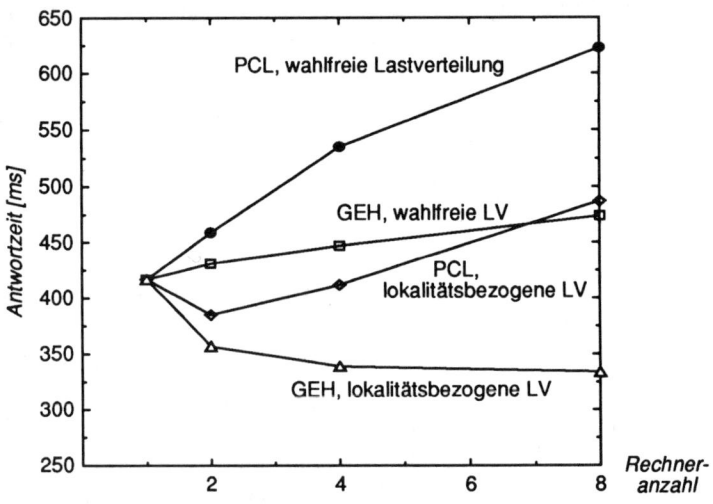

Abb. 7-13: PCL vs. GEH-Synchronisation bei der realen Last
(50 TPS pro Rechner, 1000 S. lokale Puffergröße)

günstigen "Partitionierbarkeit" der realen Last nicht zu verhindern[*]. So betrug bei wahlfreier Lastverteilung die mittlere CPU-Auslastung bereits 78% für acht Rechner, wobei einzelne Rechner mit über 85% ausgelastet waren. Dies führte zu signifikanten CPU-Wartezeiten und verlängerte die Verzögerungen für externe Sperranforderungen. Daneben ergeben sich natürlich erhebliche Durchsatzeinbußen verglichen mit der nahen Kopplung. Bei acht Rechnern liegt somit der mit loser Kopplung erreichbare Durchsatz um rund 30% unter den bei naher Kopplung erzielten Werten, bei wahlfreier Lastverteilung sogar um über 40%. Für die nahe Kopplung konnte auch bei der realen Last ein lineares Durchsatzwachstum selbst bei wahlfreier Lastverteilung erzielt werden.

Zum Abschluß werden für die nahe Kopplung in Abb. 7-14 die Antwortzeitauswirkungen unterschiedlicher Puffergrößen bei der realen Last gezeigt. Dabei betrachten wir für beide Routing-Strategien Puffergrößen von jeweils 1000 und 2000 Seiten pro Rechner.

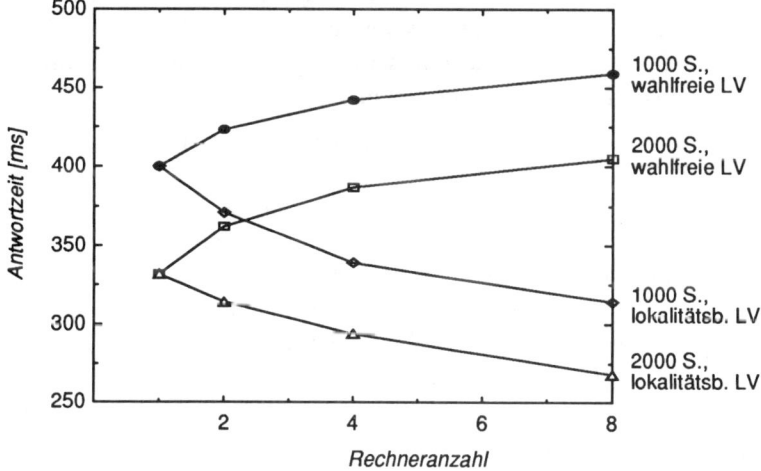

Abb. 7-14: Einfluß der Puffergröße bei der realen Last
(GEH-Synchronisation, 10 TPS pro Rechner)

---

[*] Der Anteil an Sperren, der aufgrund der Verteilung der Sperrverantwortung lokal behandelt werden konnte, sank bei lokalitätsbezogener Lastverteilung von etwa 63% bei zwei auf 35% bei acht Rechnern, bei wahlfreier Lastverteilung von 50% auf 12.5%. Diese Anteile konnten durch Einsatz der Leseautorisierungen deutlich verbessert werden. Diese Optimierung, welche bei den Ergebnissen in Abb. 7-12 und Abb. 7-13 Anwendung fand, bewirkte für die lokalitätsbasierte Lastverteilung eine lokale Sperrvergabe für 78% bei zwei und 65% bei acht Rechnern; bei wahlfreier Lastverteilung konnten damit zwischen 65% (2 Rechner) und 33% der Sperren lokal vergeben werden.

Einfluß der
Puffergröße
Abb. 7-14 zeigt, daß im Gegensatz zur Debit-Credit-Last (Abb. 7-8) auch bei wahlfreier Lastverteilung und höherer Rechneranzahl durch die Vergrößerung des Puffers deutliche Leistungsgewinne ermöglicht werden, da für die reale Last kaum Pufferinvalidierungen auftreten. Wie die Ergebnisse für zwei Rechner verdeutlichen, lassen sich daher prinzipiell auch mit wahlfreier Lastverteilung durch Vergrößerung des Puffers die Antwortzeitergebnisse bei lokalitätsbezogener Lastzuordnung erreichen.

7.6.3 Zusammenfassung der Simulationsstudie

Die Simulationsstudie ermöglichte einen Leistungsvergleich zwischen nahe und lose gekoppelten DB-Sharing-Systemen. Bei naher Kopplung erfolgte die Synchronisation über eine globale Sperrtabelle im GEH, welche auch zur Erkennung von Pufferinvalidierungen diente. Bei loser Kopplung wurde das Primary-Copy-Sperrverfahren mit integrierter Behandlung von Pufferinvalidierungen eingesetzt. In beiden Fällen wird eine FORCE- oder NOFORCE-Ausschreibstrategie unterstützt, wobei für NOFORCE Seiten über das Kommunikationsnetz ausgetauscht werden. Die Lastverteilung erfolgte entweder wahlfrei oder lokalitätsbezogen.

Die Simulationsergebnisse bestätigten die Erwartung, daß mit einer GEH-Sperrtabelle die globale Synchronisation ohne nennenswerten Overhead und mit vernachlässigbarer Verzögerung realisiert werden kann. Dies ermöglicht sowohl höhere Transaktionsraten als auch bessere Antwortzeiten gegenüber lose gekoppelten DB-Sharing-Systemen, die vielfach unter hohem Kommunikations-Overhead leiden. Diese Vorteile zahlen sich besonders aus, wenn
effizientere
Synchronisation
vor allem für
reale Lasten
durch die Lastverteilung kein hohes Ausmaß an lokaler Sperrvergabe erreicht werden kann. Dies ist vor allem für reale Lasten der Fall, für die mit der nahen Kopplung ein lineares Durchsatzwachstum erzielt werden kann. Dies gilt selbst für einfache Verfahren zur Lastverteilung, da der Aufwand zur globalen Synchronisation unabhängig von Lokalitätsaspekten sehr gering gehalten wird.

nahe Kopplung
unterstützt
einfachere
Lastverteilung
Durch die Verwendung der GEH-Sperrtabelle reduziert sich somit die Notwendigkeit einer lokalitätsbezogenen Lastverteilung. Sie bleibt jedoch weiterhin wichtig, da sie das E/A-Verhalten maßgeblich beeinflußt. Denn eine Lastverteilung, die das Referenzverhalten nicht berücksichtigt, führt bei DB-Sharing unweigerlich zu einer Replikation derselben Seiten in den Puffern mehrerer Rechner. Dies verringert zum einen die Trefferraten und verursacht daher vermehrte Lesezugriffe auf die Externspeicher als mit lokalitätsbe-

zogener Lastverteilung. Für änderungsintensive Lasten führt die
Replikation zudem zu einer hohen Anzahl von Pufferinvalidierungen, welche eine weitere Reduzierung der Trefferraten verursachen sowie den Austausch geänderter Seiten zwischen Rechnern
verlangen. Während für leseintensive Lasten die durch die Replikation bedingte Verringerung der Trefferraten mit einer Vergrößerung der Hauptspeicherpuffer kompensiert werden kann, trifft
dies bei änderungsintensiven Lasten nur bedingt zu. Denn für sie
steigt die Anzahl der Pufferinvalidierungen sowie der Seitentransfers mit der Puffergröße, wenn eine wahlfreie Lastverteilung vorgenommen wird.

Die Ergebnisse für die Debit-Credit-Last zeigten, daß die Auswir-
kungen von Pufferinvalidierungen wesentlich von der gewählten
DB-Allokation und Ausschreibstrategie abhängen. Residiert die
Datenbank auf Magnetplatten, dann schneidet eine NOFORCE-
Strategie wesentlich besser als eine FORCE-Strategie ab. Denn für
FORCE verlangt jede Fehlseitenbedingung einen Plattenzugriff,
während für NOFORCE Seiten in vielen Fällen wesentlich schneller über einen Page-Request von einem anderen Rechner geholt
werden können, insbesondere für große Puffer und bei höherer
Rechneranzahl. Auf der anderen Seite profitiert FORCE im Gegensatz zu NOFORCE sehr stark von einer DB-Allokation in schnelle
Speicher wie den GEH. Da in diesem Fall der Externspeicherzugriff wesentlich schneller als ein Page-Request abgewickelt werden
kann, führt der FORCE-Ansatz zu einer effizienteren Behandlung
von Pufferinvalidierungen. Dabei genügt die GEH-Allokation der *"Entschärfung"*
DB-Partitionen mit hoher Änderungsdichte, auf die nahezu alle In- *von Pufferinva-*
validierungen entfallen, um selbst bei wahlfreier Lastverteilung *lidierungen*
den negativen Antwortzeiteinfluß von Pufferinvalidierungen fast
vollständig auszugleichen. Zudem entfällt der Kommunikations-
Overhead, der für NOFORCE zur Durchführung der Seitenanforderungen entsteht, so daß höhere Transaktionsraten unterstützt
werden.

Für FORCE können ähnliche Ergebnisse wie bei GEH-residenter
Speicherung kritischer DB-Dateien erreicht werden, wenn eine *globaler Puffer*
SSD-Allokation bzw. nicht-flüchtige Dateipuffer im Platten-Cache *in gemeinsamen*
genutzt werden. In letzterem Fall werden häufig geänderte Seiten *Platten-Caches*
im gemeinsamen Platten-Cache gepuffert, wobei sie dort aufgrund
von FORCE stets in der aktuellen Version vorliegen. Für NO-
FORCE kann eine Leistungsverbesserung für die Seitenanforderungen erzielt werden, wenn eine effiziente Kommunikation über

den GEH (Kap. 7.4) unterstützt wird. Im Gegensatz zur Synchronisation über eine GEH-Sperrtabelle sind die Optimierungen bezüglich DB-Allokation und Kommunikationsabwicklung transparent für das DBS möglich.

Weitere Untersuchungen

Das Leistungsverhalten nah gekoppelter DB-Sharing-Systeme wurde auch in einigen anderen Forschungsarbeiten analysiert. So wurde in [Yu87] der Einsatz eines Spezialprozessors ("lock engine") zur globalen Synchronisation unterstellt, ohne daß jedoch auf Realisierungseinzelheiten eingegangen wurde. Als Bedienungszeiten pro Sperranforderung wurden 100 bzw. 500 μs angenommen, so daß weit geringere Transaktionsraten als bei Nutzung einer GEH-Sperrtabelle möglich werden. Die Ergebnisse waren allerdings mehr durch die ineffiziente Strategie zur Kohärenzkontrolle bestimmt, da hierzu eine Broadcast-Invalidierung in Kombination mit einer FORCE-Ausschreibstrategie verwendet wurde.

Shared Intermediate Memory

In [DIRY89, DDY91] wurde die Verwendung eines gemeinsamen, seitenadressierbaren Halbleiterspeichers für DB-Sharing-Systeme mit analytischen Leistungsmodellen untersucht; die Architektur wurde als "Shared Intermediate Memory (SIM)" bezeichnet. Im Gegensatz zum GEH wurde der Zwischenspeicher jedoch lediglich zur globalen Pufferung von DB-Seiten verwendet, wobei in [DDY91] eine Pufferverwaltung durch den Speicher-Controller unterstellt wurde (ähnlich wie bei Platten-Caches). Es wurde festgestellt, daß die Leistungsfähigkeit eines DB-Sharing-Systems im Falle einer FORCE-Ausschreibstrategie signifikant gesteigert werden kann, wenn sämtliche Schreibvorgänge in diesen (nicht-flüchtigen) Halbleiterspeicher gehen. Dies war zum Großteil darauf zurückzuführen, daß die Schreibvorgänge am Transaktionsende sehr viel schneller abgewickelt werden konnten (was jedoch keine DB-Sharing-spezifische Optimierung darstellt wie unsere Ergebnisse in Kap. 6 gezeigt haben). Daneben konnte - wie auch in unseren Experimenten der Fall - eine effizientere Behandlung von Pufferinvalidierungen erreicht werden, falls häufig geänderte Seiten im gemeinsamen Halbleiterspeicher gepuffert werden. In [DDY91] wurden verschiedene Alternativen betrachtet bezüglich der Auswahl der Seiten (alle oder nur geänderte Seiten), die in den SIM geschrieben werden sollen, sowie dem Schreibzeitpunkt. Im Gegensatz zu unserer Untersuchung berücksichtigte [DDY91] lediglich den Fall einer FORCE-Strategie; zudem wurde eine Broadcast-Invalidierung sowie eine wahlfreie Lastverteilung unterstellt.

8
Weitere
Entwicklungs-
richtungen

In diesem Kapitel wird auf drei weitere Entwicklungsrichtungen eingegangen, die zur Realisierung von Hochleistungs-Transaktionssystemen zunehmend an Bedeutung gewinnen werden. Zunächst betrachten wir die Rolle der *Lastkontrolle* in zentralen und verteilten Transaktionssystemen. Aufgabe einer solchen Systemkomponente ist neben der Unterstützung einer hohen Leistungsfähigkeit vor allem die Vereinfachung der Systemadministration, indem u.a. eine automatische Anpassung kritischer Systemparameter durchgeführt wird. In Kapitel 8.2 wird dann auf Probleme und Lösungsansätze einer *parallelen DB-Verarbeitung* eingegangen, wobei Parallelität innerhalb von Transaktionen bzw. DB-Anfragen zur Erlangung kurzer Bearbeitungszeiten eingesetzt wird. Kommerzielle relationale DBS nutzen bereits zunehmend eine solche parallele DB-Verarbeitung auf Multiprozessoren bzw. innerhalb eines Mehrrechner-Datenbanksystems. Abschließend wird die Realisierung einer schnellen *Katastrophen-Recovery* untersucht, die zur Erfüllung hoher Verfügbarkeitsanforderungen benötigt wird.

8.1 Lastkontrolle in Transaktionssystemen

Unter der Bezeichnung "Lastkontrolle" (load control, workload management) subsumieren wir alle Funktionen, die mit dem Scheduling von Lasteinheiten (Allokation von Betriebsmitteln) sowie der Überwachung der Lastverarbeitung zusammenhängen. Einfache Mechanismen zur Lastkontrolle bzw. Laststeuerung finden sich bereits in Betriebssystemen, TP-Monitoren und auch Datenbanksystemen. So regeln Betriebssystemfunktionen wie der CPU-Dispatcher oder die Speicherverwaltung die Zuordnung physischer Betriebsmittel (CPU, Hauptspeicher) zu Prozessen. TP-Monitore treffen eine Zuordnung von Transaktionsaufträgen zu Ausführungseinheiten (Anwendungs-Server). Ausführungseinheiten stellen logische Betriebsmittel dar, die z.B. durch Betriebssystemprozesse oder prozeßinterne Tasks realisiert werden. Die Anzahl gleichzeitiger Transaktionsausführungen ist i.a. durch einen *DC-Parallelitätsgrad* (multiprogramming level) des DC-Systems (Kap. 1.1, Kap. 2) begrenzt. In verteilten Transaktionssystemen ist zudem ein Transaktions-Routing durchzuführen, um Transaktionsaufträge einem Rechner zuzuordnen, an dem das entsprechende Transaktionsprogramm ausführbar ist. Das Datenbanksystem kann eine weitere Beschränkung bezüglich der Anzahl von DB-Operationen vorsehen, die gleichzeitig bearbeitet werden (*DB-Parallelitätsgrad*). Dann sind auch im DBS Scheduling-Maßnahmen durchzuführen, um unter den rechenbereiten DB-Operationen eine Auswahl zu treffen. Im Zusammenhang mit Lastkontrolle steht auch die Query-Optimierung, da sie die Zerlegung einer DB-Operation in Basisoperatoren sowie die Verwendung von Indexstrukturen und anderen Speicherungsstrukturen bestimmt.

Scheduling-Maßnahmen in derzeitigen Systemen

Schwachpunkte Der Status-quo bezüglich der Lastkontrolle in heutigen Systemen weist jedoch gravierende Schwachpunkte auf:

1. *Unzureichende Steuerungsmöglichkeiten*
   Die vorhandenen Mechanismen zur Lastkontrolle sind nicht mächtig genug, insbesondere innerhalb von Datenbanksystemen. So kennen DBS meist keine Transaktionsprioritäten, sondern bearbeiten anstehende DB-Operationen z.B. in der Reihenfolge ihres Eintreffens. Auch zur Behandlung von Sperrkonflikten, Deadlocks oder Pufferengpässen ist es dringlich, die "Wichtigkeit" von Transaktionen zu berücksichtigen. Zum Beispiel sollten komplexe Ad-Hoc-Anfragen oder Batch-Transaktionen keine unzulässige Beeinträchtigung für kritische OLTP-Transaktionen verursachen. Die Query-Optimierung erfolgt in der Regel bereits zur Übersetzungszeit, so daß die aktuelle Lastsituation bei der Ausführung einer Operation (verfügbarer Spei-

keine Unterstützung von Prioritäten im DBS

cherplatz, CPU-Auslastung, Sperrsituation) nicht berücksichtigt wird.

2. *Fehlen automatischer Lastkontrollmechanismen*
Kritische Systemparameter, die das Leistungsverhalten maßgeblich beeinflussen und die zum Teil für Scheduling-Entscheidungen benutzt werden, sind meist durch den Systemverwalter zu spezifizieren. Beispiele sind etwa Prioritäten und Speicherbedarf von Prozessen, Transaktionsprioritäten im DC-System, DC- und DB-Parallelitätsgrad (bezogen auf alle Transaktionen oder getrennt nach Transaktionstypen), Größe von DB-Puffer, Erzeugen/Löschen von Indexstrukturen, Allokation von Dateien zu Externspeichern oder die Zuordnung von Terminals und Transaktionsprogrammen zu Verarbeitungsrechnern. Dies resultiert in eine weitgehend statische Lastkontrolle, da für Änderungen solcher Parameter manuelle Eingriffe erforderlich sind. Das System ist somit meist nicht in der Lage, seine Kontrollentscheidungen selbständig (automatisch) an sich ändernde Situationen anzupassen, um so Leistungsprobleme zu vermeiden bzw. zu korrigieren.

manuelle Einstellung von Kontrollparametern

3. *Komplizierte Systemverwaltung*
Die Systemadministration ist äußerst komplex, da eine Vielzahl von internen Parametern einzustellen ist, deren Auswirkungen auf Durchsatz oder Antwortzeiten meist nicht einfach vorherzusehen sind. Leistungsprobleme werden oft erst spät erkannt und die Bestimmung und Beseitigung ihrer Ursachen (Tuning) ist meist erst möglich, nachdem Hilfsinformationen wie Monitordaten oder Traces erstellt und ausgewertet wurden. In verteilten Systemen vervielfachen sich die Probleme, da entsprechend mehr Parametereinstellungen vorzunehmen und vielfältigere Leistungsprobleme zu behandeln sind.

komplexe Administration

4. *Mangelnde Kooperation zwischen Systemkomponenten*
Es besteht kaum eine Kooperation zwischen den verschiedenen Lastkontrollkomponenten im Betriebssystem, TP-Monitor und Datenbanksystem. So sind Prozeßprioritäten nur im Betriebssystem und Transaktionsprioritäten nur im TP-Monitor bekannt; das DBS kennt i.a. keine dieser Vorgaben. Die manuelle Abstimmung von Parametereinstellungen der verschiedenen Subsysteme durch den (die) Systemverwalter ist schwierig und inflexibel; auch kann sie nicht alle Problemfälle vermeiden.
Ein bekanntes Phänomen ist etwa das sogenannte "Priority Inversion"-Problem, das immer dann auftritt, wenn ein Auftrag höherer Priorität auf die Beendigung von Aufträgen niedrigerer Priorität warten muß. In Transaktionsanwendungen tritt dieses Problem u.a. dadurch auf, daß DB-Operationen von Transaktionen niedriger Priorität nach Start ihrer Bearbeitung durch das DBS aus Betriebssystemsicht die i.a. hohe Priorität von DBS-Prozessen erhalten. Für CPU-intensive Operationen (z.B. Ad-Hoc-Anfragen) können dann auch für Transaktionen höherer Priorität starke Wartezeiten entstehen [En91]. Dieses Problem kann offenbar weder durch bestimmte Parametereinstellungen noch durch Einführung von Transaktions-

Priority-Inversion als Beispiel mangelnder Abstimmung von Lastkontrollentscheidungen

prioritäten im DBS gelöst werden, sondern erfordert eine geeignete
Kooperation mit dem Betriebssystem.

Lösungsansätze Für einzelne Teilprobleme wie CPU-Scheduling oder Speicherverwaltung in Betriebssystemen wurden bereits umfangreiche Stu-
dien durchgeführt. Auch im Bereich der Datenbankforschung ist in
letzter Zeit ein verstärktes Interesse an der Unterstützung effekti-
verer Lastkontrollmaßnahmen zu beobachten. Die Mehrzahl der
Untersuchungen betrachtet dabei jedoch lediglich eine automatische Anpassung des Parallelitätsgrades, um das Ausmaß an Sperrkonflikten zu kontrollieren [BBD82, CKL90, MW91, MW92, Th92].
In [CJL89, JCL90] werden daneben Algorithmen zur prioritätsge-
steuerten Pufferverwaltung analysiert (s. Kap. 5.1.1). Im Bereich
von Realzeit-Datenbanksystemen wurde ferner untersucht, wie
Prioritäten bei der Auflösung von Sperrkonflikten berücksichtigt
werden können, so daß vorgegebene Zeitschranken (Deadlines)
möglichst eingehalten werden können [AG88, BMHD89, SRL88].
Zur Lastkontrolle in verteilten Transaktionssystemen wurden bisher vor allem verschiedene Strategien zum Transaktions-Routing
untersucht (s. Kap. 8.1.3). Berührungspunkte bestehen daneben
zur verteilten bzw. parallelen Query-Bearbeitung (s. Kap. 8.2).
Auch hierbei wurden jedoch fast ausschließlich statische Verfahren
zur Verteilung/Parallelisierung von Anfragen betrachtet, bei denen
die Lastsituation zum Ausführungszeitpunkt unberücksichtigt
bleibt.

Den erwähnten Ansätzen ist gemein, daß sie selbst bezüglich der
Lastkontrolle innerhalb von Datenbanksystemen jeweils nur einen
relativ kleinen Ausschnitt abdecken, vor allem erfolgt i.a. nur eine
Optimierung bezüglich eines Leistungsaspekts (Sperrkonflikte,
E/A bzw. Kommunikation). Eine Ausnahme bildet das COMFORT-
Projekt, in dem eine möglichst umfassende Automatisierung von
Tuning-Maßnahmen zur DB-Verarbeitung angestrebt wird [We93].
Dabei soll insbesondere das während der Übersetzung von Trans-
aktionsprogrammen und Anfragen anfallende Wissen über Refe-
renzierungsverhalten und Betriebsmittelbedarf zur Lastkontrolle
bzw. zu einem automatischen Tuning genutzt werden. Einzelne
Untersuchungen beschäftigten sich bisher mit der Kontrolle von
Sperrkonflikten durch Anpassung des Parallelitätsgrades [MW91,
MW92] sowie einer automatischen Allokation von Dateien innerhalb von Disk-Arrays [WZS91, WZ92]. Einzelheiten zur Integration
der Ansätze sowie zur Kooperation mit anderen Komponenten wie
dem TP-Monitor und dem Betriebssystem scheinen jedoch noch

nicht geklärt. Zudem ist das Projekt derzeit im wesentlichen auf zentralisierte DBS beschränkt.

Hier untersuchen wir, wie eine möglichst umfassende Lastkontrolle für zentralisierte und verteilte Transaktionssysteme realisiert werden könnte. Dazu gehen wir von lokalen Lastkontrollkomponenten in jedem Verarbeitungsrechner aus, die mit einer globalen Lastkontrolle kooperieren. Bevor wir den Architekturvorschlag vorstellen, sollen jedoch zunächst die wichtigsten Anforderungen an die Lastkontrolle diskutiert werden. In Kap. 8.1.3 und 8.1.4 gehen wir dann näher auf die Realisierung der globalen und lokalen Lastkontrolle ein.

8.1.1 Anforderungen

Die Anforderungen an die Lastkontrolle ergeben sich zum Großteil aus den herausgestellten Beschränkungen derzeitiger Systeme bzw. Vorschläge:

Effektivität

Die Lastkontrolle soll primär eine hohe Leistungsfähigkeit bei der Transaktionsverarbeitung unterstützen, so daß vorgegebene Leistungsziele (Transaktionsraten, Antwortzeiten) erreicht werden. Hierzu ist generell wesentlich, eine Verarbeitung mit einem Minimum an Overhead bzw. Transaktionsunterbrechungen für Kommunikation, E/A oder Sperrkonflikte zu ermöglichen. Daneben sind Überlastsituationen weitgehend zu verhindern, um Wartezeiten auf die Zuteilung von Betriebsmittel kurz zu halten.

Unterstützung hoher Leistung

Adaptive Lastkontrolle

Die Lastkontrolle soll weitgehend automatisch erfolgen, so daß auf Änderungen im Systemzustand (Lastprofil, Auslastung von Betriebsmitteln, Rechnerkonfiguration, u.ä.) oder auf Leistungsprobleme selbständig reagiert werden kann. Im Rahmen von Korrekturmaßnahmen einer solchen adaptiven Lastkontrolle sind vor allem kritische Systemparameter neu einzustellen (Änderung der Lastverteilung, Zuordnung von Daten zu Rechnern oder Externspeichern, Parallelitätsgrad, Transaktionsprioritäten, ...). Voraussetzung dazu ist ein ständiges Monitoring und Analysieren ausgewählter Informationen, um die Notwendigkeit korrektiver Maßnahmen und deren Ursachen erkennen zu können. Im wesentlichen soll damit eine Automatisierung der Schritte erreicht werden,

dynamische Systemüberwachung und Selbst-Tuning

die derzeit von den Systemverwaltern manuell durchzuführen sind.

Robustheit

Trotz der automatischen Anpassung von Kontrollparametern soll
der Ansatz robust sein, also nicht durch permanente Korrekturmaßnahmen in einen instabilen Systemzustand geraten. Hierzu
sind Überreaktionen auf kleinere Änderungen im Systemzustand
zu vermeiden; zudem ist die Wirksamkeit der Korrekturen zu über-
prüfen. Kann ein Problem nicht automatisch gelöst werden, ist der
Systemverwalter zu benachrichtigen. Generell sollte der Systemverwalter die Möglichkeit haben, die automatische Lastkontrolle
zu übergehen, z.B. um bestimmte Einstellungen zu "erzwingen".

Enge Kooperation zwischen Systemkomponenten

Lastkontrollkomponenten in verschiedenen Subsystemen wie Betriebssystem, DBS oder TP-Monitor sind aufeinander abzustimmen, um die Leistungsziele erreichen zu können. Im verteilten Fall
ist auch eine Abstimmung zwischen den verschiedenen Verarbeitungsrechnern erforderlich.

Erleichterung der Administration

Wie aus den vorangegangenen Ausführungen klar wird, ist nicht
daran gedacht, den Systemverwalter "abzuschaffen". Jedoch kann
seine Tätigkeit erheblich vereinfacht werden, da im Idealfall die
Lastkontrolle die Mehrzahl der Parametereinstellungen vornehmen sowie Tuning-Maßnahmen selbständig durchführen kann.
Eingriffe des Systemverwalters sollten so auf Ausnahmesituationen beschränkt sein.

Daneben sind natürlich Angaben zur Systemkonfiguration sowie
Leistungsvorgaben zu spezifizieren. Die Spezifikation der Leistungsziele kann für einzelne Lastgruppen wie Transaktionstypen
goal-oriented erfolgen, wobei für Transaktionsanwendungen vor allem Antwort-
workload zeitrestriktionen wesentlich sind (z.B. durchschnittliche und maxi-
management male Antwortzeiten). Weiterhin ist eine relative Priorisierung von
Lastgruppen sinnvoll, um die Wichtigkeit von Transaktionen festzulegen, falls die Leistungsziele nicht erreicht werden können (z.B.
wegen permanenter Überlast). Damit kann in solchen Situationen
versucht werden, wenigstens für die wichtigsten Lastgruppen akzeptable Leistungsmerkmale zu erreichen. Im Idealfall braucht der
Systemverwalter nur solche externen Leistungsziele zu definieren,
während die geeignete Einstellung interner Parameter vollkommen automatisch erfolgt. In [Ra89b, FNGD93] wurde ein solcher
Ansatz als "zielorientierte" Lastkontrolle (goal-oriented workload

management) bezeichnet.

Im verteilten Fall ist zur Erleichterung der Systemadministration auch die Bereitstellung einer zentralen Bedienschnittstelle für alle Verarbeitungsrechner wesentlich.

Effizienz

Der Overhead zur Durchführung der Lastkontrollmaßnahmen sollte gering im Vergleich zu den erzielten Leistungsgewinnen sein. Dies erfordert vor allem eine Beschränkung bezüglich der zu sammelnden und auszuwertenden Informationen. Ferner ist es i.a. nicht möglich, komplexe Optimierungsalgorithmen zur Bestimmung der "besten" Parametereinstellungen auszuführen. Stattdessen ist vor allem auf einfache Heuristiken oder Faustregeln zurückzugreifen, wie sie auch für manuelle Tuning-Entscheidungen vorwiegend zur Anwendung kommen.

geringer Lastkontroll-Overhead

Einige der Anforderungen sind offenbar gegensätzlicher Natur, insbesondere Effektivität und Effizienz. So verursachen dynamische und adaptive Verfahren, welche den aktuellen Systemzustand auswerten und ggf. korrektive Maßnahmen ergreifen, zwangsweise einen höheren Overhead als statische Verfahren. Adaptive Verfahren sind daneben auch anfälliger gegenüber instabilem Systemverhalten.

8.1.2 Architekturvorschlag für eine mehrstufige Lastkontrolle

Abb. 8-1 zeigt einen Architekturansatz für eine umfassende Lastkontrolle in lokal verteilten Transaktionssystemen, mit dem die genannten Anforderungen erfüllt werden können[*]. Zu bereits bestehenden Systemkomponenten kommen vor allem zwei (grau markierte) Funktionen hinzu: eine lokale Lastkontrolle in jedem Verarbeitungsrechner sowie eine globale Lastkontrolle. In beiden Fällen handelt es sich im wesentlichen um ein Kontrollprogramm, das in periodischen Zeitabständen ausgeführt wird bzw. wenn bestimmte Ausnahmebedingungen eintreten. Das Kontrollprogramm greift auf Monitordaten über den aktuellen Systemzustand (Istzustand) zu und wertet diese aus, um zu entscheiden, ob eine Abweichung vom Sollzustand vorliegt (z.B. Verfehlung von Leistungszie-

Systemaufbau

---

[*] Die Beschränkung auf lokal verteilte Systeme wurde getroffen, da es hierfür vergleichsweise billig ist, Informationen über den aktuellen Verarbeitungszustand in den einzelnen Rechnern zu erhalten.

len). Liegt eine solche Situation vor, wird versucht, die Ursache dafür zu ermitteln und das Problem durch Einleiten entsprechender Korrekturmaßnahmen zu beheben. Die Wirkung der ergriffenen Maßnahmen kann durch Analyse neuer Monitordaten überprüft werden. Diese Vorgehensweise entspricht offenbar der Verwendung von Regelkreisen (feedback loops) zur adaptiven Systemkontrolle; ein Konzept, das sich bereits vielfach bewährt hat [Re86].

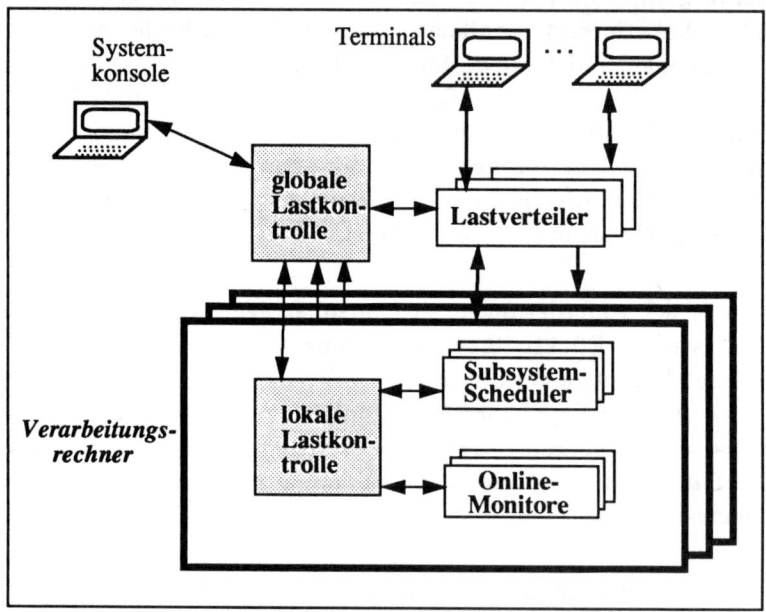

Abb. 8-1:   Architekturvorschlag zur Lastkontrolle

lokale Lastkontrolle — Aufgabe der *lokalen Lastkontrolle* ist die Verarbeitung innerhalb eines Rechners zu überwachen. Dazu steht diese Komponente mit Monitor- und Scheduling-Komponenten in Verbindung, die in existierenden Subsystemen (Betriebssystem, TP-Monitor, DBS) typischerweise bereits zum Großteil vorhanden sind. Für diese Komponenten ist jetzt jedoch eine geeignete Schnittstelle zur lokalen Lastkontrolle zu unterstützen, über die ein Austausch von Monitordaten und Kontrollanweisungen erfolgt. Insbesondere liegt es in der Verantwortung der lokalen Lastkontrolle, die einzelnen Subsysteme über diese Schnittstellen aufeinander abzustimmen. Die lokale Lastkontrolle steht daneben mit der globalen Lastkontrolle in Verbindung, um sie mit Informationen über den lokalen Systemzustand zu versorgen bzw. um Probleme, die durch Anpassung lokaler

Kontrollparameter nicht behoben werden konnten, weiterzumelden.

Die *globale Lastkontrolle* ist verantwortlich für die Überwachung des gesamten Mehrrechnersystems. Wir gehen von einer zentralisierten Realisierung dieser Funktion aus, das heißt, die globale Kontrollschleife wird in einer Komponente (z.B. in einem Prozeß) ausgeführt. Im Gegensatz zu einer verteilten Realisierung wird damit die Entscheidung über globale Korrekturmaßnahmen erheblich vereinfacht. Daneben kann die globale Lastkontrolle die zentrale Schnittstelle zur Systemverwaltung bilden, so daß über eine Systemkonsole Kommandos bezüglich des gesamten Systems spezifiziert werden können (Änderung von Leistungszielen, Anforderung von Informationen, etc.). Die Schnittstelle zur lokalen Lastkontrolle jedes Rechners wird zur Propagierung von Systemkommandos bzw. eigenen Kontrollanweisungen sowie zum Empfang lokaler Statusinformationen verwendet.

*globale
Lastkontrolle*

Neben der globalen Systemüberwachung ist auch die Lastverteilung (das Transaktions-Routing) eine Aufgabe der globalen Lastkontrolle. Diese Teilfunktion wurde in Abb. 8-1 separat gezeigt, da sie durchaus verteilt realisiert werden kann. Die Lastverteiler können dabei, wie auch die globale Kontrollkomponente, auf dedizierten Front-End-Rechnern oder auf den Verarbeitungsrechnern selbst ablaufen. Aufgabe der Lastverteilung ist vor allem Ein- und Ausgabenachrichten zwischen Terminals und Verarbeitungsrechnern zu transferieren. Die Zuordnung von Transaktionsaufträgen zu Verarbeitungsrechnern erfolgt nach einer gemeinsamen Routing-Strategie, die von der globalen Kontrollkomponente angepaßt werden kann. Die Lastverteiler können daneben die Ankunftsraten sowie die Transaktionsbearbeitungszeiten bestimmen und diese Information der globalen Kontrollkomponente übergeben.

Lastverteilung

Der skizzierte Architekturvorschlag sieht also Lastkontrollmaßnahmen auf drei Ebenen vor: durch subsystemspezifische Scheduling- und Monitoreinrichtungen, eine lokale Lastkontrolle pro Verarbeitungsrechner sowie eine globale Lastkontrolle[*]. Diese Komponenten kooperieren eng miteinander, um globale Leistungsziele erreichen zu können. Ein adaptiver Ansatz wird durch Nutzung von Feedback-Schleifen innerhalb der lokalen und globalen Lastkon-

*Adaptivität
über Feedback-
Schleifen*

---

[*] Für zentralisierte Transaktionssysteme entfällt natürlich die globale Lastkontrolle; Aufgaben wie die Realisierung einer zentralen Administrationsschnittstelle werden dann von der lokalen Lastkontrolle übernommen.

trolle erreicht. Wesentlich für die Effizienz des Ansatzes ist die Beschränkung hinsichtlich der Informationen, die gesammelt und
ausgewertet werden. Ein kritischer Parameter ist auch, in welcher
Häufigkeit die lokalen und globalen Kontrollschleifen ausgeführt
werden. Hier gilt es einen guten Kompromiß zwischen Effizienz
(seltene Ausführung) und Reagibilität (häufige Ausführung) zu finden. Eine einfache Administration wird durch die weitgehend automatische Anpassung von Kontrollparametern sowie der Bereitstellung einer zentralen Administrationsschnittstelle unterstützt.

Die Effektivität des Ansatzes hängt entscheidend davon ab, welche
Algorithmen und Ansätze innerhalb der einzelnen Lastkontrollkomponenten gewählt werden und wie die Kooperation zwischen
ihnen erfolgt. Obwohl dies den eigentlichen Kern der Lastkontrolle
ausmacht, wurde darauf bisher bewußt nicht eingegangen, um die
relative Unabhängigkeit des gewählten Ansatzes von den einzelnen
Techniken zu unterstreichen. Zur Ausgestaltung der einzelnen
Lastkontrollkomponenten kommt prinzipiell das gesamte Spektrum an Algorithmen, Heuristiken und Faustregeln zum Scheduling bzw. zur Einstellung bestimmter Parameter in Betracht, das in
theoretischen Untersuchungen vorgeschlagen wurde bzw. in existierenden Systemen sowie beim manuellen Tuning zur Anwendung kommt. Obwohl eine detaillierte Behandlung dieser Ansätze
hier sicher nicht möglich ist, sollen einige Realisierungsaspekte zur
globalen und lokalen Lastkontrolle in den beiden folgenden Unterkapiteln näher diskutiert werden.

8.1.3 Realisierung der globalen Lastkontrolle

Zunächst betrachten wir Realisierungsalternativen zur Lastverteilung, danach Aspekte der globalen Systemkontrolle.

8.1.3.1 Transaktions-Routing

Ziel der Lastverteilung ist die Allokation von Transaktionsaufträgen zu Verarbeitungsrechnern, so daß eine effiziente Transaktionsbearbeitung erreicht wird. Dazu ist i.a. eine Verarbeitung mit einem Minimum an Kommunikations-, E/A- und Sperrverzögerungen sowie eine Lastbalancierung zur Vermeidung von Überlastsituationen anzustreben. Die Diskussion in Kap. 3 zeigte bereits, daß
in verteilten Transaktionssystemen mit einer Partitionierung von
Transaktionsprogrammen (v.a. in verteilten DC-Systemen) die
Lastverteilung trivial ist, jedoch auch keine Möglichkeiten zur
Lastbalancierung bestehen. Die größten Freiheitsgrade zur Last-

Aufgaben

verteilung bieten Mehrrechner-Datenbanksysteme vom Typ "Shared-Nothing" bzw. "DB-Sharing", auf die sich unsere weiteren Ausführungen beziehen.

Wie in [YCDI87, Ra92b] näher dargelegt, erfordert eine effektive Lastverteilung für diese Architekturen ein sogenanntes *affinitätsbasiertes Transaktions-Routing*. Dabei wird neben einer Lastbalancierung vor allem eine Lastverteilung derart angestrebt, daß Transaktionen verschiedener Rechner möglichst unterschiedliche DB-Bereiche referenzieren. Eine somit erreichbare rechnerspezifische Lokalität kann für beide Systemarchitekturen zur Minimierung von Kommunikationsvorgängen genutzt werden, insbesondere wenn die Daten- und Lastverteilung geeignet aufeinander abgestimmt werden*. Lokalität läßt sich weiterhin zur Einsparung von E/A-Vorgängen nutzen; zudem kommt es weniger oft zu Sperrkonflikten zwischen Transaktionen verschiedener Rechner. Die Simulationsexperimente in Kap. 7.6 zeigten, daß vor allem für lose gekoppelte DB-Sharing-Systeme die Unterstützung einer solchen Lastverteilung einen leistungsbestimmenden Einfluß ausübt.

Unterstützung rechnerspezifischer Lokalität

Leider sind Lastbalancierung und die Erlangung rechnerspezifischer Lokalität oft gegenläufige Ziele, die umso schwerer zu vereinbaren sind, je mehr Rechner genutzt werden sollen. Dies gilt insbesondere für "reale" Lasten, die Referenzverteilungen wie z.B. in Tab. 6-5 aufweisen. Solche Lasten enthalten dominierende Transaktionstypen, die auf mehreren Rechnern zu verarbeiten sind, falls eine Überlastung einzelner Prozessoren vermieden werden soll. Ferner greifen auf die wichtigsten DB-Bereiche nahezu alle Transaktionstypen zu. Diese Charakteristika lassen keine Last- und DB-Verteilung mit einem hohen Ausmaß an rechnerspezifischer Lokalität zu. Für DB-Sharing sind die Probleme weniger gravierend, da z.B. bei zentralisierten Sperrprotokollen keine Datenverteilung vorzunehmen ist. Alle Rechner können auf dieselben Objekte zugreifen und somit alle DB-Operationen ausführen. Allerdings ist der Kommunikationsbedarf bei verteilten und auch bei zentralisierten Sperrverfahren zum Teil vom Grad rechnerspezifischer Lokalität abhängig [Ra89a]. Zudem führt eine geringe Lokalität zu einer verstärkten Replikation von Seiten im Hauptspeicher, welche

Probleme der Lastverteilung bei realen Lasten

---

* Für DB-Sharing verwenden verteilte Synchronisationsverfahren wie das Primary-Copy-Sperrverfahren (Kap. 7.5.1) eine *logische* Datenpartitionierung zur Festlegung der globalen Synchronisationsverantwortung unter den Verarbeitungsrechnern [Ra89a, Ra91d]. Damit ist nur für solche Sperranforderungen Kommunikation erforderlich, die eine Partition betreffen, für die der eigene Rechner nicht die Verantwortlichkeit hält.

die Effektivität des DB-Puffers reduziert; für änderungsintensive Anwendungen kommt es weiterhin zu vermehrten Pufferinvalidierungen.

Bestimmung der Routing-Strategie

Zur Implementierung einer Routing-Strategie bestehen vielzählige Alternativen, die in [Ra92b] klassifiziert und beschrieben wurden. Aus Effizienzgründen empfiehlt sich für Online-Transaktionen ein tabellengesteuerter Ansatz, bei dem für einen Transaktionstyp aus einer Routing-Tabelle der bevorzugte Verarbeitungsrechner ermittelt wird. Die Bestimmung sowie Anpassung der Routing-Tabelle ist Aufgabe der globalen Lastkontrolle, wobei Referenzierungsmerkmale und Betriebsmittelbedarf von Transaktionstypen berücksichtigt werden, um eine affinitätsbasierte Lastverteilung zu erreichen. Allerdings zeigten empirische Untersuchungen bereits, daß mit einem tabellengesteuerten Ansatz allein meist keine effektive Lastbalancierung erreicht werden kann [Ra88b]. Denn die Berechnung der Routing-Tabelle basiert auf Erwartungswerten über mittlere Ankunftsraten und Instruktionsbedarf pro Transaktionstyp, während die tatsächliche Lastsituation von den Mittelwerten meist signifikant abweicht. Zudem sind die durch Kommunikations-, E/A-, und Sperrverzögerungen bedingten Auswirkungen i.a. in jedem Rechner verschieden und bei der Berechnung der Routing-Tabelle kaum vorhersehbar. Aus diesen Gründen empfiehlt sich ein gemischter Ansatz zum Transaktions-Routing, bei dem aus einer vorbestimmten Tabelle der unter Lokalitätsaspekten bevorzugte Rechner bestimmt wird, daneben jedoch auch die aktuelle Lastsituation berücksichtigt wird. Ist z.B. der bevorzugte Rechner zum Zuweisungszeitpunkt bereits völlig überlastet, kann eine Zuteilung zu einem weniger belasteten Rechner erfolgen, der auch eine teilweise lokale Bearbeitung zuläßt. Eine andere Heuristik wäre, eine Transaktion dem Rechner zuzuordnen, wo vorherige Ausführungen des Transaktionstyps ausreichend kurze Antwortzeiten erzielten.

Ad-Hoc-Anfragen

Für Ad-Hoc-Anfragen liegt vor der Übersetzung kein Wissen über Referenzierungsverhalten und Betriebsmittelbedarf vor, so daß z.B. eine Zuweisung an den am geringsten ausgelasteten Rechner vorgesehen werden kann. Wird bei der Query-Bearbeitung eine Parallelisierung angestrebt, ist eine auf Lokalität ausgerichtete Lastverteilung ohnehin wenig sinnvoll (s. Kap. 8.2).

8.1.3.2 Globale Kontrollentscheidungen

Die globale Kontrollschleife wird im Normalfall in periodischen Zeitabständen ausgeführt, wobei vor allem untersucht wird, ob die im System befindlichen Lastgruppen ihre Leistungsziele erreicht haben. Werden Leistungsprobleme erkannt, die nicht nur für kurze Zeit auftreten, ist die Ursache dafür zu ermitteln, wozu i.a. auf Informationen der lokalen Lastkontrolle zuzugreifen ist. Die jeweilige Ursache der Leistungsprobleme bestimmt dann die Korrekturmaßnahmen der globalen Lastkontrolle. Korrekturmaßnahmen können auch vorausschauend ergriffen werden, um künftige Leistungsprobleme zu vermeiden, z.b. wenn aufgrund der Analyse der Ankunftsraten eine starke Änderung im Lastprofil festgestellt wird. Eine Aktivierung der globalen Lastkontrolle kann daneben durch außergewöhnliche Ereignisse veranlaßt werden. Hierzu zählt vor allem die Erkennung eines Rechnerausfalls, die eine Umstellung der Lastverteilung erfordert. Ebenso können Eingaben des Systemverwalters eine Anpassung globaler Systemparameter erfordern, z.B. bei Konfigurationsänderungen (zusätzlicher Rechner, neue Transaktionstypen, etc.) oder modifizierten Leistungszielen. Schließlich können Meldungen der lokalen Lastkontrolle über lokal nicht behebbare Probleme zu globalen Korrekturmaßnahmen führen.

Zeitpunkt globaler Kontrollmaßnahmen

Im wesentlichen können durch die globale Lastkontrolle folgende Korrekturmaßnahmen veranlaßt werden:

globale Korrekturmaßnahmen

- *Anpassung der Routing-Strategie*
  Dies ist die wichtigste Maßnahme, die der globalen Lastkontrolle zur Verfügung steht. Sie ist immer dann angebracht, wenn eine unzureichende Lastbalancierung zu Leistungsproblemen führt, derart daß einzelne Rechner bereits über längere Zeiträume überlastet sind, während in anderen Kapazitäten frei sind. Eine weiterer Grund zur Änderung der Lastverteilung ist gegeben, wenn damit die Lokalität verbessert werden kann, so daß sich der Umfang an Kommunikations- oder E/A-Verzögerungen oder die Anzahl globaler Sperrkonflikte reduzieren läßt. Im allgemeinen ist die Lastverteilung nicht völlig neu zu gestalten, sondern es genügt, für besonders betroffenen Lastgruppen die Rechnerzuordnung neu festzulegen (z.B. Umverteilung eines Transaktionstyps von überlasteten zu weniger ausgelasteten Rechnern).
  Die Umstellung der Lastverteilung kann wie erwähnt auch aufgrund von Änderungen im Lastprofil oder Konfigurationsänderungen durchgeführt werden. Ebenso kann nach einer Änderung der Lastverteilung aufgrund von Leistungsproblemen eine Anpassung vorgenommen werden, wenn sich die Situation entspannt hat.

- *Änderung der Datenverteilung*
  Für Shared-Nothing hat die Datenverteilung maßgeblichen Einfluß auf die Lastbalancierung und den Kommunikations-Overhead, da damit der Ausführungsort von DB-Operationen bereits weitgehend festgelegt ist. Eine Anpassung ist immer vorzusehen, wenn sich die Rechneranzahl ändert, wobei die Bestimmung der neuen Datenverteilung und die Lastverteilung aufeinander abzustimmen sind, um eine weitgehend lokale Transaktionsbearbeitung zu ermöglichen. Eine Änderung der Datenverteilung bei unveränderter Rechneranzahl ist aufgrund des hohen Aufwandes (physisches Umverteilen der Daten; keine Zugriffe auf die Daten während der Umverteilung) für Shared-Nothing i.a. nur bei dauerhaften Leistungsproblemen tolerierbar. Bei DB-Sharing kann eine für Synchronisationszwecke verwendete logische Datenpartitionierung mit geringerem Aufwand umgestellt werden [Ra91a].

- *Anpassung der Ressourcen-Kapazität*
  Da in vielen Systemen neben Transaktionsanwendungen noch andere Anwendungen bearbeitet werden, kann durch eine temporäre Erhöhung der für die Transaktionsbearbeitung verfügbaren Ressourcen-Anteile (CPU, Hauptspeicher) eine Behebung von Leistungsproblemen erreicht werden. Für DB-Sharing ist es auch denkbar, die Anzahl der Verarbeitungsrechner, die zur Transaktionsverarbeitung genutzt werden, nach Bedarf zu variieren [Sh86] (für Shared-Nothing scheidet dies i.a. aus, da jeder Rechner eine Partition der Datenbank führt und Datenumverteilungen sehr aufwendig sind).

- *Meldung des Problems an den Systemverwalter*
  Sind automatische Korrekturmaßnahmen nicht möglich oder nicht erfolgreich, wird der Systemverwalter von dem Problem informiert. Dabei können ggf. bereits nähere Angaben über die Art der Leistungsprobleme und vermutete Ursachen mitgeteilt werden (z.B. permanenter Hardware-Engpaß, dauerhafte Sperrprobleme aufgrund von Hot-Spot-Objekten u.ä.), so daß manuelle Tuning-Maßnahmen erleichtert werden. Eine einfache "Lösung" wäre auch, weniger restriktive Leistungsziele zu verlangen.

8.1.4 Realisierung der lokalen Lastkontrolle

Koordinierung von Subsystemen durch lokale Lastkontrolle

Pro Verarbeitungsrechner existieren Scheduling-Komponenten innerhalb des Betriebssystems, TP-Monitors, DBS sowie anderen Subsystemen. Deren Kontrollparameter werden weitgehend durch die lokale Lastkontrolle angepaßt, da diese Komponente bezüglich eines Rechners den Gesamtüberblick über den Lastzustand hat und somit Parametereinstellungen verschiedener Subsysteme koordinieren kann. Wie bereits eingangs diskutiert wurde, ist jedoch eine Erweiterung der subsystemspezifischen Scheduling-Maßnahmen gegenüber heutigen Systemen erforderlich. So sollten Transaktionsprioritäten innerhalb des DBS z.B. zur Behandlung von

Sperrkonflikten sowie zur Pufferverwaltung benutzt werden. Ferner sollte der CPU-Dispatcher nicht ausschließlich Prozeßprioritäten, sondern auch Transaktionsprioritäten unterstützen, z.B. um so das Priority-Inversion-Problem zu lösen. Die Transaktionsprioritäten selbst können durch die lokale Lastkontrolle eingestellt bzw. angepaßt werden, z.B. abgeleitet aus den Leistungszielen und den bereits verbrauchten Ressourcen bzw. der bereits verstrichenen Bearbeitungszeit*.

Die lokale Lastkontrolle analysiert periodisch lokale Monitordaten, um Leistungsprobleme sowie ihre Ursachen zu erkennen. Dabei kann grob zwischen Problemen bzw. Engpässen unterschieden werden, die auf einzelne Lastgruppen beschränkt sind und solchen, die die Mehrzahl der Transaktionen betreffen. Im ersteren Fall kann das Problem z.B. bereits durch Vergabe einer höheren Priorität für die betroffenen Lastgruppen gelöst werden, während im anderen Fall Parameteranpassungen erforderlich werden, die ggf. alle Transaktionstypen betreffen (z.B. Änderung des Parallelitätsgrades). Kann ein Problem lokal nicht behoben werden, wird die globale Lastkontrolle informiert, wobei Hinweise für eine globale Korrekturmaßnahme gegeben werden können (z.B. Umstellung der Lastverteilung zur Reduzierung lokaler Überlast oder Melden eines Sperrengpasses auf bestimmten Objekten an den Systemverwalter).

Zur Erkennung von Engpässen, die mehrere Lastgruppen betreffen, genügen oft bereits Auslastungsmerkmale bezüglich der wichtigsten Betriebsmittel (CPU-Auslastung, Paging-Raten, Länge von Warteschlangen im DC-System, u.a.). Für gruppenbezogene Leistungsaussagen sind jedoch aufwendigere Statistiken erforderlich, mit denen z.B. erkannt werden kann, warum ein bestimmter Transaktionstyp seine Antwortzeitvorgaben verfehlt hat. Die gesamte Bearbeitungszeit von Transaktionen kann im DC-System leicht ermittelt werden. Um die Ursache für zu lange Antwortzeiten zu ermitteln, ist es daneben hilfreich, Statistiken über die Zusammensetzung der Antwortzeiten zu führen. Dabei können z.B. DC- und DB-spezifische Zeitanteile näher unterteilt werden, um die mittlere Wartezeiten im DC-System, Verzögerungen aufgrund von Sperrkonflikten, E/A- oder Kommunikationsvorgängen sowie

Ursachenbestimmung für Leistungsprobleme

---

* Hier bestehen vielfältige Möglichkeiten, die zum Teil bereits in anderen Kontexten untersucht wurden. Ein Verfahren aus dem Gebiet von Realzeit-DBS verwendet z.B. den aktuellen Zeitabstand zum Erreichen der Deadline (maximalen Antwortzeit) eines Jobs als Priorität.

CPU-Anteile zu bestimmen. Der Aufwand zur Erstellung solcher Statistiken kann durch einen *Sampling-Ansatz* vergleichsweise gering gehalten werden, bei dem in bestimmten Zeitabständen lediglich der aktuelle Bearbeitungszustand laufender Transaktionen festgestellt wird (aktive CPU-Belegung, Warten auf die Zuordnung einer Ausführungeinheit im DC-System, Warten auf CPU-Zuteilung, Warten auf eine Sperre, Warten auf eine E/A-Beendigung, ...)

Monitoring

und entsprechende Zähler angepaßt werden. Da dies typischerweise mit geringem Aufwand möglich ist, kann die Zustandsüberprüfung häufig ausgeführt werden (z.B. alle 20 ms). Nach einer ausreichend großen Anzahl solcher Sampling-Intervalle kann aufgrund der Zählerwerte die Zusammensetzung der Antwortzeiten innerhalb der Meßperiode zumindest in Annäherung ermittelt werden. Waren z.B. Transaktionen eines Transaktionstyps für 10% der Zustandsüberprüfungen im Zustand "Warten auf Sperre", so zeigt dies, daß etwa 10 % der Antwortzeiten durch Sperrwartezeiten bestimmt sind. Eine Schwierigkeit bei der Erstellung der Statistiken ist, daß dabei verschiedene Monitore im DC-System, DBS und Betriebssystem involviert sind, deren Ergebnisse durch die lokale Lastkontrolle zu mischen sind. Vor allem ist eine Koordinierung der Monitore dahingehend notwendig, daß die Zähler für dieselben Lastgruppen (Transaktionstypen) geführt werden.

Untersuchung der Antwortzeit-zusammensetzung

Die Analyse der Antwortzeitzusammensetzung durch die lokale Lastkontrolle gestattet in vielen Fällen, die Ursache für die Verletzung von Antwortzeitrestriktionen zu bestimmen. Ist z.B. ein Großteil der Antwortzeit durch Warten auf eine Sperre verursacht, dann deutet dies offenbar auf einen Sperrengpaß hin, der z.B. durch Absenken des Parallelitätsgrades gemildert werden kann[*]. Allerdings bestimmt nicht immer der größte Antwortzeitanteil den Engpaß, da z.B. E/A-Verzögerungen oft einen Großteil der Antwortzeiten ausmachen, selbst wenn keine Leistungsprobleme vorliegen. Auch können sich Engpässe in mehreren Antwortzeitkomponenten niederschlagen, wodurch die Bestimmung des eigentlichen Leistungs-

---

[*] In bisherigen Studien wurden unterschiedliche "Regeln" zur Erkennung eines Sperrengpasses vorgeschlagen, der die Reduzierung des Parallelitätsgrades empfiehlt. Beispiele dazu sind ein durch Sperrwartezeiten verursachter Antwortzeitanteil von über 23 % oder wenn von den gestarteten Transaktionen mehr als 30 % auf eine Sperre warten [Th92]. Zur Behebung von Sperrproblemen, die auf bestimmte Transaktionstypen beschränkt sind, empfiehlt sich die Nutzung von Statistiken, die zeigt, zwischen welchen Transaktionstypen es vorwiegend zu Sperrkonflikten kommt. Damit kann dann eine gezielte Reduzierung von Sperrkonflikten erreicht werden, indem nur die Anzahl der gleichzeitigen Aktivierungen konfliktträchtiger Transaktionstypen beschränkt wird.

problems erschwert wird. Liegt z.B. ein Sperrengpaß vor, sind viele
Transaktionen und damit Ausführungseinheiten blockiert, so daß
es zu einem langen Rückstau im DC-System kommen kann. Die
Zusammensetzung der Antwortzeiten deutet daraufhin, daß Wartezeiten im DC-System die Leistungsprobleme verursachen. Eine
Erhöhung des Parallelitätsgrades, um diese Wartezeiten zu verringern, bringt natürlich keine Lösung, sondern vielmehr noch eine
Verschärfung der Sperrkonflikte. Zur Engpaßbestimmung sind
also ggf. verschiedene Heuristiken oder Faustregeln zu verwenden.
Daneben ist es hilfreich, längerfristige Statistiken über die Antwortzeitzusammensetzung von Transaktionsausführungen zu halten, bei denen keine Leistungsprobleme auftraten. Größere Abweichungen zu den längerfristigen Mittelwerten lassen dann mit größerer Sicherheit eine Engpaß-Bestimmung zu.

Der von der lokalen Lastkontrolle vermutete Engpaß bestimmt natürlich die Korrekturmaßnahmen. Dabei gibt es für jeden Engpaß   *lokale Korrek-*
eine Vielzahl von Möglichkeiten, auf die hier jedoch nicht näher   *turmaßnahmen*
eingegangen werden kann (s. [Ra89b]). Wie bereits erwähnt, ist es
generell wichtig, daß keine Überreaktion auf temporäre Probleme
erfolgt und daß die Wirksamkeit der ergriffenen Maßnahmen kontrolliert wird. Ansonsten können leicht instabile Systemzustände
erzeugt werden, wobei die lokale Lastkontrolle z.B. nur eine Verlagerung von Engpässen bewirkt, ohne das Grundproblem zu erkennen bzw. zu lösen. Dies ist insbesondere bei Leistungsproblemen
möglich, die durch Lastkontrollmaßnahmen nicht behoben werden
können (unzureichende Hardware-Kapazität, geringe Qualität der
Query-Optimierung, u.ä.). Ein großer Fortschritt wäre bereits,
wenn die häufigsten Problemfälle automatisch behandelt werden
und der Systemverwalter über die ungelösten Leistungsprobleme
informiert wird.

8.2 Parallele DB-Verarbeitung

Mit einer parallelen DB-Verarbeitung soll vor allem die Bearbeitungszeit von Transaktionen bzw. Anfragen verkürzt werden, deren sequentielle Bearbeitung inakzeptable Antwortzeiten verursachen würde. Dies ist vor allem für DB-Operationen der Fall, deren Bearbeitung aufwendige Berechnungen und/oder den Zugriff auf große Datenmengen erfordert. Die parallele Verarbeitung auf mehreren Prozessoren führt dabei idealerweise zu einem linearen Antwortzeit-Speedup (Kap. 4.1). Zugleich soll jedoch für OLTP-Transaktionen ein linearer Durchsatz-Scaleup erreicht werden, so daß die Transaktionsraten proportional zur Rechneranzahl zunehmen.

DB-Maschinen

Untersuchungen zur Parallelisierung der DB-Verarbeitung begannen in den siebziger Jahren vor allem im Kontext von DB-Maschinen. Die Mehrzahl der Vorschläge versuchte durch Nutzung von Spezial-Hardware bestimmte Operationen zu beschleunigen [Su88]. Im Rückblick ist festzustellen, daß diese Ansätze weitgehend gescheitert sind [DG92]. Der Grund liegt vor allem darin, daß hardware-basierte Ansätze zur DB-Verarbeitung naturgemäß eine nur eingeschränkte Funktionalität unterstützen, so daß nur bestimmte Operationen beschleunigt werden. Vor allem ist jedoch der Aufwand und die Entwicklungszeit so hoch, so daß durch die starken Leistungssteigerungen allgemeiner Prozessoren auch mit einfacheren und flexibleren Software-Lösungen ähnliche Leistungsmerkmale erreicht werden.

kommerzielle Systeme

Wie Teradatas DB-Maschine sowie Tandems NonStop SQL beweisen, sind software-basierte Lösungen zur parallelen DB-Verarbeitung jedoch ein großer kommerzieller Erfolg [DG92]. Sie nutzen konventionelle Mehrrechner-Architekturen (Shared-Nothing) mit Standardprozessoren und -peripherie, wobei zur Zeit Installationen mit über 200 Prozessoren bestehen. Insbesondere bei Einsatz von Mikroprozessoren wird damit eine hohe Kosteneffektivität möglich; zudem kann die rasante Leistungssteigerung bei Mikroprozessoren (Kap. 4.2) unmittelbar genutzt werden. Ob die parallele DB-Verarbeitung innerhalb einer dedizierten DB-Maschine (Teradata) oder auf allgemeinen Verarbeitungsrechnern (Tandem) erfolgt, ist für die Parallelisierung von eher untergeordneter Bedeutung. Die Ver-

DB-Verarbeitung im Back-End-System

wendung eines auf DB-Verarbeitung beschränkten Back-End-Systems hat den Vorteil, daß es hierbei i.a. einfacher ist, Mikroprozessoren zu nutzen und effiziente Mechanismen zur Kommunikation bereitzustellen. Da TP-Monitor und Transaktionsprogramme typischerweise auf den allgemeinen Verarbeitungsrechnern verbleiben,

ist jedoch für jede DB-Operation ein Kommunikationsvorgang mit
dem Back-End-System durchzuführen. Dadurch können vor allem
für OLTP-Transaktionen signifikante Leistungseinbußen entstehen. Für Anfragen, die große Ergebnismengen zurückliefern, entsteht ebenfalls ein hoher Kommunikationsaufwand mit dem Back-
End-System.

Im folgenden werden zunächst verschiedene Formen der Parallelverarbeitung klassifiziert. Danach betrachten wir die wichtigsten
Alternativen zur Datenverteilung und gehen auf die Realisierung
von Intra- und Inter-Operatorparallelität ein. Im Anschluß diskutieren wir Aspekte zur Transaktionsverwaltung, insbesondere die
Verwendung von geschachtelten Transaktionen. Abschließend
werden einige offene Probleme der parallelen DB-Verarbeitung angesprochen.

8.2.1 Arten der Parallelverarbeitung

Abb. 8-2 zeigt die verschiedenen Arten der Parallelverarbeitung
für DB-Anwendungen. Zunächst ist zu unterscheiden zwischen In-
ter- und Intra-Transaktionsparallelität. Die parallele Verarbeitung verschiedener Transaktionen (*Inter-Transaktionsparalleli-
tät*) entspricht dabei dem Mehrbenutzerbetrieb, der bereits in zen- *Inter-Transak-*
tralisierten DBS eingesetzt wird, z.B. um E/A-Verzögerungen von *tionsparallelität*
Transaktionen zu überlappen. Diese Form der Parallelverarbei-
tung ist obligatorisch, um die CPU-Kapazität zur Erlangung aus-
reichender Transaktionsraten sowie eines linearen Durchsatz-
Scaleups (horizontales Wachstum) zu nutzen.

Hier ist jedoch vor allem Parallelität innerhalb von Transaktionen
(Intra-Transaktionsparallelität) von Interesse, weil nur damit die
Bearbeitungszeiten reduziert werden können. Dabei kann weiter
unterschieden werden zwischen Inter- und Intra-DML-Paralleli-
tät. Bei *Inter-DML-Parallelität* werden verschiedene DML-Be- *Inter-DML-*
fehle (DB-Operationen) derselben Transaktion parallel bearbeitet. *Parallelität*
Für die Debit-Credit-Transaktionen (Abb. 1-2) könnten z.B. die Zugriffe auf die vier Satztypen parallel erfolgen [SKPO88]. Durch den
Einsatz von Inter-DML-Parallelität allein sind jedoch i.a. nur begrenzte Antwortzeitverbesserungen möglich, da die Anzahl von
DB-Operationen eines Transaktionsprogramms den erreichbaren
Parallelisierungsgrad beschränkt[*]. Selbst dieser Parallelitätsgrad
läßt sich aufgrund von Präzedenzabhängigkeiten zwischen DB-
Operationen meist nicht erzielen. Solche Abhängigkeiten sind dabei durch den Programmierer zu spezifizieren, indem er angibt,

welche Operationen parallel bearbeitet werden können. Von Vorteil
ist, daß für das DBS diese Form der Intra-Transaktionsparallelität
am einfachsten zu unterstützen ist, da prinzipiell keine Erweiterungen hinsichtlich der Query-Optimierung erforderlich sind.

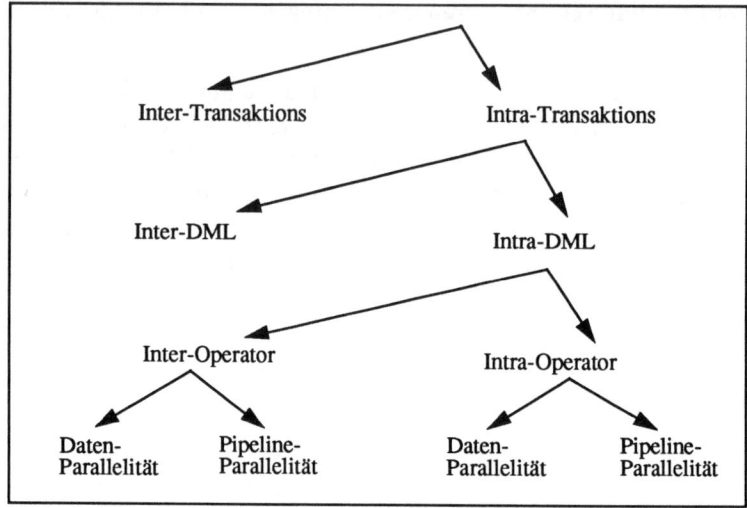

Abb. 8-2:   Arten der parallelen DB-Verarbeitung

Relationale DBS mit ihren deskriptiven und mengenorientierten
Anfragesprachen wie SQL ermöglichen die Nutzung von Parallelar-
Intra-DML-   beit innerhalb einer DB-Operation (*Intra-DML-Parallelität*). Die
Parallelität   Bearbeitung einer DB-Operation erfordert i.a. die Ausführung
mehrerer relationaler Basisoperatoren wie Scan, Selektion, Projektion, Join etc., deren Ausführungsreihenfolge durch einen Operatorbaum beschrieben werden kann. Damit lassen sich zwei weitere Arten der Parallelisierung unterscheiden, nämlich Inter- und
Intra-Operatorparallelität. In beiden Fällen erfolgt die Parallelisierung vollkommen automatisch durch das DBS (den Query-Optimierer) und somit transparent für den Programmierer und DB-Benut-
zer. Dies ist ein Hauptgrund für den Erfolg paralleler DB-Verarbeitung und stellt einen wesentlichen Unterschied zur Parallelisierung in anderen Anwendungsbereichen dar, die i.a. eine sehr
schwierige Programmierung verlangen [Re92].

Inter-Operator-   Beim Einsatz von *Inter-Operatorparallelität* werden verschiedene
parallelität   Operatoren einer DB-Operation parallel ausgeführt. Auch hier be-

---

*   Für Ad-Hoc-Anfragen ist Inter-DML-Parallelität offenbar nicht anwend-
     bar. Für solche Anfragen sind Intra-Transaktions- und Intra-DML-Pa-
     rallelität gleichbedeutend.

stehen Präzedenzabhängigkeiten zwischen den einzelnen Operatoren, die die Parallelität einschränken; jedoch sind diese im Gegensatz zur Inter-DML-Parallelität dem DBS (Query-Optimierer) bekannt. Der erreichbare Parallelitätsgrad ist in jedem Fall durch die Gesamtanzahl der Operatoren im Operatorbaum begrenzt. Bei der Intra-Operatorparallelität schließlich erfolgt die parallele Ausführung der einzelnen Basisoperatoren.

Die bisher diskutierten Parallelisierungsarten bezogen sich auf unterschiedliche Verarbeitungsgranulate, die zur Parallelisierung herangezogen werden können (Transaktionen, DB-Operationen, Operatoren). Daneben kann zwischen Daten- und Pipeline-Parallelität unterschieden werden, welche sowohl für Inter- als auch für Intra-Operatorparallelität angewendet werden können (Abb. 8-2). *Daten-* *Datenparallelität* basiert auf einer Partitionierung der Daten, so *parallelität* daß verschiedene Operatoren bzw. Teiloperatoren auf disjunkten Datenpartitionen arbeiten. So können z.B. Scan-Operatoren auf verschiedenen Relationen parallel ausgeführt werden (Inter-Operatorparallelität); ein Scan auf einer einzelnen Relation läßt sich auch parallelisieren, wenn die Relation in mehrere Partitionen aufgeteilt wird (Intra-Operatorparallelität). *Pipeline-Parallelität* *Pipeline-* sieht eine überlappende Ausführung verschiedener Operatoren *Parallelität* bzw. Teiloperatoren vor, um die Ausführungszeit zu verkürzen. Für Operatoren im Operatorbaum bzw. Teiloperatoren eines Basisoperators, zwischen denen eine Erzeuger-Verbraucherbeziehung besteht, werden dabei die Ausgaben des Erzeugers im Datenflußprinzip an den Verbraucher weitergeleitet. Dabei wird die Verarbeitung im Verbraucherprozeß nicht verzögert, bis der Erzeuger die gesamte Eingabe bestimmt hat. Vielmehr werden die Sätze der Ergebnismenge inkrementell weitergeleitet, um eine frühzeitige Weiterverarbeitung zu ermöglichen. Problematisch ist dabei der Kommunikations-Overhead, da potentiell eine hohe Anzahl von Nachrichten zwischen Erzeuger und Verbraucher auszutauschen sind. Weiterhin ist der Nutzen eines Pipelining begrenzt, wenn beim Verbraucher eine Sortierung bzw. Duplikateliminierung durchzuführen ist, da hierzu die gesamte Ergebnismenge benötigt wird.

Zu beachten ist dabei, daß die verschiedenen Formen der Parallelisierung beliebig kombiniert werden können. Im Extremfall werden also alle sechs Parallelisierungsformen aus Abb. 8-2 (Inter-Transaktions-, Inter-DML- sowie die jeweils zwei Varianten von Inter-Operator- und Intra-Operatorparallelität) zusammen genutzt. Existierende Systeme unterstützen jedoch typischerweise nicht alle Arten von Intra-Transaktionsparallelität.

abweichende Terminologie

Zum Teil findet man in der Literatur unterschiedliche Bezeichnungen für die eingeführten Parallelisierungsarten. So wird Inter-Operatorparallelität oft als *Funktionsparallelität* bezeichnet, in [Pi90] verwirrenderweise als Programmparallelität. Datenparallelität wird gelegentlich auch als *horizontale*, Pipeline-Parallelität als *vertikale Parallelität* bezeichnet [Gr90].

Intra-Transaktionsparallelität in derzeitigen Implementierungen

Intra-Transaktionsparallelität wurde bisher vor allem für Multiprozessoren (Shared-Memory, Shared-Everything) und für Shared-Nothing-Systeme untersucht sowie innerhalb von kommerziellen DBS und Prototypen unterstützt. Die Nutzung von Multiprozessoren zur Parallelverarbeitung kann dabei als erster Schritt aufgefaßt werden, da er i.a. auf relativ wenige Prozessoren begrenzt ist (Kap. 7.1). Die Verwendung eines gemeinsamen Hauptspeichers erleichtert dabei die Parallelisierung, da eine effiziente Kommunikation zwischen Prozessen einer Transaktion und eine einfachere Lastbalancierung möglich wird. Prototyp-Realisierungen paralleler Shared-Memory-DBS sind u.a. XPRS [SKPO88] und Volcano [Gr90]; auch kommerzielle DBS nutzen zunehmend Multiprozessoren für Intra-Transaktionsparallelität [Ha90, Dav92]. Shared-Nothing-Systeme, aber auch DB-Sharing-Systeme, bieten eine größere Erweiterbarkeit als Shared-Memory (s. Kap. 7.1), so daß eine entsprechend weitergehende Parallelisierung unterstützt werden kann. Kommerzielle Systeme wie Teradata [Ne86] und Tandem NonStop-SQL [Ze90, Le91] sowie Prototypen wie Gamma [De90], Bubba [Bo90], EDS [WT91, Sk92], Prisma [Ke88, Ap92] und Arbre [LY89] verfolgen einen Shared-Nothing-Ansatz zur Parallelverarbeitung. DB-Sharing-Systeme sind zur Zeit auf Inter-Transaktionsparallelität beschränkt, auch Oracles "Parallel Server" [Or90].

8.2.2 Alternativen zur Datenverteilung

Voraussetzung für die Nutzung von Datenparallelität ist eine geeignete Datenverteilung, so daß mehrere Prozesse auf disjunkten Datenbereichen parallel arbeiten können. Um E/A-Engpässe zu vermeiden, sind die einzelnen Datenpartitionen dabei verschiedenen Platten zuzuordnen, was i.a. ein Declustering der Daten erfordert (Kap. 5.3.1). Im Falle von Shared-Nothing ergibt sich damit gleichzeitig eine Datenverteilung über mehrere Rechner, da hierbei ein Rechner oft nur eine Platte (bzw. einige wenige Platten) verwaltet.

Insbesondere für die Nutzung von Intra-Operatorparallelität ist
eine sogenannte *horizontale Datenverteilung* vorzusehen, bei der
eine Relation satzweise über mehrere Platten verteilt wird. Ähnlich wie bei der Dateiallokation innerhalb von Disk-Arrays ist dabei zunächst zu klären, über wieviele Platten eine Relation aufgeteilt werden soll. Dies ist vor allem für Shared-Nothing kritisch, da
nicht nur der durch Parallelisierung erreichbare Antwortzeitge-
winn, sondern auch der Kommunikations-Overhead zum Starten
von Teiloperationen sowie zum Zurückliefern von Ergebnissen mit
dem Verteilungsgrad anwächst. Ferner vermindert sich mit wachsender Rechneranzahl die pro Knoten zu verabeitende Satzmenge,
so daß das Verhältnis zwischen Kommunikations-Overhead und
Nutzarbeit zunehmend ungünstiger wird. Aus diesen Gründen ist
eine Verteilung einer Relation über alle Platten/Rechner ("full
declustering") i.a. nur für große Relationen gerechtfertigt, für die
häufig ein Relationen-Scan durchzuführen ist. Für solche Relationen würde eine Allokation zu einer kleineren Platten-/Rechneran-
zahl Leistungsnachteile mit sich bringen, da nicht die Kapazität
des gesamten Systems genutzt wird und in den Rechnern, auf die
die Bearbeitung beschränkt wird, verstärkte Behinderungen für
andere Transaktionen hervorgerufen würden (ungünstigere Lastbalancierung). Umgekehrt ist für kleine Relationen bzw. selektive
Anfragen, für die ein Index genutzt werden kann, i.a. nur ein be-
grenzter Parallelitätsgrad lohnend, da der Kommunikations-Overhead sonst den Antwortzeit-Speedup zu stark beeinträchtigt. Der
"optimale" Verteilgrad ist also neben der Relationengröße vor allem durch das Lastprofil bestimmt, das vor allem für Ad-Hoc-Anfragen jedoch meist nur unzureichend bekannt ist. Heuristiken zur
Bestimmung des Verteilgrades für ein bekanntes Lastprofil finden
sich u.a. in [CABK88, GD90].

Auswirkungen der Datenver-teilung auf Komm.-Over-head und Last-balancierung

Neben der Bestimmung des Verteilgrades N ist bei der Datenverteilung noch festzulegen, wie die Sätze einer Relation den einzelnen Partitionen (Platten, Rechnern) zugeordnet werden. Wie Abb.
8-3 für den Fall eines Shared-Nothing-Systems verdeutlicht, kommen dazu im wesentlichen drei Ansätze in Betracht, welche unterschiedliche Folgen für die Anfragebearbeitung mit sich bringen:

Alternativen zur horizontalen Datenverteilung

- *Round-Robin-artige Datenverteilung*
  Hierbei werden die Sätze reihum den Partitionen zugewiesen, so
  daß der i-te Satz der Relation der Platte (i MOD N) + 1 zugeordnet
  wird. Damit wird eine Aufteilung der Relation in N gleichgroße Partitionen erreicht. Dies führt zu einer günstigen Lastbalancierung,
  falls die einzelnen Sätze der Relation mit gleicher Wahrscheinlich-

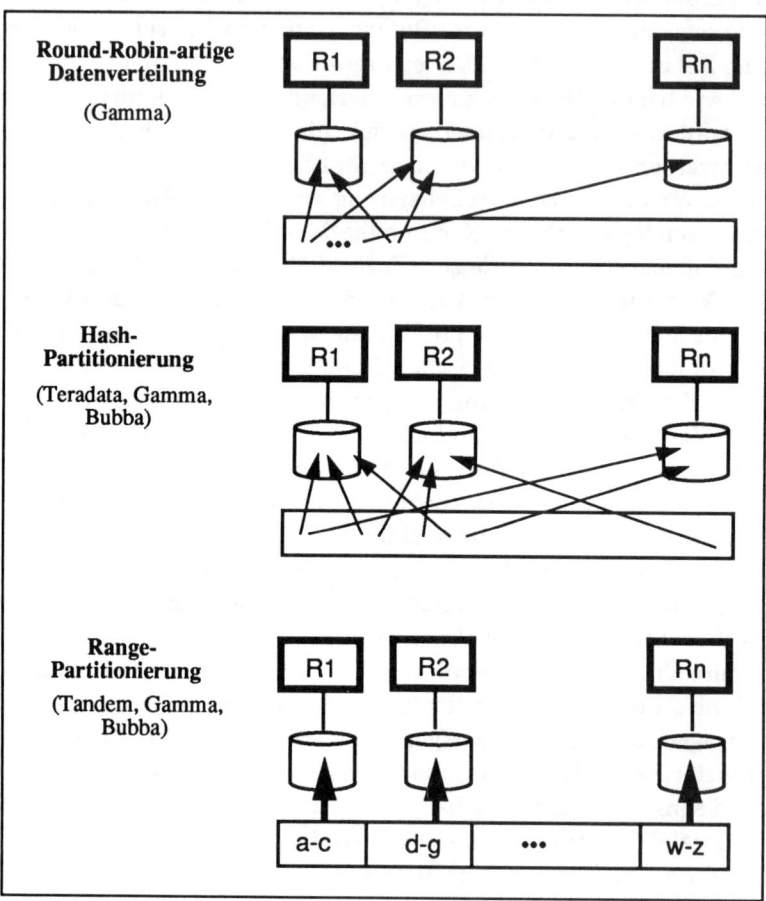

Abb. 8-3:   Alternativen zur horizontalen Datenverteilung [DG92]

keit referenziert werden. Da für die Datenverteilung keine Attributwerte berücksichtigt werden, ist i.a. für jede Anfrage auf der Relation eine Bearbeitung aller N Partitionen erforderlich.

- *Hash-Partitionierung*
  Bei diesem Ansatz wird ein Attribut der Relation (bzw. eine Menge
  von Attributen), i.a. der Primärschlüssel, als *Verteilattribut* verwendet. Die Verteilung wird dann durch eine Hash-Funktion auf
  dem Verteilattribut festgelegt, die jeden Satz auf eine der N Partitionen abbildet. Die Verteilung der Attributwerte sowie die Güte der
  Hash-Funktion bestimmen, ob eine ähnlich gleichmäßige Datenverteilung wie bei Round-Robin erreicht werden kann. Von Vorteil ist,
  daß die Bearbeitung von Exact-Match-Anfragen bezüglich des Verteilattributes, welche nur Sätze zu einem festgelegten Attributwert
  als Ergebnis liefern, durch Anwendung der Hash-Funktion auf einen Rechner beschränkt werden kann (minimaler Kommunikation-

saufwand). Auch für Join-Berechnungen, bei denen das Join-Attribut mit dem Verteilattribut übereinstimmt, ergeben sich signifikante Einsparmöglichkeiten (s.u.).

- *Range-Partitionierung (Bereichspartitionierung)*
  Ähnlich wie im vorherigen Ansatz wird ein Verteilattribut verwendet, wobei jetzt die Zuordnung zu Partitionen durch Wertebereiche bezüglich dieses Attributes festgelegt werden. Damit lassen sich wie für eine Hash-Partitionierung Exact-Match-Anfragen bezüglich des Verteilattributes auf einen Rechner beschränken. Daneben können aber auch Bereichsanfragen (range queries) bezüglich des Verteilattributs auf die relevante Teilmenge der Rechner beschränkt werden, so daß für sie eine effizientere Bearbeitung als bei Hash-Partitionierung möglich wird.

Eine Einschränkung sowohl bei Hash- als bei Range-Partitionierung ist, daß nur Anfragen bezüglich des Verteilattributs auf eine Teilmenge der Rechner eingeschränkt werden können, für alle anderen Anfragen dagegen alle (datenhaltenden) Rechner zu involvieren sind. Eine Abhilfemöglichkeit dazu, die in Bubba unterstützt wird, besteht darin, für andere Attribute spezielle Indexstrukturen zu führen, in denen zu jedem Attributwert vermerkt wird, wo Tupel mit diesem Wert gespeichert sind[*]. Als Alternative dazu wurde in [GD90, GDQ92] ein mehrdimensionales Verfahren vorgeschlagen, bei dem mehrere Attribute gleichberechtigt zur Definition einer Bereichspartitionierung verwendet werden. Über ein relativ kompaktes (Grid-)Directory kann dabei für jedes an der Bereichspartitionierung beteiligte Attribut festgestellt werden, wo relevante Tupel für eine Bereichs- oder Exact-Match-Anfrage vorliegen (Abb. 8-4). In einer Simulationsstudie wurden für dieses Verfahren bessere Ergebnisse erzielt als mit dem Bubba-Ansatz, für den die Indexzugriffe einen erheblichen Zusatzaufwand verursachten [GDQ92].

mehrdimensionale Bereichspartitionierung

Für Shared-Memory und DB-Sharing bezieht sich die Festlegung der Datenverteilung lediglich auf die Platten, nicht jedoch auf die einzelnen Prozessoren. Die Verwendung von Hash- oder Range-Partitionierung kann auch hierbei genutzt werden, um das zur Anfragebearbeitung zu berücksichtigende Datenvolumen zu reduzieren. Der Verteilgrad einer Relation bestimmt nicht in dem Maße wie bei Shared-Nothing den Overhead zur Parallelisierung, da sowohl bei Shared-Memory als auch bei Shared-Disk alle Prozessoren ohne Kommunikationsverzögerung auf Daten aller Platten zu-

Datenverteilung bei Shared-Memory und DB-Sharing

---

[*] Mit solchen Indexstrukturen können auch bei einer Round-Robin-artigen Datenverteilung Anfragen ggf. auf eine Teilmenge der Partitionen beschränkt werden.

	Gehalt				
	< 20 K	< 40 K	< 70 K	< 100 K	≥ 100 K
A-E	1	2	3	4	5
F-J	6	7	8	9	10
K-O	11	12	13	14	15
P-S	16	17	18	19	20
T-Z	21	22	23	24	25

Name (Zeilenbeschriftung)

Die zweidimensionale Bereichspartitionierung einer Angestelltenrelation über die Attribute Name und Gehalt erlaubt Exact-Match- und Bereichsanfragen auf 5 Rechner zu begrenzen, falls jedes der Fragmente einem eigenen Rechner zugeordnet ist. Eine einfache Bereichspartitionierung könnte Anfragen bezüglich eines der Attribute auf 1 Rechner eingrenzen, würde jedoch für Anfragen bezüglich des anderen Attributes alle 25 Rechner involvieren. Wenn beide Attribute mit gleicher Häufigkeit referenziert werden, ergibt dies einen Durchschnitt von 13 Rechnern pro Anfrage gegenüber 5 für die zweidimensionale Bereichspartitionierung.

Abb. 8-4:   Mehrdimensionale Bereichspartitionierung (Beispiel)

greifen können. Die Verteilung einer Relation über alle Platten ist für Shared-Disk und Shared-Memory deshalb auch eher vertretbar, um ein Maximum an E/A-Parallelität zu unterstützen. Allerdings kann dies wiederum zu einer Behinderung paralleler Transaktionen führen und somit den Durchsatz beeinträchtigen.

Werden zur Behandlung von Rechnerausfällen (bei Shared-Nothing) bzw. Plattenfehlern die Daten repliziert gespeichert, ist auch für die Kopien eine Datenverteilung festzulegen. Methoden dazu, wie der Einsatz von Spiegelplatten oder "interleaved declustering", wurden bereits in Kap. 5.3.2.2 angesprochen.

8.2.3 Realisierung von Intra-DML-Parallelität

Im folgenden sollen einige Aspekte zur Realisierung von Intra- und Inter-Operatorparallelität untersucht werden. Bisherige Forschungsarbeiten und Implementierungen konzentrierten sich überwiegend auf Intra-Operatorparallelität. Die Untersuchungen zur Inter-Operatorparallelität stehen noch am Anfang, gewinnen jedoch zunehmend an Bedeutung.

8.2.3.1 Intra-Operatorparallelität

Der Einsatz von Intra-Operatorparallelität basiert primär auf Datenparallelität, jedoch kann für komplexere Operatoren (z.B. Join) auch Pipeline-Parallelität genutzt werden. Im folgenden diskutieren wir die Parallelisierung für einige wichtige Operatoren, wobei wir von einer horizontalen Verteilung der Relationen ausgehen.

Selektion (Restriktion, Scan)

Die Parallelisierung dieser Operation ist sehr einfach, da auf jeder der N Partitionen einer Relation die Selektion parallel ausgeführt werden kann. Die Selektion kann ggf. auf eine Teilmenge der Partitionen beschränkt werden, wenn Verteil- und Selektionsattribut übereinstimmen (s.o.). Kann ein Index genutzt werden, reduziert sich die pro Partition auszuwertende Satzmenge entsprechend; ansonsten ist ein Einlesen aller Sätze erforderlich (Relationen-Scan). Für Shared-Nothing ist Kommunikation zum Starten der Teilselektionen sowie zum Zurücksenden und Mischen der Teilergebnisse erforderlich. Für Shared-Memory entfällt der Kommunikations-Overhead, jedoch sind auch hier mehrere Prozesse zu initialisieren und deren Teilergebnisse zu mischen. Bei DB-Sharing entsteht ein ähnlicher Kommunikations-Overhead wie bei Shared-Nothing zum Starten von Prozessen in verschiedenen Rechnern. *DB-Sharing* Allerdings kann die Anzahl der Prozesse flexibel gewählt werden, *unterstützt* z.B. können in einem Prozeß die Daten mehrerer Partitionen ver- *flexible Scan-* arbeitet werden, da jeder Rechner auf alle Platten zugreifen kann. *Parallelisierung* Dies ist vor allem für selektive Anfragen (Index-Scan) sehr vorteilhaft, da diese prinzipiell an einem Rechner bearbeitet werden können, während für Shared-Nothing durch die statische Datenverteilung oft ein hoher Kommunikationsaufwand vorgegeben ist. Im Beispiel von Abb. 8-4 erlaubt DB-Sharing beide Anfragetypen auf einem Rechner zu bearbeiten, während bei Shared-Nothing im Mittel 5 bzw. 13 Rechner beteiligt sind. Im Gegensatz zu Shared-Nothing kann bei DB-Sharing sowohl der Parallelitätsgrad frei gewählt werden als auch welche Rechner die Selektion ausführen sollen, so daß sich ein weit höheres Potential zur dynamischen Lastbalancierung ergibt [Ra93a].

Bei DB-Sharing kann ferner Kommunikationsaufwand eingespart werden, indem Teilergebnisse anstatt über Nachrichten zurückzuliefern in temporären Dateien auf den gemeinsamen Platten (bzw. in einem gemeinsamen Halbleiter-Speicherbereich) abgelegt werden. Die Speicherung auf Externspeicher ist vor allem für große Ergebnismengen vorteilhaft, die für den Mischvorgang nicht vollständig im Hauptspeicher gehalten werden können, so daß eine Speicherung auf Externspeicher ohnehin erforderlich ist.

Projektion

Die Parallelisierung dieses Operators kann analog zur Selektion erfolgen. In vielen Fällen werden Projektion und Selektion ohnehin zusammen ausgeführt, um die relevanten Daten nur einmal von Platte zu lesen und den Umfang der Ergebnismengen zu reduzieren. Bei der Bearbeitung eines DML-Befehls werden beide Operatoren meist als erstes durchgeführt (auf den Basisrelationen), da sie zu einer starken Reduzierung der Datenmenge führen, die ggf. durch andere Operatoren weiterzuverarbeiten ist. Die Projektion verlangt ggf. eine Eliminierung von Duplikaten, die i.a. durch Sortieren der Ergebnismenge erfolgt. Die Sortierung selbst kann in vielfacher Weise parallelisiert werden [LY89, Sa90]. Zum Beispiel kann die Ergebnismenge jeder Partition lokal sortiert und beim Mischen die globale Sortierreihenfolge hergestellt werden, wobei in jedem Schritt eine Duplikateliminierung erfolgt.

Duplikat-
eliminierung

Aggregatfunktionen

Die Berechnung von Extremwerten (MIN, MAX) kann für jede Partition parallel durchgeführt werden, wobei anschließend aus dem Extremwert jeder Partition das globale Minimum bzw. Maximum bestimmt wird. Die parallele Berechnung von SUM, COUNT und AVG ist in analoger Weise möglich, wenn keine Duplikateliminierung erforderlich ist. Anderenfalls ist zuerst die Entfernung von Duplikaten vorzunehmen [BEKK84].

Verbund (Join)

Die Wichtigkeit dieser Operation sowie ihre oft aufwendige Berechnung führten dazu, daß eine große Anzahl von parallelen Implementierungen vorgeschlagen wurde. In den meisten Fällen handelt es sich dabei um parallele Versionen der drei sequentiellen Basisalgorithmen Nested-Loop-, Sort-Merge- und Hash-Join [ME92, ÖV91, SD89]. Hier soll stellvertretend nur ein allgemeiner Ansatz zur Parallelisierung eines Gleichverbunds (equi join) über eine Hash-Partitionierung der beteiligten Relationen diskutiert werden. Der Vorteil dabei ist, daß zur lokalen Join-Berechnung jeder sequentielle Join-Algorithmus verwendet werden kann. Der Ansatz wird vor allem innerhalb von Shared-Nothing-Systemen verwendet (u.a. in Tandem und Gamma), läßt sich jedoch auch für Shared-Memory oder DB-Sharing nutzen.

Die Idee bei der Hash-Partitionierung ist, die am Verbund beteiligten Relationen mit derselben Hash-Funktion auf dem Join-Attribut auf mehrere Join-Prozesse aufzuteilen[*]. Damit wird erreicht, daß die eigentliche Join-Berechnung lokal innerhalb der Join-Prozesse erfolgen kann, da die Hash-Partitionierung gewährleistet, daß die zusammengehörenden Tupel beider Relationen stets demselben Join-Prozeß zugeordnet werden. Abb. 8-5 verdeutlicht dies für Shared-Nothing und den allgemeinen Fall, in dem beide an dem Verbund beteiligten Relationen R und S umverteilt werden. In dem Beispiel werden zunächst an den fünf datenhaltenden Knoten parallel die Partitionen der beiden Relationen vollständig durch Scan-Prozesse eingelesen. Dabei wird für jedes Tupel über die Hash-Funktion der zuständige Join-Prozeß (Rechner) bestimmt, an den es zu übertragen ist. Bei K Join-Prozessen führt dies zu einer Unterteilung jeder Datenpartition R_i bzw. S_k in K Fragmente R_{ij} bzw. S_{kj} (j=1,...,K). Die Übertragung eines Fragments an den jeweiligen Join-Rechner kann im Extremfall innerhalb einer großen Nachricht oder gebündelt in kleineren Einheiten erfolgen. Die Verwendung großer Übertragungseinheiten reduziert zwar die Nachrichtenanzahl, mindert aber die (Pipeline-)Parallelität zwischen Einlesen der Daten und Weiterverarbeitung am Join-Rechner. Jeder Join-Rechner speichert die eintreffenden Frag-

parallele Join-Berechnung durch dynamische Datenumverteilung über Hash-Partitionierung

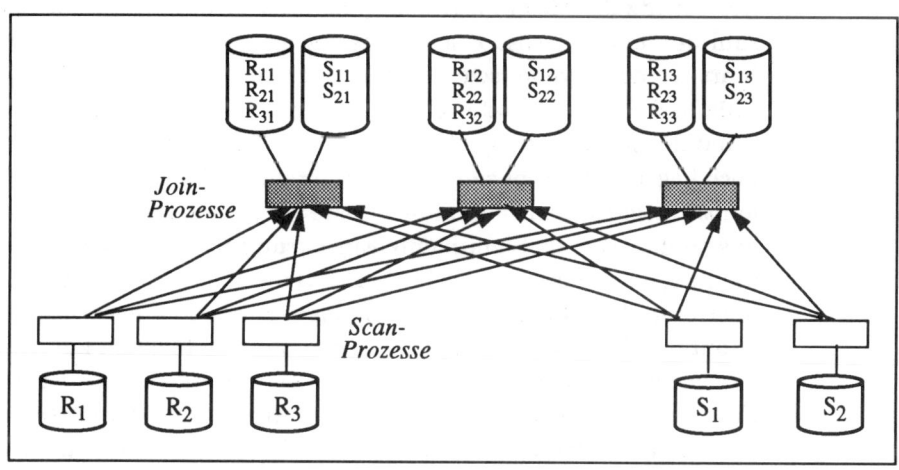

Abb. 8-5:   Dynamische Datenumverteilung durch Hash-Partitionierung zur parallelen Join-Berechnung [Re92]

---

[*]   Im Prinzip kann eine beliebige Verteilfunktion verwendet werden, die eine Partitionierung der Relationen über die Werte des Join-Attributs ermöglicht, z.B. über Wertebereiche wie bei der Range-Partitionierung.

mente innerhalb zweier temporärer Zwischenrelationen, die auf
Platte zu schreiben sind, falls sie nicht vollständig im Hauptspeicher gehalten werden können. Die eigentliche Join-Berechnung erfolgt parallel durch die einzelnen Join-Prozesse, welche jeden sequentiellen Join-Algorithmus (z.B. Hash-Join oder Sort-Merge) auf
den erzeugten Zwischenrelationen anwenden können. Das Gesamtergebnis der Join-Operation erhält man durch Mischen der Teilergebnisse aller Join-Prozesse.

Die Beschreibung verdeutlicht, daß die Bearbeitung in mehreren
Phasen abläuft, in denen jeweils Parallelität genutzt wird: Einlesen
der Basisrelationen, Verteilung der Tupel auf die Join-Prozessoren
und Durchführung der lokalen Joins. Um eine effektive Parallelisierung zu erreichen, sollte dabei in jeder Phase in jedem der beteiligten Rechner eine möglichst gleichmäßige Bearbeitungszeit entstehen, da jeweils die langsamste Teiloperation die Gesamtdauer
der Operation bestimmt. Die Dauer der Scan-Operationen ist im
wesentlichen proportional zur Größe der Datenpartitionen und damit durch die Datenverteilung festgelegt. Die Werteverteilung bezüglich des Join-Attributs, die Güte der verwendeten Hash-Funktion zur Datenumverteilung sowie Abweichungen im Umfang der
Scan-Ausgaben bestimmen weitgehend die Lastbalancierung während der Umverteilung und Join-Berechnung [DNSS92].

Der Ansatz der Hash-Partitionierung ist sehr flexibel, da die Anzahl der Join-Prozesse K sowie die Rechner, an denen sie ausgeführt werden, dynamisch wählbare Parameter darstellen [MR93,
RM93]. Bei Shared-Nothing kann jedoch der Kommunikationsaufwand für die vollständige Umverteilung für große Relationen sehr
hoch liegen. Eine Reduzierung des Kommunikationsumfangs ist offenbar möglich, wenn die Join-Prozesse auf datenhaltenden Knoten
ausgeführt werden. Signifikante Einsparungen ergeben sich insbesondere, wenn für eine oder beide Relationen eine Datenverteilung
über eine Hash-Funktion vorgenommen wurde und das Verteilattribut mit dem Join-Attribut übereinstimmt. Im Idealfall kann die
Umverteilung beider Relationen vermieden werden. Dies ist der
Fall, wenn für beide Relationen Verteilattribut und Join-Attribut
übereinstimmen und die Verteilung auf dieselben Knoten (mit derselben Hash-Funktion) erfolgte.

parallele Join-
Berechnung bei
Shared-Memory

In [KTN92] wird beschrieben, wie die Hash-Partitionierung für die
Join-Berechnung in Shared-Memory-Systemen genutzt werden
kann. Es ergibt sich dabei im Prinzip die gleiche Vorgehensweise,
nur entfällt das Verschicken der Relationen über ein Kommunika-

tionsnetz. Die in Abb. 8-5 durch Pfeile angedeuteten Umverteilungen finden vollkommen im Hauptspeicher statt, wobei sogar Kopiervorgänge vermieden werden können [KTN92].

Bei DB-Sharing besteht wiederum die Wahlmöglichkeit, ob die zur Weiterverarbeitung benötigten Daten über das Kommunikations- *DB-Sharing* netz oder über die gemeinsamen Externspeicher ausgetauscht werden. In letzterem Fall, der vor allem bei größeren Datenmengen vorzuziehen ist, läßt sich der Kommunikationsaufwand zur Umverteilung der Relationen vollkommen vermeiden. Dies ist möglich, indem jeder Prozeß, der die Partitionen der Basisrelationen einliest, die durch Anwendung der Hash-Funktion gebildeten Fragmente unmittelbar auf Platte ausschreibt (Abb. 8-6). Aufgrund der Shared-Disk-Eigenschaft können die Join-Prozesse dann diese Fragmente zur Join-Berechnung direkt einlesen, wie in Abb. 8-6 angedeutet. Den Join-Prozessen ist natürlich mitzuteilen, an welchen Plattenpositionen sie die sie betreffenden Fragmente finden. Bei kleineren Fragmenten, die eine Join-Berechnung im Hauptspeicher zulassen, können auch bei DB-Sharing die Fragmente über das Kommunikationsnetz an die Join-Rechner gesendet werden. Bei DB-Sharing sowie Shared-Memory entfällt natürlich ebenfalls die Umverteilung der Relationen, bei denen die Datenverteilung auf Platte über eine Hash-Funktion auf dem Join-Attribut erfolgte.

Die Parallelisierung der Join-Operation durch Hash-Partitionierung verdeutlicht, daß die sequentiellen Basisoperatoren für Scan und Join weiterhin verwendet werden. Im Gamma-System genüg-

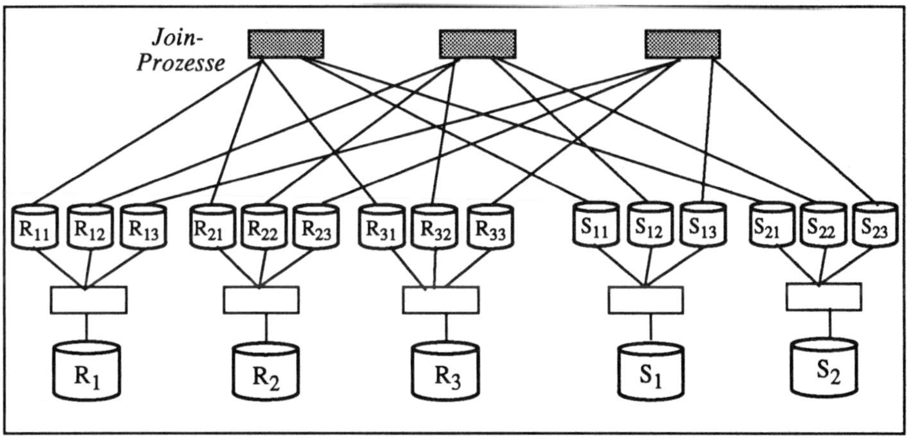

Abb. 8-6: Dynamische Datenumverteilung durch Hash-Partitionierung zur parallelen Join-Berechnung bei DB-Sharing

ten so im wesentlichen zwei zusätzliche Operatoren, Merge und Split, zur Realisierung der parallelen Query-Bearbeitung [DG92]. Die Merge-Operation nimmt das Mischen mehrerer Datenströme (Tupelmengen) vor, die z.B. durch Scan-Operationen auf verschiedenen Partitionen einer Relation erzeugt werden. Die Split-Operation realisiert dagegen die Aufteilung eines Datenstromes in mehrere Teilmengen, die verschiedenen Rechnern bzw. Prozessen zugeordnet werden (z.B. über eine Hash-Funktion gesteuert). Im Volcano-System sind die Split- und Merge-Funktionen durch einen einzigen Operator (Exchange-Operator) realisiert [Gr90].

8.2.3.2 Inter-Operatorparallelität

Der Operatorbaum komplexer DB-Operationen besteht i.a. aus einer Vielzahl von Operatoren, die auf Basisrelationen sowie darauf erzeugten Zwischenergebnissen arbeiten. Solche Anfragen entstehen vor allem bei deduktiven und objekt-orientierten Datenbanken sowie allen Arten rekursiv formulierter DB-Operationen [Re92]. Zur Erlangung kurzer Antwortzeiten reicht in diesen Fällen die Nutzung von Intra-Operatorparallelität oft nicht aus. Ziel der Inter-Operatorparallelität ist daher eine weitergehende Parallelisierung durch Einsatz von Daten- und Pipeline-Parallelität. Datenparallelität läßt sich zur gleichzeitigen Bearbeitung derjenigen Operatoren nutzen, die auf verschiedenen Relationen arbeiten[*]. Pipeline-Parallelität wird zwischen benachbarten Operatoren im Operatorbaum eingesetzt, die in einer Erzeuger-/Verbraucherbeziehung zueinander stehen.

Die Erstellung "optimaler" Ausführungspläne mit Intra- und Inter-Operatorparallelität ist ungleich schwieriger als die Bestimmung sequentieller Pläne. Für jeden Operator bestehen bereits im lokalen Fall mehrere Realisierungsalternativen, deren Anzahl sich durch die Parallelisierung signifikant erhöht. Für das Leistungsverhalten sehr wesentlich ist auch die Ausführungsreihenfolge der Operatoren, wofür bei Inter-Operatorparallelisierung die Anzahl der Möglichkeiten ebenfalls beträchtlich zunimmt. Schließlich sind geeignete Parallelisierungsgrade für einzelne Operatoren sowie zwischen Operatoren zu bestimmen und die Allokation von (Teil-)

---

[*]   Für Shared-Memory und DB-Sharing könnten sogar verschiedene (lesende) Operatoren auf denselben Relationen parallel abgewickelt werden. Bei Shared-Memory werden die Daten in diesem Fall nur einmal gelesen und durch verschiedene Prozesse weiterverarbeitet. Bei DB-Sharing sind dazu dieselben Daten durch verschiedene Rechner zu lesen, was jedoch möglicherweise E/A-Engpässe verursacht.

Operatoren zu Prozessoren festzulegen. Insbesondere letztere Entscheidungen sind stark vom aktuellen Systemzustand während der Bearbeitung abhängig, so daß zur Übersetzungszeit i.a. keine befriedigenden Festlegungen möglich sind. Es wird also ein dynamischer Ansatz benötigt, der eine Anpassung der Ausführungspläne an aktuelle Bedingungen zur Laufzeit gestattet.

Um die Komplexität der Query-Optimierung zu reduzieren, wird in XPRS ein zweistufiger Ansatz verfolgt, bei dem für eine DB-Operation zunächst ein sequentieller Ausführungsplan (Operatorbaum) erstellt wird, für den dann in einem zweiten Schritt die Parallelisierung vorgenommen wird [SKPO88, HS91, Ho92]. Dieser Ansatz reduziert den Suchraum für die Optimierung, kann aber natürlich zu suboptimalen Lösungen führen [Pi90]. Bei der Parallelisierung wird in XPRS der Operatorbaum in mehrere Query-Fragmente derart aufgeteilt, so daß innerhalb eines Fragments jeweils alle benachbarten Operatoren aufgenommen werden, zwischen denen Pipeline-Parallelität anwendbar ist. Zur Laufzeit wird dann versucht, jeweils ein Fragment, das primär CPU-Ressourcen benötigt, mit einem E/A-intensiven Fragment parallel abzuarbeiten. Innerhalb eines Fragmentes wird Intra-Operatorparallelität genutzt, wobei eine dynamische Anpassung des Parallelitätsgrades vorgesehen ist [Ho92]. *XPRS-Ansatz*

Eine Reihe von Arbeiten konzentrierte sich auf die Optimierung von Mehr- bzw. N-Wege-Joins [Ze89, SD90, LST91, WAF91, CYW92, CLYY92]. Ein solcher Join wird durch eine Folge von Zwei-Wege-Joins realisiert, wobei aufgrund der Kommutativität und Assoziativität des (inneren) Equi-Joins die Reihenfolge der Join-Ausführungen ausschließlich unter Leistungsgesichtspunkten gewählt werden kann. Allerdings steigt die Anzahl der möglichen Berechnungsreihenfolgen exponentiell mit der Anzahl der Relationen, so daß die Bestimmung einer günstigen Lösung sehr aufwendig wird. Um die Optimierung zu vereinfachen, werden häufig nur zwei beschränkte Varianten untersucht (Abb. 8-7), nämlich sogenannte links-tiefe (left deep) und rechts-tiefe (right deep) Operatorbäume [Ze89, SD90]. Werden Hash-Joins zur Join-Berechnung verwendet[*], dann unterscheiden sich beide Varianten vor allem hinsichtlich ihres Ressourcen-Bedarfs sowie der erreichbaren Parallelität. Beim links-tiefen Baum (Abb. 8-7a) wird lediglich Pipeline-Parallelität genutzt, wobei nur in jeweils zwei Knoten eine überlappende Verarbeitung unterstützt wird. Die Ergebnistupel einer Join-Berechnung werden schubweise an den nächsten Join- *Mehrwege-Joins*

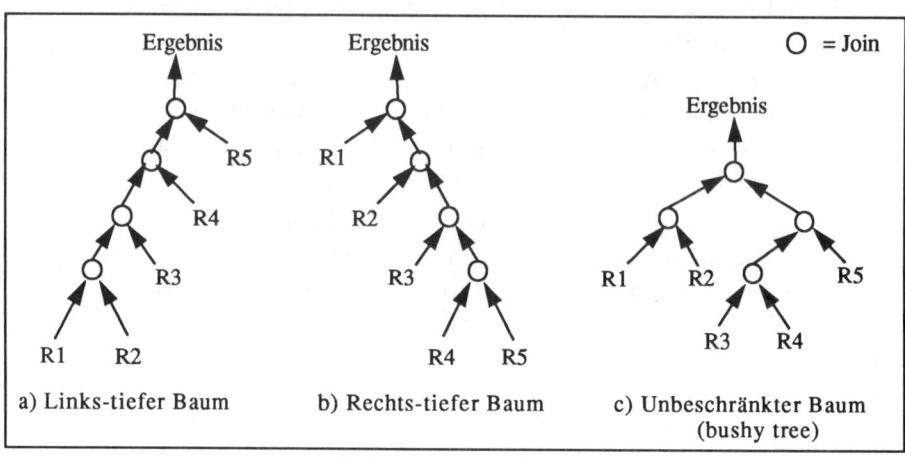

Abb. 8-7:   Berechnungsfolgen für N-Wege-Joins (N=5)

links- und rechtstiefe Operatorbäume

Knoten gesendet, der damit die Hash-Tabelle im Hauptspeicher aufbaut. Dort wird die eigentliche Join-Berechnung (Phase 2 des Hash-Joins) erst gestartet, wenn das komplette Ergebnis des vorausgehenden Joins vorliegt. Beim rechts-tiefen Baum (Abb. 8-7b) wird dagegen mehr Parallelität erzielt, da für einen N-Wege-Join N-1 Relationen parallel in den Hauptspeicher geladen werden. Im zweiten Schritt wird dann sukzessive die Join-Berechnung mit der N-ten Relation unter Nutzung von Pipeline-Parallelität durchgeführt. Dieser Ansatz kommt nur in Frage, wenn ausreichend Hauptspeicherkapazität zum vollständigen Laden der N-1 Relationen vorhanden ist; in diesem Fall ergeben sich deutliche Vorteile gegenüber links-tiefen Bäumen [SD90]. Links-tiefe Bäume verursachen einen weit geringeren Hauptspeicherbedarf, vor allem bei hoher Join-Selektivität.

In [CYW92, CLYY92] wurde gezeigt, daß mit unbeschränkten Operatorbäumen (bushy trees, Abb. 8-7c) i.a. erheblich kürzere Antwortzeiten als mit links-tiefen und rechts-tiefen Bäumen erzielt werden. Zur Bestimmung eines günstigen Operatorbaumes wurden verschiedene Heuristiken vorgestellt, wobei das Vorziehen von

---

*   Hash-Joins arbeiten in zwei Phasen [ME92]. In Phase 1 (building phase) wird die erste Relation in eine Hash-Tabelle im Hauptspeicher gebracht, wobei eine Hash-Funktion auf das Join-Attribut angewendet wird. In Phase 2 (probing phase) wird die zweite Relation satzweise gelesen und überprüft, ob zu dem Wert des Join-Attributs zugehörige Tupel der ersten Relation in der entsprechenden Hash-Klasse vorliegen, die sich für das Join-Ergebnis qualifizieren.

Joins, für welche die kleinsten Ergebnismengen erwartet werden, besonders wirkungsvoll war.

8.2.4 Transaktionsverwaltung

Der Einsatz von Intra-Transaktionsparallelität erfordert eine geeignete Unterstützung durch die Transaktionsverwaltung des DBS, um trotz der Parallelverarbeitung die (ACID-) Transaktionseigenschaften zu wahren. Das geeignete Konzept hierzu ist das der *geschachtelten Transaktionen* (nested transactions), welches eine hierarchische Zerlegung einer Transaktion in mehrere Sub- oder Teiltransaktionen zuläßt [Mo85, HR87a, HR87b]. Für die gesamte Transaktion gelten die herkömmlichen Transaktionseigenschaften; zur Unterstützung der internen Kontrollstruktur sind jedoch Erweiterungen bezüglich Recovery und Synchronisation notwendig. Ein großer Vorteil für die verteilte Ausführung ist, daß Teiltransaktionen isoliert zurückgesetzt werden können, ohne daß die Gesamttransaktion abgebrochen werden muß. Für die Sperrvergabe und -freigabe innerhalb einer Transaktion gelten besondere Regelungen. So können Sperren unter bestimmten Bedingungen an untergeordnete Teiltransaktionen "vererbt" werden; am Ende einer Teiltransaktion gehen deren Sperren in den Besitz der übergeordneten Transaktion über [HR87b]. Parallele Teiltransaktionen konkurrieren um die Sperren, so daß unverträgliche Zugriffe auf dieselben Objekte vermieden werden. Eine Konsequenz davon ist, daß auch innerhalb einer Transaktion Deadlocks auftreten können. Werden nur lesende Transaktionen bzw. DB-Operationen parallelisiert, entstehen natürlich keine Sperrprobleme innerhalb von Transaktionen, da keine Konflikte zwischen Teiltransaktionen auftreten können.

geschachteltes Transaktionskonzept

Für *DB-Sharing* wirft der Einsatz von Intra-Transaktionsparallelität weitere Probleme auf. Bei dieser Mehrrechnerarchitektur werden ohne Intra-Transaktionsparallelität alle DB-Operationen einer Transaktion an einem Rechner ausgeführt, da sämtliche Daten direkt erreichbar sind. Kommunikation entsteht vor allem zur globalen Synchronisation sowie zur Behandlung von Pufferinvalidierungen. Die Parallelisierung führt jetzt jedoch zu einer verteilten DB-Verarbeitung innerhalb von geschachtelten Transaktionen. Neue Probleme entstehen vor allem, wenn Änderungstransaktionen verteilt (parallel) ausgeführt werden sollen. Dies betrifft zum einen die Behandlung von Pufferinvalidierungen, da ein Objekt auch innerhalb einer Transaktion an verschiedenen Rechnern

neue Probleme bei DB-Sharing

geändert (bzw. invalidiert) werden kann. Die Recovery wird dadurch auch erheblich verkompliziert, da die Log-Daten einer Transaktion ggf. über mehrere Rechner verstreut sind. Damit kann i.a. weder das Zurücksetzen einer Transaktion noch die Behandlung eines Rechnerausfalls wie bisher mit der lokalen Log-Datei eines Rechners erfolgen. Zur Unterstützung geschachtelter Transaktionen ist das Sperrprotokoll natürlich auch entsprechend zu erweitern.

Parallelisierung von Lesetransaktionen bei DB-Sharing

Wird die Parallelisierung bei DB-Sharing auf Lesetransaktionen beschränkt, ergibt sich eine wesentlich einfachere Transaktionsverwaltung. Insbesondere für Logging und Recovery sind in diesem Fall keine Änderungen erforderlich. Die geschachtelte Transaktionsstruktur wird vor allem zur Sperrvergabe innerhalb einer Transaktion genutzt. Erwirbt z.B. eine Transaktion eine Lesesperre auf einer Relation, kann diese Sperre an alle Teiltransaktionen, die z.B. verschiedene Partitionen der Relation bearbeiten, vererbt werden, um dort eigene Sperranforderungen zu vermeiden. Am Ende einer Teiltransaktion gehen alle Sperren an die übergeordnete Transaktion, so daß für die Teiltransaktionen keine eigenen Nachrichten zur Sperrfreigabe anfallen. Besondere Vorkehrungen sind zur Behandlung von Pufferinvalidierungen erforderlich, um eine Teiltransaktion stets mit den aktuellen Objektversionen zu versorgen. Wird die Lösung dieses Problems wiederum mit dem Sperrprotokoll kombiniert, so kann z.B. bei Erwerb einer Relationensperre bereits festgestellt werden, für welche Seiten der Relation überhaupt eine Invalidierung möglich ist. Nur für diese Seiten ist dann bei der Ausführung der Teiltransaktionen ggf. Kommunikation erforderlich, um die gültige Version bei einem anderen Rechner anzufordern.

In [CL89] wurde mit einer Simulationsstudie der Einfluß verschiedener Synchronisationsverfahren auf das Leistungsverhalten für parallele Shared-Nothing-Systeme untersucht. Es wurde festgestellt, daß ein Zweiphasen-Sperrprotokoll auch bei Parallelverarbeitung i.a. die besten Ergebnisse liefert. Da Intra-Transaktionsparallelität die Antwortzeit verkürzt, ergibt sich dadurch i.a. eine Reduzierung in der Häufigkeit von Sperrkonflikten.

8.2.5 Probleme der parallelen DB-Verarbeitung

Insbesondere für Shared-Nothing-Systeme konnte anhand von Messungen [De90, Bo90, EGKS90] bzw. Simulationen [MR92] nachgewiesen werden, daß die Leistungsziele "linearer Antwortzeit-Speedup" bzw. "linearer Durchsatz-Scaleup" unter günstigen Bedingungen erreicht werden können. Dies ist vor allem für homogene Anwendungslasten (1 Transaktionstyp) möglich, für die eine gleichmäßige Daten- und Lastverteilung über alle Rechner einstellbar ist. Für Transaktionslasten wie Debit-Credit können die Transaktionsraten i.d.R. problemlos mit der Rechneranzahl gesteigert werden, da sich die Datenbank sowie die Last einfach über alle Knoten partitionieren lassen (über Zweigstellen). Daneben ist der Kommunikationsaufwand pro Transaktion sehr gering und nahezu unabhängig von der Rechneranzahl [MR92]. Ein linearer Antwortzeit-Speedup läßt sich daneben für datenintensive (jedoch einfache) relationale DB-Operationen durch Einsatz von Intra-Operatorparallelität erzielen, vor allem im Einbenutzerbetrieb [MR92].

Nach [DG92] sind es vor allem drei Faktoren, die den Antwortzeit-Speedup und damit die Skalierbarkeit einer Anwendung beeinträchtigen können: *leistungs-begrenzende Faktoren*

- *Startup- und Terminierungskosten*
  Das Starten und Beenden mehrerer Teiloperationen in verschiedenen Prozessen/Rechnern verursacht einen Overhead, der mit dem Parallelitätsgrad zunimmt. Da umgekehrt die pro Teiloperation zu verrichtende Nutzarbeit (z.B. Anzahl zu verarbeitender Sätze) sinkt, vermindert sich der relative Gewinn einer Parallelisierung mit wachsendem Parallelitätsgrad.

- *Interferenz*
  Die Erhöhung der Prozeßanzahl führt zu verstärkten Wartezeiten auf gemeinsam benutzten Systemressourcen. Vor allem der durch die Parallelisierung eingeführte Kommunikations-Overhead kann sich negativ bemerkbar machen, insbesondere im Mehrbenutzerbetrieb (Inter-Transaktionsparallelität).

- *Skew (Varianz der Ausführungszeiten)*
  Die langsamste Teiloperation bestimmt die Bearbeitungszeit einer parallelisierten Operation. Varianzen in den Ausführungszeiten, z.B. aufgrund ungleichmäßiger Daten- oder Lastverteilung oder Sperrkonflikten[*], führen daher zu Speedup-Einbußen. Das Skew-

---

[*] Im Mehrbenutzerbetrieb sind natürlich auch für reine Lesetransaktionen Sperrkonflikte mit Änderern möglich, selbst bei Verwendung "kurzer" Lesesperren. Da Sperrkonflikte i.a. nicht alle Teiltransaktionen gleichermaßen betreffen, kommt es zu einer Verschärfung des Skew-Problems. Die Verwendung eines Mehrversionenkonzepts zur Synchronisation (s. Kap. 1.3) vermeidet dieses Problem.

Problem nimmt i.a. auch mit wachsendem Parallelitätsgrad (Rechneranzahl) zu und beschränkt daher die Skalierbarkeit.

Eine Beschränkung bei Shared-Nothing ist, daß die Datenverteilung zumindest für den Zugriff auf die Basisrelationen (Scan) den Parallelisierungsgrad und damit Startup-Kosten sowie Lastbalancierung bereits weitgehend festlegt. Für Shared-Memory und DB-Sharing besteht dagegen keine Vorgabe, wieviele Prozessoren Basisdaten verarbeiten sollen, so daß ein größeres Potential zur Lastbalancierung besteht. Diese Flexibilität ist vor allem bei schwankendem Lastprofil von Bedeutung. Shared-Nothing bietet jedoch auch die Möglichkeit einer dynamischen Lastbalancierung für Operatoren, die auf abgeleiteten Daten arbeiten (z.B. zur Join-Verarbeitung). Die effektive Realisierung einer dynamischen Lastbalancierung ist zur Zeit jedoch ein noch weitgehend ungelöstes Problem.

Unterstützung gemischter Lasten und von Mehrbenutzerbetrieb

Die Untersuchung in [MR92] zeigte, daß (bei Shared-Nothing) die gleichzeitige Unterstützung von hohen Transaktionsraten für OLTP-Transaktionen und kurzen Antwortzeiten für komplexe Anfragen durch Intra-Transaktionsparallelität nur schwer möglich ist. Dies liegt daran, daß die beiden Ziele zu Anforderungen führen, die meist nicht vereinbar sind (s. Abb. 8-8). So ist ein Mehrbenutzerbetrieb (Inter-Transaktionsparallelität) für einen akzeptablen Durchsatz unerläßlich, da bei serieller Transaktionsausführung aufgrund von E/A- oder Kommunikationsunterbrechungen eine inakzeptable CPU-Auslastung entstünde. Der Mehrbenutzerbetrieb geht jedoch zwangsweise zu Lasten der Antwortzeiten, da Wartezeiten auf gemeinsam benutzten Ressourcen entstehen (CPU, Platten, Sperren). Ein anderer Gegensatz besteht hinsichtlich des Kommunikationsverhaltens. Zur Erlangung hoher Transaktionsraten ist die Minimierung des Kommunikations-Overheads vordringlich, um die effektive CPU-Nutzung zu optimieren. Der Einsatz von Intra-Transaktionsparallelität zur Antwortzeitverkürzung führt jedoch zwangsweise Kommunikations-Overhead ein, der damit den Durchsatz beeinträchtigt, aber auch wieder erhöhte CPU-Wartezeiten verursacht (Interferenz).

Probleme der Datenverteilung

Schließlich ist es - bei Shared-Nothing - vielfach nicht möglich, eine Datenverteilung zu finden, die sowohl Intra-Transaktionsparallelität als auch eine Minimierung von Kommunikationsvorgängen unterstützt. Denn erstere Anforderung führt zu einem Declustering der Daten (Relationen), während letzteres Teilziel oft eine hohe Lokalität des DB-Zugriffs voraussetzt. Mit einer Bereichspartitionierung von Relationen (range partitioning) können möglicherweise beide Anforderungen befriedigt werden, da OLTP-Transaktionen

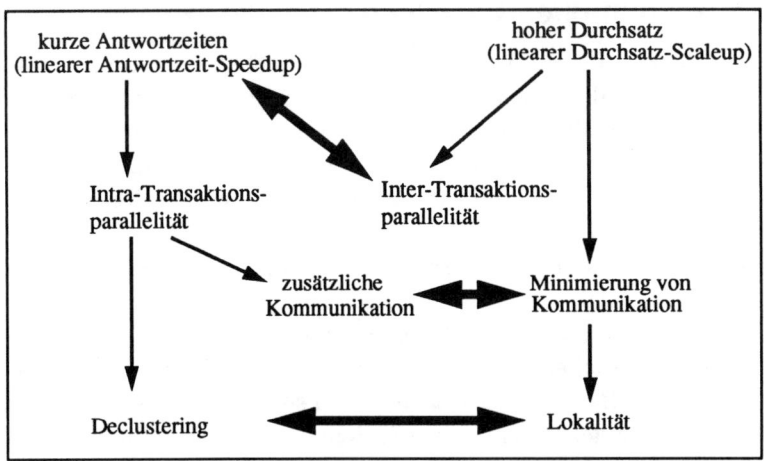

Abb. 8-8:   Performance-Tradeoffs zwischen Durchsatz- und Antwort-
zeitoptimierung

häufig nur wenige Sätze pro DB-Operation referenzieren, die daher in einer Partition enthalten sein können. Selbst in diesem Fall
ist jedoch für viele Anfragen weiterhin eine Bearbeitung auf allen
datenhaltenden Rechnern erforderlich, was vielfach zu einem zu
hohhen Kommunikationsaufwand führt.

DB-Sharing bietet in diesem Punkt signifikante Vorteile, da der
Parallelitätsgrad dem Anfrageprofil angepaßt werden kann. Insbesondere können OLTP-Transaktionen stets auf einem Rechner abgearbeitet werden, um den Kommunikationsbedarf für sie minimal
zu halten, während die Nutzung von Intra-Transaktionsparallelität nur bei komplexen Anfragen eingesetzt wird [Ra93a].

Andere Probleme, wie die Gefahr von Sperrengpässen aufgrund
langer Sperren von Ad-Hoc-Queries bzw. das sogenannte Prirority-
Inversion-Problem, wurden bereits in Kap. 1.3 bzw. 8.1 diskutiert.

8.3 Katastrophen-Recovery

Hohe Verfügbarkeit ist eine zentrale Anforderung an Hochleistungs-Transaktionssysteme. Lokal verteilte Mehrrechner-DBS, welche zur Realisierung solcher Systeme am geeignetsten anzusehen sind, unterstützen die schnelle Behebung der häufigsten Fehlerbedingungen, insbesondere für Transaktionsfehler, Rechnerausfälle sowie Plattenfehler. Sogenannte "Katastrophen", welche den kompletten Ausfall eines Rechenzentrums und damit des gesamten Mehrrechner-DBS verursachen (z.B. aufgrund eines Erdbebens oder eines Terroranschlags), können jedoch zu Datenverlust sowie unvertretbar hohen Ausfallzeiten (z.B. mehrere Tage) führen. Der *traditionelle* traditionelle Recovery-Ansatz für einen solchen Fall besteht darin, *Katastrophen-* Archivkopien der Datenbank auf Magnetbändern an einem geogra- *Recovery* phisch weit entfernten Ort vom Rechenzentrum aufzubewahren [GA87]. Im Katastrophenfall wird die Verarbeitung auf der letzten Archivkopie an einem anderen Rechenzentrum fortgesetzt. Dieser Ansatz ist für OLTP-Anwendungen (z.B. zur Flugreservierung oder in Banken) vielfach inakzeptabel, da sämtliche Transaktionen seit Erstellung der letzten Archivkopie verloren sind und es i.a. zu lange dauert, bis die Archivkopie installiert ist und die Verarbeitung fortgesetzt werden kann. Ferner entstehen große Verzögerungen im Kommunikationsnetz, bis sämtliche Terminals mit dem neuen Verarbeitungssystem verbunden sind [GA87].

Eine Lösung des Problems besteht darin, eine begrenzte Replikation der Daten durch das Datenbanksystem zu unterstützen. Ein solcher Ansatz wird bereits in einigen kommerziellen Produkten *Datenbank-* wie Tandems RDF (Remote Data Facility) [Ly88, Ly90] sowie IBMs *kopie in einem* Remote Recovery Data Facility für IMS unterstützt. Daneben be- *entfernten* faßten sich mehrere konzeptionelle Arbeiten mit der Realisierung *Backup-System* einer derartigen Katastrophen-Recovery [GPH90, KHGP91, BT90, MTO93]. In diesen Ansätzen führt das DBS eine Kopie der gesamten Datenbank in einem geographisch entfernten Backup-System. Das Backup-System wird nur im Fehlerfall genutzt, die eigentliche DB-Verarbeitung findet also weiterhin im Primärsystem statt. Sämtliche Änderungen des Primärsystems werden unmittelbar an das Backup-System übertragen, so daß die DB-Kopie immer auf dem aktuellen Stand gehalten werden kann. Nach Ausfall des Primärsystems kann durch den Systemverwalter ein Umschalten auf das Backup-System vorgenommen werden, wo die Verarbeitung typischerweise nach wenigen Sekunden fortgeführt werden kann[*]. Die Verlagerung der DB-Verarbeitung ins Backup-System kann auch für geplante Unterbrechungen im Primärsystem genutzt werde, etwa zur Hardware-Aufrüstung oder Installation neuer Software-Versionen (z.B. für Betriebssystem oder DBS). Mit Tandems RDF kann weiterhin die Rolle des Primär- und Backup-Systems bezogen auf DB-Partitionen festgelegt werden. Damit ist es möglich, daß ein Rechenzentrum für einen Teil der Datenbank die Rolle des Primärsystems, für den anderen Teil dagegen die des Backup-Systems übernimmt [Ly90]. Sämtliche Terminals sind mit beiden Rechenzentren verbunden.

In den erwähnten Systemen bzw. Arbeiten wird die Aktualisierung der DB-Kopie durch Übertragung der Log-Daten vom Primärsystem zum Backup-System vorgesehen, wobei die Log-Daten im Backup-System nochmals gesichert und auf die DB-Kopie angewendet werden. Dieser Ansatz hat den Vorteil, daß im Primärsystem ein geringer Zusatzaufwand anfällt, da dort die Log-Daten ohnehin erstellt werden. Im Backup-System kann die Aktualisierung der Datenbank durch Anwendung von Log-Daten mit bekannten Recovery-Konzepten und mit vergleichsweise geringem CPU-Aufwand erfolgen.

Aktualisierung der Kopie mit Log-Daten

Eine wesentliche Entwurfsentscheidung betrifft die Festlegung, ob die Änderungen einer Transaktion sowohl im Primär- als im Backup-System zu protokollieren sind, bevor ein Commit möglich ist. Diese Festlegung führt zur Unterscheidung von 1-sicheren (1-safe) und 2-sicheren (2-safe) Transaktionen [MTO93]. Für *2-sichere Transaktionen* ist durch ein verteiltes Commit-Protokoll zwischen Primär- und Backup-System zu gewährleisten, daß die Änderungen einer Transaktion an beiden Systemen gesichert sind, bevor die Commit-Entscheidung getroffen wird. Für *1-sichere Transaktionen* erfolgt dagegen das Commit bereits nach Sicherung der Änderungen im Primärsystem; die Übertragung der Log-Daten an das Backup-System geschieht asynchron. Der Vorteil 2-sicherer Transaktionen liegt darin, daß auch im Katastrophenfall keine Änderungen verlorengehen und die DB-Kopie auf den aktuellsten Zustand gebracht werden kann. Andererseits ergeben sich signifikante Leistungseinbußen, da die Antwortzeit sich um die Übertragungszeit für die Log-Daten sowie die Schreibverzögerung im Backup-System erhöht. Weiterhin ist der Ansatz von der stän-

1-sichere vs. 2-sichere Transaktionen

---

* Eine automatische Umschaltung zwischen Primär- und Backup-System ist i.a. nicht möglich/sinnvoll, da das System z.B. nicht zwischen einem tatsächlichen Ausfall des Primärsystems und einem Ausfall im Kommunikationssystem unterscheiden kann [Ly90].

digen Verfügbarkeit des Backup-Systems abhängig, so daß sich ohne weitere Vorkehrungen die Verfügbarkeit sogar reduzieren kann. Zur Vermeidung dieser Nachteile unterstützen existierende Systeme eine asynchrone Aktualisierung der Backup-Kopie. Der Verlust einiger weniger Transaktionen im Katastrophenfall wird dabei in Kauf genommen.

Wünschenswert wäre die Unterstützung sowohl von 1- als auch 2-sicheren Transaktionen. Damit könnte für die Mehrzahl der Transaktionen eine effiziente asynchrone Übertragung der Log-Daten vorgenommen werden. "Wichtige" Transaktionen, z.B. Banktransaktionen mit hohem Geldumsatz, könnten dagegen als 2-sicher eingestuft werden, um ihren Verlust zu vermeiden. Bei der Realisierung eines solchen gemischten Ansatzes ist zu beachten, daß im Primärsystem Abhängigkeiten von 2-sicheren Transaktionen zu zuvor beendeten 1-sicheren Transaktionen bestehen können. Diese Abhängigkeiten müssen auch im Backup-System beachtet werden, um die Rekonstruktion eines konsistenten DB-Zustands zu ermöglichen. Dies erfordert, daß die Log-Daten von 1-sicheren Transaktionen, die im Primärsystem vor einer 2-sicheren Transaktion beendet wurden, im Backup-System gesichert sind, bevor das Commit der 2-sicheren Transaktion erfolgt [MTO93]. Dies kann relativ einfach erreicht werden, wenn nur ein "Log-Strom" zwischen Primär- und Backup-System zur Übertragung der Log-Daten verwendet wird. In diesem Fall sind die Log-Daten im Backup-System lediglich in der gleichen Reihenfolge anzuwenden, wie sie im Primärsystem generiert wurden.

1 Log-Strom vs. mehrere Log-Ströme

Die Verwendung eines einzigen Log-Stroms erfordert im Falle eines Mehrrechner-DBS am Primärsystem das Mischen der Log-Daten vor der Übertragung. Dies ist für DB-Sharing zur Behebung von Plattenfehlern ohnehin erforderlich [Ra91a], führt jedoch für Shared-Nothing zu einem hohen Zusatzaufwand, der im Falle von Tandems RDF in Kauf genommen wird. Für Shared-Nothing besteht die Alternative, daß jeder Rechner die Log-Daten seiner DB-Partition in einem eigenen Log-Strom an das Backup-System sendet, wobei dort dann ebenfalls mehrere Log-Dateien geführt werden. Der Vorteil dieses Ansatzes ist zum einen, daß das Mischen der Log-Daten und damit ein potentieller Engpaß entfällt. Zudem kann eine höhere Übertragungsbandbreite zwischen Primär- und Backup-System genutzt werden. Ein Problem bei Verwendung mehrerer Log-Ströme ist jedoch, daß es im Backup-System aufgrund der asynchronen Log-Übertragung nicht ohne weiteres möglich ist, einen konsistenten DB-Zustand zu erzeugen, da die Log-Informationen zu den einzelnen DB-Partitionen i.a. einen unterschiedlichen Änderungsstand reflektieren. Die Lösung dieses Problems erfordert zusätzliche Synchronisierungsmaßnahmen im Primär- und Backup-System; Algorithmen dazu werden in [GPH90] vorgestellt.

9
Zusammenfassung und Ausblick

Gegenstand dieses Buchs war die Untersuchung aktueller Entwicklungen hinsichtlich der Architektur von Hochleistungs-Transaktionssystemen. Die behandelten Themenbereiche lassen sich grob zwei Komplexen zuordnen: Optimierung des E/A-Verhaltens (Kap. 5 und 6) sowie verteilte Transaktionssysteme (Kap. 3, 7 und 8). Der Optimierung des E/A-Verhaltens kommt aufgrund der stark ungleichen Leistungsentwicklung bei Prozessoren und Magnetplatten zunehmend Bedeutung zu. Verteilte Systemarchitekturen zur Transaktionsverarbeitung sind notwendig, um Anforderungen nach höchsten Transaktionsraten, Parallelisierung komplexer DB-Operationen, hoher Verfügbarkeit und modularer Wachstumsfähigkeit erfüllen zu können.

Datenbanksysteme unterstützen typischerweise ein breites Spektrum an Maßnahmen und Algorithmen zur Optimierung des E/A-Verhaltens, insbesondere bezüglich Zugriffspfaden, Systempufferverwaltung und Logging (Kap. 5.1). Änderungen in der E/A-Architektur erlauben eine weitergehende Verbesserung des Leistungsverhaltens. Hierzu wurden vor allem drei Ansätze untersucht, nämlich der Einsatz von Hauptspeicher-Datenbanken, von Disk-Arrays sowie von erweiterten Speicherhierarchien. *Hauptspeicher-Datenbanken* (Kap. 5.2) bieten prinzipiell das beste E/A-Verhalten, weisen jedoch eine geringe Kosteneffektivität sowie Verfügbarkeitsprobleme auf. Denn die Speicherkosten für Magnetplatten liegen immer noch weit unter den Kosten für Halbleiterspeicher; die Speicherkosten für kleine Magnetplatten werden künftig voraussichtlich sogar stärker zurückgehen als für Hauptspeicher

Hauptspeicher-Datenbanken

[Ph92]. Die Kosteneffektivität von Magnetplatten reduziert sich zwar, wenn ihre Kapazität zur Unterstützung ausreichend hoher E/A-Raten nur teilweise genutzt wird. Diese Durchsatzprobleme erfordern jedoch nicht die Speicherung der gesamten Datenbank im Hauptspeicher, da sie meist nur eine kleine Teilmenge der Daten betreffen. Die Leistungsprobleme lassen sich zudem kostengünstiger bereits durch einen ausreichend großen Hauptspeicherpuffer bzw. durch seitenadressierbare Halbleiterspeicher lösen (s.u.). Hauptspeicher-Datenbanken haben große Verfügbarkeitsprobleme, da jeder Rechnerausfall die Recovery der gesamten Datenbank ausgehend von einer Archivkopie erfordert. Kosteneffektivität und Verfügbarkeit sind umso geringer, je größer die Datenbank ist.

Disk-Arrays

Disk-Arrays (Kap. 5.3) unterstützen eine höhere Leistungsfähigkeit als konventionelle Magnetplatten durch Nutzung von E/A-Parallelität. Die Verwendung einer großen Anzahl kleiner (und preisgünstiger) Platten ermöglicht höhere E/A-Raten als mit größeren Platten hoher Kapazität. Die Zugriffszeit auf Blockmengen wird verkürzt, wenn die Daten über mehrere Platten verteilt sind (Declustering) und die Plattenzugriffe parallel abgewickelt werden. Eine automatische Behebung von Plattenfehlern ist aufgrund der hohen Plattenzahl erforderlich, wobei vor allem die Nutzung von Spiegelplatten oder eine Fehlererkennung über Paritätsinformationen in Betracht kommen. Letzterer Ansatz erlaubt dabei mit einem begrenzten Grad an Speicherredundanz (z.B. 10%) eine deutliche Verbesserung der Ausfallwahrscheinlichkeit gegenüber konventionellen Platten. Ein Nachteil von Disk-Arrays vor allem hinsichtlich Transaktionsverarbeitung ist, daß die Zugriffszeiten auf einzelne Blöcke i.a. noch höher als für konventionelle Magnetplatten liegen. Aufgrund der zur automatischen Behandlung von Plattenfehlern zu wartenden Datenredundanz (z.B. Paritätsinformationen) gilt dies für Schreibzugriffe.

Erweiterung der Speicherhierarchie mit seitenadressierbaren Halbleiterspeichern

Seitenadressierbare Halbleiterspeicher (Kap. 6) wie Platten-Caches, Solid-State-Disks (SSD) oder erweiterte Hauptspeicher (EH) stellen Erweiterungen konventioneller Speicherhierarchien dar, mit denen die "Zugriffslücke" zwischen Hauptspeicher und Magnetplatten geschlossen werden kann. Sie unterstützen weit bessere E/A-Raten und Zugriffszeiten als Magnetplatten zu geringeren Kosten als Hauptspeicher. Bei nicht-flüchtiger Auslegung dieser Speicher (z.B. über eine Reservebatterie) können nicht nur Lese-, sondern auch Schreibzugriffe auf Magnetplatten eingespart bzw.

beschleunigt werden. Die größten E/A-Verbesserungen ergeben sich, wenn DB- oder Log-Dateien vollständig in solche nicht-flüchtige Halbleiterspeicher gelegt werden (SSD oder EH). In diesem Fall kann ein ähnliches Leistungsverhalten wie mit Hauptspeicher-Datenbanken erreicht werden, jedoch ohne deren Verfügbarkeitsprobleme und zu geringeren Kosten. Die Realisierung sogenannter Schreibpuffer innerhalb nicht-flüchtiger Halbleiterspeicher (Platten-Cache oder EH) gestattet die asynchrone Durchführung schreibender Plattenzugriffe, so daß die Plattenzugriffszeit die Antwortzeiten nicht erhöht[*]. Eine Einsparung lesender Plattenzugriffe wird möglich durch Pufferung von DB-Seiten in einem flüchtigen oder nicht-flüchtigen Zwischenspeicher (EH oder Platten-Cache). Die Realisierung einer solchen mehrstufigen Pufferverwaltung sollte eine Koordinierung der verschiedenen Ebenen vorsehen, um eine replizierte Pufferung derselben Seiten zu vermeiden. Dies kann z.B. für Hauptspeicher- und EH-Puffer in einfacher Weise durch das Datenbanksystem erfolgen. Wie unsere Leistungsanalyse zeigte, kann mit einem solch kombinierten Hauptspeicher/EH-Puffer dasselbe Leistungsverhalten wie mit einem größeren Hauptspeicherpuffer erreicht werden, jedoch zu geringeren Speicherkosten.

Speichertypen und Einsatzformen

Der Einsatz seitenadressierbarer Halbleiterspeicher führt fast immer zu signifikanten Antwortzeitverbesserungen. Dadurch kommt es zu einer entsprechenden Reduzierung von Sperrkonflikten, so daß auch Durchsatzprobleme aufgrund von Sperrengpässen vielfach behoben werden können. Durchsatzbeschränkungen aufgrund von Plattenengpässen können durch die Zwischenspeicher natürlich ebenfalls beseitigt werden. Eine generelle Erkenntnis aus unserer Leistungsstudie war, daß nicht-flüchtige Halbleiterspeicher die Notwendigkeit von DBS-Optimierungen wie Gruppen-Commit, NOFORCE-Ausschreibstrategie oder einem vorausschauenden Ausschreiben geänderter Seiten reduzieren.

Zur Realisierung *verteilter Transaktionssysteme* bestehen vielzählige Alternativen, die in Kap. 3 klassifiziert und gegenübergestellt wurden. Die Systemarchitekturen wurden grob in horizontal und vertikal verteilte Ansätze sowie in verteilte DC-Systeme und Mehrrechner-Datenbanksysteme eingeteilt. Zur Realisierung von Hochleistungs-Transaktionssystemen kommen in erster Linie lo-

---

[*] Der Einsatz von Schreibpuffer kann daher auch effektiv mit der Nutzung von Disk-Arrays kombiniert werden, um sowohl hohe E/A-Raten als auch kurze Zugriffszeiten für Schreibzugriffe zu erreichen.

Realisierung
von Hochlei-
stungs-Transak-
tionssysteme
durch lokal
verteilte Mehr-
rechner-DBS

kal verteilte Mehrrechner-DBS in Betracht, und zwar vor allem die beiden Architekturklassen "Shared-Nothing" und "DB-Sharing". Sie bieten gegenüber Anwendungen vollkommene Verteiltransparenz und erlauben damit die höchsten Freiheitsgrade für die Allokation von Transaktionsprogrammen sowie zum Transaktions-Routing. Mehrere DBS-Aktivierungen teilen sich eine Datenbank, so daß auch nach Ausfall einzelner Rechner die DB-Verarbeitung fortgesetzt werden kann. Eine lokale Verteilung unterstützt eine Rechnerkopplung über ein Hochgeschwindigkeitsnetz und bietet die besten Voraussetzungen für eine dynamische Lastkontrolle und Parallelisierung von DB-Operationen. Eine begrenzte Unterstützung geographischer Verteilung ist jedoch erforderlich, wenn eine schnelle Katastrophen-Recovery unterstützt werden soll (Kap. 8.3).

DB-Sharing vs.
Shared-Nothing

Die Beurteilung von DB-Sharing und Shared-Nothing erfolgt immer noch kontrovers in der Fachwelt. Für beide Ansätze gibt es Implementierungen, die ihre prinzipielle Eignung zur Realisierung von Hochleistungs-Transaktionssystemen zeigen. Ein wesentlicher Vorteil der DB-Sharing-Architektur (Shared-Disk) liegt darin, daß keine physische Aufteilung der Datenbank unter mehreren Rechnern erforderlich ist. Dies verspricht ein hohes Potential zur Lastbalancierung, da jeder Rechner alle DB-Operationen ausführen kann. Shared-Nothing-Systemen wird vielfach eine bessere Skalierbarkeit zugeschrieben, da jede Platte nur einem (bzw. zwei) Rechner(n) zuzuordnen ist und nicht allen. Außerdem kann das Pufferinvalidierungsproblem die Erweiterbarkeit für DB-Sharing in ähnlicher Weise beeinträchtigen, wie das Cache-Kohärenzproblem in Multiprozessoren. Andererseits wird die Verknüpfung einer großen Rechneranzahl mit allen Platten in Systemen mit einer nachrichtenbasierten E/A-Schnittstelle bereits effizient gelöst (z.B. in Hypercube-Systemen wie Ncube). Das Pufferinvalidierungsproblem besteht daneben nur für änderungsintensive Lasten; für "gutmütige" Lasten wie Debit-Credit kann zudem das Problem durch eine affinitätsbasierte Lastverteilung ebenfalls gelöst werden. Die effektive Nutzung einer größeren Rechneranzahl konnte für Shared-Nothing auch nur für diese Lasttypen nachgewiesen werden. Denn diese Architektur hängt aufgrund der vorzunehmenden Datenverteilung noch stärker von einer günstigen "Partitionierbarkeit" der Last ab.

Die Leistungsfähigkeit von Mehrrechner-DBS auf Basis lose gekoppelter Rechner ist stark vom Kommunikations-Overhead zur Realisierung globaler Systemfunktionen bestimmt. Da selbst in lokalen

Netzen Nachrichtenübertragungen vielfach einen hohen Overhead verursachen, ist die Minimierung der Kommunikationsvorgänge ein primäres Optimierungsziel beim Entwurf globaler Kontrollalgorithmen. Dennoch bleiben für das Leistungsverhalten starke Abhängigkeiten zu den Lastprofilen, da vor allem für reale Anwendungen vielfach keine günstigen Last- und Datenverteilungen erreicht werden können, die eine weitgehend lokale Transaktionsbearbeitung erlauben. Mit einer *nahen Rechnerkopplung* soll eine Verbesserung des Leistungsverhaltens erzielt werden, indem z.B. gemeinsame Halbleiterspeicher für bestimmte Funktionen genutzt werden (Kap. 7). Eine allgemeine Strategie dabei ist, spezielle Kommunikationsprotokolle mit einem sehr schnellen Nachrichtenaustausch über solche gemeinsamen Speicher zu realisieren (Kap. 7.4). Damit wird eine Leistungsverbesserung ohne Änderungen innerhalb des Transaktionssystems unterstützt. Weitergehende Optimierungsmöglichkeiten bestehen für DB-Sharing, da für das Leistungsverhalten kritische Systemfunktionen (Synchronisation, Behandlung von Pufferinvalidierungen, globales Logging) durch eine nahe Kopplung sowohl effizienter als auch einfacher realisiert werden können.

nah gekoppelte Mehrrechner-DBS

Zur nahen Rechnerkopplung untersuchten wir die Verwendung eines speziellen Speichertyps, GEH (Globaler Erweiterter Hauptspeicher) genannt. Dieser Speichertyp ist aus Gründen der Fehlerisolierung nicht instruktionsadressierbar. Neben Seitenzugriffen unterstützt der GEH Operationen auf sogenannten Einträgen als weiteres Zugriffsgranulat, mit dem globale Datenstrukturen realisiert werden können. Erfolgt z.B. bei DB-Sharing die Synchronisation über eine globale Sperrtabelle im GEH, kann diese Funktion mit nahezu vernachlässigbar geringem Overhead und minimaler Verzögerung realisiert werden. Dies führte im Leistungsvergleich mit lose gekoppelten DB-Sharing-Systemen zur klar besserem Leistungsverhalten. Selbst für reale Lasten konnte so bei Synchronisation über eine globale Sperrtabelle im GEH durch den weitgehenden Wegfall des Kommunikations-Overheads ein lineares Durchsatzwachstum erzielt werden. Aufgrund der reduzierten Abhängigkeiten von den Referenzierungsmerkmalen der Last, werden hohe Transaktionsraten auch mit einfachen Verfahren zur Lastverteilung erreichbar. Die negativen Leistungsauswirkungen von Pufferinvalidierungen können vor allem für FORCE weitgehend beseitigt werden, indem die häufig geänderten DB-Bereiche im GEH (bzw. einem sonstigen nicht-flüchtigen Halbleiterspeicher) gehalten werden. Zusammenfassend läßt sich sagen, daß sich

Einsatz eines GEH bei DB-Sharing

mit dem GEH die wesentlichen Vorteile von Shared-Memory (effiziente Kommunikation und Kooperation, einfache Lastbalancierung) und Shared-Disk (größere Verarbeitungskapazität und Verfügbarkeit) kombinieren lassen.

Nachteile der
nahen
Kopplung

Der Einsatz einer nahen Rechnerkopplung über einen Speicher wie
den GEH bringt allerdings auch Nachteile mit sich. Zum einen handelt es sich um spezielle Hardware, die durch eigene Maschineninstruktionen zu unterstützen ist. Dies führt zu hohen Hardware-Ko-
sten und macht die Nutzung solcher Speicher primär für lokal verteilte Mainframe-Konfigurationen interessant. Die Eintrags-
schnittstelle des GEH eignet sich nur zur Realisierung einfacher
Datenstrukturen, da die Wartung von Informationen variabler
Länge umständlich ist und eine hohe Anzahl von Speicherzugriffen
verursacht. Die Nutzung gemeinsamer Halbleiterspeicher kann daneben die Erweiterbarkeit und Fehlerisolierung gegenüber loser
Kopplung beeinträchtigen. So können Rechnerausfälle zu inkonsi-
stenten Zuständen in globalen Datenstrukturen führen, die im
Rahmen der Crash-Recovery schnell zu erkennen und beseitigen
sind.

Nutzung von
Mikroprozes-
soren zur
Transaktions-
verarbeitung

Eine hohe Kosteneffektivität kann daher eher mit einer losen Rechnerkopplung erreicht werden, insbesondere wenn Mikroprozessoren zur Transaktionsverarbeitung genutzt werden. Dafür besonders geeignet erscheinen *Workstation- / Server-Konfigurationen*,
bei denen Teile der DC-Verarbeitung innerhalb von Workstations
(bzw. PCs) und die DB-Verarbeitung auf Server-Seite erfolgen. Die
Nutzung von Workstations zur Realisierung komfortabler Benutzerschnittstellen sowie zur Nachrichtenaufbereitung stellt einen
ersten Schritt zur Nutzung von Mikroprozessoren dar, der bereits
eine starke Entlastung im Server-System bewirkt. Eine weitergehende Einsatzform, die zunehmend an Bedeutung gewinnt, ist die
(teilweise) Ausführung der Anwendungsfunktionen auf den Workstations. Für OLTP-Anwendungen erscheint es dabei aus Leistungsgründen (sowie zur Vereinfachung der Administration) weiterhin sinnvoll, häufig benutzte Transaktionsprogramme auf Server-Seite auszuführen (z.B. als "stored procedure"), da ansonsten
eine hohe Kommunikationshäufigkeit zwischen Front-End- und
Server-System erforderlich wird. Eine weitergehende Steigerung
der Kosteneffektivität wird möglich, wenn Mikroprozessoren auch
zur Realisierung des Server-Systems verwendet werden. Für Hochleistungs-Transaktionssysteme ist eine verteilte Realisierung des
DB-Servers gemäß eines Shared-Nothing- oder DB-Sharing-Ansat-

zes erforderlich. Solche verteilten Server-Systeme werden gelegentlich auch als *parallele DB-Server* bezeichnet, wenn eine größere Anzahl von Prozessorelementen unterstützt wird.

Für komplexe und datenintensive Transaktionen bzw. DB-Operationen ist eine *parallele Transaktionsverarbeitung* (Intra-Transaktionsparallelität) erforderlich, um für den Dialogbetrieb akzeptable Antwortzeiten zu erreichen (Kap. 8.2). Besonders die Parallelisierung einfacher, jedoch datenintensiver DB-Operationen wird in derzeitigen Systemen bereits effektiv unterstützt (Intra-Operatorparalleität), wobei im Einbenutzerbetrieb durch Nutzung von Datenparallelität vielfach ein linearer Antwortzeit-Speedup erzielt werden konnte. Der Einsatz von Inter-Operator- und Inter-DML-Parallelität ist dagegen nur beschränkt möglich und wird noch kaum genutzt. Die effiziente Bearbeitung von OLTP-Anwendungen sowie komplexen Anfragen auf derselben Datenbank ist ein noch weitgehend ungelöstes Problem. Denn die gleichzeitige Unterstützung hoher Transaktionsraten für OLTP sowie die Antwortzeitverkürzung komplexer Anfragen durch Intra-Transaktionsparallelität sind gegensätzliche Optimierungsziele, die nur bedingt vereinbar sind. DB-Sharing-Systeme bieten in dieser Hinsicht ein größeres Optimierungspotential als Shared-Nothing. Denn bei DB-Sharing lassen sich OLTP-Transaktionen stets an einem Rechner ausführen (minimaler Kommunikationsaufwand), während für komplexe Operationen Intra-Transaktionsparallelität genutzt werden kann. Dabei kann der Parallelitätsgrad (und damit der Kommunikationsaufwand) dynamisch gewählt werden, ebenso dic Rechner, welche eine Transaktion/Query bearbeiten sollen. Die Untersuchungen zur Nutzung von Intra-Transaktionsparallelität bei DB-Sharing stehen derzeit allerdings noch am Anfang.

parallele Query-Bearbeitung

Die Realisierung einer automatischen *Lastkontrolle* ist ein weiteres wichtiges Problem, das in existierenden Transaktionssystemen noch nicht gelöst ist. Neben der Unterstützung einer hohen Leistungsfähigkeit soll damit vor allem eine Vereinfachung der Systemadministration erreicht werden, indem die Einstellung von Systemparametern und Tuning-Maßnahmen weitgehend automatisch erfolgen. Idealerweise sind durch den Systemverwalter nur externe Leistungsziele wie Antwortzeitrestriktionen zu spezifizieren, die dann mit Hilfe der Lastkontrolle selbständig eingehalten werden. Hierzu wurde in Kap. 8.1 ein Realisierungsansatz mit globalen und lokalen Lastkontrollkomponenten vorgestellt. Aufgabe der globalen Lastkontrolle ist die Lastverteilung (Transaktions-

Lastkontrolle

Routing), die Überwachung des gesamten Systems sowie die Bereitstellung einer zentralen Administrationsschnittstelle. Eine lokale Lastkontrolle in jedem Rechner überwacht die Verarbeitung lokaler Transaktionen und koordiniert Lastkontrollkomponenten im Datenbanksystem, TP-Monitor und Betriebssystem. Eine notwendige Erweiterung betrifft die Unterstützung von Transaktionsprioritäten im Datenbanksystem.

Betriebssystem-
Unterstützung

In Zukunft ist damit zu rechnen, daß Funktionen des TP-Monitors zunehmend ins Betriebssystem verlagert werden. Diese Entwicklung ist bereits im Gange, z.B. die Unterstützung eines allgemeinen RPC-Mechanismus zur Kommunikation in heterogenen Systemen im Rahmen des DCE-Standards (Kap. 3.2). Aufgaben der Transaktionsverwaltung können ebenfalls durch das Betriebssystem realisiert werden, etwa die Durchführung eines verteilten Commit-Protokolls. Werden vom Betriebssystem sogenannte "leichtgewichtige" Prozesse (lightweight processes) unterstützt, können TP-Monitore und DBS auf ein eigenes Multi-Tasking verzichten, so daß sich für sie eine einfachere Realisierung ergibt.

Erweiterungen
des Transak-
tionskonzeptes

In vielen Anwendungsbereichen ist das herkömmliche Transaktionskonzept (Kap. 1.2) zu restriktiv, um die anfallenden Verarbeitungvorgänge adäquat nachbilden zu können. Zur Realisierung langlebiger Aktivitäten oder komplexen Vorgängen mit Interaktionen mehrerer Benutzer sind daher erweiterte Transaktionsmodelle erforderlich. Ihre Realisierung erfordert entsprechende Erweiterungen in der Software-Architektur, z.B. zur Ablaufsteuerung oder Fehlerbehandlung. Obwohl eine Vielzahl erweiterter Transaktionsmodelle vorgeschlagen wurde, erscheint die Mehrzahl davon auf eine bestimmte Anwendungsklasse beschränkt zu sein. Die Prüfung der Realisierbarkeit bzw. Tauglichkeit im praktischen Einsatz steht für die einzelnen Vorschläge zur Zeit noch weitgehend aus.

10
Literatur

ACL87   Agrawal, R., Carey, M.J., Livny, M.: *Concurrency Control Performance Modeling: Alternatives and Implications.* **ACM Trans. on Database Systems**, 12 (4), 609-654, 1987

AG88   Abbott, R., Garcia-Molina, H.: *Scheduling Real-Time Transactions. A Performance Evaluation.* **Proc. 14th Int. Conf. on Very Large Data Bases**, 1-12, 1988

AHK85   Ammann, A.C., Hanrahan, M.B., Krishnamurthy, R.: *Design of a Memory Resident DBMS.* **Proc. IEEE Spring CompCon Conf.**, 54-57, 1985

An85   Anon et al.: *A Measure of Transaction Processing Power.* **Datamation**, 112-118, April 1985

Ap92   Apers, P.M.G. et al.: *PRISMA/DB: A Parallel, Main-Memory Relational DBMS.* **IEEE Trans. on Knowledge and Data Engineering** 4, 1992

Ar91   Arnold, D. et al.: *SQL Access: An Implementation of the ISO Remote Database Access Standard.* **IEEE Computer** 24 (12), 74-78, Dec. 1991

As86   Asai, S.: *Semiconductor Memory Trends.* **Proc. of the IEEE** 74 (12), 1623-1635, 1986

Ba89   Bates, G.: *Alternative Storage Technologies.* **Proc. IEEE Spring CompCon Conf.**, 151-156, 1989

Ba91   Barker, W.B.: *Parallel Computing: Experiences, Requirements, and Solutions from BBN.* **Proc. Supercomputer '91**, Springer-Verlag, Informatik-Fachberichte 278, 175 -186, 1991

BBD82   Balter, R., Berard, P., DeCitre, P.: *Why Control of the Concurrency Level in Distributed Systems is More Fundamental than Deadlock Management.* **Proc 1st ACM Symp. on Principles of Distributed Computing**, 183-193, 1982

BC92   Bober, P.M., Carey, M.J.: *On Mixing Queries and Transactions via Multiversion Locking.* **Proc. 8th IEEE Data Engineering Conf.**, 535-545, 1992

BDS79   Behman, S.B, Denatale, T.A., Shomler, R.W.: *Limited Lock Facility in a DASD Control Unit.* Technical report TR 02.859, IBM General Products Division, San Jose, 1979

Be89   Berra, P.B. et al.: *The Impact of Optics on Data and Knowledge Base Systems.* **IEEE Trans. Knowledge and Data Engineering** 1 (1), 111-131, 1989

Be90   Bernstein, P.A.: *Transaction Processing Monitors.* **Comm. ACM** 33 (11), 75-86, 1990

BEKK84   Bayer, R., Elhardt, K., Kießling, K., Killar, D.: *Verteilte Datenbanksysteme - Eine Übersicht über den heutigen Entwicklungsstand.* **Informatik-Spektrum** 7 (1), 1-19, 1984

BG88   Bitton, D., Gray, J.: *Disk Shadowing.* **Proc. 14th Int. Conf. on Very Large Data Bases**, 331-338, 1988

BG92   Bell, D., Grimson, J.: **Distributed Database Systems**. Addison-Wesley 1992

Bh88   Bhide, A.: *An Analysis of Three Transaction Processing Architectures.* **Proc. 14th Int. Conf. on Very Large Data Bases**, 339-350, 1988

BHG87   Bernstein, P.A., Hadzilacos, V., Goodman, N.: Concurrency Control and Recovery in Database Systems. Addison Wesley, 1987

BHR91   Bohn, V., Härder, T., Rahm, E.: *Extended Memory Support for High Performance Transaction Processing.* **Proc. 6. GI/ITG-Fachtagung "Messung, Modellierung und Bewertung von Rechensystemen"**, Springer-Verlag, Informatik-Fachberichte 286, 92-108, 1991

BHT87   Bitton, D., Hanrahan, M.B., Turbyfill, C.: *Performance of Complex Queries in Main Memory Database Systems.* **Proc. 3rd IEEE Data Engineering Conf.**, 72-81,1987

Bi89 Bitton, D.: *Arm Scheduling in Shadowed Disks.* **Proc. IEEE Spring CompCon Conf.**, 132-136, 1989

BK91 Barghouti, N.S., Kaiser, G.E.: *Concurrency Control in Advanced Database Applications.* **ACM Computing Surveys**, 23 (3), 269-317, 1991

BLN86 Batini, C., Lenzirini, M., Navathe, S.B.: *A Comparative Analysis of Methodologies for Database Schema Integration.* **ACM Computing Surveys** 18 (4), 323-364, 1986

BMHD89 Buchmann, A.P., McCarthy, D.R., Hsu, M., Dayal, U.: *Time-Critical Database Scheduling: A Framework for Integrating Real-Time Scheduling and Concurrency Control.* **Proc. 5th IEEE Data Engineering Conf.**, 470-480,1989

Bo90 Boral, H. et al.: *Prototyping Bubba: A Highly Parallel Database System.* **IEEE Trans. on Knowledge and Data Engineering** 2, 1, 4-24, 1990

BOS91 Butterworth, P., Otis, A., Stein, J.: *The GemStone Object Database Management System.* **Comm. ACM** 34 (10), 64-77, 1991

BR92 Butsch, K., Rahm, E.: *Architekturansätze zur Unterstützung heterogener Datenbanken.* **Proc. 12. GI/ITG-Fachtagung "Architektur von Rechensystemen"**, Springer-Verlag, Informatik aktuell, 106-118, 1992

Br91 Braginsky, E.: *The X/OPEN DTP Effort.* **Proc. 4th Int. Workshop on High Performance Transaction Systems**, Asilomar, CA, Sep. 1991

BT85 Bates, K.H., TeGrotenhuis, M.: *Shadowing Boosts System Reliability.* **Computer Design**, 129-137, April 1985

BT90 Burkes, D.L., Treiber, R.K.: *Design Approaches for Real-Time Transaction Processing Remote Site Recovery.* **Proc. IEEE Spring CompCon Conf.**, 568-572, 1990

Bu90 Bunker, T.: *IBM Fiber Breaks Data Center Barrier.* **Datamation**, 85-86, Dec. 1, 1990

Bu91 Butscher, B.: *Hochgeschwindigkeitsnetze - ante portas?* **Praxis der Informationsverarbeitung und Kommunikation (PIK)** 14 (4), 190-191, 1991

BW89 *Is the Computer Business Maturing?* **Business Week**, 68-78, March 6, 1989

CABK88 Copeland, G., Alexander, W., Boughter, E., Keller, T.: *Data Placement in Bubba.* **Proc. ACM SIGMOD Conf.**, 99-108, 1988

CD85 Chou, H.T., DeWitt, D.J.: *An Evaluation of Buffer Management Strategies for Relational Database Systems.* **Proc. 11th Int. Conf. on Very Large Data Bases**, 127-141, 1985

CF90 Chlamtac, I., Franta, W.R.: *Rationale, Directions, and Issues Surrounding High Speed Networks.* **Proc. of the IEEE** 78 (1), 94-120, 1990

CJL89 Carey, M.J., Jauhari, R., Livny, M.: *Priority in DBMS Resource Scheduling.* **Proc. 15th Int. Conf. on Very Large Data Bases**, 397-410, 1989

CK89 Copeland, G., Keller, T.: *A Comparison of High-Availability Media Recovery Techniques.* **Proc. ACM SIGMOD Conf.**, 98-109, 1989

CKB89 Cohen, E.I., King, G.M., Brady, J.T.: *Storage Hierarchies.* **IBM Systems Journal** 28 (1), 62-76, 1989

CKKS89 Copeland, G., Keller, T., Krishnamurthy, R., Smith, M.: *The Case for Safe RAM.* **Proc. 15th Int. Conf. on Very Large Data Bases**, 1989

CKL90 Carey, M.J., Krishnamurthi, S., Livny, M.: *Load Control for Locking: The 'Half-and-Half' Approach.* **Proc. 9th ACM Symp. on Principles of Database Systems**, 72-84, 1990

CKS91 Copeland, G., Keller, T., Smith, M.: *Database Buffer and Disk Configuring and the Battle of the Bottlenecks.* **Proc. 4th Int. Workshop on High Performance Transaction Systems**, Asilomar, CA, Sep. 1991

Cl92 Claybrook, B.: **OLTP Online Transaction Processing Systems.** John Wiley & Sons, 1992

CL89 Carey, M.J., Livny, M.: *Parallelism and Concurrency Control Performance in Distributed Database Machines.* **Proc. ACM SIGMOD Conf.**,122-133, 1989

CLYY92 Chen, M., Lo, M., Yu, P.S., Young, H.C.: *Using Segmented Right-Deep Trees for the Execution of Pipelined Hash Joins.* **Proc. 18th Int. Conf. on Very Large Data Bases**, 15-26, 1992

Co92 Coy, W.: **Aufbau und Arbeitsweise von Rechenanlagen.** 2. Auflage, Vieweg-Verlag, 1992

CP84 Ceri, S., Pelagatti, G.: **Distributed Databases. Principles and Systems.** Mc Graw-Hill, 1984

CR91 **Computer Review**, 1991 edition. GML Information Services

Cy91 Cypser, R.J.: **Communications for Cooperative Systems.** Addison-Wesley, 1991

CYW92 Chen, M., Yu, P.S., Wu, K.: *Scheduling and Processor Allocation for Parallel Execution of Multi-Join Queries.* **Proc. 8th IEEE Data Engineering Conf.**, 58-67, 1992

CZ91 *Escon mit Laser.* **Computer-Zeitung** Nr. 21, S. 20, 25.9.1991

Da90   Date, C.J.: **An Introduction to Database Systems**. 5th edition. Addison Wesley,1990

Da92   Davis, D.B.: *Get your CICS on OS/2*. **Datamation**, 54-56, Feb. 1, 1992

Dav92   Davison, W.: *Parallel Index Building in Informix OnLine 6.0*. **Proc. ACM SIGMOD Conf.**, S. 103, 1992

DD92   Date, C.J., Darwen, H.: **A Guide to the SQL Standard**. 3rd edition, Addison Wesley, 1992

DDY91   Dan, A., Dias, D.M., Yu, P.S.: *Analytical Modelling a Hierarchical Buffer for the Data Sharing Environment*. **Proc. ACM SIGMETRICS**, 156-167, 1991

De84   DeWitt, D. et al.: *Implementation Techniques for Main Memory Database Systems*. **Proc. ACM SIGMOD Conf.**, 1-8, 1984

De86   Deppisch, U. et al.: *Überlegungen zur Datenbank-Kooperation zwischen Server und Workstations*. **Proc. 16. GI-Jahrestagung**, Springer-Verlag, Informatik-Fachberichte 126, 565-580, 1986

De90   DeWitt, D. et al. 1990. *The Gamma Database Machine Project*. **IEEE Trans. on Knowledge and Data Engineering** 2 ,1, 44-62, 1990

DFMV90 DeWitt, D.J., Futtersack, P., Maier, D., Velez, F.: *A Study of Three Alternative Workstation-Server Architectures for Object Oriented Database Systems*. **Proc. 16th Int. Conf. on Very Large Data Bases**, 107-121, 1990

DG92   DeWitt, D.J., Gray, J.: *Parallel Database Systems: The Future of High Performance Database Systems*. **Comm. ACM** 35 (6), 85-98, 1992

DIRY89 Dias, D.M., Iyer, B.R., Robinson, J.T., Yu, P.S.: *Integrated Concurrency-Coherency Controls for Multisystem Data Sharing*. **IEEE Trans. on Software Engineering** 15 (4), 437-448, 1989

DNSS92 DeWitt, D.J., Naughton, J.F., Schneider, D.A., Seshadri, S.: *Practical Skew Handling in Parallel Joins*. **Proc. of the 18th Int. Conf. on Very Large Data Bases**, 1992

DO89   Douglis, F., Ousterhout, J.: *Log-Structured File Systems*. **Proc. IEEE Spring CompCon Conf.**, 124-129, 1989

Du89   Duquaine, W.: *LU 6.2 as a Network Standard for Transaction Processing*. **Proc. 2nd Int. Workshop on High Performance Transaction Systems**, Springer-Verlag, Lecture Notes in Computer Science 359, 1989

Ef87   Effelsberg, W.: *Datenbankzugriff in Rechnernetzen*. **Informationstechnik** 29 (3), 140-153, 1987

EGKS90 Englert, S., Gray, J., Kocher, T., Shath, P.: *A Benchmark of NonStop SQL Release 2 Demonstrating Near-Linear Speedup and Scale-Up on Large Databases*. **Proc. ACM SIGMETRICS Conf.**, 245-246, 1990

EH84   Effelsberg, W., Härder, T.: *Principles of Database Buffer Management*. **ACM Trans. on Database Systems** 9 (4), 560-595, 1984.

Ei89   Eich, M.: *Main Memory Database Research Directions*. **Proc. 6th Int. Workshop on Database Machines**, Springer-Verlag, Lecture Notes in Computer Science 368, 251-268, 1989

El92   Elmagarmid, A.K. (Hrsg.): **Database Transaction Models for Advanced Applications**. Morgan Kaufmann Publishers, 1992

EN89   Elmasri, R., Navathe, S.B.: **Fundamentals of Database Systems**. Benjamin/Cummings, 1989

En91   Englert, S.: *Load Balancing Batch and Interactive Queries in a Highly Parallel Environment*. **Proc. IEEE Spring CompCon Conf.**, 110-112, 1991

Fä91   Färber, G.: *Mikroprozessoren als Basistechnologie künftiger Computergenerationen*. **Proc. Supercomputer '91 Conf.**, Springer-Verlag, Informatik-Fachberichte 278, 1 -16, 1991

Fr91   Frank, L.: *Abschätzungen von Trefferraten bei Magnetplatten-Caches in Abhängigkeit vom unterstützten Bereich*. **Informatik Forschung und Entwicklung** 6, 207-217, 1991

FRT90   Franaszek, P.A., Robinson, J.T., Thomasian, A.: *Access Invariance and its Use in High Contention Environments*. **Proc. 6th IEEE Data Engineering Conf.**, 47-55,1990

FNGD93 Ferguson, D., Nikolaou, C., Georgiadis, L., Davies, K.: *Goal Oriented, Adaptive Transaction Routing for High Performance Transaction Processing*. **Proc. 2nd Int. Conf. on Parallel and Distributed Information Systems (PDIS-93)**, 1993

Fu84   Fujitani, L.: *Laser Optical Disk: The Coming Revolution in On-Line Storage*. **Comm. of the ACM** 27 (6), 546-554, 1984

Ga85   Gawlick, D.: *Processing 'Hot Spots' in High Performance Systems*. **Proc. IEEE Spring CompCon Conf.**, 249-251, 1985

GA87   Gray, J., Anderton, M.: *Distributed Computer Systems: Four Case Studies*. **Proc. of the IEEE**, 75 (5), 719-726, 1987

GD90   Ghandeharizadeh, S., DeWitt, D.J.: *Hybrid-Range Partitioning Strategy: A New Declustering Strategy for Multiprocessor Database Machines.* **Proc. 16th Int. Conf. on Very Large Data Bases,** 481-492, 1990

GDQ92   Ghandeharizadeh, S., DeWitt, D.J., Qureshi, W.: *A Performance Analysis of Alternative Multi-Attribute Declustering Strategies.* **Proc. ACM SIGMOD Conf.,** 29-38, 1992

Ge87   Geihs, K.: *Lightweight Processes.* **Informatik-Spektrum (Das aktuelle Schlagwort)** 10 (3), S. 169, 1987

Ge89   Gelb, J.P.: *System-Managed Storage.* **IBM Systems Journal** 28 (1), 77-103, 1989

GGPY89   Gelsinger, P.P., Gargini, P.A., Parker, G.H., Yu, A.Y.C.: *Microprocessors circa 2000.* **IEEE Spectrum,** 43-47, Oct. 1989

GHW90   Gray, J., Horst, B., Walker, M.: *Parity Striping of Disc Arrays: Low-Cost Reliable Storage with Acceptable Throughput.* **Proc. 16th Int. Conf. on Very Large Data Bases,** 148-161, 1990

GK88   Garcia-Molina, H., Kogan, B.: *Node Autonomy in Distributed Systems.* **Proc. Int. Symp. on Databases in Parallel and Distributed Systems,** 158-166, 1988

GLM92   Golubchik, L., Lui, J.C.S., Muntz, R.R.: *Chained Declustering: Load Balancing and Robustness to Skew and Failures.* **Proc. 2nd Int. Workshop on Research Issues on Data Engineering: Transaction and Query Processing,** 88-95, IEEE Computer Society Press, 1992

GLV84   Garcia-Molina, H., Lipton, R.J., Valdes, J.: *A Massive Memory Machine.* **IEEE Trans. on Computers** 33 (5), 391-399, 1984

Go90   Gonschorek, J.: *UTM - Ein universeller Transaktionsmonitor.* In: Das Mainframe-Betriebssystem BS2000, Hrsg.: H. Görling, **State of the Art** 8, Oldenbourg-Verlag, 1990

GP87   Gray, J., Putzolu, F.: *The 5 Minute Rule for Trading Memory for Disk Accesses and the 10 Byte Rule for Trading Memory for CPU Time.* **Proc. ACM SIGMOD Conf.,** 395-398, 1987

GPH90   Garcia-Molina, H., Polyzois, C.A., Hagmann, R.: *Two Epoch Algorithms for Disaster Recovery.* **Proc. 16th Int. Conf. on Very Large Data Bases,** 222-230, 1990

Gr78   Gray, J.: *Notes on Data Base Operating Systems.* In: "Operating Systems - An Advanced Course", Springer-Verlag, Lecture Notes in Computer Science 60, 393-481, 1978

Gr81   Gray, J.: *The Transaction Concept: Virtues and Limitations.* **Proc. 7th Int. Conf. on Very Large Data Bases,** 144-154, 1981

Gr83   Gray, J.P. et al.: *Advanced Program-to-Program Communication in SNA.* **IBM Systems Journal** 22 (4), 298-318, 1983

Gr85   Gray, J. et al.: *One Thousand Transactions Per Second.* **Proc. IEEE Spring CompCon Conf.,** 96-101, 1985

Gr86   Gray, J.N.: *An Approach to Decentralized Computer Systems.* **IEEE Trans. Softw. Eng.** 12 (6), 684-692, 1986

Gr86   Gray, J.: *The Cost of Messages.* **Proc 7th ACM Symp. on Principles of Distributed Computing,** 1-7, 1988

Gra88   Graf, A.: *UDS-D: Die verteilte Datenhaltung für UDS.* **Proc. 18. GI-Jahrestagung,** Springer-Verlag, Informatik-Fachberichte 188, 665-674, 1988

Gr90   Graefe, G.: *Encapsulation of Parallelism in the Volcano Query Processing System.* **Proc. ACM SIGMOD Conf.,** 102-111, 1990

Gr91   Gray, J. (Hrsg.): **The Benchmark Handbook for Database and Transaction Processing Systems.** Morgan Kaufmann Publishers, 1991

GR93   Gray, J., Reuter, A.: **Transaction Processing: Concepts and Techniques.** Morgan Kaufmann Publishers, 1993

Gro85   Grossman, C.P.: *Cache-DASD Storage Design for Improving System Performance.* **IBM Systems Journal** 24 (3/4), 316-334, 1985

Gro89   Grossman, C.P.: *Evolution of the DASD Storage Control.* **IBM Systems Journal** 28 (2), 196-226, 1989

Gro92   Grossman, C.P.: *Role of the DASD Storage Control in an Enterprise Systems Connection Environment.* **IBM Systems Journal** 31 (1), 123-146, 1992

GS87   Garcia-Molina, H., Salem, K.: *Sagas.* **Proc. ACM SIGMOD Conf.,** 249-259, 1987

GS91   Gray, J., Siewiorek, D.P.: *High-Availability Computer Systems.* **IEEE Computer** 24 (9), 39-48, Sep. 1991

Ha81   Harker, J.M.: *A Quarter Century of Disk File Innovation.* **IBM J. Res. Develop.** 25 (5), 677-689, 1981

Ha90   Haderle, D.: *Parallelism with IBM's Relational Database2 (DB2)*. **Proc. IEEE Spring CompCon Conf.**, 488-489, 1990

Ha92   Hansen, H.R.: **Wirtschaftsinformatik**, 6. Auflage, Uni-Taschenbücher UTB 802, Fischer-Verlag, 1992

Hä79   Härder, T.: *Die Einbettung eines Datenbanksystems in eine Betriebssystem-Umgebung*. In: **Datenbanktechnologie**, Teubner-Verlag, 9-24, 1979

Hä87   Härder, T.: *Realisierung von operationalen Schnittstellen*. In [LS87], 163-335

Hä88   Härder, T.: *Transaktionskonzept und Fehlertoleranz in DB/DC-Systemen*. **Handbuch der modernen Datenverarbeitung**, Heft 144, Forkel-Verlag, Nov. 1988

HD90   Hsiao, H., DeWitt, D.J.: *Chained Declustering: A New Availability Strategy for Multiprocessor Database Machines*. **Proc. 6th IEEE Data Engineering Conf.**, 1990

He89   Helland, P. et al.: *Group Commit Timers and High Volume Transaction Systems*. **Proc. 2nd Int. Workshop on High Performance Transaction Systems**, Springer-Verlag, Lecture Notes in Computer Science 359, 1989

HGPG92 Hou, R.Y., Ganger, G.R., Patt, Y.N., Gimarc, C.E.: *Issues and Problems in the I/O Subsystem Part I - The Magnetic Disk*. **Proc. 25th HICSS**, Vol. 1, 48-57, 1992

HM86   Härder, T., Meyer-Wegener, K.: *Transaktionssysteme und TP-Monitore - Eine Systematik ihrer Aufgabenstellung und Implementierung*. **Informatik Forschung und Entwicklung** 1, 3-25, 1986

HM90   Härder, T., Meyer-Wegener, K.: *Transaktionssysteme in Workstation/Server-Umgebungen*. **Informatik Forschung und Entwicklung** 5, 127-143, 1990

Ho85   Hoagland, A.S.: *Information Storage Technology: A Look at the Future*. **IEEE Computer** 18 (7), 60-67, July 1985

Ho92   Hong, W.: *Exploiting Inter-Operation Parallelism in XPRS*. **Proc. ACM SIGMOD Conf.**, 19-28, 1992

HP87   Härder, T., Petry, E.: *Evaluation of Multiple Version Scheme for Concurrency Control*. **Information Systems** 12 (1), 83-98, 1987

HP90   Hennessy, J.L., Patterson, D.A.: **Computer Architecture: A Quantitative Approach**. Morgan Kaufmann Publishers, 1990

HR83   Härder, T., Reuter, A.: *Principles of Transaction-Oriented Database Recovery*. **ACM Computing Surveys**, 15 (4), 287-317, 1983

HR85   Härder, T., Reuter, A.: *Architektur von Datenbanksystemen für Non-Standard-Anwendungen*. **Proc. 1. GI-Fachtagung "Datenbanksysteme für Büro, Technik und Wissenschaft"**, Informatik-Fachberichte 94, 253-286, 1985

HR86   Härder, T., Rahm, E.: *Mehrrechner-Datenbanksysteme für Transaktionssysteme hoher Leistungsfähigkeit*. **Informationstechnik** 28 (4), 214-225, 1986

HR87a   Härder, T., Rothermel, K.: *Concepts for Transaction Recovery in Nested Transactions*. **Proc. ACM SIGMOD Conf.**, 239-248, 1987

HR87b   Härder, T., Rothermel, K.: *Concurrency Control Issues In Nested Transactions*. IBM Research Report RJ 5803, San Jose, 1987 (erscheint in: VLDD-Journal)

HR90   Härder, T., Rahm, E.: *Nutzung neuer Speicherarchitekturen in Hochleistungs-Transaktionssystemen*, **Proc. 11. ITG/GI-Tagung "Architektur von Rechensystemen"**, VDE-Verlag, 123-137, 1990

HS91   Hong, W. Stonebraker, M.: *Optimization of Parallel Query Execution Plans in XPRS*. **Proc. 1st Int. Conf. on Parallel and Distributed Information Systems (PDIS-91)**, 1991

Hu89   Hurson, A.R. et al.: *Parallel Architectures for Database Systems*. **Advances in Computers** 28, 107-151, 1989

IYD87   Iyer,B.R., Yu, P.S. , Donatiello, L.: *Analysis of Fault-Tolerant Multiprocessor Architectures for Lock Engine Design*. **Computer Systems Science and Engineering** 2 (2), 59-75, 1987

JCL90   Jauhari, R., Carey, M.J., Livny, M.: *Priority-Hints: An Algorithm for Priority-Based Buffer Management*. **Proc. 16th Int. Conf. on Very Large Data Bases**, 708-721, 1990

JTK89   Jenq, B.P., Twichell, B., Keller, T.: *Locking Performance in a Shared Nothing Parallel Database Machine*. **IEEE Trans. on Knowledge and Data Engineering** 1 (4), 1989

Ke88   Kersten, M. et al.: *A Distributed, Main-Memory Database Machine*. In: **Database Machines and Knowledge Base Machines**, North-Holland, 353-369, 1988

KGBW90 Kim, W., Garza, J.F., Ballou, N., Woelk, D.: *Architecture of the ORION Next-Generation Database System*. **IEEE Trans. on Knowledge and Data Engineering** 2 (1), 109-124, 1990

KGP89   Katz, R.H., Gibson, G.A., Patterson, D.A.: *Disk System Architectures for High Performance Computing*. **Proc. of the IEEE** 77 (12), 1842-1858, 1989

KHGP91   King, R., Halim, N., Garcia-Molina, H., Polyzois, C.A.: *Management of a Remote Backup Copy for Disaster Recovery*. **ACM Trans. on Database Systems**, 16 (2), 338-368, 1991

Ki86   Kim, M.Y.: *Synchronized Disk Interleaving*. **IEEE Trans. on Comp.** 35 (11), 978-988, 1986

KLS86   Kronenberg, N.P., Levy, H.M., and Strecker, W.D.: *VAX clusters: a Closely Coupled Distributed System*. **ACM Trans. Computer Syst.** 4 (2), 130-146, 1986

KR90   Küspert, K., Rahm, E.: *Trends in Distributed and Cooperative Database Management*, **Proc. Int. IBM Symp. "Database Systems of the 90s"**, Springer-Verlag, Lecture Notes in Computer Science 466, 263-293, 1990

KR91   Kohler, W., Raab, F.: *Overview of TPC Benchmark C: The Order-Entry Benchmark*. **Proc. 4th Int. Workshop on High Performance Transaction Systems**, Asilomar, CA, Sep. 1991

KTN92   Kitsuregawa, M., Tsudaka, S., Nakano, M.: *Parallel GRACE Hash Join on Shared-Everything Multiprocessor: Implementation and Performance Evaluation on Symmetry S81*. **Proc. 8th IEEE Data Engineering Conf.**, 256-264,1992

Kü86   Küspert, K.: *Non-Standard-Datenbanksysteme*. **Informatik-Spektrum (Das aktuelle Schlagwort)** 9 (3), 184-185, 1986

Ku87   Kull, D.: *Busting the I/O Bottleneck*. **Computer & Communications Decisions**, 101-109, May 1987

La83   Lavenberg, S.S. (ed.): **Computer Performance Modeling Handbook**. Academic Press, 1983

La91   Lamersdorf, W.: *Remote Database Access: Kommunikationsunterstützung für Fernzugriff auf Datenbanken*. **Informatik-Spektrum (Das aktuelle Schlagwort)** 14 (3), 161-162, 1991

LC86a   Lehman, T.J., Carey, M.J.: *Query Processing in Main Memory Database Systems*. **Proc. ACM SIGMOD Conf.**, 239-250, 1986

LC86b   Lehman, T.J., Carey, M.J.: *A Study of Index Structures for Main Memory Database Systems*. **Proc. 12th Int. Conf. on Very Large Data Bases**, 294-303, 1986

Le86   Lehman, T.J.: *Design and Performance Evaluation of a Main Memory Relational Database System*. Ph.D. Thesis, Comp. Science Dept., Univ. of Wisconsin, Madison, 1986

Le91   Leslie, H.: *Optimizing Parallel Query Plans and Execution*. **Proc. IEEE Spring CompCon Conf.**, 105-109, 1991

Li87   Livny, M.: *DeLab - A Simulation Laboratory*. **Proc. Winter Simulation Conf.**, 486-494, 1987.

Li88   Lineback, J.R.: *High-Density Flash EEPROMs are about to Burst on the Memory Market*. **Electonics**, 47-48, March 3, 1988

Li89   Livny, M.: *DeNet Users's Guide*, Version 1.5, Computer Science Department, University of Wisconsin, Madison, 1989

LKB87   Livny, M., Khoshafian, S., Boral, H.: *Multi-Disk Management Algorithms*. **Proc. ACM SIGMETRICS Conf.**, 69-77, 1987

LM79   Lam, C., Madnick, S.E.: *Properties of Storage Hierarchy Systems with Multiple Page Sizes and Redundant Data* . **ACM Trans. on Database Systems**, 4 (3), 345-367, 1979.

LMR90   Litwin, W., Mark, L., Roussopoulos, N.: *Interoperability of Multiple Autonomous Databases*. **ACM Computing Surveys** 22 (3), 267-293, 1990

LP91   Leff, A., Pu, C.: *A Classification of Transaction Processing Systems*. **IEEE Computer** 24 (6), 63-76, June 1991

LS87   Lockemann, P.C., Schmidt, J.W. (Hrsg.): **Datenbank-Handbuch**. Springer-Verlag, 1987

LST91   Lu, H., Shan, M., Tan, K.: *Optimization of Multi-Way Join Queries for Parallel Execution*. **Proc. 17th Int. Conf. on Very Large Data Bases**, 549-560,1991

Ly88   Lyon, J.: *Design Considerations in Replicated Database Systems for Disaster Protection*. **Proc. IEEE Spring CompCon Conf.**, 428-430, 1988

Ly90   Lyon, J.: *Tandem's Remote Data Facility*. **Proc. IEEE Spring CompCon Conf.**, 562-567, 1990

LY89   Lorie, R.A., Young, H.C.: *A Low Communication Sort Algorithm for a Parallel Database Machine*. **Proc. 15th Int. Conf. on Very Large Data Bases**, 125-134, 1989

Mc91   McMullen, J.: *Rewritable Optical Still not in Overdrive*. **Datamation**, 35-36, March 1, 1991

Me87   Meyer-Wegener, K.: *Transaktionssysteme - verteilte Verarbeitung und verteilte Datenhaltung*. **Informationstechnik** 29 (3), 120-126,1987

Me88   Meyer-Wegener, K.: **Transaktionssysteme**. Teubner-Verlag, 1988

Me89   Meador, W.E.: *Disk Array Systems*. **Proc. IEEE Spring CompCon Conf.**, 143-146, 1989

ME92   Mishra, P., Eich, M.H.: *Join Processing in Relational Databases*. **ACM Computing Surveys** 24 (1), 63-113, 1992

MH88   Menon, J., Hartung, M.: *The IBM 3990 Disk Cache.* **Proc. IEEE Spring CompCon Conf.**, 146-151, 1988

Mi82   Mitschang, B.: *Speicherhierarchiesysteme zur Unterstützung der Datenverwaltung in Datenbanksystemen.* Diplomarbeit, Univ. Kaiserslautern, Fachbereich Kaiserslautern, 1982

MLO86   Mohan, C., Lindsay, B., Obermarck, R.: *Transaction Management in the R* Distributed Database Management System.* **ACM Trans. on Database Systems** 11 (4), 378-396, 1986

MNP90   Mohan, C., Narang, I., Palmer, J.: *A Case Study of Problems in Migrating to Distributed Computing: Data Base Recovery Using Multiple Logs in the Shared Disks Environment.* IBM Research Report RJ 7343, San Jose, 1990

MN92   Mohan, C., Narang, I..: *Algorithms for Creating Indexes for Very Large Tables without Quiescing Updates,* **Proc. ACM SIGMOD Conf.**, 361-370, 1992

Mo85   Moss, J.E.B.: **Nested Transactions: An Approach to Reliable Distributed Computing.** MIT Press, 1985

Mo91   Moad, J.: *The Uninterruptible Power Problem.* **Datamation**, 59-60, Aug. 1, 1991

Mo92   Mohan, C. et al.: *ARIES: A Transaction Recovery Method Supporting Fine-Granularity Locking and Partial Rollbacks Using Write-Ahead Logging.* **ACM Trans. on Database Systems** 17 (1), 94-162, 1992

MPL92   Mohan, C., Pirahesh, H., Lorie, R.: *Efficient and Flexible Methods for Transient Versioning of Records to Avoid Locking by Read-Only Transactions,* **Proc. ACM SIGMOD Conf.**, 124-133, 1992

MR92   Marek, R., Rahm, E.: *Performance Evaluation of Parallel Transaction Processing in Shared Nothing Database Systems.* **Proc. 4th Int. PARLE Conf.** (Parallel Architectures and Languages Europe), Springer-Verlag, Lecture Notes in Computer Science 605, 295-310, 1992

MR93   Marek, R., Rahm, E.: *On the Performance of Parallel Join Processing in Shared Nothing Database Systems.* **Proc. 5th Int. PARLE Conf.** (Parallel Architectures and Languages Europe), Springer-Verlag, Lecture Notes in Computer Science, June 1993

MS92   Melton, J., Simon, A.R.: **Understanding the New SQL: A Complete Guide.** Morgan Kaufmann, 1992

MTO93   Mohan, C., Treiber, K., Obermarck, R.: *Algorithms for the Management of Remote Backup Data Bases for Disaster Recovery.* **Proc. 9th IEEE Data Engineering Conf.**, 1993

MW91   Mönkeberg, A., Weikum, G.: *Conflict-driven Load Control for the Avoidance of Data-Contention Thrashing.* **Proc. 7th IEEE Data Engineering Conf.**, 632-639,1991

MW92   Mönkeberg, A., Weikum, G.: *Performance Evaluation of an Adaptive and Robust Load Control Method for the Avoidance of Data-Contention Thrashing.* **Proc. 18th Int. Conf. on Very Large Data Bases**, 432-443, 1992

MYH86   Myers, G.J., Yu, A.Y.C., House, D.L.: *Microprocessor Technology Trends.* **Proc. of the IEEE** 74 (12), 1605-1622, 1986

Na91   Nass, R.: *Smaller Hard Disks Pose Engineering Challenges.* **Electronic Design**, 39-44, May 23, 1991

Ne86   Neches, P.M.: *The Anatomy of a Database Computer - Revisited.* **Proc. IEEE Spring CompCon Conf.**, 374-377, 1986

Ne88   Nehmer, J.: *Entwurfskonzepte für verteilte Systeme - eine kritische Bestandsaufnahme.* **Proc. 18. GI-Jahrestagung**, Springer-Verlag, Informatik-Fachberichte 187, 70-96, 1988

Ng89   Ng, S.: *Some Design Issues of Disk Arrays.* **Proc. IEEE Spring CompCon Conf.**, 137-142, 1989

Ni87   Nields, M.: *Bubble Memory Bursts into Niche Markets.* **Mini-Micro Systems**, 55-56, May 1987

OD89   Ousterhout, J., Douglas, F.: *Beating the I/O Bottleneck: A Case for Log-Structured File Systems.* **ACM Operating Systems Review** 23 (1), 11-28, 1989

Or90   *Oracle for Massively Parallel Systems - Technology Overview.* Oracle Corporation, part number 50577-0490, 1990

Ou90   Ousterhout, J.K., *Why Aren't Operating Systems Getting Faster As Fast as Hardware?* **Proc. USENIX Summer Conf.**, Anaheim, CA, June 1990.

ÖV91   Özsu, M.T., Valduriez, P.: **Principles of Distributed Database Systems.** Prentice Hall, 1991

Pa91   Pappe, S.: **Datenbankzugriff in offenen Rechnernetzen.** Springer-Verlag, Reihe "Informationstechnik und Datenverarbeitung", 1991

PCGK89   Patterson, D.A., Chen, P., Gibson, G., Katz, R.H.: *Introduction to Redundant Arrays of Inexpensive Disks (RAID).* **Proc. IEEE Spring CompCon Conf.**, 112-117, 1989

Pe87   Peinl, P.: **Synchronisation in zentralisierten Datenbanksystemen.** Springer-Verlag, Informatik-Fachberichte 161, 1987

PGK88   Patterson, D.A., Gibson, G., Katz, R.H.: *A Case for Redundant Arrays of Inexpensive Disks (RAID).* **Proc. ACM SIGMOD Conf.**, 109-116, 1988

Ph92   Philips, W.: *Future Trends in Storage Systems.* Keynote Address at ACM SIGMOD Conf., San Diego, June 1992

Pi90   Pirahesh, H. et al.: *Parallelism in Relational Data Base Systems: Architectural Issues and Design Approaches.* **Proc. 2nd Int.Symposium on Databases in Parallel and Distributed Systems**, IEEE Computer Society Press, 1990

Pr92   Press, L.: *Portable Computers: Past, Present and Future.* **Comm. ACM** 35 (3), 25-32, 1992

Pu86   Pu, C.: *On-the-Fly, Incremental, Consistent Reading of Entire Databases.* **Algorithmica**, 271-287, 1986

Ra86a   Rahm, E.: *Nah gekoppelte Rechnerarchitekturen für ein DB-Sharing-System.* **Proc. 9. NTG/GI-Fachtagung "Architektur und Betrieb von Rechensystemen"**, Stuttgart, VDE-Verlag, NTG-Fachberichte 92, 166-180, 1986

Ra86b   Rahm, E.: *Algorithmen zur effizienten Lastkontrolle in Mehrrechner-Datenbanksystemen.* **Angewandte Informatik** 4/86, 161-169, 1986

Ra86c   Rahm, E.: *Primary Copy Synchronization for DB-Sharing.* **Information Systems** 11 (4), 275-286, 1986

Ra88a   Rahm, E.: **Synchronisation in Mehrrechner-Datenbanksystemen.** Springer-Verlag, Informatik-Fachberichte 186, 1988

Ra88b   Rahm, E.: *Empirical Performance Evaluation of Concurrency and Coherency Control Protocols for Database Sharing Systems.* IBM Research Report RC 14325, IBM T.J. Watson Research Center, Yorktown Heights, 1988, erscheint in **ACM Trans. on Database Systems**

Ra89a   Rahm, E.: *Der Database-Sharing-Ansatz zur Realisierung von Hochleistungs-Transaktionssystemen.* **Informatik-Spektrum** 12 (2), 65-81, 1989

Ra89b   Rahm, E. et al.: *Goal-Oriented Workload Management in Locally Distributed Transaction Systems.* IBM Research Report RC 14712, IBM T.J. Watson Research Center, Yorktown Heights, 1989

Ra90   Rahm, E.: *Utilization of Extended Storage Architectures for High-Volume Transaction Processing.* ZRI-Bericht 6/90, Fachbereich Informatik, Univ. Kaiserslautern, 1990

Ra91a   Rahm, E.: *Recovery Concepts for Data Sharing Systems.* **Proc. 21st Int. Symp. on Fault-Tolerant Computing**, IEEE Computer Society Press, 368-375, 1991

Ra91b   Rahm, E.: *Use of Global Extended Memory for Distributed Transaction Processing.* **Proc. 4th Int. Workshop on High Performance Transaction Systems**, Asilomar, Sep. 1991

Ra91c   Rahm, E.: *Klassifikation und Vergleich verteilter Transaktionssysteme.* Proc. GI-Workshop "Verteilte Datenbanksysteme und verteilte Datenverwaltung in Forschung und Praxis", **Datenbank-Rundbrief Nr. 8** der GI-Fachgruppe Datenbanken, 47-56, Nov. 1991

Ra91d   Rahm, E.: *Concurrency and Coherency Control in Database Sharing Systems.* ZRI-Bericht 3/91, Fachbereich Informatik, Univ. Kaiserslautern, Dez. 1991

Ra92a   Rahm, E.: *Performance Evaluation of Extended Storage Architectures for Transaction Processing.* **Proc. ACM SIGMOD Conf.**, 308-317, 1992 (Langfassung: Interner Bericht 216/91, Fachbereich Informatik, Univ. Kaiserslautern)

Ra92b   Rahm, E.: *A Framework for Workload Allocation in Distributed Transaction Systems.* **The Journal of Systems and Software** 18 (3), 171-190, 1992

Ra93a   Rahm, E.: *Parallel Query Processing in Shared Disk Database Systems.* ZRI-Bericht 1/93, Fachbereich Informatik, Univ. Kaiserslautern, März 1993

Ra93b   Rahm, E.: *DBMS-Leistungsvergleich mit TPC-Benchmarks.* **iX-Magazin**, Mai 1993

Ra93c   Rahm, E.: *Evaluation of Closely Coupled Systems for High Performance Database Processing.* **Proc. 13th IEEE Int. Conf. on Distributed Computing Systems**, Pittsburgh, May 1993

RF92   Rahm, E., Ferguson, D.: *High Performance Cache Management for Sequential Data Access.* **Proc. ACM SIGMETRICS Conf.**, 1992

RM93   Rahm, E., Marek, R.: *Analysis of Dynamic Load Balancing for Parallel Shared Nothing Database Systems*, Techn. Bericht, Fachbereich Informatik, Univ. Kaiserslautern, Feb 1993

Re81   Reuter, A.: **Fehlerbehandlung in Datenbanksystemen.** Carl Hanser, 1981

Re86   Reuter, A.: *Load Control and Load Balancing in a Shared Database Management System.* **Proc. 2nd IEEE Data Engineering Conf.**, 188-197,1986

Re87   Reuter, A.: *Maßnahmen zur Wahrung von Sicherheits- und Integritätsbedingungen.* In [LS87], 337-479

Re92   Reuter, A.: *Grenzen der Parallelität.* **Informationstechnik** 34 (1), 62-74, 1992

Ro85   Robinson, J.T.: *A Fast General-Purpose Hardware Synchronization Mechanism.* **Proc. ACM SIGMOD Conf.**, 122-130, 1985

RO92   Rosenblum, M., Ousterhout, J.K.: *The Design and Implementation of a Log-Structured File System.* **ACM Trans. on Computer Systems** 10 (1), 1992

RSW89   Rengarajan, T.K., Spiro, P.M., Wright, W.A.: *High Availability Mechanisms of VAX DBMS Software.* **Digital Technical Journal**, No. 8, 88-98, Feb. 1989

Ru89   Rubsam, K.G.: *MVS Data Services.* **IBM Systems Journal** 28 (1), 151-164, 1989

Sa86   Satyanarayanan, M.: **Modelling Storage Systems.** UMI Research Press, Ann Arbor, Michigan, 1986

Sa90   Salzberg, B. et al.: *FastSort: A Distributed Single-Input Single-Output External Sort.* **Proc. ACM SIGMOD Conf.**, 94-101, 1990

SB90   Simonsen, D., Benningfield, D.: *INGRES Gateways: Transparent Heterogeneous SQL Access.* **IEEE Data Engineering** 13 (2), 40-45, 1990

Sc78   Schünemann, C.: *Speicherhierarchie - Aufbau und Betriebsweise.* **Informatik-Spektrum** 1, 25-36, 1978

Sc87   Scrutchin Jr., T.W.: *TPF: Performance, Capacity, Availabilty.* **Proc. IEEE Spring CompCon Conf.**, 158-160, 1987

Sc92   Schill, A.: *Remote Procedure Call: Fortgeschrittene Konzepte und Systeme - ein Überblick,* **Informatik-Spektrum** 15, 79-87 u. 145-155, 1992

SC91   Srinivasan, V., Carey, M.: *On-Line Index Construction Algorithms.* **Proc. 4th Int. Workshop on High Performance Transaction Systems**, Asilomar, Sep. 1991

SD89   Schneider, D.A., DeWitt, D.J.: *A Performance Evaluation of Four Parallel Join Algorithms in a Shared-Nothing Multiprocessor Environment.* **Proc. ACM SIGMOD Conf.**, 110-121, 1989

SD90   Schneider, D.A., DeWitt, D.J.: *Tradeoffs in Processing Complex Join Queries via Hashing in Multiprocessor Database Machines.* **Proc. 16th Int. Conf. on Very Large Data Bases**, 469-480, 1990

Se84   Sekino, A. et al.: The *DCS - a New Approach to Multisystem Data Sharing.* **Proc. National Comp. Conf.**, 59-68, 1984

Se90   Selinger, P. G.: *The Impact of Hardware on Database Systems.* **Proc. Int. IBM Symp. "Database Systems of the 90s"**, Lecture Note in Computer Science 466, 316-334, 1990

Se91   Semich, W.: *The Distributed Connection: DCE.* **Datamation**, 28-30, Aug. 1, 1991

SFSZ91 Schaff, A., Festor, O., Schneider, J.M., Zörntlein, G.: *The Standard Environment for Distributed Transaction Processing (TP): An Overview.* Techn. Report 43.9103, IBM European Network Center, Heidelberg, 1991

SG86   Salem, K., Garcia-Molina, H.: *Disk Striping.* **Proc. 2nd IEEE Data Engineering Conf.**, 336-342, 1986

SG90   Salem, K., Garcia-Molina, H.: *System M: A Transaction Processing Testbed for Memory Resident Data.* **IEEE Trans. on Knowledge and Data Engineering** 2 (1), 161-172, 1990

SGKP89 Schulze, M., Gibson, G., Katz, R., Patterson, D.: *How Reliable is a RAID?* **Proc. IEEE Spring CompCon Conf.**, 118-123, 1989

Sh86   Shoens, K.: *Data Sharing vs. Partitioning for Capacity and Availability.* **IEEE Database Engineering** 9 (1), 10-16,1986

Sk92   Skelton, C.J. et al.: *EDS: A Parallel Computer System for Advanced Information Processing.* **Proc. 4th Int. PARLE Conf.** (Parallel Architectures and Languages Europe), Springer-Verlag, Lecture Notes in Computer Science 605, 3-18, 1992

SKPO88 Stonebraker, M., Katz, R., Patterson, D., Ousterhout, J.: *The Design of XPRS.* **Proc. 14th Int. Conf. on Very Large Data Bases**, 318-330, 1988

SL90   Sheth, A.P., Larson, J.A.: *Federated Database Systems for Managing Distributed, Heterogeneous, and Autonomous Databases.* **ACM Computing Surveys** 22 (3), 183-236, 1990

Sm81   Smith, A.J.: *Input/Output Optimization and Disk Architectures: A Survey.* **Performance and Evaluation** 1, 104-117, 1981

Sm82   Smith, A.J.: *Cache Memories.* **ACM Computing Surveys** 14 (3), 473-530, 1982

Sm85   Smith, A.J.: *Disk Cache - Miss Ratio Analysis and Design Considerations.* **ACM Trans. on Computer Systems** 3 (3), 161-203, 1985

Sn91   Snell, N.: *New Ways to Distribute Mainframe Storage.* **Datamation**, 67-70, Dec. 1, 1991

Sp91   Spector, A.: *Open, Distributed Transaction Processing with Encina.* **Proc. 4th Int. Workshop on High Performance Transaction Systems**, Asilomar, CA, Sep. 1991

SPB88   Spector, A.Z., Pausch, R.F., Bruell, G.: *Camelot: A Flexible, Distributed Transaction Processing System.* **Proc. IEEE Spring CompCon Conf.**, 432-437, 1988

SRL88   Sha, L., Rajkumar, R., Lehoczky, J.P.: *Concurrency Control for Distributed Real-Time Databases.* **ACM SIGMOD Record** 17 (1), 82-98, 1988

SS86   Sacco, G.M., Schkolnick, M.: *Buffer Management in Relational Database Systems.* **ACM Trans. on Database Systems** 11 (4), 473-498, 1986

SS90   Seltzer, M., Stonebraker, M.: *Transaction Support in Read Optimized and Write Optimized File Systems.* **Proc. 16th Int. Conf. on Very Large Data Bases**, 174-185, 1990

St81   Stevens, L.D.: *The Evolution of Magnetic Storage.* **IBM Journal of Research and Development** 25 (5), 663-675, 1981

St86   Stonebraker, M.: *The Case for Shared Nothing.* **IEEE Database Engineering** 9 (1), 4-9, 1986

St90   Stenström, P.: *A Survey of Cache Coherence Schemes for Multiprocessors.* **IEEE Computer** 23 (6), 12-24, June 1990

St91   Stöhr, T.: *Simulation eines zentralen Sperrverfahrens für nahe gekoppelte DB-Sharing-Systeme.* Projektarbeit, Fachbereich Informatik, Univ. Kaiserslautern, 1991

Su88   Su, S.Y.W.: **Database Computers.** McGraw-Hill, 1988

SUW82   Strickland, J., Uhrowczik, P., Watts, V.: *IMS/VS: an Evolving System.* **IBM Systems Journal** 21 (4), 490-510, 1982

SW85   Steinbauer, D., Wedekind, H.: *Integritätsaspekte in Datenbanksystemen.* **Informatik-Spektrum** 8 (2), 60-68, 1985

SW91   Schek, H.-J., Weikum, G.: *Erweiterbarkeit, Kooperation, Föderation von Datenbanksystemen.* **Proc. 4. GI-Fachtagung "Datenbanksysteme für Büro, Technik und Wissenschaft"**, Springer-Verlag, Informatik-Fachberichte 270, 38-71, 1991

Sy89   SYBASE SQL Server. Technical Overview. Sybase Inc., 1989

Sy90   SYBASE Connectivity. Technical Overview. Sybase Inc., 1990

Ta85   Tay, Y.C.: *Locking Performance in Centralized Databases.* **ACM Trans. on Database Systems** 10 (4), 415-462, 1985

Ta88   Tanenbaum, A.: **Computer Networks** (2nd ed.), Prentice-Hall, 1988

Ta89   The Tandem Database Group: *NonStop SQL, a distributed, high-performance, high-availability implementation of SQL.* **Proc. 2nd Int. Workshop on High Performance Transaction Systems**, Springer-Verlag, Lecture Notes in Computer Science 359, 60-103, 1989

TG84   Teng, J.Z., Gumaer, R.A.: *Managing IBM Database 2 Buffers to Maximize Performance.* **IBM Systems Journal** 23 (2), 211-218, 1984

Th90   Thomas, G. et al.: *Heterogeneous Distributed Database Systems for Production Use.* **ACM Computing Surveys** 22 (3), 237-266, 1990

Th91   Thomasian, A.: *Performance Limits of Two-Phase Locking.* **Proc. 7th IEEE Data Engineering Conf.**, 426-435, 1991

Th92   Thomasian, A.: *Thrashing in Two-Phase Locking Revisited.* **Proc. 8th IEEE Data Engineering Conf.**, 518-526, 1992

TPF88   **Transaction Processing Facility, Version 2 (TPF2).** General Information Manual, Release 4.0, IBM Order No. GH20-7450, 1988

TR90   Thomasian, A., Rahm, E.: *A New Distributed Optimistic Concurrency Control Method and a Comparison of its Performance with Two-Phase Locking,* **Proc. 10th IEEE Int. Conf. on Distributed Computing Systems**, 294-301, 1990

TW91   Trew, A., Wilson, G. (eds.): **Past, Present, Parallel: A Survey of Available Parallel Computing Systems.** Springer-Verlag, 1991

Ul88   Ullman, J.D.: **Principles of Database and Knowledge-Base Systems.** Vol. I und II, Computer Science Press, 1988/1989

Un90   Unterauer, K.: *Synchronisation des Logpuffers in Mehrprozeß-Datenbanksystemen.* **Informationstechnik** 32 (4), 281-286, 1990

Up91   Upton, F.: *OSI Distributed Transaction Processing. An Overview.* **Proc. 4th Int. Workshop on High Performance Transaction Systems**, Asilomar, CA, Sep. 1991

Vo91   Vogt, C.: *Leistungsbewertung mehrstufiger objektorientierter Speicherhierarchien.* **Informatik Forschung und Entwicklung** 6, 194-206, 1991

WAF91   Wilschut, A.N., Apers, P.M.G., Flokstra, J.: *Parallel Query Execution in PRISMA/DB.* In: **Parallel Database Systems**, Springer-Verlag, Lecture Notes in Computer Science 503, 1991

We88   Weikum, G.: **Transaktionen in Datenbanksystemen**. Addison-Wesley, Bonn, 1988

We92   Webel, P.: *Modellierung und Analyse eines verteilten Sperrverfahrens für Hochleistungs-Datenbanksysteme.* Diplomarbeit, Fachbereich Informatik, Univ. Kaiserslautern, 1992

We93   Weikum, G. et al.: *The COMFORT Project* (project synopsis). **Proc. 2nd Int. Conf. on Parallel and Distributed Information Systems (PDIS-93)**, 1993

Wi89   Wipfler, A.J.: **Distributed Processing in the CICS Environment**. McGraw Hill, 1989

Wi91   Wittie, L.D.: *Computer Networks and Distributed Systems.* **IEEE Computer** 24 (9), 67-76, Sep. 1991

WLH90   Wilkinson, K., Lyngbaek, P., Hasan, W.: *The Iris Arichtecture and Implementation.* **IEEE Trans. on Knowledge and Data Engineering** 2 (1), 63-75, 1990

Wo91   Wollenhaupt, G.: *Simulation von erweiterten Speicherhierarchien zur Transaktionsverarbeitung.* Diplomarbeit, Fachbereich Informatik, Univ. Kaiserslautern, 1991

WR90   Wächter, H., Reuter, A.: *Grundkonzepte und Realisierungsstrategien des ConTract-Modells.* **Informatik Forschung und Entwicklung** 5, 202-212, 1990

WT91   Watson, P., Townsend, P.: *The EDS Parallel Relational Database System.* In: **Parallel Database Systems**, Springer-Verlag, Lecture Notes in Computer Science 503, 149-168, 1991

WZ92   Weikum, G., Zabback, P.: *Tuning of Striping Units in Disk-Array-Based File Systems.* **Proc. 2nd Int. Workshop on Research Issues on Data Engineering: Transaction and Query Processing**, 80-87, IEEE Computer Society Press, 1992

WZ93   Weikum, G., Zabback, P.: *I/O-Parallelität und Fehlertoleranz in Disk-Arrays.* Techn. Bericht, ETH Zürich, Institut für Informationssysteme (erscheint im Informatik-Spektrum, 1993)

WZS91   Weikum, G., Zabback, P., Scheuermann, P.: *Dynamic File Allocation in Disk Arrays.* **Proc. ACM SIGMOD Conf.**, 406-415, 1991

YCDI87 Yu, P.S., Cornell, D.W., Dias, D.M., Iyer, B.R.: *Analysis of Affinity-based Routing in Multi-system Data Sharing.* **Performance Evaluation** 7 (2), 87-109, 1987

Yu87   Yu , P.S. et al.: *On Coupling Multi-Systems through Data Sharing.* **Proc. of the IEEE**, 75 (5), 573-587, 1987

Za90   Zabback, P.: *Optische und magneto-optische Platten in File- und Datenbanksystemen.* **Informatik-Spektrum** 13 (5), 260-275, 1990

Ze89   Zeller, H.: *Parallelisierung von Anfragen auf komplexen Objekten durch Hash Joins.* **Proc. 3. GI-Fachtagung "Datenbanksysteme für Büro, Technik und Wissenschaft"**, Springer-Verlag, Informatik-Fachberichte 204, 361-367, 1989

Ze90   Zeller, H.: *Parallel Query Execution in NonStop SQL.* **Proc. IEEE Spring CompCon Conf.**, 484-487, 1990

Index